U0462066

文化新知
爱文化 学新知

成长不困惑

詹姆斯·W·范德赞登（James W. Vander Zanden）

[美]托马斯·L·克兰德尔（Thomas L. Crandell） 著

科琳·海恩斯·克兰德尔（Corinne Haines Crandell）

俞国良 黄 峥 樊召锋 译

雷 雳 俞国良 审校

Human Development
8th Edition

中国人民大学出版社
·北京·

目 录 *contents*

第一章

生命的开始

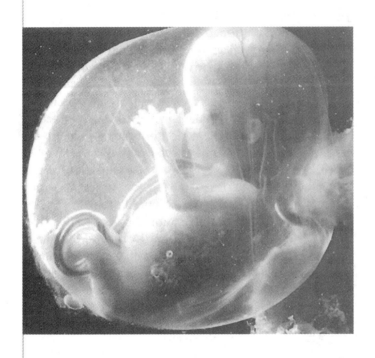

生殖

遗传

出生前的发育

像所有其他生物一样，绝大多数人类个体也都能生育新的个体，以确保物种存活。很多在过去将注定无法生育的人，如今可以利用辅助生育技术（如人工授精、人类卵子与精子捐赠、低温保存、植入技术等）和生产选择（如选择替代母亲、子宫内手术、祖母生育自己的祖孙等）选择生育。很多无法生育的夫妇以及单身者——无论是女性还是男性——现在都可以选择拥有他们自己的血亲后代，而不必领养孩子或终生无儿无女。另一项技术奇迹是，日本研究者在 1997 年公布的第一台人造"子宫箱"。这一技术奇迹将对 2010 年以前的生育产生潜在的根本性影响。而关于人类克隆的想法，一度仅仅是科幻小说中的未来主义念头，而现在——尽管还存在伦理质疑——已成为可能。

似乎女人＋男人＝孩子的想法对于繁衍物种来说已经过时了。一度曾经是私密体验的事情，现在已成为公众网络的娱乐和巨大商机。对于拥有这些资源的人们来说，这自然是各种生育机会的万花筒。

生殖

"**生殖**"是生物学家使用的术语，用于描述有机体创造更多的从属于自身物种的有机体的过程。生物学家把生殖描述成所有生命过程中最重要的一环。

在人类的生殖过程中，有两种成熟的生殖细胞**配子**：雄性配子，也称"精子"；雌性配子，也称"卵子"（见图 1—1）。在**受精/融合**的过程中，男性的精子进入女性的卵子并与其结合，形成**合子**（受精卵）。精细胞只有一毫米的 6%（0.000 24 英寸）那么长，肉眼无法看到。它由一个卵形的头部、一个鞭状的尾部以及二者中间的联结部分（或称轴环）组成，通过猛摆尾部向前游动。一个正常成年男子的睾丸每天可以产生三亿或更多成熟的精子，每一个都由独一无二的基因构成。

另一方面，卵子并非是自我推进式的，而是沿着女性生殖道中的微纤毛结构移动。通常，女性从青春期到绝经期，在整个生殖期间中每个月至少释放一个卵子，有时可能释放更多。每一个卵子也由独特的基因物质构成，大小就

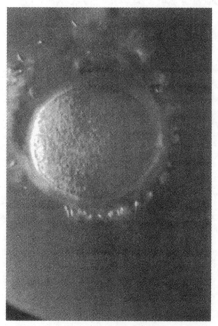

图 1—1 精子与卵子
图中央是较大的卵子，卵子周围环绕着小得多的精子，每一个都试图穿透细胞膜并释放其基因物质。

跟英文句点差不多，刚好可以被肉眼看到。对于绝大多数女性来说，只有 400~500 个未成熟的卵子最终会达到成熟，其余将退化并被身体吸收。

男性生殖系统

男性基本生殖器官是一副**睾丸**，正常情况下位于体外的阴囊袋状结构中（见图 1—2）。精子产生和存活的温度（大约 36℃）略低于正常体温。阴囊托住并保护睾丸，使之与较暖的人体隔开一段距离。睾丸产生精子和男性激素，也叫"雄激素"。雄激素主要有睾丸激素和雄酯酮。雄激素负责产生男性第二性征，包括面部胡须和身体毛发、增加的肌肉块和较低沉的嗓音。

精子产生于每个睾丸内部缠绕的细管内。然后它们便被转移入附睾中，附睾是纤细狭长的螺旋形管道，精子就贮存在那里。在性唤起和射精的过程中，精子从附睾经肌肉管进入尿道。在这个过程中它们与精囊和前列腺的分泌物混合（这些分泌物滋养它们以完成在男性体外和女性体内的旅程）。精子与分泌物的混合物被称为精液，将经由男性尿道射出，尿道是一个同时也连接膀胱的管道，外周包围着男性的外生殖器——**阴茎**。

精子的产生和存活受很多因素影响，包括男性自身的身体健康、工作以及休闲环境——甚至过紧的衣服也会因影响阴囊的温度从而对精子的发育有害。吸烟、喝酒、摄取精神活性药物、化学制品或工作场所的辐射，以及无保护措施的性行为都会影响到男性的生殖器官健康和精子发育。然而，男性常常可以改善他们的健康和习惯，并且在非常高龄时仍能生育。

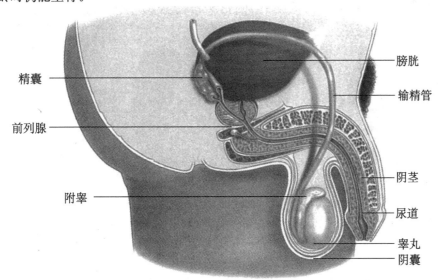

图 1—2 男性生殖系统
本图是男性骨盆区域的图例，展示了男性的生殖器官。

女性生殖系统

女性生殖系统由产生卵子的器官组成（见图 1—3），这些器官参与性交过程，容许卵子受精，养育并保护受精卵直到其发育完全，并参与生产过程。女性基本生殖器官是位于骨盆中的一副杏仁状的卵巢。雌性胚胎尚在母亲的子宫中时便开始了卵巢发育，产生大约40万个未成熟的卵细胞。进入青春期后，卵巢产生成熟卵子及雌性激素、雌激素与孕酮。这些激素负责女性第二性征的发育，包括乳房（乳腺）发育、身体毛发以及髋部的发育。

通常，按照每月的周期，两个卵巢之一按时排出一个或多个卵子。对于绝大多数女性来说，这个周期大约是 28 天。有些女性的排卵周期会发生变化，特别是在整个月经期的最初几年和最后几年。**月经期**是指子宫内膜周期性流出血液和细胞，作为一个周期循环的终结并开始下一个循环。**排卵**发生于卵巢中的卵泡释放卵子之时，当卵子通过**输卵管**时，如果输卵管中有精子的话，卵子就可能被受精。输卵管内部布满了细小的毛发状小突起，叫作"纤毛"，推动卵子经过输卵管进入子宫。这段距离很短的进程要持续几天；输卵管大约有六英寸长，粗细相当于一根人类的头发。

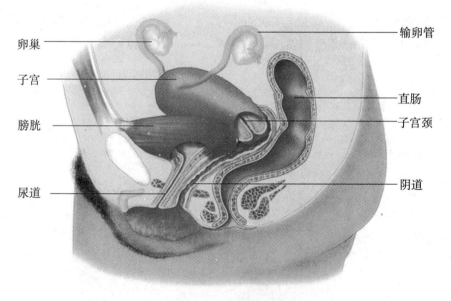

卵巢 ——
子宫 ——
膀胱 ——
尿道 ——
—— 输卵管
—— 直肠
—— 子宫颈
—— 阴道

图 1—3　女性生殖系统
本图是女性骨盆区域的图例，展示了女性的生殖器官。

子宫呈梨子形状，是一个中空而厚壁的肌肉器官，将收容并滋养发育中的**胚胎**，从**胚泡**将自己植入子宫壁时开始，直至其发育成一个可辨识的人类胎儿。肌肉性的子宫每月都为可能出现的胚胎准备了血液丰富的内膜，如果没有发生受孕（受精），内膜就会每月脱落一次，持续 4～6 天（月经期）。未受精的卵子经由子宫狭窄的下端——与阴道连接的宫颈——排出体外。**阴道**是一个肌肉性的通道，能够在很大范围内扩张。在性交过程中阴茎要插入阴道，而生产过程中婴儿也要通过阴道。围绕在阴道的外部开口处周围的是外生殖器，统称为"外阴"。外阴包括被称为"阴唇"的多肉褶皱，还包括阴蒂——一个很小但高度敏感的能勃起的器官，在某些方面与男性的阴茎类似。

女性的家庭和工作环境、营养习惯、运动水平、生理保健以及性行为都会对其生殖系统的健康产生重大影响，而且，无论是在受孕之前还是之后，上述方面也都会对胎儿的健康具有很大影响。

怎样和何时发生受精

月经周期　与女性**月经周期**有关的一系列变化始于月经来潮，经历卵子成熟、排卵，最终经由阴道将未受精的卵子排出体外。健康女性通常在每 25～32 天之间至少排出一个成熟卵子或卵细胞，平均周期是 28 天。

女性的健康（病症、疾病、压力、营养不良或过度运动）会对其月经周期产生影响。排卵周期长短的变化对于女性来说是普遍且正常的。刚开始来月经的年轻女性，以及接近或处于 40 多岁的女性，周期很可能不规律，或者跳过一些周期。月经的第一天也是周期的第一天。对于绝大多数女性来说，在每个月经周期的中段（第 13～15 天），通常某个卵巢中的卵泡里会有一个卵子达到成熟，经由一侧输卵管从卵巢进入子宫。如果发生受精，通常是发生于输卵管中。

这通常被视为受孕发生的最佳时机，因为成熟的卵子通常可存活大约 24 小时。如果卵子没有在输卵管中与精子结合，它在 24 小时后就开始退化，并将在月经中排出体外。然而，美国国家环境健康科学研究所（the National Institute of Environmental Health Sciences，NIEHS）的研究者对 213 名健康女性进行了尿液与激素水平的研究，其结果值得某些意外怀孕的女性保持警惕：

> 只有 30％的女性是完全在受精的时间期限内——在她们月经周期的第 10～17 天内——完成的受孕。研究者发现，事实上对于某些女性来说，在月经周期中几乎没有哪一天是完全不会怀孕的。研究中的女性被试处于基本生育年龄（绝大多数在 25～35 岁之间），这时的月经周期已经非常规律了。NIEHS 的研究者声称，对于十几岁的女孩子以及接近更年期的女性来说，受孕时间期限将更难以预测。

排卵　卵巢包含着很多卵泡，通常，在每个排卵周期中只有一个卵泡会达到完全成熟。然而，近期研究使用高辨析率的超声波（而非分析血液的激素水平）对一个小样本的成年女性进行研究，发现将近 10％的女性在每个周期中产生两个成熟卵子——而大约 10％完全没有排卵。这解释了为什么有些异卵双生子会在不同的日子里受孕。同时，这个发现将使得"自然家庭计划"面临挑战。通过测量受试者的激素水平来预测排卵与卵巢的活动并不一致。最初在卵巢中的卵泡只包含一层细胞；但是，在它成长的过程中，细胞增生产生了一个充满液体的液囊包围原始的卵子，而卵子中包含着母亲的基因物质。绝大多数女性的卵巢似乎每隔一月释放一个卵子。但研究也发现当一侧卵巢患病或被摘除时，另一侧卵巢会每月排卵。

通过前脑中下丘脑的影响，指示垂体腺释放黄体激素，卵巢里正在成熟中的卵泡裂开，卵子被释放出来。卵子从卵巢里的卵泡中被释放出来的这一过程叫作"排卵"。当成熟的卵泡裂开并释放出卵子时，它要经历迅速的变化。卵泡将转化为黄体，那是一小块儿具有可辨识的金黄色素的增生物质，仍然是卵巢的一部分。黄体将分泌孕酮（一种雌性激素），进入血液循环，使子宫内壁黏膜保护可能发生的新受精卵植入。如果受精和植入没有发生，黄体就会退化并最终消失。如果发生受孕，黄体就会继续发育并产生孕酮，直到胎盘接管这一功能。而后黄体就会变成多余的，并消失殆尽。

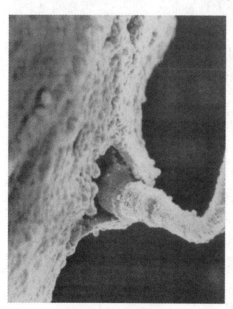

图1—4 受精

上图照片显示了一个精子鞭打着尾部刺入卵子内部，恰恰是在其释放基因物质之前的一刻。

受精 性交时，男性通常会将1亿～5亿个精子射入女性阴道中。只有在女性宫颈张开并产生黏液束的关键几天内，精子才能够攀升至颈管，进入子宫和输卵管。由于精子的高度活跃性以及与精子健康有关的其他因素，它们在女性管道中的死亡率很高，但仍然有少量精子能够在女性生殖管道内存活48小时。与卵子结合的精子击败了为数众多的竞争者，从数以亿计的同类中脱颖而出。精子与卵子的结合（或融合）被称为"受精"（见图1—4），当这一过程成功完成后，我们就会说"受孕"已经发生。这一过程通常发生在输卵管较高的一端。当精子与卵子的染色体产生结合物时，被称为"受精卵"的新结构就产生了，它将具有独一无二的基因组成。然而，即使在这个时刻，受精卵仍然极度脆弱。因为各种各样的原因，1/3的受精卵都在受精后不久就死亡了。

如果没有发生受精，卵巢激素（雌激素与孕酮）水平的下降通常导致在排卵后大约14天时出现月经。增厚的子宫内膜无须再为受精卵提供支持，所以它们就在3～7天内退化脱落，子宫壁上脱落下来的死细胞与少量血液和其他液体一起排到子宫之外。在月经结束之前，垂体腺分泌黄体激素进入血液循环，致使另一个卵泡开始快速成长，开始了新一轮的月经周期。

多胞胎受孕　如果有多于一个的卵子成熟并被释放，女性可能会多胞胎受孕，生育出异卵同胞（**双合子**或异卵双生）。同卵双生子（**单精合子**双生）源于一个受精卵在受孕后分裂成两个同样的部分。三胞胎或更多数目的多胞胎受孕可能是由于单一受精卵与异卵或同卵双生子的结合，但更可能是辅助生育的结果。

对于选择辅助生育方法的夫妇来说，多胞胎受孕现象也发生于医学实验室的皮式培养皿中。在合成晶胚（通常是几个）成长几天后，某些就被转移到女性的子宫中，希望其中至少有一个能够植入子宫壁并继续发育。自 1980 年以来，双胞胎的出生率增长了 65 个百分点；而三胞胎及更多数目的多胞胎出生率增长了 400 多个百分点。多胞胎生育的快速增长与受精治疗的进步有关，也与美国及其他工业化国家的女性选择在较大年龄时才生育有关。

减少大数目多胞胎怀孕　超过两个以上的多胞胎怀孕会使妇女和胎儿的健康都面临更大风险，可能会导致流产或早产，而新生儿很可能会死亡或有先天缺陷。在上述情况下，可以考虑当事人及其伦理习俗是否能接受"选择性减产"，借此来减少胚胎数量，而不是无所作为。这种方法通常在怀孕的 9～11 周内进行。

怀孕还是避孕

你和你的伴侣打算在不远的将来要个孩子吗？或者你们并不打算在近期要孩子？你想知道女性在什么时候最可能"怀上"吗？如前所述，通常，在月经周期中段（绝大多数女性是这样，但并不是全部）卵子在进入阴道前大约会在输卵管内停留 24 小时，这一段时间内可以受孕。怀孕困难的女性必须通过记录每日体温和/或进行高频率的超声波检查来确定排卵时间，以便了解自身的最佳怀孕时机。

近期的调查研究还显示了一年中的最佳怀孕时机。在一些地域，最佳受孕季节里结合的人们，其怀孕机会是其他季节的两倍。最佳怀孕季节似乎是在每日日照约 12 小时、气温在 10～20 摄氏度间徘徊时。这种季节差异很可能是由于内部生物钟为日照长短所调节而造成的。但工业化国家的不孕率在过去 30 年中有所增长。专家怀疑这可能与女性推迟了生育（年长女性的卵子比年轻女性的卵子更不容易受孕），盆腔炎和其他性传染病的增加，子宫细胞在子宫外生长，子宫内膜异位的增加以及男性精子数量的降低有关。

不孕与辅助生育技术

1978 年，世界上第一个"试管婴儿" Louise Brown 诞生于英国。自那以后，研究者开发出很多受孕药物以及显微镜和手术方法，极大地改变了不孕治疗。仅就美国而言，据估计每六对夫妇中就有一对将面临不孕，而全世界大约有数百万的夫妇遭遇这一问题。很多这样的夫妇会寻求**辅助生育技术**的帮助来增加怀孕机会。据美国疾病控制与预防中心报告，2001 年美国已知进行的辅助生育周期为 107 587 个周期，最终生产出 26 550 个婴儿——约 25% 的成功率。到 2003 年 12 月份，美国共有 421 个生育医疗中心，而在世界其他地方还有数百个这样的中心。这些生育中心的目标是，为那些无儿无女的夫妇、单身妇女、同性恋伴侣以及因疾病、职业、晚婚或再婚而推迟了生育的人们提供希望。女性在 35 岁以后的生育能力会显著下降。

男性生育能力的下降　对 2001 年美国进行 ART 治疗的夫妇进行的诊断发现，大约 20% 的男性有不育问题。就 1934—1996 年在世界范围内的 101 篇关于男性生育功能障碍的研究数据进行分析，其结果显示精液质量下降、不育问题增多以及睾丸障碍发生率上升。英国以及亚欧其他国家的医学研究者也报告了男性精液质量（精子数量）的迅速下降，有些人口统计学家认为，新的人口数量快速下降期将要到来。一些研究者指出，推迟生育是一个关键因素，因为在 20 多岁到 40 多岁及以上的这段时期内，精子的运动性会显著下降。

辅助生育技术（ARTs）　有几种辅助生育技术可供选择，因为性交过程中没能怀孕的原因也有很多种。男性的精子数量可能太低，睾丸可能受过伤或有疾病，也可能是由于精子不健康或运动速度很慢。女性的输卵管可能有阻塞、伤疤，或者曾因为疾病、受伤或手术而失去输卵管，其卵巢中的卵泡也可能无法产生健康的卵子。女性可能因进行放射或化疗而损伤卵子（卵子可以通过低温贮藏保持存活）。子宫内膜可能无法接受一个发育中的胚胎。有时候，一对夫妇不能生育并没有生理原因。而另外一些时候，同性伴侣也希望拥有一个孩子。

体外受精（In vitro fertilization，IVF）是指在人体以外，即实验室环境下的皮氏培养皿中进行受精（见图 1—5）。受孕包含如下步骤：

1. 使用刺激卵泡的激素方案，刺激卵巢以产生一些可用的卵子。
2. 从卵巢中获得一些卵子。
3. 使用伴侣的精子或 IVF 实验室中捐赠的精子使一些卵子受精。
4. 让胚胎在皮氏培养皿的特殊培养基中发育 3～5 天；扩展胚胎培养基能够提供更多成功机会。
5. 将"最好的"胚胎放置在子宫中，等待观察它是否植入子宫壁；相比于多胚胎移植来说，单个胚胎的移植对胚胎和母亲来说风险都更小。

体外受精程序也适用于绝经后的妇女。这些体外受精程序能够使用女性自身的卵子和她们配偶的精子，也可以使用捐赠的卵子或捐赠的精子。2004 年，一位 56 岁的美国妇女使用体外受精技术生育了一对双胞胎，随后一位 59 岁的妇女也生育了一对双胞胎。因为这些技术，风险极高的多胎生育在美国也有上升趋势。而研究者正在尝试使用单胚胎植入提升生育健康、足月胎儿的机会，而不是多胚胎移植。

"胚胎植入前基因治疗"目前可以被视为一种替代方法，取代绒毛取样或羊水诊断。

PGT 是对体外受精产生的胚胎进行基因扫描。医生总是使用多种方法在一批体外受精胚胎中选择"最好"的样本。而较新的程序能够从早期胚胎的一个单细胞中诊断某些遗传基因或染色体障碍，受到侵害的胚胎将被终止发育。

"精子分离"是为了预防伴性疾病或者家庭平衡的目的，将携带 X 的精子（女性）和携带 Y 的精子（男性）细胞分离，并进行简单的医学受精。

"胚胎收养"，是另外一种生育选择，这是通过使用另外一个家庭捐赠的胚胎来完成的。该家庭在体外受精的过程中有不打算使用的多余胚胎。接受的父母可以在法律意义上收养胚胎并尝试怀孕。然后被收养的胚胎就被移植到接受的母亲或代孕母亲的子宫中。

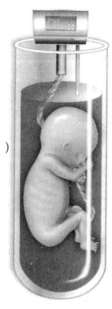

未来的婴儿

体外发育：
在实验室中于母体外制造婴儿。
一个母亲可以在她"怀孕"的过程
中随意走动，因为她不必带着婴儿。

克隆：
制造相同的人类副本。
危险是财富和力量也可复制到他们
的副本。(想象一下希特勒的百万大军！)

女性农业：
给女性特定配比的荷尔蒙来刺激她们
大量排卵来孕育下一代——
一个女性一次产生44个卵子。

基因工程：
给未来的后代任何一种特性：
肤色、身高、体型、智力、力量。

图 1—5 体外受精：未来的婴儿可能孕育于母亲的子宫之外

生殖研究者预测，体外受精科学，也即胎儿孕育于母体之外部环境的过程，将在五年之内实现。此类方法在当前颇有争议。

一些用于获取卵子和精子的技术已经发展起来，并能够将它们保持存活以备将来之需。"低温贮藏"科学（一种通过冷冻保存配子细胞或胚胎的技术）使人们保存卵子、精子和胚胎成为可能，被称为"冷冻胚胎移植"，为未来的不测之需保存一段时间。对于罹患子宫癌、卵巢癌和睾丸癌而需要化疗、放射治疗或手术摘除生殖器官的患者，可以在进行其他治疗之前先获取并保存卵子或精子。女性的卵子比男性精子更脆弱，但是在 1997 年，一位妇女在捐赠人的卵子被冷冻两年之后，怀孕并产下一对男婴双胞胎。医生还会取下卵巢组织或睾丸组织，以便日后的再度培植。此外，人们还发展出一些方法延长胚胎在子宫外成长的时间，并在显微镜下将旧卵子的染色体和/或核子移植入较新的卵子中。

一种更新的方法——"细胞质移植"——正处于早期阶段。细胞质是细胞的非核子部分，能够从年轻女性的卵子中取出，并注入年长女性的卵子中。到目前为止，细胞质移植只获得了很有限的成功。

未来的辅助生育技术　帮助伴侣怀孕的科学探索成为世界范围内的研究议题。1978年第一个"试管婴儿"出生在英格兰。澳大利亚宣布诞生了第一个来自于冷冻胚胎的婴儿。比利时实验室的研究者发现了直接将精子注入卵细胞的方法。2001年，康奈尔的研究者将胚胎依附于实验室的子宫组织上进行发育。佛罗里达大学和坦普尔大学的研究者进行了人造羊水的初步研究，能够使纤小的早产婴儿存活下来。

而最引人注目的是，日本顺天堂大学的医学研究者正在开发一种人造子宫（或称"子宫箱"）。这是一个连通机器的腔室，机器能把氧和营养带给发育中的胎儿，而这一设施完全在女性身体之外。这种新的**体外发育**科学，使胎儿完全孕育于母体之外的外部环境中。

当批评者把这样一种腔室称为非自然和丧失人性的，并引发了道德、社会和心理的困境时，得克萨斯 A & M 大学的 Farooqi 声称："体外人工培育只是一种维持生命的人工手段，而且，从这种意义上来说，它与维持生命本身没有什么不同。如果说体外人工培育带来的是非自然的生产，那么剖宫产也是如此。"Farooqi 及其支持者提出，此类方法可以挽救非常早产的婴儿，使之能够离开生物意义上的母亲，在维持生命的腔室中发育，并在"出生"时被收养。然而批评者认为发育中的胎儿与母体之间至关重要的亲密联系将随着这一技术的使用而丧失殆尽。

从法律角度来看，全世界的法院可能都需要裁决此类方法是否具有合法性。来自亚利桑那州立大学法学院的律师 Michelle Hibbert 指出，从法律的角度来说，尽管不育的夫妇（或独身者）拥有使用辅助生育技术的自由和权利，但体外受精切断了基因父母与发育中胎儿的联系。"机械孕育"的胎儿可能无法享有宪法的保护。

关于辅助生育技术程序的一些忠告　据估计，世界上有 3 500 万～7 000 万夫妇已经使用辅助生育技术生育了孩子，而对辅助生育技术程序的使用需求与日俱增。2004年，世界上大约有 100 万儿童是通过辅助生育技术降生的。然而，经更多跨越几个国家的研究证实，其流产率、早熟、初生儿的低体重、出生缺陷或发育迟滞以及婴儿死亡率，都高于正常怀孕的婴儿。医学研究者正在改良这些技术，延长胚胎植入母体前的发育时间，并植入更少的胚胎，以降低较高数目多重怀孕的风险。但是当前的实际出生成功率在25％～30％之间，使得太多伴侣陷入失望。另一方面，那些生育了双胞胎或多胞胎的夫妇，又要面临他们自身的特殊挑战，应对庞大家庭的情感要求和开销。

21 世纪的发展生物学与生殖　克隆是一种"无性体细胞核移植"形式。第一步是移除女性卵细胞的细胞核，去除绝大部分基因物质——也即产生一个"去核卵"。第二步是移出一个普通体细胞（如表皮细胞）的细胞核，并将其注入去核卵中——也即核移植过程。第三步是使用微量电荷（或化学药剂）"电击"新的组合细胞，希望能够刺激其分裂和成长（正常情况下，这种分裂和成长是被精细胞触发的）。所以，一个新的胚胎对捐赠的体细胞可能有接近98％的基因复制——一些研究者把这称为"clonote"。在"生殖性克隆"中，被克隆的胚胎被置于一个女性的子宫内，希望它能够着床于子宫壁，并发育成胎儿，健康出生。尽管很多生物医学研究者、政策制定者、立法者、伦理学家以及神职人员认为，应该对生殖性克隆采取禁令，但对于治疗性克隆的反对声音似乎较少。

在"治疗性克隆"中，合成的胚胎被允许生长4～5天，进入胚泡阶段。而它的干细胞被萃取出来，并成长为其他体细胞或可能的身体组织（皮肤、血液、骨骼、胰腺细胞、神经元、精子、卵子等）。尽管激烈的反对者言称，绝不应该仅仅为了毁坏的目的而设计这样的人类胚胎（不尊重圣洁的生命），但热切的支持者声称，干细胞能用于治愈疾病（例如，癌症、糖尿病、帕金森症、阿尔茨海默症、脊椎受损，等等）。但就目前来说，治愈上述疾病仍是一种假想性的臆测（详见本章"新知"专栏中《干细胞研究：是进步还是打开了潘多拉之盒?》一文）。同样也处于假设阶段的是，人接受其自身的克隆组织细胞，或者一个移植的身体器官，就可能不会有免疫性排斥。然而其他发展生物学家对于不保持人类基因库的多样性持保留意见，因为基因库的多样性能够避免未来出现可能杀死上百万克隆人的病毒。

早期克隆研究的目的是创造成群的基因完全一致的动物；现在，一些研究者想帮助不育的夫妇或同性恋者拥有他们的基因儿女。另一些研究者想要进行研究，以了解人类或动物疾病，并发展可能的治愈措施。大不列颠罗斯林研究所的生育研究者报告，他们在经过277次尝试之后，终于在1996年使一只名叫多莉的"正常"绵羊诞生了。而98％的绵羊胚胎都没能着床，或者在妊娠期或出生后不久死亡。然而，自多莉以后，其他物种也得到了克隆：老鼠、猫、猪、山羊、骡子以及一些濒危物种。但是对于人类来说，估计生物医学研究者需要上百万的女性卵细胞——就像动物研究者所见证的一样。然而，大不列颠、加拿大、澳大利亚、新西兰、日本、韩国以及许多欧洲国家都正在研究治疗性克隆，疾风骤雨般的日常报告可以见诸国际干细胞研究会的网站上。

限制 1998年，克林顿总统倡议美国实施一项禁令，禁止人类克隆，并成立了国家生物伦理学咨询委员会。2001年和2003年，美国众议院通过了人类克隆禁止法令，使得所有对人类体细胞核移植的使用都成为违法行为，禁止了人类克隆，如果被证实企图或实行了人类克隆，或进口使用人类克隆制造的产品（但不包括在美国的用于治疗性干细胞研究的民间基金），将强制实行刑事和民事处罚。但是两院的成员不能就此达成一致。这些生物医学研究正在全世界的实验室中进行，而美国国家健康研究院希望将来自于各个生育治疗中心的所有干细胞生产线都合成一个仓库，便于美国研究者利用。这将允许研究者更容易以较低成本获得标准化的条件和统一的质量，调控监管并检索干细胞和胚胎研究。

干细胞研究：是进步还是打开了潘多拉之盒？

干细胞是指有能力自身繁殖的细胞。它们能够分裂并在很长时期内自我更新，但不具有特定的功能，而是能异化成为人类220种细胞或组织中的任何一种。这一研究是非常具有争议性的，因为很多研究者提议，生成人体组织和器官的最佳干细胞资源是胚泡阶段的胎儿组织（子宫着床前的胎儿，有

30～150个细胞）（见图1—6）。这样的胚胎干细胞能够从胎儿组织中提取，而胎儿是由体外受精创造的，是体外受精程序中剩余的或冷冻的胚胎。然而，在胎盘和脐带组织中也发现了其他干细胞，而成人的干细胞能够在脂肪细胞、表皮、血液、骨髓和其他体细胞中发现。

接触新干细胞生产线
研究者们相信干细胞能被诱发形成治病所需的特定细胞

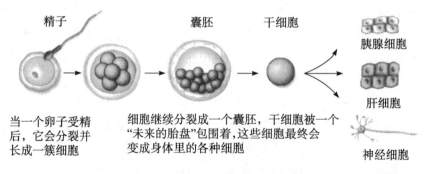

精子　　　　　　　囊胚　　　　　干细胞　　　　　胰腺细胞

肝细胞

神经细胞

当一个卵子受精后，它会分裂并长成一簇细胞

细胞继续分裂成一个囊胚，干细胞被一个"未来的胎盘"包围着，这些细胞最终会变成身体里的各种细胞

图1—6　为科研和治疗收取胚胎干细胞

在世界范围内，日益增加的研究试图考察如何使用胚胎干细胞和其他躯体细胞——诸如皮肤细胞、脂肪细胞以及脐带血细胞——来创造新的人类细胞和组织。

法律法规

2001年，布什总统限制美国联邦研究基金仅可给予那些留在生育医疗中心和指定处置的胚胎细胞株实验。布什总统与很多生物伦理学家和保卫生命提倡者一道，都关注无度创造和破坏额外的胚胎以及对女性的潜在剥削。然而，人类干细胞研究的民间实验并没有被法律监管或禁止，而总统和国会也支持并资助成人

干细胞研究。2003年末，美国和世界上有60多家公司和1 000多位科学家在为开发治疗性产品寻找某种形式的胚胎干细胞研究。

2004年11月，联合国否决了对胚胎干细胞研究的禁令。很多国家和地区——例如以色列、澳大利亚、新西兰、中国、韩国、中国台湾以及日本等国家和地区，都已经开始进行胚胎干细胞（ES）研究。

支持派

干细胞研究的支持者、很多生物医学家、一些受疾病折磨的人以及一些政治家和风险投资家预测，ES 研究具有治愈多种人类疾病的潜力——他们说，这是改变疾病和人类痛苦，结束不育以及预防衰老和死亡的第一步。2004 年，哈佛的科学家为其他干细胞研究者免费提供了 17 个新的人类胚胎干细胞株，这些干细胞株不是由政府的资金培育出来的，他们希望能够借此推动相关研究。来自澳大利亚的干细胞科学有限公司也为学院和公司提供了一个干细胞株用以加速研究的开展。

2004 年，加利福尼亚的选民通过了 71 号提案——《加利福尼亚干细胞研究和治疗提案》，提案允许该州在 2014 年以前投资三亿资金用于干细胞研究。核准资金成立了再生医学研究院，并由该研究院分配基金，建立研究指导方针。加利福尼亚州宪法将得到修正，以确保生物学家进行胚胎干细胞研究的权利，并保护研究所不受立法机关的干涉和监督。支持者相信这将使加利福尼亚州在全球成为该领域的领军者，吸引国际上优秀的生物技术研究者来到加利福尼亚，并显示出资金上的优势。威斯康星州很快也出资 75 000 万美元建立探索研究院，引导干细胞研究。其他州接踵而至。这是一场投资了数以亿计美元的竞赛，很多人相信这类生物医学研究将是下一个"硅谷"。

干细胞反对派

很多国家的公民持有不同的宗教信仰以及哲学和伦理学信仰，一些国家禁止为研究制造人类胚胎。此类研究的支持者认为任何道德层面上的反对都不重要，因为 ES 是一簇"看不见的细胞丛"，而"不是与你一样的真正生命"。然而，另外一些医学科学家、绝大多数牧师、政治家以及很多美国人，都相信人类生命始于受精。教皇是天主教会及其

数百万追随者的领袖，曾"谴责使用胚胎的干细胞研究，因为研究中破坏了胚胎；但并不反对从其他身体组织提取细胞来进行干细胞研究，因为在这一过程中没有威胁到生命"。

一些研究使用来自于人类早期胚胎的干细胞、来自于流产的胚芽和胎儿干细胞，还有胎儿的组织，这引发了伦理、法律和政治问题：哪些管理机构会出台规范并监督此类研究？为使此类研究持续进行，要从哪里得来那么多胚胎来满足研究持续和升级的需求？妇女会因为流产胚胎而得到报酬吗？胚胎干细胞会被允许发育到胎儿阶段，然后再被破坏吗？人类胚胎细胞会被用来和其他动物细胞连接吗？干细胞株可以用于制药公司研制新药物的试验吗？

这些反对者感到，将人类身体部件作为商业"货物"来贩卖或使用，而不是将其视为"奇迹"——像父母所认为的那样，通过自然受孕、发育和分娩诞生出这样的"奇迹"，这令他们焦虑不安。现今仍缺乏相关管理法律、授权、规范和监督，以防止随意使用人类细胞的现象出现，避免打开新的高科技人种改良学大门。

折中派

"遗传研究中心及学会"号召，公众应对加利福尼亚州的干细胞提案负有监督义务与责任感，以避免滥用公众资金，同时也应保护为研究提供卵子的女性。人们对于关于胚胎干细胞研究的争论带有很强烈的情绪色彩，但就目前来说，来自于不同渠道的资料均表明，正在进行干细胞研究的生物医学研究者至少已在过去十年中获得了一些成功。然而，仍然没有证据显示使用胚胎干细胞能够制造出其他健康的人类组织和器官。该研究领域在全世界已经出现一种新的势头，各方面有关人员都同意的是，成人的其他干细胞、胎

盘和脐带干细胞应该被用于探索治疗人类疾病及其他挽救生命的可能性的研究上。倘使一些生物医学研究者做出预言,倘使预言变为现实,人类就可以通过更换身体部件和器官,获得更好的生活质量,并且活得更长。

制造婴儿的伦理困境

绝大多数人都有强烈的生育愿望。很多生物医学研究者也认为,采取任何可能的手段来进行生殖都是人类的一项基本权利。通过运用精良的辅助生育技术,妊娠率和正常足月出生率都已获得显著提高,有超过百万的不孕夫妇、同性恋伴侣或单身者生育了子嗣。而更令人吃惊的是,据生育专家预言,不孕将在不久的将来被终结。研究者正在使用新的化学治疗和显微装置,创造新的辅助生育技术(包括人类克隆,将允许任何人拥有孩子),并计划制造和设计没有疾病和障碍的人类婴儿。在这方面,生物医学研究者已经:

- 改进了对不孕的诊断,并明确了怀孕的最佳时机。
- 改善了对自然怀孕的激素治疗。
- 改进了体外受精技术,在子宫中植入较少(但健康)的胚胎,以避免有较高风险的多重怀孕。
- 使先天子宫缺失的妇女、正进行化疗或放疗的妇女以及绝经期妇女也能够怀孕。
- 设计合成羊水,以便维持人造子宫中的生命。
- 为体外胚胎移植制造人造子宫。
- 制造人造子宫箱来使发育早期阶段或后期阶段流产的胎儿成长和发育到足月(结束流产或因为不足月分娩导致的先天缺陷)。
- 改良三维和四维诊断成像,以便在出生前的所有阶段都能够评估胚胎及胎盘的健康。
- 通过在胚胎阶段替换有缺陷的基因,尝试移除基因缺陷。

所有这些技术中,最令人不安的是体外发育,即利用人造子宫箱。拥护者预言,这将终结人类自然怀孕——使胎儿在产前得以在科技监控下发育到足月,模拟子宫环境,能够进行简单的手术干预或基因转移,以纠正可见的缺陷。即将成为父母的人们可以观察他们的胚胎成长为一个 40 周的胎儿,而且有很高的几率可以健康"出生"。妇女会不会去做推广宣传:没有"晨吐"的妊娠反应,不会增重,也不会出现健康方面的并发症,不会为产科检查和休产假减少工作时间,而且还有一个"更健康"的孩子?

设计"完美"的婴儿听起来如同田园诗画般美好,但是在这幅画卷中,母亲与发育中的婴儿之间自然的联结在哪里呢?对于男人与女人共同创造的人类生命的尊重哪里去了呢?然而,在 19 世纪后期,当出现为早产儿制造的孵化箱时,当 20 世纪 60 年代出现第一批避孕药时,当 1967 年进行首例人类心脏移植并引导了组织捐赠与器官移植时代时，当1978年通过体外受精生育出第一个婴儿时，同样的伦理担忧也曾出现过。现如今，公众欢迎此类挽救生命或缔造生命的技术。然而，所有新的医学"奇迹"都应该有联邦规章和监督，因为已经发生过一些灾难事件。1957年，用于减轻怀孕妇女"晨吐"和失眠的药物"反应停"在欧洲和加拿大出售。这造成了许多婴儿的先天残疾，有过万的婴儿先天矮小或没有四肢。

经济因素也是人类繁衍和生育健康婴儿的一种驱力，因为在新生儿重症治疗监护病房中为早产儿提供的医疗保健每年需要耗费几十亿美元——而焦虑的父母为等待子女命运所耗费的情感代价更是难以估量。

社会科学家、医生、生物伦理学家、政治家、牧师以及非专业人士都提出了辅助生育技术的合法性问题。胚胎被允许在实验室中发育多长时间（几天或几次细胞分裂）？是否应该按照特定的参数表设计胚胎？如果接受人改变了初衷，或者有畸形发生，该怎么办？研究者是否应该被许可毁坏掉发育中的胚胎或胎儿？这种破坏是优生学的一种形式吗？人类胎儿组织会被单独移植？谁拥有实验室培育出的匿名胚胎？当通过克隆技术培育出的孩子了解到自己的身世时，他们将作何感受？在母体外发育会不会影响到自然母婴联结的过程？

第57届世界健康大会敦促其192个成员国，贯彻监督"人类细胞、组织、器官的获得、处理及移植，以确保人类肉体移植及追踪的责任"，使"全球实践工作和谐发展"，"考虑建立伦理委员会"，并"着手保护贫困和弱势群体……使其不会贩卖组织和器官"。尽管很多欧盟国家、加拿大、澳大利亚、中国、日本、韩国以及美国的某些州，还没有出台上述草案，但已在研究进程中。

一些研究者、生育专家、政治家以及风险资本投资者支持包括克隆在内的辅助生育技术，并声称他们没有破坏任何道德规范。有些人说，他们正在通过帮助不孕的夫妇实现生育梦想，或通过消除人们的痛苦，而使人类更接近上帝。然而很多人，特别是女性，在道德上对于重新定义母亲身份和人性仍然持保留态度——并对人类整体的未来表示严重担忧。

生育控制方法

避孕是女性看**妇科医生**的首要原因，而看妇科医生的女性中有75%是20岁左右的女性。在过去十多年里，美国为降低十几岁少女怀孕和成年女性计划外怀孕实施了多种强化方法并卓有成效。在1990年的峰值之后，低龄少女（10～14岁）生育的报告达到了60年里的最低水平。1990—2002年，尽管低龄少女总人数有16%的上升，但其生育数量下降了43%。

同样，在过去十几年中，医疗保险制度提高了覆盖范围，例如，截至2002年，大部分保险计划覆盖五种主要的可逆避孕方法：子宫帽、一个月和三个月的血管注射、

IUD 及口服避孕药。自 1998 年来，美国食品与药物管理局（FDA）已批准了至少 14 种新的女性避孕产品。这些必要的计划为 6 000 万美国育龄妇女提供了生殖选择，而采用避孕措施的女性比例正在持续增加。

此外，性活跃的青少年与成人如今被更充分地告知了性行为的风险，包括 HIV 和 AIDS、性传染病以及较差的社会经济后果。他们也更好地意识到多种计划生育措施，以避免怀孕或合法堕胎及终止怀孕。

避孕　有很多种避孕产品和方法，有些可逆，有些不可逆，但是绝大多数避孕工具都不能保护当事人不感染 HIV 或其他性传染病。在世界范围内，多种试验性的男性避孕方法正在临床试验阶段，包括将一种液体注射入输精管，以及植入雄性激素和孕酮合成的激素，这些方法已在一小部分被试样本中获得成功。

很多生殖健康措施的倡议者都致力于通过保险覆盖更多可用方法，使公众拥有更好的知情权，并宣传更有效的生育控制手段——包括双重拮抗药物。同时，美国某些州的各类卫生保健人员也在药店和社区诊所分发避孕药。药剂师还接受了通过注射进行紧急避孕的培训。

禁欲　道德观和价值观是少女怀孕问题的核心。所以，一些公共健康倡议者和政策制定者认为禁欲是关键因素，其首写字母也就是预防计划外怀孕或性传染病的 ABCs 计划中的 A［B 是"对伴侣忠诚"（be faithful to your partner），C 是"如果有性行为，使用避孕套"（if active，use a condom）］。

在一项对 1 000 名青少年和 1 000 名成人被试进行的全美调查中，绝大多数成年人（94％）和青少年（92％）表示，对于青少年来说，重要的是从社会获得强有力的信息，表明他们在高中毕业之前不应该有性行为。而更多年轻人对于早期和偶然的性行为很谨慎。青少年意识到，HIV/AIDS 和 STIs 都是大问题，而越来越多的青少年，特别是在贫困的少数民族社区中的青少年，希望读大学并改变他们的生活状况。然而，当代青少年对避孕有更多的认识，并且更容易采取避孕措施，他们也想更多地了解关系、亲密、爱以及与伴侣的交流。

流产　避孕并非绝对安全，在美国女性中，有将近 50％的怀孕是意外的，而终止怀孕是一种合法选择。**流产**是在胎儿有独立生存能力之前自然或人为诱发排出体外。1973 年，美国最高法院在罗伊案中将堕胎合法化，从此之后，要求流产就成为一种合法的医学程序。大多数进行流产的女性是年轻的未婚女性，通常在怀孕后八周之内就进行流产，风险也最低。已发布的统计数字令人震惊：1973—2001 年，被报告的流产案例超过 4 500 万例。2001 年，流产的女性超过 85 万人，然而这一数字在 1990 年后呈现出显著下降趋势。

一个特别具有争议的问题是引产，引产是在怀孕的最后三个月，当胎儿已经能在子宫之外存活时进行。这一程序包括首先把胎儿的脚放进产道，使用一个锋利的工具刺破胎儿的头，然后把它移出母体。2000 年，美国进行了大约 2 200 例此类晚期流产。

流产问题是公民两大阵营——保护生命权和保护选择权两派支持者激烈且难以调和的冲突，而州与州之间的流产法律也有所不同，至少有 30 个州禁止引产。

扩大的生育年龄

引起医学工作者——特别是小儿科的内分泌科专家——极大关注的一个事实是，现在美国和欧洲的女孩比 25～30 年前的女孩更早进入青春期。20 世纪早期，女孩平均来说直到 14 岁才月经初潮。现在，有些女孩在 5 岁时就开始发育阴毛和胸部，而 8～9 岁时就月经初潮。白人女孩初潮时的平均年龄是 12.8 岁，非洲裔美国女孩的平均年龄是 12.2 岁。这被称为"发育周期压缩"，而经历早熟的青春期的少女，往往在低自尊和同伴社会压力下挣扎。对于一些女孩来说，早熟的青春期还伴随着较早的性行为以及低龄怀孕。这是一个很重要的社会问题，因为这些年轻女孩还不具备养活自己和腹中胎儿的资源。保健系统、政府机构以及美国工商界正在联合起来，对美国年轻人进行关于十几岁（甚至更低龄）怀孕危险的教育。

迄今为止，关于青春期提前现象增多的原因，尚未有一致的科学结论，尽管研究者推测这与提早增重或进食带有类似激素物质的食品有关。另外一些研究者则认为，从社会心理的观点来看，家庭关系压力以及继父的存在都是其影响因素。而小儿科的内分泌科专家认为，女孩 8 岁前或男孩 9 岁前出现青春期发育需要进行临床评估和骨龄评估。10～14 岁女孩怀孕的发生在 20 世纪早期达到了有史以来的峰值，而到了 2002 年，这一报告数字达到了 60 年里的最低点。然而，美国的十几岁少女怀孕和生育在工业化国家中仍然是最高的。

在整个人类历史中，女性的生育年龄一般都终止于最后的月经周期（平均来说是 50 岁左右），也称为"更年期"。近期欧洲一项跨国研究对大样本的伴侣被试进行调查，发现女性在接近 30 岁时生育能力开始下降，而到接近 40 岁时有本质降低。男性的生育能力受年龄的影响较小，但在接近 40 岁时也显示出显著的下降。而今，通过辅助生育技术，更多女性尝试在 40 多岁、50 多岁甚至更年期后生育。三四十岁的不孕妇女以及绝经后的妇女都需通过仔细的身体检查，有一些不适合做辅助生育技术。而适合做的人也有很高风险可能罹患怀孕并发症。美国生育协会和美国生殖医学会已经启动了广泛的教育活动，教育的目标是那些准备怀孕的人："年龄增加会降低你的生育能力。"随着年龄的增加，只有一小部分妇女能怀孕并孕育健康的婴儿。例如，在 2002 年，全美50～55 岁的女性总共才生育了 263 个婴儿（而且其中一些还是多胞胎）。

进入更年期的妇女自己没有能生育的卵子，所以就需要寻找二三十岁女性捐赠的卵子。更年期妇女本人也需要使用雌激素治疗以刺激子宫，使其能够进行体外受精。精液可以来源于其配偶或是另一个捐赠者，捐赠人通常都在 40 岁以下。受精发生在实验室里，几个胚胎会在实验室环境中发育几天，然后被植入该妇女的子宫。所以多重怀孕的风险很高。

遗 传

或许，关于辅助生育技术和扩大的生育年龄的争论核心在于，我们知道每个人的基因构成都是非常复杂和独特的，可能存在一系列瑕疵。在正常性交繁殖中，很多事情都可能出现故障。如果科学家获得许可，可以自由创造人类物种及其基因组合，将会发生什么事情？在我们接受"完美"胎儿之前，有多少胚胎将被创造又遭毁灭？"完美的宝宝"真的存在吗？我们是否真的想养育一个自身身体的复制品？

如前所述，心理学、心理生物学以及社会生物学领域中的一个主要争论是，在我们的躯体、智力、社会性和情绪逐渐发展的过程中，遗传和环境因素分别起到何种作用？这一争论被称为先天（生物）与教养（环境）之争。社会生物学家致力于确定多个物种在社会行为进化方面及生物性方面的规律。心理学家则倾向于把焦点放在心理机制的天性以及对环境的适应性方面。不同专业的工作者包括生物伦理学家之间的良性论战，帮助我们了解到生物性遗传的重要作用。

现在我们来看一看我们自身的生物性遗传，也称为**"遗传"**（heredity），也就是我们从生物性双亲身上继承的基因。每个人都从自己的生物性双亲那里继承了特定的基因编码，而受精是决定生物性遗传的主要事件。我们的生命始于一个单一的受精卵，或称"合子"，其中包含有来自父母及其祖先的所有遗传物质。在随后的九个月中，直至出生前，我们大约会拥有两千亿左右个细胞，均以这个原初细胞为精确蓝本。**遗传学**是遗传学家对生物性遗传进行的科学研究，2000 年，人类基因组工程完成了人类的第一份基因蓝图。

人类基因组工程

1990 年，美国能源部和国家健康研究所的科学家开始与一家名为 Celera 的私企进行一场激动人心的科学赛跑，目的是发现**人类基因组**的顺序，也就是在每个人类细胞中缠绕的 6 英尺长的染色体中所有基因的蓝图。自从第一份人类基因组草图在 2000 年被报告起，在全世界范围内，数百位科学家通力合作，使草图变为一个具有高度准确性的基因组序列，其中 99％的部分已经完成。人类基因数量远比预期少得多——只有 2 万到 2.5 万个基因，而不像基因研究者曾经预测的那样能达到 10 万个。人类的基因数量只是果蝇或低等线虫的两倍。多令人惊奇啊！

基因的先后顺序保持了整套遗传说明，来制造、运行并维持器官，同时也再造了下一代。你身体上万亿细胞中的每一个，都包含着一份你的基因组复本。更重要的是，基因组是一种信息，影响着我们的行为与生理的方方面面。基因不仅影响着我们的外貌，而且基因中分子水平的错误还无疑对3 000～4 000种遗传疾病负有责任。

简言之，基因组被分为染色体，染色体包含着基因，而基因是由**DNA（脱氧核糖核酸）**构成的，DNA告知细胞应该如何制造重要的蛋白质。"基因影响你的特点的途径是，通过告诉你的细胞该制造什么样的蛋白质、制造多少、何时制造、在哪儿制造"。现已发现，人类在基因序列上，有99.9％是一致的——而剩下的0.1％造成了我们外表和内在的差异。所以，没有任何两个人是完全相同的。

什么是染色体和基因？

20世纪早期，科学家使用显微镜研究细胞组织，这导致了染色体的发现。**染色体**是由蛋白质和核酸构成的长长的索状结构，包含了任一细胞核中所具有的遗传物质（见图1—7）。人类在受精时总共拥有46条染色体，通常被称为23对。

每条染色体都包含有一条由数千个较小单元组成的序列，并分为几个被称为"**基因**"的区域，基因传递由生物性父母带给子女的遗传特征。它们就像一串珠子一样，每个基因在染色体上都有自己特定的位置。每个人类细胞包含2万～2.5万个基因，还有大约30亿个化学编码，它们构成了DNA（见图1—8）。DNA是基因中的活性生物化学物质，安排细胞制造重要蛋白质的程序，包括酶、激素、抗体以及其他结构性蛋白质。生命的DNA编码由一个外形像双螺旋索梯一样的大分子所携带。

在人类身体中，几乎所有细胞都通过**有丝分裂**形成。在有丝分裂中，细胞中的每个染色体都纵向分裂，形成新的一对。细胞核通过这一过程分裂，而细胞则分裂成两个具有同样遗传信息的子细胞，从而复制了自身。卵细胞与精细胞与人体中的其他细胞不同，它们只有23条染色体，而不是23对。配子是通过一种更为复杂的细胞分裂形式——减数分裂——形成的。**减数分裂**包含两次细胞分裂，在这一过程中，染色体减至正常数量的一半（见图1—9）。每个配子都只得到双亲细胞每对染色体中的一条。这是通常数量的一半，这使得双亲在受精时各自为染色体总数和遗传物质做出一半贡献。这样，通过受精，新形成的合子就具有23对染色体。

因为突变的缘故，每个人的基因组都有些微不同。突变是偶尔发生于DNA序列中的"错误"，而某些突变将表现为疾病或器官缺陷。遗传学家预测，未来15～20年里，科学家在很多疾病的早期发现和治疗方面将获得突破。基因治疗这一新兴科学的目标是修正或替换突变的基因。囊肿性纤维化是高加索人种中最常见的致命性遗传疾病，其基因被发现于1989年，而对这一疾病的首例人类基因治疗临床试验正在等待联邦政府的审批。科学家既能够直接检查出这些疾病，也能在其出生前检测出来。该项目的年度经费预算中，大约有5％被用于解决有关此类研究的伦理、法律和社会问题。

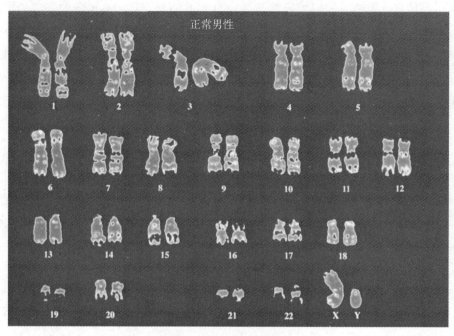

图 1—7 人类染色体组型

　　每个细胞核包含 23 对染色体——每种类型有两条。双亲各自提供一对染色体中的一条。染色体在大小和形状方面都有差异。为了便于讨论，科学家按照染色体大小递减为其排序并编号。每对染色体中的两条看起来都很相似，只有男性的第 23 对染色体有所不同。如图所示，第 23 对染色体是决定性别的染色体。这对染色体如果是 XX 型的，就会产生女性；而 XY 型的将会产生男性。男性的 Y 染色体较小。

胚胎性别的确定

　　即使在现今的很多社会中，男孩仍然被赋予很高的期望，包括继承家族的姓氏、接替家族的产业以及文化中的角色。所以，在很多文化中，生男孩值得庆祝，而生女孩则完全不同。

　　历史资料中记录了很多事例，讲述一些妇女因为没能生育男婴而遭受挑剔、导致离婚甚至被杀害。然而，基因研究使我们得知，是男性的精子中携带了决定孩子性别的染色体。每个人类个体所拥有的 46 条（23 对）染色体中，男性和女性在其中 22 对的大小和形状方面都很相似，这 22 对被称为**"常染色体"**。第 23 对，**性染色体**——一条来自母亲，一条来自父亲——决定了婴儿的性别。母亲每个卵子中的性染色体都是 X 染色体，而精子则既可能携带 X 染色体，也可能携带 Y 染色体。如果携带 X 染色体的卵子被携带 X 染色体的精子受精，合子就将是女性（XX）。如果携带 X 的卵子被携带 Y 的精子受精，合子就将是男性（XY）。Y 染色体决定了孩子的性别为男。胚胎发育到 6～8 周时，男性胚胎开始制造男性睾丸激素，促使男性特征得到发育。

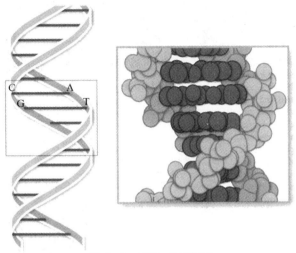

图 1—8 DNA 分子模型

DNA 分子的双索状结构呈螺旋形盘绕。在细胞分裂过程中，两条索链分离，就好像"拉开拉链"一样。每一半都成为自由的结构，能够与新的互补的一半结合。此图右边部分是基因的细节图，基因传输着遗传特征。基因中的 DNA 为细胞设定制造关键蛋白质物质的程序。

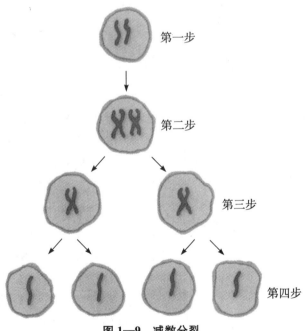

图 1—9 减数分裂

这个简图说明了配子（卵子和精子）是如何通过减数分裂形成的。在第一步中，每个染色体与其另一半组对。第二步里，发生第一次减数分裂；每对染色体中的两条都被复制。（为了简化说明，图中只举了一对染色体作为例子，而正常人类染色体是 23 对。）每条母染色体和它精确的复制品——都被称为染色单体——都在中心位置结合。第三步是第二次减数分裂。每条母染色体及其复制品变成一个中介细胞。第四步，每条染色单体（母染色体及其复制品）分离，进入独立的卵细胞或精细胞。因此，中介细胞没有经过染色体复制就进行了分裂。这一过程产生四个配子细胞。

遗传法则

你是否曾想过自己的遗传如何影响着你的特征和发育？我们最初对基因的很多理解，还有基因这门科学，都来自于一位名叫孟德尔（Gregor Johann Mendel，1822—1884）的奥地利修道士的研究。孟德尔在其修道院的小花园里对不同种类的豌豆（短的、长的；红花的、白花的）进行杂交，据此形成了基本遗传法则。孟德尔假设，一些独立单元决定着遗传特征，他称这些独立单元为"因子"，而今天，我们把这些单元叫作"基因"。孟德尔进而推理，控制单一遗传特征的基因必然成对存在。微生物学和基因科学的进展证实了孟德尔的预测。基因是成对的，其中一条在母亲染色体上，而另外一条在相应的父亲染色体上。成对的两个基因在每条染色体上占据特定的位置。如前所述，人类基因组工程近期已将每个人类基因的位置与功能都绘制成图了。

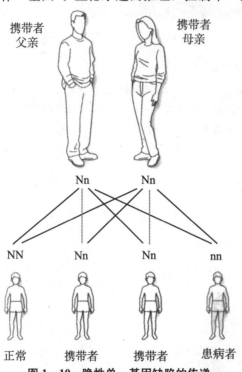

图1—10　隐性单一基因缺陷的传递

显性性状与隐性性状　基因对中的两个基因都被称为"等位基因"。**等位基因**是在相应染色体中发现的一对基因，它们影响着同一种特质。每个人的任何一个特征，只有两个等位基因，分别来自于父亲和母亲（一条在母亲的染色体上，另一条在父亲的染色体上）。孟德尔论证说，拥有**显性性状**的等位基因将完全遮蔽或隐藏另一条拥有**隐性性状**的等位基因。孟德尔使用字母表中的大写字母来表示显性等位基因（A），用小写字母来表示隐性等位基因（a）。当来自父母双亲的等位基因相同时，就成为**纯合性状**［（AA）或（aa）］。当两个配对等位基因不同时，就被称为"**杂合**"性状（Aa）。通常被表达出来的是显性等位基因的性状（A），除非出现的是一对隐性等位基因（aa）（见图1—10）。

父母双方如果都携带着一个正常基因（N），支配了其有缺陷的隐性配对基因（n），通常他们自己都不会受到有缺陷基因的影响。而他们的孩子则面临如下可能：（1）25％的几率成为NN，正常遗传了两个N基因，从而就不再携带有缺陷的隐性基因；（2）50％的几率成为Nn，从而成为与其父母一样的携带者；（3）25％的风险成为nn，继承了"双剂量"的n基因，从而可能表现出一种严重的遗传疾病。

并非所有的特性都是简单传递的。一些遗传特性或缺陷是很多基因复杂交互作用的结果，这被称为"**多基因遗传**"。人格、智力、性向和能力就是多基因遗传的例子。

显型与基因型　通过将红花豌豆与白花豌豆杂交，孟德尔证明了基因型与显型之间的区别。**基因型**是器官的真实基因构成；**显型**则是器官可观察到的（或表现出的）性状。对于人类来说，显型包括身体的、生理的和行为的特性。如前所述，人类也拥有显性和隐性基因。

举例来说，想一想你眼睛的颜色。对于人类而言，在全世界范围内棕色眼睛都是显性性状。蓝色和绿色是隐性的眼睛颜色。当在镜子里（而不是颜色接触的镜头）看你自己的眼睛时，你就能观察到显型。然而，关于眼球颜色的潜在基因型有三种可能。如果用 B 来代表棕色的话，就有 BB、Bb 和 bb 三种类型。如果你的眼睛是棕色的，你既可能是 BB 基因型，也可能是 Bb 基因型。如果你是蓝眼或碧眼的人，你就继承了两条隐性的眼睛颜色等位基因，也就是 bb 基因型。你头发的自然颜色是深色还是浅色（金色或红色）？可观察到的自然发色是你的显型。我们如果再次使用 B 来表示棕色或黑色，则有三种可能的基因型：BB、Bb 或 bb。如果你的自然发色是深色，你的基因型可能是 BB 或 Bb。如果你的自然发色是浅色，那么你的基因型就是隐性的 bb 型。借用电视喜剧明星 Flip Wilson 的著名台词："看到的不一定都是真的。"

多因素传递　环境因素与基因因素交互作用，共同产生特性，科学家将这一过程称为"**多因素传递**"。如果我们认为遗传和基因为我们提供了基本的生物化学结构和在发育过程中的展开计划，环境〔或像布朗芬布伦纳（Bronfenbrenner）所言的生态系统〕在发育过程中所起的作用是什么？你就是因为传递给你的基因蓝本而是你自己吗？抑或你所处的环境促进或改变了这一蓝本？在你的生命发展中，有任何影响吗？

例如，想一想天生对音乐具有易感才能的 Leann Rimes。在很小的时候，她就喜欢唱歌，并公开演唱。在父母的鼓励和支持（赞扬、教授、时间、经济贡献和管理）下，她在童年生涯中发展了她的能力。在十岁出头时，她就获得了国内音乐领域顶级专家的赏识和赞扬。她的自我动机和来自他人的鼓励促进了她天赋能力的发展。如果在她的早年生活中没有这些鼓励和支持，她可能也无法发展其歌唱天才。此外，一些身体特性是多因素传递的结果。例如，青春期发育的年龄以及更年期开始的年龄，被认为是基因预设的，但是营养、身体健康、压力和疾病可能提前或延后这些预设的事件。

伴性遗传性状　只有基因是在不同染色体中时，才是独立遗传的。有联系的或出现在同一条染色体中的基因，被共同遗传。有联系基因的一个很好的例子是**伴性特征**。例如，X 染色体包含与性方面的特点无关的很多基因。血友病，一种遗传缺陷，妨碍了正常的血液凝结过程，就是一种伴随 X 染色体遗传的伴性性状。另外还有约 150 种疾病，包括一种营养失调、特定形式的夜盲、亨氏综合征（一种严重的精神迟滞）以及青少年青光眼（眼球内流体硬化）等，都是已知的伴性疾病。

绝大多数伴性遗传缺陷发生在男性中，因为男性只有一条 X 染色体。对于女性来说，一条 X 染色体上的有害基因通常被另一条染色体上的显性基因所抑制。所以，尽

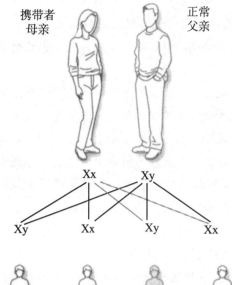

携带者母亲　　　　正常父亲

Xx　　　　　　　Xy

Xy　　　Xx　　　Xy　　　Xx

正常男性　　正常女性　　患病男性　　携带女性

图 1—11　伴性遗传缺陷

在绝大多数伴性遗传障碍中，未患病的母亲（自己没有表现出障碍的女性）的女性性染色体携带了一条有缺陷的染色体（X）和一条正常染色体（X）。父亲携带了正常 X 染色体和 Y 染色体。每个男性孩子的统计几率是：（1）50% 的风险遗传这一缺陷（X）染色体，并表现出障碍；（2）50% 的几率遗传了正常的 X 和 Y 染色体。每个女性孩子的几率是：（1）50% 的风险遗传了有缺陷的（X）染色体，并成为一个像其母亲一样的携带者；（2）50% 的几率继承没有缺陷的基因。

管女性自己通常都没有受到伴性疾病的影响，但她们可能是携带者。男性如果继承了母亲带有基因缺陷的 X 染色体，就会表现出疾病（见图 1—11）。男性不会从父亲那里得到不正常的基因。男性只将 X 染色体传递给女儿，而不会传递给儿子，因为儿子总是得到父亲的 Y 染色体。

关于伴性特点的常见例子是男性脱发（开始于男性头顶头发的稀疏，能够导致在接近 30 和 30 岁出头时扩大范围的谢顶）。母亲从其父亲那里继承了这种特点，但是她自己并不会受到影响。然而，她的儿子有 50% 的几率受到影响。伴性特点的另外一个例子是红绿色盲。这种疾病的绝大多数患者都是男性，而其自己常常意识不到他们自己看到的东西有什么"不同"，直到他们开始开车时，因为他们看红绿信号灯时有困难，才会有所意识。对于这些患者，这两种颜色看起来更像是一种褐色的颜色。新型信号灯带有百叶式的条纹遮挡，在红绿灯上快速发出和关闭，以发射出一种脉冲的明亮光源，所以这些红绿色盲患者就能够更准确地区辨信号。教给孩子认识颜色的托儿所和幼儿园老师，可能最先发现这些色盲儿童。

在很少的一些情况下，如果女性从母亲那里继承的 X 染色体和从父亲那里继承的 X 染色体都有致病基因，她也会继承这些疾病。

基因和染色体异常

一些障碍与过少或过多染色体（对于人类来说，不是正常的 23 对染色体）有关。一种常见的障碍是唐氏综合征，每 800 个活产儿中就有一例。在美国，近 35 万个家庭中有唐氏儿。每年有大约 5 000 个唐氏儿出生。因为唐氏综合征的死亡率在减少，美国社会中唐氏综合征的发生率在增加。

唐氏综合征有三种原因，但是大约 95% 的案例都是因为第 21 条染色体的三个复本。在这些个体中，染色体总数是 47 条，而不是正常的 46 条。额外的染色体更改了发育过程，并引发与唐氏综合征有关的性格：面部扁平的轮廓，上斜的眼睛，突出的较低的下巴，较差的莫罗反射，屈曲过度，脖子上过多的皮肤，突出的下唇，小的口腔使得舌头突出，短脖子，每只手上非常短的五指，手掌上长长的横断掌纹，通常有轻微到中度的精神迟滞，全面发育迟滞，以及呼吸、心血管疾病发生率的增加及其他表现。

今天，早期干预为唐氏儿童提供服务，帮助其发展他们的全面潜能。那些接受到好的医学治疗、进入学校和社区活动的唐氏儿，可被期待成功地适应，发展社会技能，找到工作，参与影响他们的决定，为社会做出积极贡献。一些有唐氏综合征的成人也结婚并组建了家庭（有 21 号染色体三体性父母的儿童有 50% 的几率有正常后代）。唐氏综合征的成人父母已注意到公众对残疾者接受度的改善，以及扩展的支持服务。

遗传咨询能预测谁会生出唐氏儿吗？现已发现某些相关因素。所有人种和经济水平的人群中都有唐氏综合征发生。产生唐氏综合征的多余染色体更可能源自母亲（95% 的几率），而较少源自父亲（5% 的几率）。较年长女性生出唐氏综合征患儿的风险更高。一位 35 岁的女性，有 1/400 的可能性生出唐氏儿，而 40 岁的女性有 1/110 的可能性，到了 45 岁，这个可能性变成 1/35。然而，更年轻的女性也可能生出唐氏儿。一些基因研究者认为，现在的统计数据有一种误导。因为年长母亲（35 岁以上）的整体数量少于年轻母亲。很多其他障碍也与性染色体异常有关。

如果父母觉得自己很可能怀上了一个有基因障碍的胎儿，可以通过遗传咨询和检查来进行判断，这类检查对于确定胚胎是否带有缺陷有很高的精确度，能够帮助夫妇为一个可能有残障的孩子做准备，或者决定终止妊娠。

新知

遗传咨询和检查

产前诊断使用技术来确定未出生的胎儿的健康状况。先天畸形（出生时就存在的）有 20%～25% 在围产期死亡。产前诊断有助于：（1）怀孕管理；（2）确定怀孕结果；（3）为生产过程并发症或新生儿健康风险做计划；（4）决定是否继续怀孕；（5）发现可能影响未来怀孕的疾病。

遗传咨询师有医学遗传和咨询方面的硕士学历、培训和经验，并且与一个保健团队一起工作，为那些可能有遗传疾病风险的人们提供信息和支持。遗传咨询师在医院、医疗机构、大学、企业（如医药公司或基因检验公司）、HMOs 工作，或独立开业。遗传检查被用于探测威胁生命的疾病，并在胎儿仍位于子宫内部时进行治疗。例如，医学科学家目前正在尝试将健康的基因直接植入受疾病侵袭的胎儿，以改变其基因蓝本。目的是将有缺陷的基因排除在婴儿遗传编码以外，以治疗其疾病。

入侵性和非入侵性技术帮助识别很多产前发育中的基因和染色体问题。**羊膜穿刺术**是一种入侵性程序，通常在妊娠的第14～18周进行。医生插入一根长长的空心针，通过腹部进入子宫，抽出胎儿周围的少量羊水。胎儿超声波在这种程序之前使用，来观察胎儿器官和手足的位置（见图1—12）。

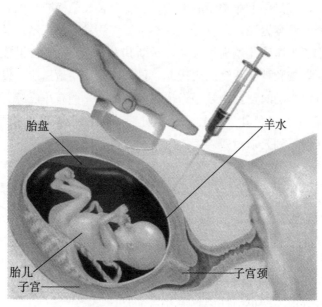

图1—12　羊水诊断

羊水包含着胎儿细胞，它们在培养基中发育，可以做多种基因异常分析。基因和染色体曲线，例如，唐氏综合征、脊柱裂以及其他遗传障碍，能够通过这种方法检查出来。随着父母年龄的增长，婴儿患有遗传问题的风险要高于这种程序导致流产的风险。羊膜穿刺术的风险很罕见，但是，除了流产之外，还包括母亲因子敏感，可以通过RhoGAM治疗。遗传咨询师确定每一个案例的风险因素。有些妇女说，羊膜穿刺术的风险太高。

超声波检查术能够确定胎儿的大小和位置、胎盘的大小和位置、羊水量以及胎儿解剖器官的出现。这一非入侵性程序使用声波定位仪来将声波从胎儿身上弹回。在产前发育的第6周，胎儿就能够被显形。结果是一个图片，比标准X射线对母亲和胎儿都更安全。另一种轻微入侵性程序——**胎儿镜检查**，

允许医生通过一组非常纤细的管道插入子宫的透镜观察12周之后的胎儿。这种程序比羊水诊断的风险还高。

另一种入侵性方法是**绒膜绒毛活检**，经常在怀孕早期进行。绒膜绒毛是毛发状发散的隔膜，环绕在胚胎周围。医生在超声波的指引下，插入一根纤细的导管，或者是通过腹部，或者通过阴道和宫颈，进入子宫，并使用抽气机取下一小片绒毛组织。尽管绒毛膜不是胎儿本身的解剖部位之一，但它是胎儿的组织而不是母体器官。使用CVS所获得的细胞做的最常见检查是染色体分析，来确定胎儿的染色体组型。CVS具有3％～5％的流产风险，并可能导致母亲的因子敏感。

通过为胎儿血液细胞做选择性**母体血液取样**，研究者已经能够通过分析脱落进入母亲血流的胎儿细胞，觉察唐氏综合征和其他

先天缺陷。**母体血清甲胎蛋白检验**（MSAFP）分析两种主要血液蛋白、清蛋白和α胎甲球蛋白（AFP）。当胎儿有神经管缺陷，如无脑或脊柱裂时，更多的 AFP 通过胎盘进入母体血液。MSAFP 可以在胎儿腹壁觉察缺陷，也能够使用通过扫描检查唐氏综合征和其他三染色体细胞障碍。MSAFP 在妊娠的第 15～18 周敏感性最佳。15～20 周的母体血清雌激素三醇检测将给出关于胎儿健康的一般指标。

基因检查的结果可能带来安慰，也可能产生苦恼和悲痛。得知携带基因疾病的父母常常感到羞耻和内疚。他们还可能面临艰难的抉择，如果检查结果显示胎儿具有缺陷的高风险，要决定是否堕胎。如果父母得知他们所渴望的孩子是异常的，则可能经历心理问题，包括否认、严重的内疚、抑郁、终止性关系、婚姻不和谐以及离异。显而易见，一些父母需要在进行基因咨询的同时结合心理咨询。

人类基因组计划持续资助对于胎儿/新生儿基因扫描如何影响公共政策决定的研究，以及在保健环境中的研究伦理。基因扫描和出生前诊断可能产生歧视的新机会，残疾人权利团体声称，这样的检查增加了对残疾者的歧视。你的基因剖图可能会被用来决定你可以与谁结婚，你可以申请什么工作，还有保险公司是否认为你具有高风险。另外一个困境是，如果你继承了一个有害的基因，你是否愿意知道？

出生前的发育

无论怀孕是自然发生还是辅助生育技术的结果，在怀孕与生产之间，人类是从一个肉眼刚刚能够看到的单细胞，发育成大约 7 磅重、包含 2 000 亿个细胞的个体。

出生前阶段是指从怀孕到生产这一段时期。通常平均为 266 天，或者从最后一次经期开始计算是 280 天。胚胎学家将出生前发育分为三个阶段：第一个阶段是**胚芽阶段**，从怀孕到第二周结束；第二阶段是**胚胎阶段**，从第二周末尾到第八周末尾；而第三阶段，**胎儿阶段**是从第八周末尾到出生。发展生物学进步迅速，让我们得以更好地理解身体以及特定器官和组织是如何形成的。

胚芽阶段

胚芽阶段具有如下特征：（1）授精之后受精卵发育；（2）受精卵与母体支持系统之间建立连接。授精发生之后，受精卵开始了一个 3～4 天的旅程，从输卵管进入子宫。受精卵沿着纤毛运动以及输卵管收缩的方向运动。在受精的几个小时之内，发育开始于有丝分裂。在有丝分裂过程中，受精卵分裂形成两个细胞，与第一个细胞构成完全相同。接下来，每个细胞继续分裂，成为 4 个细胞。然后 4 个细胞分裂成 8 个，8 个变成 16 个，16 个变成 32 个，依此类推。

早期发育中的细胞有丝分裂被称为"卵裂"，卵裂过程非常缓慢。最初的卵裂要花

24 小时；后续的每一次卵裂要花 10～12 个小时。这些细胞分裂使受精卵很快变为一个中空的、充满液体的细胞球，这个细胞球被称为"胚泡"。胚泡将继续发育，并进入子宫。当胚泡陷入输卵管时，怀孕就是异位的或宫外孕。宫外孕非常危险，而且将引发母亲的剧痛。必须通过手术将胚泡取出，否则输卵管将爆裂并引发出血。

一旦胚泡进入子宫腔，它就在其中自由漂浮 2～3 天。当它已有 6～7 天大，并由大约 100 个细胞组成时，胚泡就与子宫内膜，也就是子宫壁发生联系。子宫内膜开始变得有血管、腺体，并且增厚。胚泡通过酶的作用"消化掉"通往子宫内膜的道路，逐渐变成完全埋在其中。其结果是，胚胎在子宫壁内发育，而并不是在子宫腔里。胚泡入侵子宫会产生少量母亲血液。在胚芽阶段，机体的营养来自于侵蚀的组织和流动在胚泡外层细胞周围空间的母体血液。

到第 11 天，胚泡已彻底将自己埋在子宫壁中，这个过程叫作**"植入"**（implantation）。卵巢产生的孕酮激素为子宫内膜植入做好准备。孕酮的增加还会给大脑以该女性怀孕的信号，绝大多数怀孕的女性都会停经（在极个别的情况下，妇女可能继续来月经，而完全没有意识到她已经怀孕）。在这一发育阶段，机体大约有针头大小。到此时为止，母亲还几乎不会意识到任何怀孕症状。胚泡，现在由几百个细胞组成，正在忙于在自身周围包围住化学物质，防止子宫免疫系统将其消灭，而宫颈也被一堆黏液塞住。图 1—13 显示了卵子和胚胎的形成过程。

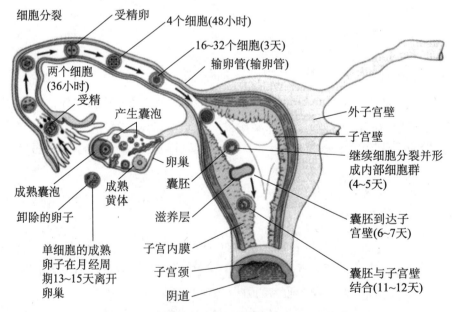

图 1—13 早期人类发展：卵子和胚胎形成过程

该图描述了女性生殖系统、卵子受精以及很快就变成胚胎的胚泡的早期成长情况。

在植入过程中，胚泡开始分成两层。外层细胞叫作**"胚胎滋养层"**，负责把胚胎埋入子宫壁。胚胎滋养层的内表面变成胎盘的非母体部分、羊膜和绒毛膜。**羊膜**在胚胎周围形成一个封闭的液囊，里边充满羊水，保持胚胎湿润，并保护它免受冲撞和粘连。**绒毛膜**是环绕在羊膜外的一层隔膜，联结胚胎与胎盘。构成胚泡的内部圆盘或细胞群叫作"**内细胞群**"，胚胎由此产生。整个过程由基因控制。一些基因随着胚胎迅速转变的发育；另外一些转变得比较缓慢；还有一些基因作用贯穿出生前阶段始终，并在出生后仍然运作。基因活性的模式复杂，并包含了很多种不同基因。

接近第二周末尾时，细胞有丝分裂过程变得更快。内部细胞团的胚胎部分开始分成三层：**外胚叶**（外胚层），是未来形成神经系统、感官器官、皮肤以及直肠下半部分的细胞资源；**中胚叶**（中胚层），将发育为骨骼、肌肉、循环系统和肾脏；而**内胚叶**（内胚层），将发育为消化器官（包括肝脏、胰腺和胆囊）、呼吸系统、膀胱以及部分生殖器官。

胚胎阶段

胚胎阶段从第二周的末尾持续到第八周。它跨越了从胚泡完全把自己植入子宫壁到发育的机体成为一个可辨识的人类胚胎的怀孕阶段。在这一时期内，发育中的机体被称为"胚胎"，并通常经历：（1）快速发育；（2）与母亲建立胎盘关系；（3）所有主要器官的早期结构显现；（4）至少在形式上，发育成一个可辨识的人类身体。所有主要器官现在都在发育中，除了性器官之外，性器官也将在几周之内开始发育；在这一时刻，男性胚胎开始产生睾丸激素，而男性的性器官开始显现出与女性器官的不同。

胚胎开始经由胎盘附着在子宫壁上。**胎盘**是半透膜，阻止两个机体之间的血液细胞通过。胎盘由子宫组织和胚胎滋养层形成，作为一个交换终端，允许养料和氧进入，而二氧化碳和代谢废物由胚胎排入母体血流中。这一特征提供了一种保护，使母亲的血液不会与胎儿的血液混合。如果母亲与胚胎的血液混合，母体将会把胎儿当作异物进行排斥。

胎盘与胎儿间的传递是通过一层手指状发散的网（绒毛）实现的，绒毛伸展入母体子宫的血液空间中。绒毛在第二周开始发育，从绒毛膜向外生长。当胎盘在怀孕的第七周已经发育完全时，它的形状像一个薄饼或圆盘，1英寸厚，直径7英寸。从一开始，**脐带**就将胚胎与胎盘连接，脐带是一根管道，包含两根动脉和一根静脉。这根连接结构或者说生命线，附着在胎儿腹部中央。图1—14是胚胎原线的发育图。

开始于大脑和头部然后下行发展的发育被称为"**从头至尾的**"发育。这一发育方向确保足够多的神经系统支持其他系统的恰当功能。在早期部分的第三周，发育中的胚胎开始形成梨形，宽阔而多节的一端将成为头部。胚胎中心部分的细胞也开始变厚，形成一条轻微突起的脊状物，也就是原肠胚。原肠胚将发育中的胚胎分成左半部和右半部，最终将成为脊索。从原肠胚轴向相反方向生长的组织，这一过程叫作**"从躯干到四肢的"**发育。

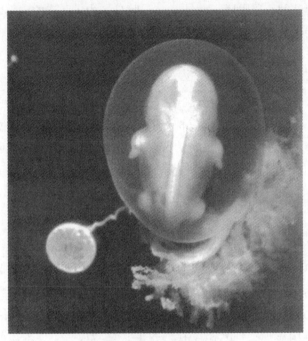

图 1—14　胚胎原线

胚胎在仅仅 6 周时，大约有 15 毫米（仅仅 1/2 英寸），是透明的且背对着我们。透过薄薄的皮肤看到的原线终将会变成脊髓。胚胎会被羊膜囊包围，有着参差不齐的绒毛和位于右侧的脐带。卵黄囊则徘徊在左侧。

到第 28 天，头部区域占据胚胎长度的大约1/3。在这个时候，大脑和原始脊索也开始变得明显。当发育进展到第二个月，头部举起，颈部出现，鼻、眼、口和舌也有了雏形。另一个关键系统——循环系统——也是在早期发育的。在第三周末尾时，心脏管道已经开始以一种不完全的方式跳动。

在怀孕的第四周内，胚胎大约有 1/5 英寸长——比受精卵大了将近 1 万倍。在这个时候，母亲通常怀疑自己已经怀孕。她的月经已经推迟了两个星期。她可能感到乳房变重、变丰满，并且有刺痛感，同时，乳头和乳晕可能也变大、颜色变深。此时，所有怀孕妇女中有一半到三分之二的人会体验到清晨恶心和呕吐的感觉。这种状况被称为"晨吐"，可能持续几周甚至几个月，不同女性有很大的个体差异。

发育中的胚胎对于药物、疾病以及环境毒素对母体的入侵极其敏感，因为如此众多的主要身体系统都正在发育。母亲过度使用酒精、尼古丁或咖啡因，以及她使用其他更强效的化学制品如脱氧麻黄碱、高纯度可卡因、海洛因以及强力处方药物，必定会损害胚胎器官和结构的发育。每一个器官和结构都有**关键时期**，在其间它最为脆弱，最易受到破坏性影响。

胎儿阶段

出生前的最后阶段——胎儿阶段开始于第八周的末尾，在出生时结束。在这个时期内，有机体被称为"胎儿"（见图1—15），而它的主要器官系统继续发育，呈现出它们特定的功能。在第八周的末尾，有机体明确地像一个人类。它有完整的面孔、手臂、胳膊、手指、脚趾、基本躯干和头部肌肉，以及内脏器官。胚胎现在已有了雏形。

胎儿阶段的发育没有胚胎阶段那么富有戏剧性。然而尽管如此，还是有很多显著的变化发生：到第八周时，胎儿的面孔获得了一个真正人类的外观。在第三个月里，胎儿发育出骨骼和神经结构，为手臂、腿以及手指的自发运动奠定了基础。到第四个月，刺激胎儿的身体表面将激活多种反射性反应。大约在第五个月月初，母亲通常会开始感觉到胎儿的自发运动［称为"胎动初觉"，是在腹部的一种类似蝴蝶振翅的感觉］。同样在第五个月中，纤细柔软的绒毛（胎毛）也开始覆盖胎儿的体表。

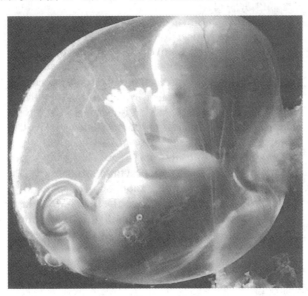

图1—15　三个月大的胎儿

六个月时，眉毛和睫毛已经轮廓分明；身体倾斜，但在比率方面已经明显是个人类；皮肤是褶皱的。七个月时，胎儿（现在大约2.5磅重，15英寸长）呈现出上了年纪的、干瘪的外表，红色的褶皱皮肤外面披着一层柔软的外衣。胎儿此时是一个能在子宫外存活的有机体，能够轻声哭泣。到第八个月，脂肪在身体内堆积，婴儿又增重两磅，其神经肌肉活动也有所增加。

第九个月，皮肤上黯淡的红色褪去，转变为粉红色，四肢变得浑圆，手指甲和脚趾甲也很好地成形。经过整个过程（40周），身体变得丰满；皮肤脱掉了绝大部分胎毛，尽管身体仍然覆盖着胎儿皮脂；所有维持独立生命所必需的器官都在执行功能。胎儿现在已经准备好要出生。

出生时机 近来，生育研究者开始理解到：母亲、胎儿以及胎盘中的生物化学变化与控制出生时机相一致。内分泌学家发现，胎盘将一种被称为"促肾上腺皮脂激素释放激素"（CRH）的蛋白质释放入母亲和胎儿血液能够引起早产、足月或者延后分娩。就好像训练有素的管弦乐队在同时上演一样，关键激素的精确水平必须由母亲、胎儿和胎盘释放，并以分娩告终。来自于胎儿垂体的CRH，导致胎儿肾上腺分泌皮脂醇，促进胎儿肺部成熟。胎儿垂体产生特殊的激素，然后胎儿肾上腺分泌激素——胎盘将其转变为雌激素。雌激素水平的增加导致子宫和宫颈在怀孕的最后两周发生很多变化——以结束生产和释放胎盘。

最近，新生儿中有6％～8％是早产，先天缺陷的风险也更大。关于触发CRH释放以及其他分娩相关激素的基因研究结果，可能将有早产风险的妇女筛选出来。这样的妇女可以考虑在提供新生儿密集护理单元的医院生产，或者，科学家预计，将来一种阻断剂就能延迟分娩，直到胎儿发育成熟。

产前环境影响

对于绝大多数人来说，"环境"的概念指的是人类个体在出生之后的周遭环境。事实上，环境在受孕的时刻起就开始有影响，甚至可能在更早以前受到母亲和父亲自身健康的影响。受精的卵子经过一周的危险之旅经由输卵管来到子宫附近，遭遇非常多变的化学活性介质。我们通常认为子宫为产前发育提供一种温暖而具有保护性的环境。但是，即便在胚胎将自己植入子宫之后，胚胎也仍然易受母亲的疾病、营养不良、感染、免疫障碍、使用烟草、处方药物和非法毒品、意外外伤或生物化学异常以及X射线暴露的影响。

绝大多数怀孕以正常、健康的婴儿出生而告终。然而，像我们前面所说的那样，在所有怀孕的美国妇女中，10％～15％会发生自发性流产或死婴（婴儿在出生前即死亡）。另外3％～4％的怀孕出生的婴儿有先天缺陷。

母亲药物使用 母亲药物使用导致1％～3％的出生缺陷。根据医学的看法，怀孕妇女不应该使用药物，除非疾病严重地威胁到她们的健康——在那样的情况下也必须在医生指导下用药。发生于20世纪60年代初的"反应停"让医学专业人士以及公众意识到药物对怀孕妇女的潜在危险。因为在怀孕的胚胎阶段恶心或"晨吐"而被给出"反应停"（一种镇静药）处方的欧洲、加拿大和澳大利亚女性，生产了将近1万个带有严重畸形的婴儿：缺少耳朵和手臂、天聋、面部缺陷，还有肠胃系统的畸形。"反应停"现在在某些国家恢复了使用，因为它能减轻有多种健康问题的病人的恶心。我们知道很多药物和化学制剂通过胎盘影响胚胎和胎儿系统。奎宁（一种治疗寄生虫性疟疾的药物）能够导致天聋。巴比妥酸盐（镇静剂）能够影响对胎儿的氧供给，从而导致大脑损伤。抗组胺剂能够增加母亲自发性流产的风险。

同样地，饮咖啡者中流产率和出生缺陷率也有升高，这促使食品药物管理局（FDA）建议妇女在怀孕期间停止或减少对带有咖啡因的咖啡、茶、巧克力、可乐饮料的使用。需要系统类固醇的哮喘妇女更有可能在怀孕期间出现并发症。

母亲的传染性和非传染性疾病　在某些情况下，引起母亲疾病的感染能够伤害胎儿。感染能够通过一些生食（例如，鸡肉、热狗、鱼、三明治）、宠物（清理猫食盒时要防护双手）以及接触感染人群特别是儿童而传播。在照料儿童或换尿布后一定要洗手。感染还会通过阴道性交、口交和肛交传播。当母亲被直接感染时，病毒、细菌或疟疾性寄生虫可能穿越胎盘并感染孩子。另外一些案例中，胎儿可能被母亲的发烧或母亲体内的毒素间接感染。在母亲发生感染时胎儿发育中的精确时间，具有重要意义。像前面叙述的那样，婴儿的器官和结构按照固定的次序和时间表出现，每一个都有相应的关键时期，在其间最容易受到破坏性的影响。

风疹及其他感染媒介　如果母亲在怀孕的头三个月内感染了风疹（德国麻疹），胎儿就有极大的失明、耳聋、大脑损伤和心脏疾病的风险。在伴有风疹的怀孕中，有10%~20%会发生自发性流产或死婴。然而，如果母亲是在怀孕的最后三个月感染风疹，通常都不会带来什么大的损害。多种其他病毒、细菌和原生动物媒介也被怀疑要么是传递给了胎儿，要么是妨碍了正常发育。这些媒介包括肝炎、流感、小儿麻痹、疟疾、伤寒、斑疹性伤寒、腮腺炎、天花、猩红热、淋病、衣原体疾病、滴虫病、梅毒、疱疹以及细胞巨化病毒感染。

衣原体疾病　最常被报告的性传播感染（STI）是细菌引起的衣原体疾病（chlamydia），能够破坏女性的生殖器官或导致不孕。据估计，每年有280万的美国人被感染。女性症状常常很轻微并被忽视，直到发现不孕。多位性伙伴增加了遭遇衣原体疾病的风险。值得注意的症状还包括下腹痛、腰痛、恶心、发烧、性交疼痛或月经期之间出血。罹患衣原体疾病的男性可能注意到阴茎流出物的迹象、小便时的灼烧感或在阴茎龟头处有瘙痒或灼烧感。如果不及时医治，这种感染能够进入子宫或输卵管，并导致盆腔炎（PID）。PID可能导致生殖器官和周围组织的永久性损伤。感染衣原体的妇女感染HIV的可能性是一般群体的五倍，如果暴露的话。所有怀孕妇女都应该进行衣原体筛查，因为它可能引起早产或从受感染的母亲在分娩时通过产道传给胎儿。未经医治的婴儿可能罹患结膜炎或失明或肺炎并发症。衣原体疾病可以通过抗生素进行治疗。

滴虫病　这种STI是由一种单细胞寄生虫引发的，男女双方都可能感染，而它也是一种可以治愈的疾病。女性会出现阴道症状，而男性会出现尿路感染。滴虫病引发生殖器炎症，这可能增加女性对HIV的易感性，如果她暴露于这种病毒的话。

滴虫病通常能够被甲硝哒唑（灭滴灵）治愈，只要口服一剂。感染滴虫病的怀孕妇女可能早产，或生产出低体重婴儿。

人类乳突淋瘤病毒（HPV） 在美国，HPV 也是最常见的 STI 之一，但是有很多类型的 HPV。一些被认为低危险，但是另外一些就有很高的危险，可能导致生殖器疣或宫颈癌、阴户癌、阴道癌、肛门癌或阴茎癌。健康专家预测，在美国有两千万人已经被感染。HPV 可能导致生殖器疣，而生殖器疣具有非常高的传染性，通过与一个被感染的伴侣的性行为传播。大多数与有生殖器疣的伴侣进行性交的人也会发展出疣，通常在几个月之内。性活跃的女性应该定期进行宫颈检查，来检测 HPV 感染。刮下来的宫颈细胞应该在显微镜下检查，看它们是否有癌变。HPV 还没有已知的治愈方法，但是生殖器疣通常能够通过药膏、刮、手术、冷冻、灼烧或激光治愈。怀孕妇女不应使用药膏，因为药膏会被皮肤吸收，并可能导致胎儿的先天缺陷。

梅毒 梅毒是一种细菌性 STI，发病不断上升，对于母婴来说都是严重的健康问题，特别是对于那些为毒品而卖淫或有多个性伙伴的女性来说。梅毒的发展有四个阶段：第一阶段出现生殖器疼痛；第二阶段皮肤出现皮疹；接下来的阶段是细菌感染身体主要器官；最后的阶段会导致血管和心脏问题、精神障碍、失明、神经系统问题甚至死亡。先天性梅毒发生于感染的怀孕女性没有寻求医治的时候，而细菌性感染通过胎盘或在生产过程中传递给胎儿。如果在出生的时候没有察觉，疾病将逐渐损毁大脑和脊髓，影响思维、说话、听觉和运动能力以及人格，直到儿童死亡。

很多已知带有梅毒的怀孕妇女都没有显示出疾病的临床证据，所以也没有使用青霉素。所以，所有怀孕妇女都应该进行针对梅毒的 Wasserman 测试。使用青霉素进行抗生素治疗通常会治愈这种感染，但是并不能逆转它对身体已经造成的损伤。

生殖器疱疹 将近 4 500 万美国人已经染上疱疹单形体 2 病毒（simplex 2 virus，HSV-2），通常被称为"生殖器疱疹"，但是自从 21 世纪初开始，报告的案例有所下降——特别是在青少年和男性中有所下降。患有生殖器疱疹的怀孕女性有流产的风险，而产道生产的婴儿也有感染这种疾病的风险。因为一些感染婴儿死亡，而另一些遭遇永久性脑损伤，产科医生建议通过剖宫产来使感染风险降到最低。那些感染者体验到少量疼痛点和瘙痒发作以及类感冒症状诸如发烧、头痛、肌肉痛、小便痛以及阴道或尿道的流出物。感染者有大得多的风险感染 HIV。没有治愈生殖器疱疹的方法，但 FDA 推荐了三种抗过滤性病原体药物，来减轻男性和未怀孕女性的症状：阿昔洛韦、泛韦尔和盐酸伐昔洛韦胶囊剂。医学专家力劝这些感染者寻求治疗来维持健康，并完全向伴侣袒露自己的状况，进行安全性行为，以降低 HSV-2 的传播。单独使用避孕套并不能预防疱疹的传播。一项关于异性恋伴侣的大型国际研究发现，每日使用一剂 Valtrex 将 HSV-2 的传播降低了 50%。

淋病　淋病是一种可医治的细菌性 STI，它通常被称为"性病"。其症状与衣原体疾病相似：小便时的灼烧感和疼痛，阴道或阴茎的异常流出物，睾丸疼痛或肿胀，而在女性中有腹部和背部疼痛、性交疼痛、经期间出血、恶心或发烧，以及直肠或肛门区域的疼痛。感染的女性能够在分娩过程中传递这种感染，而新生儿可能会出现结膜炎（红眼）或肺炎并发症。在出生后立即对眼睛使用硝酸银或其他药物可以预防感染。治疗淋病患者的方法包括使用抗生素，但近来有些菌类对抗生素产生了抗药性。

人体免疫缺陷病毒/艾滋病　截至 2004 年，世界范围内的健康专家预测，感染"人体免疫缺陷病毒"（HIV/AIDS）的女性有 4 000 万人，并持续以 50% 的速度迅速增长，而贫困国家的女性感染率高得多。HIV/AIDS 比率在东南亚、东欧和俄罗斯、中亚以及撒哈拉沙漠以南的非洲国家流行病发生率增加。除了日益增加的异性恋传播比率，一些携带 HIV/AIDS 的母亲是毒品使用者，因共用针头而面临着接触到 HIV 的风险。很多人对自己的 HIV 状况并没有意识，所以婚姻以及长期单配偶的关系也不能保护女性免受感染。HIV 的围产期传播（从母亲到孩子）占儿科 AIDS 案例的 90% 以上，而据专家估计，世界范围内有 1 000 万活着的儿童携带 HIV/AIDS，其中美国有将近 1 万儿童。世界卫生组织（WHO）的专家估计，仅 2004 年，15 岁以下的儿童中因 HIV/AIDS 死亡的人数就超过 50 万。

一些携带 HIV 的母亲没有显示出疾病的外显迹象，但是一旦被诊断，健康机构报告说，母亲在怀孕、生产以及婴儿出生后六周时，分别使用三次 ZVD（Zidovudine）药物，会大大降低 HIV 母婴传播。然而，那些被感染者将经历被损坏的免疫系统，使他们成为感染、毒瘤和夭折的牺牲者。有一半到三分之二感染了 HIV 的婴儿有明显的头面部畸形。绝大多数产前感染的婴儿在生命的头 12 个月里就发展出症状，包括循环发生的细菌感染、淋巴腺肿胀、无法成长、神经受损以及发育迟滞。很多携带 HIV/AIDS 的母亲是贫穷的，缺少医疗保险或处方药覆盖，并需要经济援助和社会服务（在世界上贫穷的地区常常不能获得）。因此，贫穷的母亲母乳喂养她们的婴儿，导致她们的婴儿处于极高的风险中。在过去几年中，世界卫生组织在 HIV/AIDS 资助、教育、治疗和看护方面投入了巨大努力。

对于确诊携带 HIV 的怀孕妇女的健康管理草案将使新生儿的传染降低到 2%。草案内容包括：（1）所有怀孕妇女的知情同意，以及自愿进行 HIV 筛查；（2）HIV 咨询；（3）对携带 HIV 的妇女进行抗后病毒治疗，减少胎儿传染；（4）产前看护和分析女性的免疫状态，以便指导治疗选择；（5）在妊娠的第 38 周提供剖宫产，以减少胎儿在分娩过程中被传染的风险；（6）在出生后进行婴儿食品喂养代替母乳喂养。在美国，有将近 40% 的怀孕妇女没有进行检查，但是分娩妇女的快速 HIV 检查现在是可行的，而且是准确的。

自从 20 世纪 80 年代初首次确诊 HIV/AIDS 以来，世界范围内因此死亡的人数已逾 2 000 万。然而，新近美国年鉴的近期医疗案例统计数字是充满希望的：在 1992 年有 952 例死亡，而 2002 年仅有 92 例死亡，而将近 1 万个出生就感染的美国儿童现在仍然活着。但是年轻育龄异性恋女性的个案有所上升，已占所有感染人数的 1/4。

HIV/AIDS，特别是围产期对婴儿的传播，必须受到认真对待。自从 1981 年第一批个案在同性恋群体中得到确诊，而后在异性恋群体中也被发现，美国疾病控制与预防中心已经报告了将近 100 万个案例，而死于 HIV/AIDS 的美国儿童已超过 5 000 人。

糖尿病 糖尿病是一种新陈代谢障碍，身体在将食物转换为能量的过程中出现问题，因为缺乏从胰腺分泌的胰岛素，在血液和尿液中有过剩的糖分。有两种类型糖尿病导致严重的健康并发症，需要定期监测血液葡萄糖（糖分）并注射人造胰岛素：（1）1 型糖尿病通常在儿童或年轻人身上被诊断（正式名称为"青少年糖尿病"）；（2）2 型与过度肥胖和锻炼过少有关。在世界范围内，正在变化中的人口统计学数字，例如老龄化和增加的种族群体和更多肥胖儿童问题，使得 2 型糖尿病成为一种主要的健康问题。

患有怀孕性糖尿病的女性患者必须仔细监控健康状况，并使用人造胰岛素。母亲的糖尿病非常可能导致不利的怀孕结果，例如，流产、子宫内死亡、包括神经管缺陷在内的先天畸形、死婴以及分娩和生产并发症，包括新生儿呼吸困难综合征和胎儿肥大。患有怀孕性糖尿病的妇女必须定期看医生，优化葡萄糖控制，定期做超声波检查，并密切监控胎儿的活跃水平。

母亲敏感性：Rh 因子 怀孕妇女还应该对其红血细胞的 Rh 因子进行常规检查。母亲和孩子的血细胞有不相容的可能，可能导致胎儿或新生儿严重并常常致命的贫血和黄疸——一种学名为"胎儿成红细胞增多症"的障碍。白种人中大约有 85% 的人具有这种 Rh 因子，他们被称为 Rh-阳性（Rh^+）。大约有 15% 没有这种因素，被称为 Rh-阴性（Rh^-）。Rh 因子被血型所表达，例如，O^+，O^-，或 A^+，B^-，AB^+。在黑人中，仅有 7% 是 Rh^-，而亚洲人中这一数字不足 1%。Rh^+ 血液和 Rh^- 血液不相容，但不利的结果是可以被预防的。每种血液因子都按照孟德尔规则进行基因传递，而 Rh^+ 具有显性。一般来说，母亲和胎儿血液供给被胎盘分离。然而，在个别情况下，母亲和胎儿血液混合。同样，某些混合通常发生在"出生后"排出胞衣的过程中，这时胎盘与子宫壁分离。

一种母婴间血液不相容的结果发生于 Rh^- 的母亲怀上 Rh^+ 血液的孩子。在这种情况下，母亲的身体产生抗体，穿过胎盘攻击婴儿的血细胞。"胎儿成红细胞增多症"先兆可以被预防，如果一位 Rh^- 母亲在生产第一个孩子之后立即被给予抗 Rh 抗体（RhoGAM）。如果 Rh^- 母亲已经通过几次怀孕被 Rh^+ 血液激活，而没有进行 RhoGAM 治疗，那么她的孩子可以被施以子宫输血。

主要药物和化学致畸剂

吸烟 烟草中的尼古丁是一种温和的刺激性毒品。当怀孕的妇女吸烟时，她的血流吸收尼古丁并通过胎盘传递给胚胎，会增加胎儿的活动性并与早产和低出生体重有关。在一项纵向研究中，研究者追踪了 1 000 多名英格兰和爱尔兰严重的早产婴儿的健康状况，一直追踪到童年。这些儿童比同伴有更大范围的躯体和认知残障，在童年需要大得多的服务。更多的先天异常在吸烟妇女的婴儿中发生。

酒精　酒精是最主要的致畸剂，胎儿很容易遭到暴露，而它可能导致一种可预防的精神迟滞。"胎儿酒精谱系障碍"是一类酒精所引起的严重躯体和精神缺陷，损害了发展中的胎儿。出生后的照料不能消除成长迟滞、头面部畸形、骨骼、心脏和大脑的损伤。近期国际研究发现表明，60％的女性在她们怀孕过程中的某个时间喝过酒，所以，公共保健必须更强调这方面的教育。

大麻　大麻，一种精神活性药物，是在美国最常使用的非法药品，超过 50％的十二年级学生报告说使用大麻。大麻对于怀孕妇女有危害健康的后果，改变她的心境、记忆、运动控制、睡眠质量以及其他认知功能。一项关于躯体的研究表明，大麻的使用对胎儿发育和神经行为会产生危害，包括对视觉刺激反应的改变，增加的活动水平，高声调的哭泣，以及改变的神经学发育。在子宫中接触到大麻的婴儿有时在出生时和新生儿阶段即可以识别，因为出生体重低、身材小，有呼吸问题，体重增长缓慢，而婴儿猝死综合征风险也有所提高。很难将产前接触大麻的结果与其他药物使用对怀孕影响的结果分离开来。

口服避孕药　在怀孕头三个月使用第一代口服避孕药（从 20 世纪 60—70 年代）的人，与出生缺陷有关。但是现今的口服避孕药是第三代产品，其中雌激素和孕酮的剂量更少。令人惊讶的是，公开发表的研究很有限，而笔者们只发现了一个研究，表明在怀孕后使用口服避孕药有较高风险导致先天尿道畸形。在当前的研究文献中，一个一致的信息是，口服避孕药对于绝大多数女性来说都是安全的，但是每位女性都必须经由其医生监督指导，小心使用。

可卡因和其他烈性药物　暴露于海洛因、美沙酮、可卡因及其派生物强效可卡因的胎儿，出现各种各样的出生畸形。在子宫中曾暴露于海洛因的新生儿，可以通过早产的大小和重量、过度震颤行为、盗汗、过度喷嚏、过度哈欠、糟糕的睡眠模式、糟糕的吞咽能力、糟糕的吮吸或进食能力以及 SIDS 的风险增加来识别。"非正常婴儿"很小，出生体重低，有震颤行为，鼻子不通风，拖长的高声调哭泣，高体温，糟糕的吮吸或喂食能力，呼吸问题，反刍问题，过度活跃，以及僵硬刻板。这些新生儿体验到与成人同样的戒断症状。近期研究表明，并不存在"crack 综合征"这样的症候群，因为产前暴露于其他毒品，以及母亲 STIs 的流行，在整个怀孕发育过程中都暴露于这些状态下的儿童最容易受到长期畸形的影响。母亲和新生儿死亡率与可卡因使用以及毒品/酒精联合使用有关。所以，识别滥用非法药物的怀孕女性的筛查草案、与毒品治疗项目的合作以及对使用毒品的妇女和她们的孩子进行追踪，对于改善死亡率结果非常重要。烈性毒品使用在产生长期健康后果和浪费社会资源方面是令人震惊的。

环境毒素 怀孕妇女在日常环境中经常遭遇潜在的毒素物质，包括头发喷雾液、化妆品、杀虫剂、清洁剂、食物防腐剂以及污染的空气和水质。与这些物质相联系的危险仍需要被明确，但是化学落叶剂必须要回避。国家癌症研究所已经证实了在越南落叶剂化学喷雾的使用导致越南儿童畸形的增加。在加利福尼亚的被高科技电力制造业污染了水质的区域，流产和出生缺陷也是平均水平的2～3倍。

工作场所毒素 医学权威关注工作场所中对生殖器官和生殖过程造成的风险。例如，研究表明，持续暴露于医院和牙科诊所所使用的各种气态麻醉剂物质下，与女性员工的自发性流产增加有关。她们的孩子也有较高的先天畸形发生率。马萨诸塞大学公共健康学院发现，在被俗称为"洗衣房"中工作的女性半导体制造者——在那里洗衣币被酸性溶液和气体腐蚀——其流产率是国家平均水平的将近两倍。为明确视频显示器终端（VDTs）（放射离子射线波长）所引起的风险的研究正在进行中，在几个工厂报告VDT使用者中有较高流产率之后。产前暴露于汞元素与神经和肾脏障碍有关，而育龄妇女被建议在食用鱼类时遵照饮食指导，因为鱼类是汞的一种常见来源。

精细胞也像卵子一样容易受到环境毒素的伤害。畸形学和神经毒素学的大量研究报告，在生殖异常与男性暴露于化学物质、放射线以及痕量金属之间存在联系。汞、溶剂以及多种杀虫剂和除草剂能够影响精子的基因，精子、附睾、精囊、前列腺的结构和健康，或由精液携带导致男性不育、自发性流产以及先天畸形。总而言之，在工作中有可能接触毒素的男性和女性都应该参加培训，并遵照暴露的预防指导：有规律地洗手，穿防护服，避免皮肤接触，保持工作场所整洁，把被污染的衣物和物品留在工作场所，在离开前换上便服。

母亲的压力 母亲的情绪对未来婴儿的影响长期以来一直是一个传说性的话题。我们绝大多数人都意识到怀孕女性被蛇、老鼠、蝙蝠或其他生物惊吓，也不会生出一个有与众不同的人格或带有胎记的孩子。然而，医学科学确实认为，未来妈妈如果经受长期的、严重的焦虑，会对孩子造成不良影响。当母亲焦虑或处于压力之下时，多种激素，诸如肾上腺素和乙酰胆碱都会释放到血液中。这些激素能够通过胎盘进入胎儿的血液。如果怀孕的妇女感到她正在体验一种长时而且不同寻常的压力，那么她应该去看医生、训练有素的治疗师，或者某位神职人员。

母亲的压力和焦虑与怀孕并发症有关，对于相应的怀孕年龄来说主要是早产和低出生体重。Lou及其同事追踪了3 000多位女性的整个怀孕期，通过问卷方法获得了关于她们的压力结果。他们发现，母亲的压力与吸烟具有独立并显著的作用，表现在较短的妊娠期、较低出生体重、较小的头围，以及在新生儿神经学测验方面较差的成绩。某些压力和焦虑是即将成为母亲所不可避免的特征，但是太多的焦虑对于胎儿有长期影响。

母亲年龄 在美国，所有19岁以下的女孩生育的数量自从1972年来已经有显著下降，但是国家数据显示，比起育龄期女性十几岁的女孩有更高比率的堕胎、流产、延迟或没有怀孕保健、婴儿早产、婴儿非常低的体重以及产前死亡。尽管十几岁的少女较之于更年长的女性来说通常有更良好的健康状况、遭受更少的慢性病、从事较少的冒险行为，但是这些不安全的结果还是发生了。因为年轻的母亲通常贫穷且较少受到教育，很多专家假定用她们的生活状况来解释她们的怀孕问题，但是近期数据显示，中产阶级的十几岁少女的早产率也接近更年长的妇女的两倍。同样地，研究者发现十几岁的母亲似乎提供更低质量的养育。怀孕和母亲身份对于青少年来说是很有压力的，尤其是当她们的孩子早产或低体重的时候。她将要同时处理养育要求和建立她自己的同一性，并在体验教育和经济局限以及复杂的家庭问题的同时，还要面对青少年的发展性任务。

当前人们大体倾向于认为，健康的女性在 30 多岁或 40 出头的时候，有很好的前景生育健康的婴儿，并保持良好的自我，只要在医学指导之下。这是一个特别的好消息，因为更多的女性推迟了生育，为了完成教育或建立事业。超过 35 岁的女性有较高的风险面临怀孕困难、糖尿病、高血压以及其他健康问题、流产、胎儿染色体异常、子宫内死亡以及生产和分娩并发症。选择在绝经期之后（通过 ARTs）生育的妇女将要被仔细研究，以明确在中年晚期什么样的范围内她们的健康会受到怀孕的威胁。2002 年，263 例美国新生儿被报告母亲介于 50～54 岁之间。2005 年，一位 67 岁的罗马尼亚大学教授生育了一个女婴，而 2003 年，一位 65 岁的印度妇女生育了一个健康的男婴。

母亲营养及产前照料　未来婴儿的营养来自于通过胎盘的母亲的血液。营养糟糕的母亲的婴儿更可能在出生时体重不足，在婴儿期死亡，罹患软骨病，具有身体和神经缺陷，较低的生命力，某些形式的心理迟滞。糟糕的母亲营养——与战争、饥荒、贫穷、毒品成瘾和糟糕的饮食习惯有关——对于孩子的大脑成长和智力发展具有长期的有害后果。所以，母亲的营养不良，特别是那些情况严重的母亲，被反映能改变孩子的基因、结构、生理和新陈代谢——使得这些个体倾向于在成年时罹患其他疾病。

早期和规律的产前照料，服用产前维生素和叶酸，进行适度的运动，不吸烟，不使用有害药物，与生育适宜体重的婴儿并减少生产并发症有很显著的关系。女性应该在一旦知道自己怀孕的时候就去看医生，并且在之后也定期去看医生。

过去 30 多年的研究压倒性地确认了早期和定期的产前照料是有所回报的，无论是在显著改善新生儿和母亲的健康方面，还是降低社会开支方面。

续

在本章中，我们已经向你介绍了不可思议和错综复杂的女性和男性生殖系统。辅助生育技术（ARTs）已经为那些此前被归为不育的人们带来希望。显微镜可见的遗传密码从父母双方那里转换而来，在受孕过程中形成受精卵，为我们的躯体构成提供了蓝本，并在我们一生中在适宜的时间发生多种身体变化。要意识到我们每一个人都是始于这样一种复杂的密码，而该密码被置于比这句结尾的句点还小的受精卵中，这的确是"生命的奇迹"。

　　母亲子宫中的很多结构必须合适地发挥功能，以便在胚胎/胎儿的发育和出生过程中提供支持。然而，为了母亲和胎儿的最佳健康状态，准妈妈必须寻求早期和定期的产前照料，恰当地饮食和睡眠，不吸烟，不喝酒，不使用其他毒品，避免家庭和工作场所中的毒素，适度锻炼以便为分娩和生产做好准备，并尽可能把压力保持在最低程度。

　　在第二章中，我们将讨论为婴儿出生做准备的多种方法，用来使母亲和胎儿在分娩和生产中放松的方法，以及婴儿发育的令人兴奋和具有挑战性的头两年。

人生的头两年

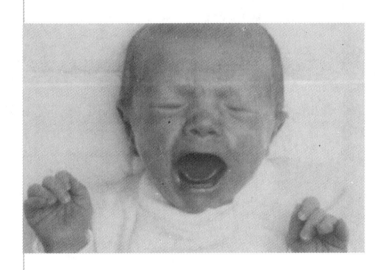

新生命的诞生

新生儿的基本能力

在过去 30 年中，有关产前生长发育的广泛研究已经揭示，幼小的人类个体就已经显示出躯体、认知和情绪方面的行为。非侵入式诊断和影像技术的例行使用，已使我们更有可能观察到出生前发育中的胚胎和胎儿。对于很多满怀期待的父母来说，第一次看到胎儿的超声波或听到胎儿的心跳，是他们生命的巅峰时刻。

触觉开始于子宫中，是胎儿的第一个感觉，也是人类体验和沟通的基石。象征生命本身的第一个引人注目的动作是在受精三周后的第一次心跳。手到头、手到面部、手到嘴的动作，以及嘴的张开、闭合、吞咽动作出现在发育的第十周。胎儿居住在声音、振动和运动的刺激性环境中，当母亲笑或者咳嗽时，她的胎儿会在数秒之内移动。声音可以到达子宫，胎儿可以接收到音乐，还有音调和旋律模式。母亲的声音尤为强大。胎儿会对羊膜穿刺术（通常在第 14～16 个星期之间做）产生反应，通过收缩远离穿刺针，在超声波下可以很容易观察到反应。快速眼动（尽管眼睑保持闭合）睡眠是做梦的表现，最早可以在妊娠的第 23 周时观察到。

值得注意的是，大多数足月婴儿在出生时就具有所有的知觉系统功能。婴儿是真实而独立的个体——而不是几十年以前人们所认为的"一块白板"。出生时的测试揭示出新生儿具有细腻的味觉和嗅觉辨识力以及明确的偏好，而视觉测试则显示出新生儿能惊人地模仿出多种面部表情。当新生儿醒着的时候，他们的眼睛持续地探索环境。在新生儿生命的最初两年，随着躯体和认知系统的成熟，其情绪性和社会性也将得到显著发展。

新生命的诞生

分娩前的准备

在 20 世纪 40 年代，英国产科医师 Grantly Dick-Read 开始普及一个观点——如果女性理解生产的过程并且获得适当的放松，产妇进行婴儿分娩的痛苦可以大大地减少。他称，分娩本质上是一个正常并且自然的过程。他训练孕妇有意识地放松、正确地呼吸、理解她们自身的解剖学和分娩的过程和透过专门的练习发展她们对分娩肌肉的控制（见图 2—1）。他还主张将父亲训练成为产前准备以及生产过程的积极参与者。

与此同时，俄国医生开始将巴甫洛夫的条件反射理论应用于临床分娩，将女性在生产期间的紧张和恐惧解释为受社会化影响。如果肛痛是社会化的条件反射，它可能会被更积极的其他反应所代替。因此，**心理预防分娩法**开始逐渐发展，这个方法鼓励女性当子宫发生收缩的时候放松并且专注于她们的呼吸方式。

1951 年，法国产科医生拉梅兹（Fernand Lamaze）参观了苏联的妇产科门诊部。

回到法国之后，他引入了心理预防方法的基本原理。拉梅兹强调在生产过程的每个阶段母亲的积极参与。他设计了一种精细且可控的呼吸训练方法，在一系列言语提示下让生产中的女性通过喘气、肌肉推动和呼气进行回应。拉梅兹的方法已经被证实在偏爱自然分娩的美国医师和准父母中广受欢迎，几乎每所医院和大部分私人医疗机构都提供拉梅兹分娩法的预备课程，并鼓励父亲、近亲或朋友的参与。

自然分娩　对于许多美国人来说，足月**自然分娩**已经开始与各种方法一样，强调母亲和父亲对分娩的准备以及他们在整个过程中的积极参与。但是足月实际上指的是一位头脑清醒的、有意识的和未接受药物治疗的准妈妈。采用拉梅兹无痛分娩法生产的女性，可以使用许多认知技术来转移她对产房活动的注意力，这些技术还能提供附加的支持性资源。这些技术包括使用视觉关注、吮吸硬糖或者冰片。

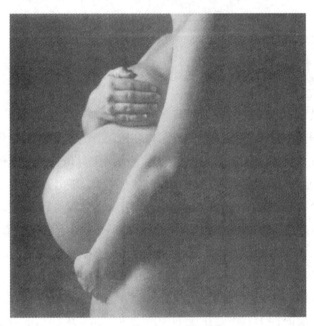

图 2—1　为分娩做准备

在妊娠的九个月中，女人的身体发生大幅度改变，给她自己时间为生活中最重要的改变——成为一个母亲——做准备。一个世纪前，女人会期待生下至少四个孩子，然而多数同时代的美国女人平均生育两个孩子。

自然分娩具有许多优点。分娩预备课程能够大大减轻母亲的焦虑和恐惧；随着自然分娩课程的进行，准父母可以增进对产房的了解。许多夫妇发现在分娩和生产中夫妻的共同参与是快乐且有意义的。此外，母亲在生产的最后时期不用使用药物或者应她的要求只谨慎地使用一些。对于这些止痛药物和镇静药物的效果已经有相关研究，但结果并不一致。一些研究表示，使用特定的药物能降低对剖宫生产的需求，而且能缩短生产时间。另外一些研究显示，像在分娩和生产期间给予情绪支持这样的干预方法，能够充分地降低剖宫生产率、减少产钳分娩、缩短生产的持续时间，以及减少对麻醉剂和药物治疗的使用。由于获准进入母亲躯体系统的物质可能在分娩和生产期间影响到宝宝，产科临床的安全实践倾向于建议注意这些药品的管理。

医学权威越来越多地得出结论，认为母亲不应该经历独自**分娩和生产**。有证据显示，在分娩期间有很好同伴陪伴的女人可以较快速地、较简单地进行生产，较少出现并发症，对宝宝更温情。这个富有洞察力的看法已经引发多拉（doula，是一个希腊词语，意思是"养育且照顾新的母亲的人"）服务的再出现。多拉和助产士，作为产妇照料队的公认成员，提供情绪上的照料和身体上的安慰，而且通常是有执照的，属于**产科医生**（专长为受孕、产前婴儿的生长发育、出生和女性产后照料的医生）。在欧洲文化下，多拉或助产士几个世纪以来一直在分娩和生产中照顾女性，直到大约 17 世纪或 18 世纪。从那个时期起到 20 世纪 60 年代后期的这段时间，西方社会的医生要求将分娩和生产完全纳入到他们的医学领域里面。

生产中的适应性调节

由于家庭成员较少和分娩预备课程较多，大多数的夫妇都寻求将并不复杂的怀孕当作一个正常的过程而不是一种疾病的产科医生和医院。并且，他们会反对严格编制的和非个人化的医院例行常规，他们不想要他们宝宝的出生只是外科手术的一道道程序，除非这样的手术是必需的或者是计划中的。不过，在 2001 年出生的儿童有 99％是在医院里生产的。医院外的生产，2/3 在家庭住所中，将近 1/3 发生在社区妇产中心。

虽然绝大多数新生儿在医院里由医生进行接生，但是，其他的选择依然存在。对于产妇照料的选择之中，得到较广泛应用的是**助产术**。助产士参与生产的百分比已经从 1975 年的少于 1％增加到 2002 年的 8％。增长的大部分是由于助产士参与在医院中的生产而有所增加。美国全部 50 个州的法律已经将助产士所提供的产前保健和生产合法化，只要从业者是已注册的护士。不是护士的助产士也正在寻求合法的身份。由于偏好较个人化的生产经验的中产阶级和大量职业女性的出现，对助产士的需求（通常认为直到 1940 年）陡然增加，这种需求还来源于女性对传统的助产方式和医学妇产科护理缺乏接触，或无法负担其高昂支出。

为响应在家里进行生产的运动，多数医院开始引入**产房**。这样的房间有着与私人住宅类似的气氛，贴有壁纸的墙壁、布帘窗帘、盆栽植物、彩色电视、一张双人床和其他一些可以让人放松的物品。医疗器材并没有真的离开产妇的视野。产妇可以有一个护士——助产士或一个产科医师，她的丈夫或其他伙伴可以协助生产。其他的亲戚、朋友，甚至宝宝的兄弟姐妹都可以在场。如果出现并发症，产妇可以很快地搬到正规的产房。家庭式生产这种安排在附近有急救设备的医院中是被允许的。母亲和婴儿在经历并不复杂的生产过程后 6～24 小时就可以返回家中（见图 2—2）。

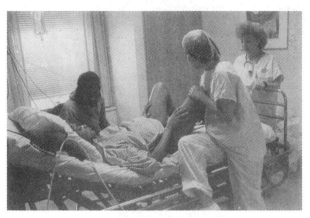

图 2—2　产房

上图反映了在带有母婴同室护理的产房里进行家庭中心式的新生儿接生。这与 **20** 世纪 **50** 年代美国的婴儿生产有什么样的不同？

其他的医院，当保持比较传统的分娩方式的时候，已经引入家庭中心式的医院护理，出生被当成是一种家庭经验。这个方法通常外加母婴同室护理，即一种将婴儿的摇篮留在母亲的床旁边的安排方式。这个习惯的执行与美国医院传统上将婴儿隔离于消毒的护理房中相反。**母婴同室护理**使得母亲更熟悉她的孩子，而且更早地将父亲整合入儿童保育过程之内。在护理人员的监督之下，父母获得看护/喂养、沐浴、换尿布的技能，而且可以照顾他们的婴儿。需要乳房喂养她们宝宝的女性可以在共情的帮助以及训练有素的医院职员的支持下开始这个过程。

妇产中心将在许多都市的社区中开业。这些基础医护机构由于缺乏高科技设备，只能用于较低危险的婴儿分娩。如果并发症出现，患者会被转移到附近的医院。另一个最近的趋势已经缩短了新妈妈和她们的婴儿的住院时间。在目前医疗保健管理特别关注成本的环境下，产妇住院从 20 世纪 50 年代以及至今仍然在许多欧洲国家中普遍长达一星期缩短到平均大约两天半。目前对剖宫产来说三天是较普遍的情况。并不令人惊讶的是，许多医疗专业人士批评大多数的健康保险只允许短期住院，而母亲需要较多的住院时间休息复原并获得基本的儿童保育技能训练。尽管新生儿的许多问题暴露得较早，但某些情况往往只出现在出生后最初的六个小时之后，包括黄疸和心杂音，母亲自己在生产之后数小时也可能出现并发症。

见证新生命的诞生

出生是一种转变，从依赖于子宫而存在到作为独立生物体的生命而存在。在不到一天的时间里，发生了根本性的变化。胎儿从子宫中温暖的、流动的、被庇护的环境被弹射到这个更宽大的世界中。婴儿被迫完全依赖自己的生理系统。因此，出生成为生命的两个阶段之间的桥梁。产前的生长发育通常在 266 天左右，一些因素促进子宫收缩和分娩，有人推测是激素信号——包括脑下垂体到血液的催产素。在这一节，我们将会解释出生过程的各个阶段，包括分娩、生产以及出生时非常关键的新生儿评估。

在出生前数个星期，婴儿的头通常转为向下，这将确保头部首先出生（在臀部体位中，有少数的宝宝首先是臀部或脚先出生，通常情况下需要外科手术）。子宫同时向下和向前沉陷。这些变化被称为**"胎儿下降感"**。他们也"下降了"母亲的不适，现在她的呼吸更容易了，因为她的阴道隔膜以及肺的压力正在减少（见图2—3）。几乎在同时，母亲可能开始体验到温和的"翘曲的"收缩，是分娩时较有力收缩的前奏曲。

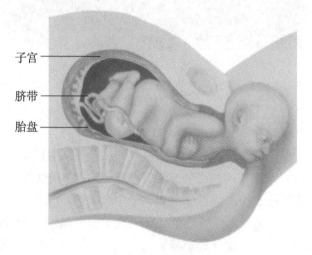

子宫
脐带
胎盘

图2—3　正常生产
正常分娩和阴道生产机制的主要运动。

分娩　出生过程有三个阶段：分娩、生产和胞衣的处理。在分娩开始的时候或在分娩过程中的某个时刻，包围胎儿具有缓冲作用的羊膜囊会破裂，释放羊水，然后羊水像清澈的液体从阴道流出。这"破堤而出的水"通常是给准母亲的第一个信号——分娩已经迫在眉睫，需要紧急打电话给她的产科医师、多拉或助产士。再次说明，女性不应该尝试独自生产。分娩的这个第一阶段非常依赖于一些因素而发生变化：妊娠母亲的年龄、她之前妊娠的次数以及妊娠的潜在并发症。在分娩期间，子宫的强壮肌纤维有节奏地收缩，将婴儿向下推向产道（阴道）。与此同时，肥厚并较低开口（子宫颈）的肌肉组织会放松，变成较短并且较宽的允许婴儿通过的通道。

通常女性分娩她们的第一个宝宝平均需要约14个小时。至少已经有一个宝宝的女性分娩平均需要约8个小时。最初，子宫收缩时间的间隔15～20分钟，每次持续25～30秒。当过程中间的间隔缩短为3～5分钟时，收缩变得更有力，持续大约45秒或更久。当母亲子宫的收缩强度增加且发生的频率更高时，她的子宫颈开口更宽（扩大）（见图2—3）。最后它将会扩大到足够让宝宝的头和身体通过。

生产　一旦婴儿的头经过子宫口（子宫的颈部），**生产**就开始了，当宝宝经过产道完成穿越的过程时生产结束。这个阶段通常需要 20～80 分钟，但对于之后的孩子的生产可能需要的时间比较短。在生产期间，收缩持续 60～65 秒并出现 2～3 分钟的间隔。母亲用她的腹肌在最佳时期通过"全力以赴"（推动）帮助每次收缩。随着每次收缩，宝贝的头部和身体的露出越来越多。

着冠 发生在宝宝头部的最宽直径在母亲外阴（通往阴道的外部入口）的时候。如果疼痛太强烈，无痛分娩麻醉可以用于脊髓的外部表面，使女性腰部以下失去感觉。胎儿留在母亲使用处方药物后的子宫越久，对胎儿的脑和中枢神经系统（CNS）的影响也越大。如果阴道的开口不够伸展足够让宝贝的头部通过，有时称为"外阴切开术"的切口可以开在阴道和直肠之间。这种类型的外科干预方法已经受到很多批评，但是在某些生产中可能是必需的，以避免生产的并发症。头部一旦通过产道，身体的其他部分也会很快地跟着通过。

分娩的第二个阶段现在结束了，除非是多胞胎。医生或保健专家将很快地用手动操作的吸力装置从宝宝的咽喉吸出黏液。你将会在几分钟之内注意到这个称为"**新生儿**"的婴儿，仍然通过脐带与母亲连接。婴儿的注意力水平和健康的程度将会很快地被评估，然后可能被放置在母亲温暖的身体上，或者很快地清理胎儿皮脂（包裹婴儿身体的白色蜡质的物质）后被放置于父亲或母亲早在等候的双臂之内。

胞衣 在宝宝出生之后，通常子宫停止收缩数分钟。然后收缩重新开始，而且胎盘和剩余的脐带从子宫经过阴道被排出。这个排出**胞衣**的过程可能持续大约 20 分钟之久。在这期间，宝宝的父亲可以选择协助夹钳胞衣并"剪脐带"，以分开新生儿和母亲。

较新的技术可以用来收集和保存来自胎盘和脐带的血液，并使用低温贮藏让稍后的移植成为可能。"祖先"细胞（通常在骨髓中发现）对于治疗一些危及生命的疾病如白血病、某些类型的癌症、免疫的或遗传基因的病变是至关重要的。在一些医院中，父母可以选择储存来自他们宝宝脐带和胎盘的血液。在宝宝安全出生之后，需要五分钟来收集被包含在胎盘和脐带的血液。一些私人的血库公司力劝准爸爸妈妈收集并储存脐带血，它将被送到进一步进行分离干细胞程序的机构。然而一些医生不鼓励这样做。

宝宝的出生经验

在 1975 年，一个法国妇产科医师 Frederick Leboyer，通过他的最畅销书《没有激烈行为的出生》（*Birth without Violence*）引起了大众的注意。Leboyer 称，出生对于宝宝来说，是一种极度创伤的体验。Leboyer 要求保持产房中较低的声音和光线水平，让宝宝较温和地进入这个世界，通过按摩和抚摸、温和的暖浴迅速抚慰婴儿。

但是，Leboyer 的观点引起了极大争论。加拿大研究者已经发现，对于婴儿或者没有采用温和的传统生产方式的母亲来说，Leboyer 的方法不具备特别的临床或者行为上的优势。尽管其他研究员的报告表面上出现过，但正常生育中的应激反应通常不是有害的。对于胎儿异常地分泌高水平的应激激素，可以准备好肾上腺素和去甲肾上腺素以抵抗出生的困难。激素水平的猛增在生产期间保护婴儿免于窒息，并为婴儿在子宫外存活做好准备。帮助婴儿清理肺部且改变生理特质促进常态呼吸，同时确保丰富补给血液给心脏和大脑。出生的震动启动了宝宝急切地并努力地为自己呼吸。某些宝贝在被按传统的打屁股方式让其开始呼吸之前，就能够自己呼吸。

从正常的出生过程中的分娩所知，父母能够获得安慰，从宝宝的立场来说，分娩的困难可能是比通常所认为的不快乐更少并且更有益，因为婴儿的血液流通必须自己倒转，心脏的某个特定的瓣必须关闭，而且宝贝的肺需要开始靠他们自己行使职责。然而，我们同样知道，Leboyer 鼓励了分娩管理中较有人情味的观点。

电子式胎儿监听　通常在医院环境的分娩过程和生产期间，一条带有尼龙搭扣的绳子连接于一个电子监视器上，以便环绕母亲的腹部和背部。胎儿的心跳被不断地监测而且在长条纸上记录。宝贝的脉搏在母亲强烈的收缩期间减慢，但是在两个强烈收缩期之间恢复它的最初速率。它的心跳速度可能相当于母亲心跳的两倍。即使通常宝宝的身体准备好抵抗分娩的困难，如果心脏速率监视器显示胎儿处于危难中，外科的干预方式可能也是必需的。这个监视器和较新的计算机装置的使用对一些宝宝的生存来说可能是决定性的。

新生儿的外部特征　出生的那一刻，婴儿身上布满胎儿皮脂，这是一种厚的、白色的、像蜡似的物质。一些婴儿仍然带有他们的细毛（胎儿精细的羊毛状的面毛和体毛），直到四个月大时消失。由于胎儿皮脂，他们的头发没有光泽，面容奇怪而苍白。

一般说来，一个足月的婴儿身长为 19～22 英寸，体重为 5.5～9.5 磅（最近一个患糖尿病的巴西女性剖宫产下了一个 16.7 磅的男孩！）。他们的头时常造型不佳而且由于塑型的结果被延长。在塑型中软颅骨"骨头"临时地扭曲经过产道以适应通道。通过剖宫出生的宝宝没有类似的这种被延长的外观。在大多数的婴儿中，下巴向后倾斜，而且较低的颌骨是未发育好的。具有弓形腿是通常可以见到的，而且足部可能是脚趾向内弯的。现在，将我们的注意力转到更具决定性的婴儿的行为状态。

阿普加测试　宝宝的平均出生体重约 7 磅 6 盎司（3.3 公斤）。无论如何，体重是评估一个婴儿健康方面的唯一因素。在出生后宝宝情况的常态通常由医生或者护理医生**根据阿普加评分系统评估的**（见图 2—4），这是麻醉专家阿普加（Virginia Apgar）提出的方法。在出生后一分钟，根据五种情况对婴儿进行评估：心率、呼吸运作、肌肉状况、反射敏感性和皮肤状况，出生后五分钟再次评估。每种情况被评分为 0、1 或 2（见图 2—5）。然后总计这五种情况的等级（可能得到的最高分是 10）。在出生后 60 秒，约 6％婴儿的得分为 0～2，24％得分为 3～7，70％得分为 8～10。小于 5 的得分表示需要迅速地诊断和医疗方面的干预。阿普加得分较低的婴儿死亡率较高。

Brazelton 新生儿行为评估量表和临床新生儿行为评估量表　T. Berry Brazelton 博

士是著名儿科医师、作家和电视及网络医师，设计了"新生儿行为评估量表"
(NBAS)，用于出生后几个小时或出生后的一周内。另外，它被许多研究员用于研究婴
儿的生长发育。一个主考者使用 NBAS 的这 27 个子测试评定生长发育的四个种类：生
理机能、运动、情感状态，以及与他人的互动。低的得分表明新生儿可能具有潜在的认
知损害或需要由早期干预方法提供较多的刺激。"临床新生儿行为评估量表"(CNBAS)
是 Brazelton 最初量表的更新版本。它是简明版的行为互动量表，有 18 个行为和反射条
目，设计研究婴儿的生理机能的、运动的、情感状态的和社会化的能力。

照看者—婴儿的联结

在人类历史的大部分时间，宝宝出生后立刻被放置在他们母亲的身体上。根据人类
学家 Meredith Small 的研究，在全球大多数的文化中，宝宝仍然被这样放置在他们的母
亲身上。但是，在父母亲联结这个概念上的研究在最近几十年已经有了很大的改变。尽
管在 20 世纪 70 年代时研究基于心理学/医学的模式，但现在更广泛的是从一种跨文化
的观点来看。比较早的研究把重心集中在欧裔美国人，并带有以北美白人/欧洲为中心
的视角。当对看护照看婴儿的跨文化研究的调查结果出现，并以历史的观点来审视早期
的实践时，人们眼前就浮现出一幅不同的画面。据 Rogoff 解释，"文化的研究引起对婴
儿和照护者彼此依恋的共生方面的注意，包括共生的健康和经济情况、婴儿照料的文化
目标和家庭生活的文化准备。"举例来说，一项最近的研究比较了乡村的非洲人和都市
的欧洲人之间的婴儿生长发育的文化模型。

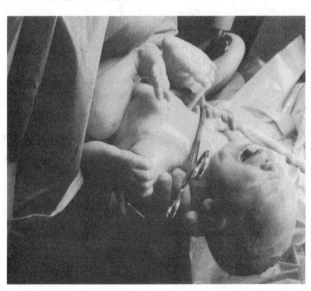

图 2—4　出生的奇迹
这个新生儿显然赢得了较高的阿普加得分。

哈罗（Harry Harlow）实施并发表了猴子婴儿依恋实验的结果，发现猴子婴儿偏爱依附于覆盖在布料中的"电线母亲"。鲍尔比的依恋理论提出依恋是由生存技能进化而来的机制。稍后可以见到在第二次世界大战后期，依恋被理解为在政治环境中不鼓励女人成为劳动力的反应。安斯沃斯（Ainsworth）的"陌生情景"的研究调查儿童—母亲的联结，因使用对于较宽泛的族群和更多样化的社会经济人口来说不具有代表性的小样本而受到批评。最近的研究也重视对于照看的观念和实践的政治环境。

将宝宝与他们的母亲分离的习俗在过去 100 年内已经出现，仅在西方文化中 Martin Cooney 发明第一个保温箱之后，用于援救早产婴儿并主张为了有益于健康使母亲和儿童分开（当最初发现微生物存在的时候这种做法得到了人们的支持）。直到 20 世纪 40 年代，保温箱成为大部分婴儿在医院中的标准惯例，而且较多的母亲选择在医院中生产而不愿在家。新妈妈通常是非常镇静，在被迅速移动到产妇病房以恢复体力之前，只瞥宝宝一眼，而宝宝则被迅速移动到儿童室。20 世纪 60 年代后期，在西方世界中生产惯例开始改变。在 1976 年，两个产科医师 Marshall Klaus 和 John Kennell，提出对母亲—婴儿联结来说早期关键的 16 个小时的理论。直到 1978 年，美国医药协会宣布促进婴儿和他们的母亲之间的联结成为正式策略。

	标志	0 分	1 分	2 分
A	活动（肌肉质量）	缺乏	手臂和腿屈曲	积极的活动
P	脉搏	缺乏	低于每分钟 100 下	高于每分钟 100 下
G	扮鬼脸（反射应激性）	没有反应	扮鬼脸	打喷嚏，咳嗽，疏远
A	外貌（肤色）	蓝灰色、全身苍白	正常，手足除外	全身正常
R	呼吸	缺乏	缓慢、不规则	良好，哭

图 2—5　新生儿的阿普加得分

在出生后 1 分钟和 5 分钟从每个指标得到的分数。如果宝宝有一些问题，可以根据出生后 10 分钟的情况计入附加得分。7～10 被认为正常，而 4～7 可能需要某些急救措施，阿普加分数为 3 以及低于 3 的宝宝需要马上急救。

母亲的联结　母亲联结的概念也已经有所变化，它在社会中的角色还在争论中。进化生物学家主张母亲和她们的婴儿联结在一起是自然的（适合的），要求亲密的接触、持续的互动和情绪上的依恋。因为人类的婴儿是附属于他人生存的，需要很多的照料、保护和教导，联结是我们这个物种尤其必需的。其他的学者认为"它培养了一种未获得承认的社会刻板印象——将母亲们描述为'情绪支持的源泉'"。大多数的心理学家和医学专家现在认识到，最初的几分钟或者数小时不在一起度过也不会给关系造成永久的缝隙。**"父母—婴儿的联结"**主要是一个互动的和相互关注的过程，随着时间的过去而发生并建立起情绪上的联结。

自然分娩的提倡者主张自然分娩促进了父母和他们的孩子之间的情绪联结。这是亲密的时刻，仅仅是父母—婴儿联结的开始。这是温和的碰触和观察彼此的时刻，并且是一些母亲可能选择母乳喂养她们孩子的时刻。

剖宫生产的母亲或者收养孩子的父母不应该做出这样的结论——他们已经错过了健康的儿童—父母关系的基础阶段。越来越多的研究实证提示，在生产后没有立刻接触他们孩子的父母能够像确实有这样的接触的父母一样，与孩子典型地建立同样强的联结。

与一些照看者的联结是一些公有生活方式的社会所必备的。研究人员已经表示，刚果 Efé 森林的居民对儿童的养育有着非常灵活的习俗。婴儿在村庄中被一些成人照顾。Efé 的婴儿可能和其他的照看者度过 50% 的日子，而且可能被任何一个正在哺乳期的女性看护。然而宝宝清楚地知道自己的母亲和父亲是谁。

发展学家也认识到一些母亲和父亲在形成这样的依恋方面有困难。依恋对于那些经历特别复杂的生产和分娩，或者对于早产的、畸形的或在最初是多余的婴儿的母亲来说是困难的。由于一些分娩是高风险的，并不是每个父母—儿童的关系都从平静开始。

父亲的联结　在许多文化中，准爸爸由于他们的伴侣妊娠而可能经历**孕夫拟娩综合征**——抱怨身体不适、饮食变化和体重增加。一项对 Milwaukee 地区的 147 个准爸爸的研究发现，他们中大约 90% 经历了类似他们妻子的"妊娠"症状。举例来说，男人在妻子妊娠最初的三个月内有恶心的症状，并在最后三个月中有背痛的症状。多数的男人报告有 2~15 磅的体重增加幅度，在宝宝出生之后最初四个星期内他们都会体重降低。拟娩可能是父亲对准妈妈表达共情联结和社会角色改变的某种方式。除此之外，准爸爸普遍更关心他们供养和保护即将扩大的家庭的能力（见图 2—6）。

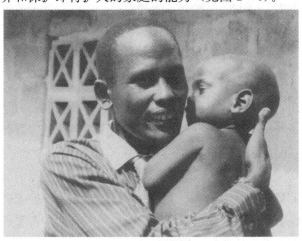

图 2—6　父亲—婴儿的联结

研究揭示在养育儿童和儿童发育的过程中父亲的存在和参与赋予这两个过程非常多的好处。注意这个父亲的微笑，来自坦桑尼亚的达累斯萨拉姆的 Paulo，小心翼翼地紧紧抱着他的婴儿，促进了父亲—婴儿的联结。

人类学家已经发现，生父在家庭生活强大的社会中是非常重要的养育角色，在这种社会中女人献身于家庭生计，家庭是父母和后代的整合单位，男人并不对成为勇士全神贯注。虽然在整个文化中父亲的身份有不同程度的变化，但是人类的男性献身于照料婴儿的潜能非常大。也有较多的证据表明父亲参与他们孩子的生长发育的重要性。

从他们自身的利益出发，许多当代的爸爸将和准妈妈一起拜访产科医师、听宝宝的心跳、看第一个超声波或者羊膜穿刺、计划宝贝的降生、参加分娩预备课程、参与生产，而且在生产之后通过垫换尿布、喂养、洗澡等等帮助照顾宝宝。最近的研究评论指出，对他们孩子的认知、情绪和身体健康来说，父亲的爱和关心和母亲一样重要。

在出生之后，最初得到机会看到婴儿的时候，父亲和母亲有相似的情绪，父亲用与母亲相同的模式探究新生宝宝的身体：首先是手指，然后是手掌、手臂、小腿，然后是躯干。新爸爸像新妈妈一样，对他们的新生儿也直觉地提高他们说话的音高和声调（说一种称为"妈妈语"的语言）。明显地，父亲与他们的宝宝接触越多，相互依恋的出现就越多。

父亲的参与　父亲的养育与母亲所能做的不同。母亲与儿童在一起时往往较多言语，然而父亲倾向于较多身体活动。父亲通常和他们的儿子一起玩混战游戏，我们发现男孩将此游戏作为练习，来发展出对他们的攻击性的控制。母亲的养育和父亲趋向鼓励成就的结合，都对童年经验有所贡献。父亲通常也提供女儿一些正性的榜样性角色。父亲和母亲的爱对于儿童的人格和心理逻辑的发育都有重要的影响，一些证据表明父爱甚至与一些方面的生长发育有更强的相关。

父亲提供不同方式的关心、训练和养育；这种特点还促使了被关注的儿童身体上和心理上更加健康的发展。研究已经显示，生父的存在和参与赠予给他们孩子的养育和生长发育的好处是任何替代的父亲都无法取代的，无论替代的父亲是以何种方式存在如祖父母、一位男性朋友还是继父母。

妊娠和出生的并发症

虽然大多数的妊娠和出生过程没有并发症，但是也有例外的情况。由于妊娠之前原本的身体情况（包括糖尿病、骨盆异常、高血压和传染病），目前美国有超过 1/7 的女性在分娩和生产期间经历并发症。在妊娠期间、分娩或出生过程中出现的并发症需要外科的干预。好的产前保健和医学监督之下的诊断目的就是要使并发症减到最少。但是如果并发症已经开始发展，通过医疗干预可以做很多事来帮助母亲和解救儿童。胎儿的超声波和其他的诊断应该常规地执行，以检查潜在的并发症。

举例来说，大约 1% 的宝宝出生时有**缺氧症**，在生产期间脐带在宝宝的颈部周围挤紧或者缠绕会引起氧缺乏。在一些妊娠的状态中，母亲和宝宝在他们的血液中有不相容的 Rh 因子，医疗手术能避免严重的并发症。如果有并发症，过去一直专注于解救母亲；如今解救母亲和婴儿同样重要。

科技革新已经减少了婴儿的死亡率。比较大的城市的医院可能有**新生儿重症监护病房**，配备人员为胎儿医学家和新生儿学家，他们的专长是处理复杂且高风险的妊娠、分娩和出生后的临床实践。在 2003 年，早产和低体重出生的婴儿的百分比继续上升，主要因为由辅助生殖技术引起的多胞胎数目的逐渐增加。在 2003 年，大约 90％的婴儿在正常出生重量的范围里出生。分娩和生产会有一些并发症，包括剖宫生产和处于危险中的婴儿。

剖宫手术生产　经历过分娩或生产并发症的一些女性将会采用的外科生产称为"剖宫产术"（"剖宫产"）。在这个外科方法中，医师通过腹部的切口进入子宫并取出婴儿。在 1970 年，剖宫生产的比率大约是 5％，2003 年比率是 27％，达到了有史以来的最高点。在美国剖宫生产的大幅度提高能被归因于许多因素：母亲较大龄进行生育；较高比率的双胞胎、三胞胎以及多胞胎妊娠；体重较大的宝宝；技术改良保护高风险的婴儿；女性选择预定外科手术生产；产科医生选择手术；担心性功能紊乱；骨盆基底损害；分娩的痛苦；不当治疗诉讼的提高。

如果母亲或者胎儿有已知的危险，有时剖宫产术是一个计划中的手术，比如，如果母亲是糖尿病患者、患有高血压、是艾滋病毒阳性患者，或**前置胎盘**在子宫中胎盘比胎儿的头更低，将首先被排出。另外一种情况是**先兆子痫**（也称为"毒血症"），影响大约 5％的女性且包括高血压。胎盘剥落是一种严重的情况，胎盘部分地或完全地从子宫壁分离，必须采用外科干预来解救母亲和儿童。或者可能在分娩和生产期间发现紧急的剖宫生产是必需的——举例来说，当母亲的骨盆太小而无法允许婴儿头部通过的时候，或当宝宝位置异常的时候，比如臀部产位（臀部或脚在前并非头部在前）或者横向产位（向侧面或垂直的姿势）。所有剖宫生产中 4％～5％被接生的宝宝是臀位的。如果宝宝还没有转向头部先露的位置，大约在 37 周产科医生可能尝试叫做"外部视觉"的策略。如果业务熟练，60％～70％的宝宝会转动——但是这个方法并不是没有危险，而且可能引起早产。

剖宫生产是重要的手术并承担一定的风险，尤其对母亲来说。剖宫生产能激发焦虑，尤其是对于没准备好的女性。然而，借由硬膜外无痛注射剂在椎骨间的腔隙中的使用，腰部以下的疼痛感被阻塞。母亲在生产期间可以是清醒的，而父亲可以在产房中，两人就能够分享出生的时刻。当女性选择全身麻醉的时候，她将不会意识到生产，而通常父亲也不被允许在产房里（虽然他可能几乎是在出生后立刻抱住婴儿）。

一些剖宫产的女性由于未经历自然生产会感觉"被欺骗"，但是大部分女性对于生出健康婴儿的这个选择是心存感激的。有的剖宫生产的女性也会典型地经历较多的不适和由于手术的恢复而伴随暂时的无能力感。作为对这些问题的回应，现在的分娩课程通常包括剖宫生产选择的单元，并用医院媒介的材料来推进主题，"做手术将有一个宝宝"。此外，较多的已经有过剖宫产经历的女性将采用阴道生产，这被称为 VBAC。

研究员已经发现，在分娩和生产期间如果有被训练的女性朋友或多拉、助产士提供持续的支持，产妇能显著地减少对剖宫生产、产钳分娩和其他类似的措施的需要。然而，每个准妈妈应该计划在日程意料之外的事情发生时生产的地点和方式。

处于危险中的婴儿　处于危险中的婴儿的发育是一个越来越重要的主题。医学技术的进步正在解救许多先前无法幸存的婴儿。

早产的婴儿　由于早产/低出生体重是生命第一个月死亡的最主要因素，早产似乎是主犯。在 2003 年，所有美国出生的婴儿中超过 12％是早产的。传统上将**早产的婴儿**定义为出生时宝宝体重低于 5 磅 8 盎司的体重或妊娠周数少于 37 周。典型的非常早产的宝宝不到 32 周妊娠就出生了。

对于早产的婴儿，生存率与出生体重密切相关，越大而且越成熟的婴儿可以越好地生存。然而在一些国家较好的医院中，医师正在解救体重 2.2～3.2 磅婴儿中的 80％～85％，尤其是那些体重 1.6～2.2 磅婴儿中的 50％～60％。令人惊异的是，在 2004 年 9 月，全世界最小的宝宝幸存者 Rumasia Rahman，当她作为双胞胎之一早出生三个月的时候只有 8.6 盎司重（移动电话的大小）。

另一种早产婴儿死亡的问题被称为"呼吸窘迫综合征"（RDS）。每年约 8 000～10 000 个与 RDS 相联系的婴儿死亡；另外 40 000 个婴儿年复一年地受到它的折磨。困难在于早产婴儿缺乏一种熟知的表面活性物质，是在子宫中围绕胎儿的羊水中发现的一种润滑物。这种表面活性物质在肺中帮助空气囊膨胀，而且阻止肺在每次呼吸之后压扁或粘在一起。胎儿通常直到第 35 周左右才能逐渐获得表面活性剂。最近，研究员已经发现提供这种物质给早产的婴儿能避免许多其他致命的并发症，而且能解救宝宝的生命。

早产，尤其是非常早产的情况与患有幼年和童年期发展上的残疾和神经疾病相关。首先，由于应对出生和出生后生活的应激，早产的婴儿又相对未发育成熟，这使得其较难生存，同时更易受到感染性疾病的影响。其次，早产婴儿显示出发展上的困难，这可能与导致宝宝早出生的产前的相同问题有关（像是母亲营养不良、药品使用、经由性行为传染的感染性疾病、贫困以及糖尿病）。一些研究结果显示，早产婴儿的长期状态较可能与社会经济地位、教育和支持性的家庭环境相关，而不是早产的情况本身。最后，在生产后，早产的婴儿通常被放在保温箱（早产婴儿保育箱）内，并接通许多管子和监听装置。

为了确保早产婴儿的生存，护士必须花费许多时间采用一种"程序性照料"——喂养、更衣、洗澡、采集生命体征、提供呼吸维持或者打针，等等。然而，25 年以来的研究显示，如果未足月的婴儿被温和地抚摸和"安适地照看"——正常的皮肤接触、按摩和尤其来自父母的抚摸这样的一些其他刺激，他们就更有可能生存下来。因此，一种称为"袋鼠照料"（Kangaroo Care）的计划正逐步展开以促进早产儿的状态复原。这种照料是在安静的微光的新生儿重症监护病房中，母亲或父亲和儿童进行皮肤与皮肤、胸部与胸部的接触。健康状态包括肌肉活动水平降低、需氧量较少、行为不适较少、每日有较大幅度的重量增加和输血量较少，这有益于 26～33 周的早产婴儿。

大多数的早产婴儿没有显示出异常情况或心智迟滞。英国前首相丘吉尔，出生时是早产儿，活到了 91 岁。他倡导积极和建设性的生活。关于监控早产儿的最新进展已经允许医师在许多情况下通过治疗性的干预或参与预防一些问题，将这些问题的危害减到最小。这样做的结果是与早产有关的全部并发症和死亡率的降低。医学将继续在帮助早产的宝宝方面创造至关重要的和令人兴奋的大幅度进步。而对于某些婴儿来说，早产除了会有较高危险发生死亡之外，还可能导致的情况是发展上的延迟、慢性呼吸问题、视觉和听觉上的损害。

一项最近的纵向研究对 23 组极端的低出生体重的孩子和他们足月出生的同胞进行比较，使用标准化的医学、社会学，以及认知的、肌肉运动的和语言的测试。结果表明那些极端的低出生体重的孩子较轻、身长较短，而且头圆周较小。他们 IQ 也可能较低，在斯坦福·比奈测试中得分较低，并且皮波迪肌肉运动商数较低。社会经济地位较高对认知的和语言的能力有正性影响，但是不影响肌肉运动的得分。研究结论是幼儿园阶段认知的和语言的功能受早产的状态和社会经济变量的影响；然而，肌肉运动只与早产的状态相关。

过度成熟儿　经过子宫妊娠 40 周之后两个星期以上才出生的宝宝，通常被归类为**过度成熟儿**。大多数过度成熟的宝宝很健康，但是他们必须被小心地照料一些日子。因为他们的母亲有糖尿病或糖尿病前期，或者由于过量的糖类物质穿过了胎盘，一些宝宝比较重。这样的宝宝在生产后的最初几天可能有新陈代谢方面的问题，需要进行比较细致的医疗检查。过度成熟的婴儿身形往往比较大，造成母亲和婴儿在生产期间较多的并发症。母亲可以选择进行引产和剖宫产。

受药物影响的婴儿　受药品影响的宝宝很有可能早产、出生体重低并且头部比正常尺寸小。在数周期间，这些婴儿会经历剧烈的疼痛和戒断症状，其中癫痫发作也许是表现最明显的迹象之一。通常，当被抱起来的时候，这些宝宝的背部往往呈弓形弯曲、体态呈向前冲的姿势、用高声尖锐的声音哭泣，直到自己精疲力竭。受可卡因影响的婴儿较紧张不安，肌肉常常处于绷紧的状态，因身体僵直而移动困难，不喜欢被碰触，而且进食困难。

这些行为会更进一步影响父母或者照看者如何对待宝宝，儿童如何成长和学习可能也会受到影响。尽管如此，最近对孕妇使用可卡因对其宝宝的影响进行了再评估研究，并没有发现对儿童的生长发育长期有害的影响。也许对宝宝来说更有害的是被贴上"快克（一种经过化学高度提纯的可卡因药丸，通过玻璃管吸食，很容易使人上瘾）儿童"

的标签，以及阻碍宝宝的社会性、情绪、身体和心理发展的社会经济因素。

感染艾滋病病毒的宝宝　艾滋病病毒是一种引发艾滋病的阴险病毒，这里是一些令人吃惊的统计学数据：

- 女性几乎占全世界所有感染艾滋病病毒者/艾滋病患者的一半（在许多贫困国家中，女性在被传染者中比例更高）。
- 专家估计全球约有 1 000 万儿童和将近 1 万美国儿童携带艾滋病病毒。世界卫生组织的专家估计，仅在 2004 年就有超过 50 万个 15 岁以下儿童因艾滋病病毒/艾滋病而死亡。
- 自从艾滋病在 20 世纪 80 年代早期被首次鉴识之后，已经超过 5 000 个美国儿童因艾滋病病毒/艾滋病死亡。
- 到 2004 年为止，研究者估计由于艾滋病的传播，多于 1 500 万的儿童成为孤儿。

宝宝可能在妊娠期间、分娩和生产期间或在母乳喂养期间感染艾滋病病毒。在一开始，携带艾滋病病毒女性的宝宝在艾滋病病毒抗体测试中都会得到阳性结果，但是这不表示宝宝已被传染。没被传染的宝宝将在 6～18 个月内消除母亲的抗体，并开始呈现艾滋病病毒检验结果阴性，而感染艾滋病病毒的宝宝的检验结果将会继续呈现为阳性。原本感染了艾滋病病毒的宝贝出生后表面上是正常的，但是其中的 10%～20% 在两岁时发展为艾滋病并死去。通过早期诊断和早期治疗，携带艾滋病病毒的孩子中有较高比例生命更加长久，多数可进入青少年期和成年期。

患胎儿酒精谱系障碍的宝宝（FASD）　研究已显示，准妈妈在妊娠期间饮酒，不仅胎盘"将像海绵一样吸收酒精"，而且酒精在羊水中存留的时间比在母亲的体液系统中存留得更久。早期妊娠时日饮两杯这么少量或者一次将四杯酒全部喝完（一段狂欢作乐的插曲），会杀死宝宝发育中的脑细胞，并阉割发育中的身体器官。饮酒在妊娠期间会导致所知的一系列效应总称为"胎儿酒精谱系障碍"（FASD），"胎儿酒精综合征"（FAS）也包括在其中。

FASD 的症状包括出生前和出生后的生长缺陷、导致较低 IQ 和学习障碍的中枢神经系统功能障碍、面部和头颅的生理畸形和生长迟缓，以及其他器官的机能障碍。一项最近的研究发现，在妊娠期间过度饮酒的母亲生育的宝宝会遭受永久的神经损害。FASD 是目前心智迟滞的首要预防因素，而且它在每个种族、社会阶层和文化中都存在。FASD 每年祸及多达 4 万个婴儿——比唐氏综合征、小儿脑瘫和脊柱裂加起来还要多。

出生以前暴露于化学毒性物质的宝宝　在 20 世纪 50 年代中期的日本水俣湾，由于当地企业造成海湾水银中毒而使鱼受到了污染，居民吃了后，导致婴儿、儿童和成人患有身体畸形和脑损伤。在 20 世纪 60 年代早期，由于对孕妇的"晨吐"广泛使用处方药物"反应停"，美国社会经历了相似的流产和四肢畸形高发的事件。军人在 20 世纪 60 年代至 70 年代的越战期间暴露于橙色落叶剂中，后来许多他们的孩子出生时患有大脑损伤。20 世纪 70 年代，在布法罗城的拉夫运河，靠近布法罗和纽约，出现流产高发和出生畸形现象，已被证明与空气和水污染直接相关。我们不能忘记，我们接触和吸收的东西，对于一个发育中的胚胎或胎儿来说是多么易受伤害。

妈妈和爸爸的产后体验

无论一个婴儿是健康地出生还是生于险境，每一个新妈妈在孩子出生之后都需要时间调整并适应自己的身体和情绪。成为母亲通常被完全等同于满足和欢喜，而社会和媒体使得这个神话永不破灭。这些神话给女性创造出不切实际的期待。通常产后时期会持续好几个星期。然而，一些女性需要好几个月来适应。每个女性在生产之后都会经历一系列激素水平的变化，尤其怀有双胞胎或多胞胎的女性。她们的黄体激素水平在妊娠的进程中升高（一些女性说在怀孕的时候，她们的感觉最好）。现在她们的内分泌系统被高度地激活，正尝试把身体带回到怀孕前的某种平衡状态，而这会促使心境波动。早产儿的母亲相对于经历完整生产过程的母亲来说体验到较高水平的产后忧郁，而双胞胎或多胞胎的母亲在出生以前和产后时期更可能焦虑和抑郁。

大多数的女性，不管她们多么不舒服，在住院期间她们都想要尽可能多地与宝宝在一起。然而，许多产后的改变会导致女性感觉相当疲劳和惴惴不安，作为母亲、妻子或伴侣和可能成为其他孩子的母亲，她得面对自己所不熟悉的责任。"我怎么能应付这些？"她可能在心里问。

一些女性选择在生产之后数个小时将她们的宝宝留在医院；一些人则停留数日来从手术或并发症中恢复身体。产后时期也是父亲调整的时候。当开始适应新到来的宝宝的"爸爸"角色的时候，他很有可能尝试在家应对并开始做起来。母亲比往常更多地需要他的帮助，尤其是如果她正在尝试从手术中恢复或宝宝出生时的危险较高的话。某些女性（和男性）似乎需要更多时间在身体上和在情绪上去适应。虽然新妈妈有高百分比经历所谓的"婴儿忧郁"，包括忧虑、失眠和哭泣，大约 10％的新妈妈会经历所谓的"**产后抑郁症**"（PPD）。PPD 有生物化学的基础，且包括不能够应对的感受、不想照顾宝宝的想法、不切实际的恐惧或者想要伤害宝宝的想法。

婴儿需要很多时间和关注，包括晚间和白天，而且可能花费相当多时间哭泣——我饿了。我得换个姿势。我困了。我很冷。我需要安慰。我生病了。我想要被注意。我们中大多数人从未让其他任何人像一个新生儿一样依赖我们！如果一个母亲出现产后忧郁症的征兆，她需要向她的妇科医生、医学医生以及/或熟悉 PPD 的治疗师寻求专业咨询，并寻求来自家庭和朋友的社会支持。

如果新妈妈的抑郁未经处理，它会继续存留，影响她的家庭尤其是孩子，孩子们在发育中也会有较高抑郁的风险。演员 Marie Osmond 遭受了 PPD，而且正在大声说出如何应对她有关经历的苦闷和空虚。Andrea Yates，一位来自休斯敦的女性，承认淹死了她的五个孩子（年龄分别从 6 个月到 7 岁），被宣布精神上适合受审讯并被判处终身监禁。她的律师说她在她的第四个孩子诞生之后开始出现严重 PPD 的精神病型。在犯罪时，她也正在服用抗抑郁药和安定药物。

由于在将自己调整为一个母亲承担新角色方面的困难，女性在生产前抑郁的症状将增加危险。由于没有与儿童发展出安全的依恋，除了危险增加之外，儿童的问题行为和获得能力的延迟时间也一并增多。

发展心理学家 Tiffany Field 博士一直致力于研究母亲抑郁对新生儿、婴儿和儿童的影响，并且发现抑郁的母亲也会产出抑郁的婴儿。"新生儿的各种应激激素处于高水平，提示大脑活动迟缓，表现为没有脸部表情和其他抑郁症状"。抑郁的婴儿学习走路比较慢，体重比较低，而且与其他的宝宝相比较少做出回应。Field 博士对这些母亲和婴儿的干预策略包括，训练母亲与她们的宝贝互动，而且每天按摩婴儿的整个身体 15 分钟。这样的触觉为他们提供了共同的好处。

除了身体的照料之外，我们知道婴儿面临着认知的、情绪的和社会性的需要。为了正常发育，他们需要眼神的接触、跟他们说话、温和的按摩、和他们一起玩。瑞典研究员在小样本中发现，儿童的抑郁状态可能保持至超过母亲抑郁心境的时期。因此，很重要的是，检查母亲是否先前存在抑郁的情况并理解有关抑郁的环境风险背景。

孩子出生后是一段新父母需要调整的时期

新生儿的基本能力

对细心的观察者来说，新生儿持续地传达他们的感知和能力。婴儿告诉我们他们的所听、所见和所感，与其他的生物体的方式相同——通过对刺激性事件的系统性反应。简而言之，新生儿是有活力的人，热衷于了解并参与他们生理的和社会性的世界。生命的最初两年称为"**婴儿期**"，其标志是孩子花费巨大的能量来探究、学习，并掌握他们的世界。一旦婴儿能够走路，他们时常被称为"初学走路的婴儿"。没有比永不松懈并固执地追求能力更醒目的婴儿特征了。他们不断地发起能够与环境有效互动的活动。健康的孩子是有活力的人。他们寻求来自他们周围世界的刺激。反过来，他们与他们的世界互动，主要与照看者进行互动，又能够满足他们的需要。

据睡眠研究员 James McKenna 称，"没有像婴儿这样的：一个婴儿和一个人就构成了整个世界。"McKenna 和其他的婴儿研究员已经发现，婴儿在生理上与负责照料他们的那些成人的身体形成亲密连接。这种共生的关系，称作"**生物体的内外偶联**"，是"横跨两个生物体的一种生物反馈系统，其中一个的运动影响另一个……这两个个体的生理是如此缠绕，通过生理感觉，一个追从另一个，反之亦然"。内外偶联首先是身体上的关系（碰触、看护、清洁、抚摸等）。连接既是视觉的也是听觉的：婴儿认识母亲的声音（通常也包括父亲的声音），而且相比其他的声音较偏爱。

儿童发展专家 Edward Tronick 指出，宝宝最有效的、适应性的和必需的技能是请成年人在社会水平上满足自己需要的能力。一些婴儿研究员将内外偶联归类为婴儿及其照看者之间一种同步性的躯体反应。儿童专家 Brazelton 博士称，父母和婴儿之间的运动和躯体反应的这种同步性对婴儿的生长发育是至关重要的。他更进一步提出，发育不良的婴儿缺乏这种与他们母亲的身体支持（这种情况发生于当宝宝已形成惯常行为而母亲严重抑郁或药物依赖以致无法照顾婴儿的需要的时候）。**发育不良**（FTT）的婴儿没有得到营养，因此相对于其年龄和性别来说严重地体重不足。发育不良源自一些因素，包括生理上和生物化学方面的反常、病毒感染、父母的体型、食物过敏或者对特定的食物过敏譬如说乳糜泻或像阻塞性睡眠呼吸暂停综合征这样的情况。

新生儿的状态

研究者对婴儿睡眠模式的好奇已经与对新生儿状态的兴趣紧密联系在一起。术语"**状态**"（states），由 Peter H. Wolff 提出，指警觉状态的连续统一体，警觉程度包括从一般的睡眠到精力充沛的活动（见表 2—1）。著名的小儿科医师 T. Berry Brazelton 认为状态是婴儿的第一道防御线。通过变更状态，婴儿会通过将特定的刺激挡在外面从而抑制自己的反应。在状态方面的改变也是婴儿准备积极地做出回应的方式。因此，婴儿对各种不同状态的使用反映神经系统调控的高度秩序。

表 2—1

新生儿的状态

规律的睡眠状态：婴儿在充分地休息；很少出现甚至没有肢体活动；面部肌肉放松；无自发的眼运动；呼吸是规则且平缓的。

不规律的睡眠：婴儿进行一阵阵温和的四肢运动，并进行较普遍的摇动、蠕动和扭动；眼睛运动是偶然发生的且是快速的；面部歪扭（微笑、嘲笑、皱眉、嘟嘴和撅嘴）是时常发生的；呼吸的节奏是不规则的，比一般的睡眠状态中要快速。

困倦状态：婴儿相对不爱活动；他们偶尔蠕动或扭动身体；他们间歇地睁开或闭合眼睛；呼吸的方式是规律的，但比在一般的睡眠中要快速。

警觉的不活动状态：虽然婴儿不活动，但他们的眼睛是睁开的，并闪着明亮的光；呼吸是规律的，但比在一般的睡眠期间还要快速。

清醒状态：婴儿可能是沉默的或者呻吟、发出"咕噜咕噜"声或呜咽；散发出运动的活力是时常发生的；就像他们在哭喊的时候一样，他们的脸可能是放松或皱起的；他们的呼吸速度是不规则的。

哭喊：发声的方式是猛烈有力的；肢体活动是剧烈的；宝宝的面部是扭曲的；他们的身体发红。某些婴儿的眼泪早在出生后 24 个小时就可以观察到。

反射 婴儿具备许多行为系统，或称为"各种反射"，以准备被刺激。**反射**是对一个刺激的相对简单、自然、天生的反应。换句话说，它是一个透过内置的反应环路被自动激活而引起的反应。一些反射，像是咳嗽、眨眼和打哈欠，持续于整个生命期间。过了第一个星期，其他的反射消失并将再出现，像婴儿的大脑和身体发育这样的自动习得行为一样。在动植物种类史的范畴内，可以见到反射是残存于低等动物的进化方式。反射对于婴儿的神经发展是一个良好的指示器。研究者估计人类出生时至少有 70 种反射。表 2—2 举例说明了其中的一些。

表 2—2

新生儿的一些反射

反射	描述
吸吮反射	当新生儿的嘴或唇被碰触时，他会自动地进行吸吮他嘴里的物体。
学步反射	当宝宝从上方被抱起，仅让一只脚接触地面时，他将从容不迫地摆出"走路的样子"，就像在走路一样。这个行为在第一周后消失，然后在数月中以主动行为的方式再次出现。

续前表

反射	描述
紧张性颈（击剑姿）	当宝宝的头被转向一边时，他同侧的手臂将伸直，然后另一侧的手臂将弯曲，就像击剑的姿势一样。
抓握反射	当一个物体被放入婴儿的手掌时，他的手指将靠近这个物体，然后牢牢地抓住它。

睡眠　婴儿的主要"活动"是睡觉。通过七八次小睡，婴儿通常每天睡 16 小时或更多。睡眠和清醒轮流交替，一个周期大概四小时——睡眠三小时而清醒一小时。除非他们生病或者不舒服，婴儿在任何地方都会睡觉（在婴儿床、婴儿车中，或在妈妈或爸爸的臂弯里）。直到第六个星期，由于在白天婴儿小睡只有 2~4 次，小睡变得比较长。在这一阶段，许多婴儿开始在睡眠中度过大部分的夜晚，尽管某些婴儿会整夜不睡很多个月。"缺乏睡眠尤其是破坏睡眠，是许多人养育中最差的部分"，英国心理学家 Penelope Leach 在她的书《你的宝宝和儿童》（*Your Baby and Child*）中如是说。当婴儿长到 1~2 岁开始初学走路时，睡眠时间通常减少至白天的一次午睡时间和晚间的一次延长的睡眠。

婴儿猝死综合征（SID）　自从 20 世纪 90 年代全国回归睡眠运动开始以后，**婴儿猝死综合征**的死亡率在下降，但是它在美国仍然是新生儿后期婴儿死亡的主要因素之一，最有可能发生在 2~4 个月之间。2002 年因 SID 而死亡的比例为每 10 万个出生的小生命中有 57.1 例。SID 在生命的第三或者第四个月期间最常发生，直到一岁之后它也会出现。父母将他们表面上健康的婴儿放下让他睡觉，而回来后发现婴儿已经死亡。通常没有征兆。SID 是婴儿死亡的主要因素之一（排名在出生缺陷和意外事故之后）。它是医学上未被解决的一个谜，不计其数的钱正在用于研究其原因。

避免 SID 的一些措施包括：得到常规的出生以前的照料、好的营养、克制抽烟行为和使用药品、避免青少年期受孕（尤其是多次的青少年期生育），并且在两次生育之间至少等候一年。照料者一定要确认把婴儿放下后他是仰面睡觉的，在床里除了坚固的褥垫其他什么东西都不要放，避免婴儿房间过热，避免婴儿面对烟草的烟尘和有呼吸疾病的人，避免过度装饰这个婴儿，并且考虑使用小型的监视器。

不同文化中的共眠

对婴儿睡眠安排的文化态度

因为民族儿科医生认为睡眠环境对婴儿的健康和发展是决定性的，所以民族儿科医生目前把重心集中在睡眠环境的重要性上。

而且，研究全球文化的人类学家已经发现，在大部分的人类历史中，婴儿和儿童与他们的母亲，也许是双亲一起睡，由于他们住的是棚屋和单房间住处，此举亦属无奈。在全世界，大多数的人在单房间的住处中居住和睡觉，只有富人会有超过一个房间的住处。一代一代流传下来的文化、习俗和传统影响我们如何入睡、我们与谁一起睡觉和我们入睡的地方。一项对186个非工业社会的研究表明，各种文化中有2/3是儿童在他人的陪伴下入睡。更重要的是，在所有的186个社会中，婴儿与父母中的一位或双亲一起入睡直到一岁。美国一贯是一个标新立异的社会，通常儿童被置于他们自己的床和他们自己的房间之内。其他文化中的宝宝在各种不同的环境中入睡——在他们母亲的背上用布料包裹的褓褓中，在挂起的篮子中，在兽皮或纤维织物制成的吊床中，在蒲团上以及在以竹子制成的床垫上，等等（见图2—7）。

人类学家 Gilda Morelli 和同事在美国研究了父母和宝宝的睡眠安排，并在危地马拉研究一群玛雅人的印第安人。玛雅人的宝宝总是在第一年有时是第二年和他们的母亲睡。玛雅人的母亲没有报告睡眠的困难，因为无论何时宝宝都会由于饥饿而哭泣，父母需要轮流照顾自己的宝宝。玛雅人母亲也将母亲和儿童视为一个整体。在美国样本中，没有宝宝和他们的父母一起睡。18个母亲中有17个报告夜间不得不因为喂奶醒来并起床。当玛雅人母亲发现美国宝宝被如此放置的时候，她们表示震惊和不赞成。她们将晚上母亲和宝贝之间的亲密视为所有父母都应该为他们的孩子做的。研究中的美国人报告，共眠令人烦恼，并且莫名其妙，在情绪和心理上也不健康。典型的是，小儿科医师和儿童保育专家劝告美国母亲，独自睡眠对宝宝来说是比较安全的。

图2—7 习俗和对婴儿睡眠的安排

文化、习俗和传统影响婴儿是否被放置在母亲的背上、编织的篮子里、吊床上、蒲团上、竹制床垫上、独立房间的婴儿床上或者与父母一起睡。

共眠在韩国社会中被视为社会可接受的，而且是教养方式的简单自然的部分。韩国人在地板上的床上睡觉，或在放置了蒲团样的床垫的地板上睡觉，这样的地板称为"yo"。"甚至睡在分开的单人大小的 yo 上，人可能在一臂距离之内一个挨一个地睡在一起，这样能够在身体上接触到……即使父母睡在床上，yo 被放置在床附近——使父母和儿童可以身体接触到的地方，因此，分享床和空间在韩国具有相同的意义。"

日本母亲有一个小册子，告诉她们应该"具有响应性和温和性，并时常与她们的宝宝沟通，使婴儿和母亲缠在一起，而且将宝宝带入家庭环境中"。日本宝宝和孩子被放置在父母亲卧室中的蒲团上，因为日本的家庭观念包括分享夜晚。日本母亲对于使她们的婴儿变得独立不感兴趣，而宁可确定他们成为母亲也就是相联结的社会人的一部分。

共眠的非西方观点看起来会促进婴儿的依恋，而西方文化重视他们孩子的独立性和自我满足。然而，在 19 世纪初美国出现住房扩大的时候，隐私的意识形态出现。美国父母被教导婴儿独自睡觉道德上是正确的。其他一些工业化国家也对儿童的睡眠抱有期待。荷兰父母认为孩子应管理睡眠和所有其他事情。宝宝和儿童每天晚上需要在相同的时间入睡，而且如果他们醒来，他们应该自己可以娱乐。婴儿规律的日常习惯在荷兰家庭中是必须的。

帮助宝贝在晚间睡觉

美国父母时常努力争取他们的婴儿在晚间睡觉。他们诱发睡眠的一些策略包括把安慰物放在宝贝的嘴里，摇宝宝，放置播放母亲心跳录音的婴儿床装置或者毛绒玩具，乘汽车兜风，使用自动的婴儿摇篮，用"白色噪声"机或者安静音乐来掩饰家中的其他噪声。在美国文化中，睡眠模式已经成为婴儿成熟和发展的一个标志：婴儿会在晚上一直睡觉吗？婴儿的睡眠模式较短促，但是在三四个月大时，婴儿大脑已经足够成熟以发展出生理节律——对白天和夜晚的大脑识别，这是它在子宫中没有经历过的。睡眠研究员 James McKenna 已经发现，宝宝像成人一样，睡觉的量不同，而且每种文化帮助决定应该进行多少睡眠。

McKenna 也已经在睡眠实验室环境中进行了母亲和婴儿共眠的实验。他发现共眠者生理上被缠在一起，对彼此的行为和呼吸产生反应。因为宝贝出生时神经学上是不成熟的，他们时不时有呼吸暂停的现象。共眠的宝宝对母亲的呼吸模式和旋律有较多反应，McKenna 认为这是教婴儿该如何管理呼吸的方法。共眠的母亲对她们的婴儿给予更多关注（亲吻、碰触、放回原位）。对 McKenna 来说，"管理呼吸的能力在三四个月大时逐渐地发展，正好是最容易发生婴儿猝死综合征的同一个时期——这可不是巧合"。

哭闹 婴儿的哭泣是天生的、自然而然的，是刺激父母的照看活动的高度适应性的反应。人们没有发现比婴儿的哭声更令人担忧和更容易把人吓坏的声音。生理学研究揭示，宝宝哭泣的声音可促使父母的血压和心率增加。一些父母因为那些哭闹感受到拒绝而反过来拒绝儿童。但是仅仅由于照看者在使宝宝停止哭闹方面存在困难，不能认为他们表现欠佳。哭闹是宝宝沟通的主要方法。不同的哭声——每个都有独特的音高、节奏和持续时间——传达不同的信息。

哭闹的语言 通常大多数的父母都能很快学会哭泣的"语言"。宝贝有表示饥饿的哭声、表示不舒服的哭声、需要注意的哭声、表示挫折的哭声，以及其他例如疼痛或疾病这样的问题引起的哭声（见图 2—8）。孩子的哭声随着时间越久会变得越复杂。在第二个月左右，无规律的或易激惹的哭声出现。在大约九个月的时候，儿童的哭声通过停顿变得较不连贯、断断续续，这时儿童会看看哭声是如何影响照看者的。

如果由于母亲当时的特殊问题，宝宝出生以前暴露于可卡因和其他药品中，这些婴儿会普遍经历戒断症状，包括无规律的和不停断的尖锐哭声、无法睡觉、好动、反射活动亢进、抖颤和偶发痉挛。这些症状中的一些在婴儿经历戒断症状后会平息下来。在非西方化的文化中，如果白天宝宝被紧紧地裹在母亲的胸前或者背上，他们较少表现哭闹，并且往往比美国宝宝更加顺从。

婴儿摇荡综合征 如果他们不能让宝贝停止哭泣，一些父母或者照看者会被烦恼和无助的感受困扰而向宝宝表达愤怒。直到最近，"婴儿摇荡综合征"（SBS）是我们很少有人知道的医学诊断。当一个宝贝的头被激烈地来回摇动或者撞击某物的时候，会导致这种综合征，结果会造成淤伤或脑出血、脊髓受伤和眼部损伤。医疗和儿童保育专家如果怀疑宝贝已经被摇动或虐待，会查看婴儿的表情是否呆滞或者无精打采。淤伤和呕吐也会提示婴儿患有 SBS。

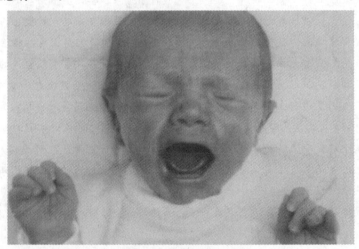

图 2—8 新生儿的状态

宝宝的主要工作是使自己的内部状态规律化，包括睡眠、进食、排泄和与照看者的交流。

研究员已经发现男性（父亲或男朋友）更有可能施以这种伤害，其次是女性保姆，然后是母亲。男婴比女婴更可能是这种虐待的受害者。SBS 通常起因于对婴儿的哭闹冲动且生气的反应。父母应该采取特别防范，小心地选择保姆，并且不要将儿童独自留给陌生人。较年幼的宝宝可能更容易接受新的保姆；然而，大多数婴儿在 7～8 个月的时候开始惧怕陌生人，称为"陌生人焦虑"，并且当与陌生的照看者一起留下时，更容易长时间哭闹。

如果父母因为婴儿不断地哭闹感到挫败，怎么办？首先，检查婴儿以确定没有错误的情况出现。如果儿童躯体的和被安慰的需要已经被满足，害怕伤害儿童的父母应该离开房间，关上门，去另外一个房间，并冷静下来。打电话给一个值得信赖的家庭成员或朋友来帮忙可能会缓和一些。婴儿正在尝试表达自己的不舒服，而哭闹是唯一能与你沟通的方法。如果这经常地发生，婴儿需要由小儿科医师仔细地检查是否**腹绞痛**——不知原因的宝宝不舒服的一种情况，宝宝会哭闹一小时或更久，通常每天大约在同一个时间段，持续至好几个星期。

抚慰婴儿 满足身体和情绪的需要可能会抚慰一个哭闹的宝宝。如果宝宝哭闹是因为他很饥饿或者困乏，他可能会借由吸自己的手指简短地抚慰自己。这样一个使自己满足的宝宝可能不需要抚慰者。给宝宝一个抚慰者有利有弊。与学习嚎哭直到某人把安慰物放入他们口中的那些婴儿相比，能够习得安慰自己的婴儿将学会如何满足自己的需要。

第一优先的事情是试着弄清楚宝宝为什么哭泣。婴儿时常借由被包在一条软毛毯襁褓中而感到抚慰。他吃饱了吗？他够暖和吗？他的尿布是湿的吗？照看者最近给他安慰性的抚摸和对话了吗？在午睡时间或特定的应激时期，许多较大的婴儿喜欢有一个安慰物，像是一条特定的毛毯或玩具动物。一些婴儿喜欢富有节奏性的行为，像是椅子的摇摆或骑婴儿车。世界上许多文化中，宝宝的大部分时间是在成人背上或者身侧的背带中度过的，这个背带和身体的抚慰一样温暖。最重要的是，父母应该试着保持平静，而且不对宝宝表示愤怒和紧张，因为婴儿的行为时常反映照看者的行为。

喂养 最初几个星期喂养新生儿可能是令人烦恼的，因为只有当婴儿的内部状态向其示意需要营养的时候，宝贝才会吃东西。在数个星期之后，照看者将会更了解喂养这个宝宝的特别模式。当完全醒着的时候，婴儿花费很多时间吃东西。的确，他们的饥饿和睡眠模式是紧密相连的。婴儿在白天可能吃8～14次东西。一些婴儿偏爱吃东西间隔短，整天也许都间隔90分钟。有些婴儿间隔3～4小时或更长。

幸运的是，当他们长大的时候，每天婴儿开始需要比较少的喂养。当他们一岁的时候，似乎大部分一天吃3～5餐。当他们发育成初学走路的婴儿时，所有的宝贝在一次吃多少和吃什么方面开始改变。开始吃非常少的儿童可能开始吃得更多，或者最初喂养很好的婴儿可能吃得非常少。儿童健康专家认为这是正常的，当他们需要非常多能量的时候，年幼儿童正经历"生长冲刺"，他们需要相当大的精力来适应他们身体发育的特殊时期。

符合需求的喂养和有计划的喂养 几十年以前，医生向婴儿推荐严格的喂养时间表。但是一些儿科医师认为宝宝的需求有显著的不同，当他很饥饿的时候，他们鼓励父母喂自己的宝贝——通过符合需求的喂养，让婴儿自己精选在 24 小时周期中的喂养时间。通常，儿科医师向双胞胎和多胞胎推荐有计划的喂养。无论父母和照看者的时间表是什么，他们必须决定宝宝吃母奶或配方奶。在 20 世纪之前，大多数母亲母乳喂养的婴儿或者雇用"奶妈"（奶妈是被雇用给别人的婴儿喂奶的妇女）。但是在随后几年内，当女性开始离开家进入工厂工作时，使用婴儿配方奶的奶瓶喂养逐渐流行，所以在 1946 年只有 38％ 的女性留在医院照顾宝宝。1956 年这个数字降低到 20％。之后，母乳喂养又开始流行。2001 年，美国婴儿中的 2/3 在出生后是吃母乳的。

母乳喂养　很多实证表明，在生命的最初几个月母乳喂养的婴儿是最好的。母亲的、宝宝的以及父亲的大脑释放有益的化学信使催产素，在出生之前、期间和之后进入他们的血液循环，促进对碰触和联结本能的暗示和渴求。催产素也促使母亲释放母奶。反过来，护理引起催产素的持续释放，然后使母亲更放松、细心并注意孩子在躯体上、情绪上和社会性上的需要。"宝宝和父母之间频繁的亲近和接触，会产生具有长期益处的强有力的家庭联结"。在喂养母乳期间，催产素的释放也使女性的子宫收缩，并回到正常的大小。自从 20 世纪 90 年代早期以后，美国女性育后母乳喂养的数字实质上已经增加，但是多数在产后六个月之前就停止了。对于母亲和宝贝来说母乳喂养的其他优点包括：

● 最初 3～5 天的母乳是**初乳**，它提供一种增加新生儿免疫系统抗体的物质，保护婴儿以防多种传染和非传染性疾病。

● 母乳是给予婴儿营养最完整的形式。

● 生长发育中过敏反应或哮喘的机会减少和较少耳部感染，这些都被归因于喂养母乳的益处。

● 因为母乳比配方奶有更多的水乳，所以婴儿通常更容易消化母乳。

● 与喂养配方奶的宝宝相比，母乳喂养使婴儿大便浓度较稀，抽筋和便秘的不适降低，排便可能比较容易。

● 与购买和制备配方奶相比，喂养母乳也是较不昂贵和较不耗时的。母乳总是处于准备好的状态并处于适当的体温下。

● 母乳喂养的女性产后出血减少，可改善身体健康，并可使停经前乳癌和卵巢癌的危险降低。同时，母亲可更快速地使体重回到怀孕前。

● 母乳喂养的亲密接触可以创造婴儿的安全感和健康，而这对她今后的人格将产生有益的影响。

母乳喂养的主要缺点是母亲每隔几小时必须对婴儿喂奶，不论是夜间还是白天。如果她需要回去工作，则相对困难，除非她将母乳挤出并在奶瓶中储存，以便父亲和其他照看者可以喂给儿童。现今有乳房泵让母亲为稍后的喂养释放她的母乳并使乳汁冷却。母乳喂养的另一个缺点可能是相比配方奶采用的精确标准的瓶子，母亲不知道宝宝吃到多少母乳。无论如何，每天增重和排泄数次的母乳喂养的宝宝将得到足够的营养。喂养母乳的另外一个不利之处是母亲可能需要限制摄取咖啡因（举例来说，在咖啡、苏打、巧克力、酒精和药物中可能含有咖啡因），因为咖啡因是作用温和的刺激物。其他的食物，像是绿花椰菜、花椰菜、卷心菜和辛辣食物也会影响宝宝发育中的胃肠系统并引起哭闹、易发脾气或过敏。同时，如果母亲自己有像艾滋病这样的先前存在的疾病，或正在接受药物治疗，她可能无法用母乳喂养。

配方奶（奶瓶）喂养　奶瓶（配方奶）喂养的优点是母亲的躯体自由，而且使父亲和其他的照看者变得容易参与婴儿的喂养。同时，采用药物治疗的母亲（举例来说，抗抑郁药、抗惊厥药、胰岛素、AZT）仍然可以喂他们的婴儿。商业化的婴儿配方奶往往较足量，因此，在两次喂养之间的间隔时间较长。采用奶瓶喂养的母亲与宝宝接触时可持续地提供营养。一个缺点是往往借助体积较大的工具，与母乳喂养的婴儿相比较，宝宝很可能经历便秘的不适。

对"规律的"进食的掌握　在经历发育的最初两年之后，儿童将会逐渐开始"规律"地进食餐桌食物和饮料，像面包和谷类食品、捣烂的蔬菜和水果、果汁，最后是小部分肉类。儿科医师目前推荐在调甜谷类食品或果实之前添入捣烂的蔬菜，给最初六个月喂养母乳的婴儿食用。充分且均衡的饮食对持续的健康和大脑发育来说是极为重要的。当儿童能用食指和拇指拾起食物并拿起一个杯子用它喝水而不需要成人协助的时候，两个发育上的里程碑出现了。强烈建议父母在给婴儿调甜的食物和饮料方面适度地节制，因为儿童的乳牙可能被腐蚀。当尝到食物的滋味和材质的时候，所有的婴儿都展现出"喜欢"和"嫌恶"，但在最初的几年期间在儿童的饮食中引入多样化的口味和材质是一个好的观念（如坚硬的食物、软的食物、液体食物）。一个孩子在同一时间能吃多少是因人而异的，也因发育过程中的年龄大小而不同。

如厕训练　大约一岁半到两岁或者稍晚，大多数的年幼儿童表现出对如厕训练的兴趣。这是美国家庭中尤其重要的心理发育的里程碑，因为，大部分的儿童每天都有很长的时间被带入像托儿所和幼儿园这样的公共环境中。

与正在生长发育的身体的其他肌肉一起，随着让儿童走路、爬行或者跑，初学走路婴儿的肛门和泌尿道的肌肉也在发育中。当这些肌肉足够强壮的时候，儿童将会让照看者知道他或者她已经准备好被训练上厕所了。当儿童开始表示这样的判断的时候，提供"大男孩"或"大姑娘"内裤和称赞儿童的成功都可以使得儿童的努力得到回报。任何年幼儿童都不应该被迫长时间地坐在马桶上，并被独自留在厕所里。弗洛伊德在他的精神分析理论中说，一个人对性的态度形成于如厕训练期间，而且为一件他或她还无法控制的事羞辱儿童对儿童来说是很大的伤害。用于识别身体各个部分和消除排泄物的言语在不同的文化中是不同的，在各种文化和家庭中也会产生变化。

对婴儿进行的各种检查和疫苗接种 经常进行医疗检查是必要的，这样每个婴儿都会得到适当的医疗护理和疫苗接种。所有的儿童在进入托儿所、幼儿园或公立和私立学校之前必须打几针。大多数的地区医疗诊所提供免费或最低费用的检查和必需接种的疫苗。接种疫苗可能使孩子生病之前有效地增强孩子的免疫系统，对某种疾病进行免疫。一些婴儿在离开医院之前应该接受他们出生后的第一针（乙肝）。其他的疫苗接种从两个月大开始。

大脑的生长和发育

婴儿以惊人的速度和令人惊叹的方式变化并成长。他们的发育在生活的最初两年期间尤其快速。的确，我们可以看到从受抚养的新生儿到具备步行、说话、社会功能的儿童的变化，几乎仅仅用 600 天就完成了，这是卓越而杰出的。由于身体关键系统的生长，成熟的变化发生了。与下丘脑相连（由包紧的神经细胞束组成的脑基本结构）的垂体腺分泌的激素，在通常的儿童生长中扮演了重要角色。过少的生长激素会使孩子长成矮子，而太多则长成巨人。

可预期的变化发生在不同年龄的各种水平上。许多研究者已经分析出各种特征和技能的发育序列。在这些研究中，心理学家设计出标准，称为**"常模"**，作为评估与儿童年龄群体的平均水平相关的儿童发育上的进步。虽然儿童在他们个体成熟的速度方面有相当大的不同，但是在发育变化的序列上显示出显著的相似性。婴儿的身高和体重是与行为的发展和表现最相关的指标。

儿科医师办公室中的图表是基于常模的，显示的是相对平滑连续的生长曲线，表示儿童以稳定、缓慢的方式生长。与此相反，父母时常说他们的孩子"在一夜之间长大了"。Michelle Lampl 和她的同事令人感兴趣的调查结果显示，生长峰值之间有较长的间隔，似乎显示宝宝的成长是一阵一阵的。她们发现宝宝在第 2 到 63 天保持相同的身长，然后在不到 24 小时中突然长 1/5 英寸到 1 英寸。另外，似乎在生长之前的数天，儿童时常变得很饥饿、爱挑剔、易激怒、不安和困乏。这项研究意味着生长的操作方式是关/闭的，很像电灯的开关。然而，有其他的研究者对这个调查结果提出异议，坚持称人类的生长是持续发生的。

0～3 岁男童的身长和体重

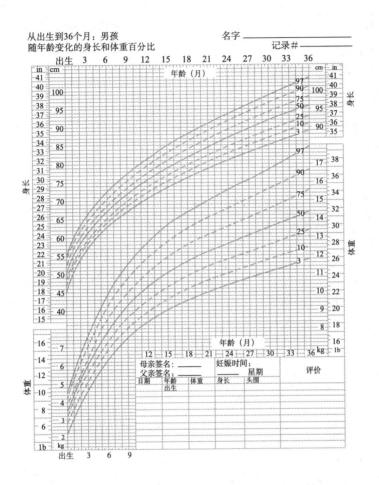

图 2—9 0～3 岁男童的生长图表

对于婴儿来说，身长和体重是最重要的与行为发育和表现相联系的因素。

关键系统和脑的生长速度

不是身体的所有部分都以相同的速度生长。淋巴组织——胸腺和淋巴结——的生长曲线与身体其他组织的就相当不同。在 12 岁时，淋巴组织比它在成年期内将会达到的体积的两倍还大；在 12 岁之后，它会持续缩小直到成熟期。与之相反，生殖系统非常缓慢地生长，直到青少年期开始加速生长。内部器官，包括肾、肝、脾、肺和胃，与骨骼系统保持相同的生长速度，因此这些系统在幼年和青少年期中同样地显示出两个快速成长期。

新生儿和大脑发育 神经系统比其他的系统更快速地发展。在出生时，脑重大约350克；在一岁时，大约 1 400 克；在七岁时，几乎达到成年期大脑的重量和大小。在子宫中、出生时和在童年期每个计划中的医疗检查中，都使用超声波图像测量宝宝颅骨的圆周，用作查证持续的大脑皮层生长。后脑的那些控制循环、呼吸和意识这些基本过程的部分，在出生时是起作用的。

0～3岁女童的身长和体重

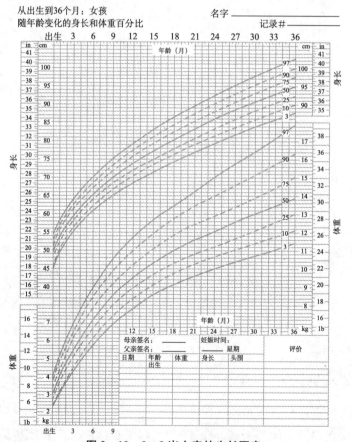

图 2—10　0～3 岁女童的生长图表

对于婴儿来说，身长和体重是最重要的与行为发育和表现相联系的因素。

大部分新生儿的反射，像吸吮、定向和抓握，建立于皮层下水平（大脑执行包括睡眠、心率、饥饿和消化的基本生理功能的部分）。大脑的这些部分控制包括身体的运动和语言的过程、出生后成熟的过程，对于即刻的生存来说比较不重要。在生命的最初两年期间，大脑的迅速生长与神经通路和神经元，特别是在大脑皮层中神经元的连接的发展有关（大脑的这个部分负责学习、思考、阅读和问题解决）。比较有效率的脑髓特征是神经元的交互作用复合体和丰富的突触连接（见图2—11），这是必要的营养、广泛的知觉体验和刺激在大脑成熟和认知功能中担任重要角色的原因。在最初12个月期间，皮层的迅速发展为孩子较少刻板的和较灵活的行为提供基础。

最近研究显示胎儿在发展的决定性阶段，仅暴露于少量化学药品就会导致神经元的破坏。不同的化学药品和不同的暴露时间会破坏大脑的不同区域。虽然目前胎儿的酒精综合征已经得到较充分的报道，但是，研究者已证实低度酒精就能杀死神经元；这在妊娠的后半段中尤其重要。研究者还将证实胎儿在子宫口高度暴露与迟发的精神分裂症之间可能的联系。科学家也正在致力于理解母亲的激素如何影响胎儿的大脑发育。

诊断和成像 正电子发射断层脑显像（PET）扫描仪将提供大脑的生理的或代谢的活动，在出生和成年期之间经历的持续变化的证据。使用正电子发射断层脑显像扫描的神经科学家已经发现，宝宝大脑新陈代谢的速度大约是成人的2/3。在两岁时接近成人的速度，发生在大脑皮层的活动快速增加。三或四岁儿童的新陈代谢速度大约是成人的两倍，直到10或11岁大脑还保持这种超动力。然后新陈代谢的速度逐渐变小，在13或14岁时达到成年人的速度。多亏新的扫描和成像技术，也包括很强的大脑扫描，科学家现在能够形成大脑内部工作的非常清楚的图景。这使得对早期发育的较好洞察成为可能。

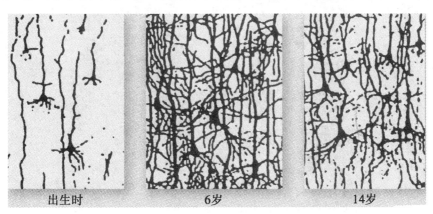

出生时　　　　　　　6岁　　　　　　　14岁

图2—11　人类大脑的突触后致密结构

单个神经元可以与多达15 000个神经元连接。连接的复杂程度令人难以置信，结果是大脑时常出现"网络化"或者"迂回化"的情形。适当的营养、锻炼和环境的刺激可以塑造大脑回路的形成。

环境的刺激因素 现今的研究员确认，父母在早年与孩子互动的方式和他们给予的经验，对于婴儿的情绪发展、学习能力和日后的功能发挥有很大的影响。通过与周围世界的直接互动，宝宝出生时未发育完全的大脑发育出神经通路。从出生开始，宝贝的大脑将快速地创造神经元的连接。研究者发现与先前大多数人的设想比起来，对于大脑的发育，照看的质量通常具有更大的影响。当然，遗传也有影响。

最近的研究显示，父母爱的表达会影响大脑形成复杂性连接的方式：观察宝宝的眼睛、抱抱和抚摸宝宝会刺激大脑释放促进生长的激素；歌唱并和宝宝说话会刺激听知觉。一些研究者提出这些如同"情绪的智力"。如果婴儿的大脑没有受到视觉或者听觉方面的锻炼，儿童将会有掌握语言方面的困难，并会在视觉和听觉工作上面临困难。每个照看者都可能是宝宝的爱、学习、安慰的来源，继而会成为促进其大脑生长的刺激，每个家庭成员也是如此。

生长发育的原则　正如先前提到的，人类的发展依照两个主要的原则进行下去。依照**头尾原则**的发展是从头到脚进行。结构和功能的改善最开始在头部，然后是躯干，最后在腿部。在出生时，头部过大与身体不相称。成人的头部仅仅构成身体的 1/10 或 1/12,但是对于新生儿，头是身体的大约 1/4。与之相反，婴儿的手臂和腿部不成比例的短。

从出生到成年期，头部的大小翻倍，躯干的长度增加三倍，手臂和手的长度增至四倍，而腿部和脚长至五倍。运动的发展同样符合头尾原则。婴儿首先学习控制头和颈的肌肉。然后，他们学习控制手臂、腹部，最后是腿部。因此，当他们开始爬行的时候，他们使用上身来推进自己，腿部在后面被动地拖着。直到较晚的时候，他们才开始将腿部用作爬行的辅助（见图 2—12）。同样地，在他们获得能力保持坐姿之前，他们先学习支撑起头部，并且在他们学习行走之前，他们先得习得坐下。

图 2—12　生长发育的头尾原则

身体发育和运动发展最初是从头部和颈部开始的，然后是躯干和上半身，最后是腿部和脚。因此，当婴儿开始爬行时，他们使用他们的上半身来推进自己，让自己的腿在身后拖着。之后，他们开始使用四肢直起身子，在爬行中使用腿来辅助。

人类发展遵循的另一个主要模式是**近远原则**：发展由近到远，从身体的中央轴向外进行至外围部位。早在婴儿期，宝宝必须移动他们的头，抓握物体的时候将躯体转向他们的手。稍后他们才能单独地使用他们的手和腿，并且在他们能用手腕和手指进行精细的运动之前还有较长一段时间。大致上，当孩子开始能够逐渐进行精细和复杂的手指抓握操作时，对运动的控制是沿着手臂发展的。这里要说到的相同原则的另一个表达方式是，大体上，大块肌肉的控制在纤细肌肉的控制之前。因此，儿童发展跳跃、爬行和跑（包括使用大块肌肉的活动）的能力在发展拉拽或写（包括较小肌肉的活动）的能力之前。

运动的发展

为了要爬行、行走、攀登并准确地抓住物体，宝宝的骨骼和肌肉的发展必须达到一定的水平。当他们的头相对于他们的身体变得较小时，他们的平衡感得到提高（想象他必须带着占整个身体大小1/4的头部到处移动是何等的困难）。当孩子的腿部变得更强壮而且更长时，他们会掌握各种机动性的活动。当他们的肩膀长得更宽并且他们的双臂加长时，他们利用手指和使用工具的能力增强。运动发展符合成熟的进程，这是内置于人体组织之内的，并由儿童和环境的互动活动激活的过程。

律动行为　年幼婴儿显示的或许是最有趣的运动行为包括四肢、躯干或头部的迅速和重复运动的突然出现。婴儿会踢、摇晃、弹跳、敲击、摩擦、用力推挤和扭动。他们似乎坚持声明，"如果你确实能移动，那么就有律动地移动吧"。这样的行为与运动发展紧密联系，并给稍后出现的较有技巧性的行为提供基础。因此，包括腿部在内的节奏性模式，比如踢，大约在一个月时开始逐渐地增加，在儿童爬行开始之前大约六个月时立刻增至高峰，然后逐渐消失。同样地，节奏性的手部和手臂运动在复杂的手指技能出现之前。因此，有节奏的运动似乎是不协调的活动和复杂的自主运动控制之间的过渡行为。它们表现为运动的成熟过程中的某个状态，比在简单反射中出现的更复杂，相对于在稍后出现的受脑皮质约束的行为仍较少变化和较不灵活。

移动能力　婴儿行走的能力，在美国儿童中典型地在 11～15 个月之间发展出来，是一次长期的系列发展的高潮。这些发展的进程遵循头尾原则的顺序。首先，孩子得到仰起头部的能力，稍后是胸部。紧接着，他们可以完成躯干区域的指令，使自己能够坐起来。最后，当他们学习站立和行走的时候，他们实现对自己腿部的控制。对于大多数七个月的婴儿来说，是运动发展的顶点。通常，孩子的发展从爬行开始——通过与地板接触的腹部移动。他们借由扭转身体以及用双臂推动和牵引来控制。然后，他们可能发展为匍匐前进当身体与地板平行的时候继续用手和膝盖移动。一些孩子也会搭便车坐着并沿着地板滑动，"埋头苦干"而且用脚后跟向后推动自己。在移动的这种形式中，他们时常使用双臂帮助推进。的确，偶尔有婴儿在这种方式上自然变化，坐起来，然后，像钟摆一样使用两个手臂，从地板反弹到自己的臀部上。

到七八个月时，孩子会像永动机一样，因为他们没完没了地去应对新的任务。在八个月时，他们将自己拉起至站立的姿势，但是通常再坐回去时有困难。他们时常向后跌倒，但还是勇敢地继续练习。这个年龄的婴儿掌握新的运动技能的动力是如此强大，以至于碰撞、跌下、摔倒，以及其他的障碍只能暂时地使他们气馁。在一岁之前，许多婴儿可以缓慢巡行（通过抓紧家具站立和步行）。

新的视力、声音和经验挑战认知结构，反过来，认知结构引领儿童发展出新的运动技能。举例来说，孩子第一次发现他们能在楼梯上面爬行，他们会忘记，而且他们会不断地回到楼梯一再地重复这个过程；在他们知道该如何从楼梯下来之前，将很有可能会经过数个星期的时间，而且在这样的发展任务中他们需要父母亲的监督。当一个婴儿开始不受帮助地步行时是运动发展的主要里程碑，这既让人兴奋，也必须警惕——一般说来是大约一岁时（见图2—13）。

运动发展的阶段和时间主要建立在对来自西方文化的婴儿研究上。而在对非洲婴儿的一些研究中，已提出不同文化之间在运动发展的时间上有相当大差异的可能性。Marcelle Geber 和 R. F. Dean 测试了住在乌干达城区的近 300 个婴儿。他们发现与美国的白种婴儿相比，这些宝宝在运动发展的速度上明显较快。乌干达婴儿的早熟程度在生命的最初六个月期间最大，之后这两个群体之间的差距倾向于降低，到第二年底之前接近。文化差异在群体发展上的里程碑时间表之间的距离中起到作用。正如 Rogoff 所解释的，"在一些社区中步行更快被认为有价值；在其他的社区中，它不被认可。在 Wogeo、新几内亚，人们不许婴儿爬行，且直到近两岁都不鼓励步行，这样他们可以知道该如何在自由地移动之前照顾他们自己并且避免危险"。

图 2—13　无人帮助地行走

行走是最令人激动的发展性的里程碑之一（对儿童和父母来说都是）。大约出现在学步儿童的第一个生日的前后。这躯体和运动发展上的顶点带给儿童在环境中更大的独立性和行动力。照看者需注意认真对待儿童的水平和儿童保护性的环境，一切为了预防危害，例如，家具尖锐的棱角、敞开的电源开关阀、带有毒性叶子或花的植物、家用物品清洁剂、敞开的楼梯入口和松松地连接到较大家电上的电源接头。对于年幼儿童来说，偶发事故是引起严重伤害的最主要原因。

手部使用技能 经过一系列的有序阶段，儿童的手部使用技能发展进程符合近远原则——从身体的中心到外围。在婴儿两个月大时，仅仅用上体和双臂向物体挥击；他们不试图抓住物体。在三个月时他们可以完成笨拙的肩部和肘部运动。他们的目标是乏味的，且他们的手握成拳状。大约 16 个星期之后，孩子用打开的手接近物体。几乎同一时间，婴儿花费相当多的时间看他们自己的手。在 20 周左右，孩子有能力在手部的一次快速又直接的运动中碰触物体；有时，他们中的一些婴儿以笨拙的样子成功地抓住它。

24 周的婴儿可以采用通过手掌和手指进行围绕和挖抠的方法。在 28 周，他们开始用拇指相对手掌和其他的手指运动。在 36 周，他们可以用拇指的顶端和食指协调他们的抓握。因为在接下来的好几个月中，婴儿几乎会把所有的物体放入他们的嘴里，所以一旦婴儿拾起小的物体，照看者就必须额外地注意。直到大约 52 周，婴儿掌握较复杂的食指抓握。在 24 个月时，大多数的孩子能握住并使用一支蜡笔或画笔、一个球或一把牙刷这样的东西作为用餐的器具。

感觉的发展

对婴儿来说世界是什么样的？渐渐地，复杂的监听设备将允许我们精确地定位婴儿见到、听到、闻到、尝到和感觉到的事物。社会和行为科学家现在认识到婴儿有能力做得更多，而且在早得多的时候做这些事情，甚至可能比过去所认为的早 20 年。的确，他们给我们的这些新技术和洞察结果，被一些心理学家推举为"科学的革命"。

在生命的最初六个月期间，婴儿强大的感觉能力和他们相对迟缓的运动发展非常不相符。他们的感觉装置产生远超过他们使用它进行知觉输入的能力。由于成熟、体验和实践，他们已经获得以惊人比率从环境中抽取信息的能力。在约七个月大的时候，开始运动发展过程中的突发性的大幅度加速，知觉能力开始与之相联系，以令人敬畏的方式激增。因此，在 10～11 个月之后，即第 18 个月开始，儿童已是一个不容置疑的社会人。让我们思考感觉和知觉的过程。感觉涉及我们的感觉器官的信息接收。知觉关系到我们归因于感觉的解释或意义。

视觉 一个足月的婴儿在出生时具备功能良好和完整无缺的视觉装置。尽管如此，眼睛仍是不成熟的器官。举例来说，视网膜和视神经还没有完全发育。婴儿似乎还缺乏视觉的调节。透视的控制肌肉没有完全发育。结果是，他们的眼睛有时焦点太近，有时太远。早期研究揭示，婴儿在他们的面部前方 7～10 英寸的视力最好。与之相反，比较近期的研究表明"婴儿在出生时通常是远视的"，在生命的第一年中过度成长。正如我们所期待的，婴儿视觉的浏览能力随着时间的进程逐渐变得更加复杂精细。借由检查一些特定要素，我们可以近距离地看一下婴儿发育中的视觉能力：

● 视力（细节视觉）。在 2～3 个月以前，大多数的婴儿能正确地聚焦。到八个月时，婴儿的神经系统已经成熟，因此它几乎像正常成年人的一样敏锐（将近20/20）。

● 对比敏感性。出生后，婴儿能在大的黑白斑纹中见到对比，到九周时，婴儿有非常好的敏感性。然后他们能见到他们环境中的面孔或物体的许多细微的阴影。

● 眼部协调性。新生婴儿的眼睛无法完全地协调，可能无目的地转动，甚至在不同的方向上转动。到了三个月时，婴儿的眼睛通常可以很好地协调。

● 监视能力（追踪）。婴儿会追踪物体，眼睛时常伴随着急跳。到 3 个月时，婴儿通常能更顺畅地追踪物体。

● 颜色视觉。像两周这么小的婴儿具有区别绿色中的红色的颜色视觉。婴儿也能看见大块的彩色图案和黑白图案。

● 物体和面孔识别。在出生时，婴儿的眼睛往往被物体的边缘吸引，虽然他们有足够的细部视觉以见到较大的面部特征。为了要看到母亲而不是一个陌生人的面孔形象，12～36 小时大的新生儿就会产生较重要的吸吮反应。调查员使用的指标是婴儿的眼睛定向、吸奶速率、身体运动、皮肤电导、心率和条件反射等方面的变化。婴儿能分辨母亲或照看者的面部之间的不同，而且在 3～5 个月之间，可以分辨陌生人的面孔。到第 6～7 个月时，婴儿开始识别个体的面孔。

● 视觉的恒常性。3～5 个月大的婴儿能够通过探测物体表面的分隔或轮廓，来认识物体的边界和物体组件。

● 深度知觉。在出生时，婴儿具有二维的视觉——不是三维的。三维视觉需要眼部肌肉进行很好的协调、脑和神经元足够的成熟，以及许多视觉的刺激。婴儿的双眼视觉——告知各种不同物体距离的能力和体验三维世界——在 3～5 个月之间突然出现。相当突然地和快速地提高能力的事实，提示心理学家，它表现在视觉皮层——负责视觉的大脑部分方面的改变。显然，这些发展上的变化可使双眼协调工作，并允许大脑提取可靠的来自知觉过程的三维信息。

Eleanor Gibson 在她的学生 Richard D. Walk 的协助下，在一次到科罗拉多大峡谷的家庭假期期间开始进行视崖实验。他们设计出一种技术装置，将一个婴儿放在孩子能够爬行的两个玻璃表面之间的一块中心板上（见图 2—14）。在浅的一边铺上棋盘样的布料。在深的一侧，通过把棋盘样的布料置于玻璃下面几英尺以创造出悬崖的错觉。婴儿的母亲交替地站在较浅和较深的一侧并哄婴儿向她爬行。由于悬崖边看起来像一个深坑一样，如果婴儿能感知深度，他们应该愿意越过较浅的一侧而不是悬崖的一侧。

Gibson 和 Walk 测试了六个半月大和 14 个月大之间的 36 个婴儿。其中 27 个冒险一试远离中心板并通过浅的一侧爬向他们的母亲。但是，只有三个被哄着越过悬崖的一侧。当从深的一侧向他们招手时，一些婴儿的爬行实际上是在远离他们的母亲；其他一些婴儿哭闹，可能是因为他们不横越深坑就无法接触他们的母亲。一些婴儿在深的一侧轻拍玻璃，以确认它是固体，但还是离开了。显然，他们更依赖于由视觉提供的证据而不是由他们的触觉提供的证据。这个研究意味着，当他们开始能够匍匐爬行的时候，相当多的宝宝能够感知距离的急降并避开它。

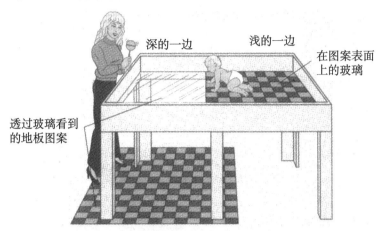

图 2—14　视崖实验

在视崖实验中，儿童被放置在中心板上，板子是带有格子的玻璃板，在任何一边向外延伸。对照材料被放置在玻璃下方 40 英寸的一侧，因此造成了深度上的错觉。尽管婴儿的妈妈不断鼓励，并且玻璃表面是安全的，六个月大的婴儿通常不会爬过"深坑"。但是，这个婴儿会在铺上格子的一侧试图冒险穿过实验板以到达妈妈的那一侧。

Karen Adolph 研究了九个月大的婴儿，发现避开悬崖不仅仅依靠对深度的知觉。她的被试处在一个可调整的深沟技术装置中（类似图 2—10 的装置；在重复性试验中多次反复验证），以具有丰富体验的坐姿和爬行的两种姿态进行测试。然而，在这些试验中，深沟是敞开的和可变化的——当他或她为了摸到五彩缤纷的玩具到达或者爬过深沟的时候，实验者随时准备抓住每个婴儿。这些婴儿将以爬行的状态尝试所有的深沟距离，但是表现出处于坐姿时更有效地使用回避反射。婴儿的身体和平衡自己的技能每个星期都有相当大的变化，并且他们的反射也变得更好。这个研究的结果证明经验会促进学习如何平衡、控制，以及完成各种姿势上的里程碑（坐着、爬行和步行），包括"身体旋转的不同关键枢纽周围的各种区域"。

总而言之，当他们长到 6～8 个月大的时候，我们看到婴儿已经发展出相当复杂精细的知觉能力了。

听觉　在出生的时候，通常婴儿的听觉器官得到很好的显著发展。的确，人类的胎儿在出生前三个月能听到噪声。但是，经历好几个小时甚至数天的生产之后，婴儿的听觉可能被略微地损害。胎盘和羊水时常在外耳道上停留，此时黏液阻塞了中耳。在出生后这些组织结构上的封锁快速地消失。

耳部感染是在幼年期第二常见的（在感冒之后）并由多种因素所引起的疾病。耳部感染最明显的征兆是不间断的尖锐的哭泣——时常在婴儿被放平躺了一阵子之后。如果婴儿不回应父母的声音或者大声的噪声，而表现为惊愕反射或哭泣，或者在生命的最初几个月里不制造婴儿式的"咿呀"声或"咕咕"声，应该立刻检查婴儿的听觉问题。不能听见的婴儿将无法习得人类的语言，也无法获得认知的或社交的技能，这些技能为稍后没有专业化干预的学校教育的成功提供基础。听觉损伤和耳聋的婴儿有资格接受早期干预服务。显然，父母也会想要学习手语与他们的宝宝沟通。在语言发展之前，一些照看者对没有听觉损害的宝宝使用特定的宝宝手语（比手势），来教宝宝进行交流。

长久以来，教育家认识到听觉在孩子获得语言的过程中起到了关键性的作用。但是 Condon 和 Sander 的研究结果显示，新生儿已适应成年言语的精细元素，这令科学界感到很惊讶。研究员录下了婴儿和成人之间的相互作用，并逐个地分析。对普通的观察者来说，婴儿的手、脚和头似乎是不协调地、笨拙地弯曲着，不自觉地抽搐着，并往四面八方移动。但是 Condon 和 Sander 近期的分析揭示，婴儿的运动与成人言语的声音模式是同步化的。举例来说，一个婴儿大约在开始说话的时候是局促不安的，婴儿协调眉毛、眼睛、四肢、肘部、髋部和口部运动的开始或停止，并随着成人的言语片段（音素、音节或词语）的边界而改变。从 12 小时至 2 天的婴儿可以同样有能力随着中文或英语而同步化他们的运动。Condon 和 Sander 总结到，如果婴儿从出生时就用他们文化的言语模式生活于精确的、共享的韵律中，那么早在他们于交流中使用这些之前，他们就参与了语言形式的数以百万次的重复。

然而，其他的研究者无法重复出 Condon 和 Sander 的实验结果。的确，John M. Dowd 和 Edward Z. Tronick 总结到，语言运动的同步性要求的反应次数与婴儿有限的运动能力不相协调，Condon 和 Sander 所用的方法在许多方面都存在缺陷。因此我们再次回到陷于相当多论争的问题："婴儿知道多少，他们什么时候知道的?"

味道和气味 味道（味觉）和气味（嗅觉）出生时就存在。婴儿的味觉偏好能借由测量吸奶的行为来测定。当给他们甜的液体时，婴儿会放松身体并满足地吸吮，尽管他们偏爱蔗糖多过葡萄糖。婴儿通过扮鬼脸和不规则的呼吸对酸和苦的溶液产生反应。对于咸味的感知的调查结果较不清晰；一些研究者发现婴儿无法区分不含有盐分的水和有盐分的水，然而其他的研究者发现咸味是新生儿的一种消极体验。Charles K. Crook 和 Lewis P. Lipsitt 发现，当接受甜的液体，即他们品尝快乐味道的液体时，婴儿会降低他们的吸奶速度。这迎合了快乐主义者的观点，即味觉在出生时就存在。

嗅觉的系统在它回应什么和在它如何回应方面都是独特的。作为对环境的监视器，它似乎宁可小心谨慎，并偏爱熟悉的人胜于新奇的人。大部分时间，在没有生物体意识过程的状态下，嗅觉系统监测着环境。熟悉的人只是在背景中失去活力。但是一旦新奇的气味进入知觉范围，系统就敏捷地将它们带入有意识的注意。这个特征警示生物体潜在的危险，并为生物体的生存增加机会——说明了系统的进化价值。

婴儿对不同的气味有所反应，反应的效力与刺激物的强度和质量相关。Engen，Lipsitt 和 Kaye 测试了两天大的婴儿的嗅觉。每隔一定间隔，他们将带有浸透大茴香油（具有甘草味）或者阿魏胶（闻起来类似煮过的洋葱）的棉花棒放在婴儿的鼻子下面。生理记录仪记录了宝宝的身体运动、呼吸和心率。当他们最初发现气味的时候，婴儿移动他们的四肢、呼吸加快，而且他们的心率增加。然而，通过重复的暴露，婴儿开始逐渐地忽视刺激物。嗅觉的阈值在生命的最初几天大幅降低，也就是说婴儿对鼻子的刺激物变得逐渐敏感。其他研究员已经确认婴儿具有发育很好的嗅觉能力。

皮肤觉 热、冷、压力和疼痛——四个主要的皮肤感觉新生儿生而有之。Kai Jensen 发现，热的或冰的牛奶（在摄氏 51 度以上或摄氏 22 度以下）引起新生儿不规则的吸吮律动。然而婴儿大致上对热刺激的较小差异相对不敏感。婴儿也对身体压力有反应。最后，我们从婴儿的反应推断他们体验了痛苦的感觉。举例来说，对新生儿和婴儿行为的观察显示，胃肠不适是使他们不舒服的主要来源。婴儿在生命的最初几年期间必须接种疫苗注射，他们感觉到的疼痛和不舒服相当明显。男婴在他们包皮环切手术期间哭闹增多，为新生儿能感到痛苦提供了一些证据。

包皮环切 包皮环切术是手术移除覆盖阴茎顶端（龟头）的包皮（阴茎包皮）。经过整个世纪，这个步骤已经成为犹太人和穆斯林的宗教性仪式。在一些非洲和南太平洋的民族中，包皮环切在青春期执行，作为年轻人转变至成年的标记。与之相反，包皮环切从未在欧洲流行。直到大约 20 年前，美国医师促进了包皮环切成为一种保健方法和预防措施以对抗阴茎癌（以及女性伴侣的子宫颈癌）。手术也被当作避免性病和泌尿道感染的方法。因为现在医师认为婴儿的日常包皮环切很少有有效的医学指征，这个惯常的举动已经减少。是否决定进行手术主要看父母的意见。

各种感觉之间的互相联系 我们的知觉系统通常是彼此合作的。我们预期见到我们所听到的、感觉到我们所见到的、闻到我们所品尝到的事物。我们时常采用从一个知觉系统得到的信息来"告知"我们其他的知觉系统。举例来说，在定位声音来源的努力过程中，连新生儿都移动他们的头部和眼睛，尤其当声音被模仿和保持的时候。

发展心理学家、心理生物学家和比较心理学家已经提出有关系统之间的互相联系如何发展的两个相反的理论。先看看婴儿的知觉和运动在协调合作方面的发展。一个观点坚持认为，当婴儿与他们的环境互动时，婴儿只逐渐获得眼—手活动的整合。在适应较大世界的过程中，婴儿逐渐锻炼出在他们的知觉和运动系统之间较紧密和较灵活的协调合作。据皮亚杰的观点，婴儿最初缺乏熟悉外部世界的认知结构。结果，心理图式将为建立自己的经验提供可能，他们必须积极地建构心理图式。

与之相反的理论认为，眼—手协调在出生时在生理上已预置于婴儿的神经系统中，并随着逐渐成熟的发展而出现。这个解释被 T. G. R. Bower 证实。Bower 发现新生儿参与到视觉上的初步沟通中。显然，当婴儿看到一个物体并向它伸手的时候，看和伸手两者都是婴儿使他们自己指向物体这个相同反应的一部分。

然而，在接下来的数月中，视觉指导的增加在手快要能够触及物体的时候发生。也许从这个研究得出的严谨结论是，婴儿和非常年幼的婴儿的眼—手协调是生理上预置的。但是当监测较大的宝贝时，眼—手协调的视觉指导变得更为重要，而且所见目标和所见的手之间的"距离"逐渐减小。后来的"够物"动作也是如此，儿童必须注意自己的手。总之，眼—手协调在生命早期从使用感觉到的手到使用被见到的手而发生变化。技能具有习得、失去和再习得的模式，生长发育时常以通过这个模式达到新的规模和水平为特点。

续

正如所有父母所知，婴儿积极地探索他们的环境并回应环境。对婴儿的运动和知觉能力发展的科学研究可以为这个观察到的事实作证。孩子具有天然的能力来预先安排自己开始学习世界如何在他们周围运作。当他们成熟时，他们逐渐提高自己从一个感觉获得信息并将这个信息传递给另一个感觉的能力。所有的感觉，包括视觉、听觉、味觉、嗅觉和触觉，产生于一个整体的系统。从多重系统得到的信息时常更重要，超过从某个感觉得到的信息，因为它是精确互动的。当代越来越多的实证研究揭示了发育变化具有多重因果关系、易变的、情境化的和自我组织的性质，发现运动行为和知觉是统一的，以及在新行为的出现中探索和选择的作用。

在第三章，我们将会把我们的注意转向认知和像语言的使用这样的成熟的智力能力，这个能力从我们已经在本章中讨论过的运动行为、感觉、知觉、照看者依恋的行为和经验因素的稳定发展中得到。

婴儿期：认知和语言的发展

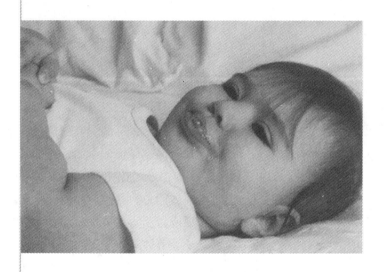

认知的发展

语言和思维

语言的习得

语言的发展

我们的认知和语言能力或许是我们作为人类最与众不同的特征。认知技能使我们能够获得对我们社会和躯体环境的知识。语言使我们能够彼此沟通。缺了任何一个，人类的社会性组织都无从谈起。即使我们缺乏这些能力，我们仍然可能有家庭，因为家庭组织不是人类特有的——它也在动物王国中的其他地方出现。但是没有认知和语言的能力，我们的家庭或许没有我们所认识的典型的像人类一样的结构。我们会在乱伦、婚姻、离婚、遗传和领养方面缺乏规范。我们会没有政治的、宗教的、经济的或军事的组织；道德没有准则；没有科学、神学、艺术或文学。事实上我们将没有工具。总而言之，我们会失去我们的文化，而且我们将无法成为人类。本章具体描述从出生到两岁的婴儿早期认知和语言发展的各个阶段。

认知的发展

认知是认识的过程，包括像感觉、知觉、想象、保持、记忆、再认、问题解决、推论和思考这样的现象。我们得到未加工的知觉信息并将之转换、详细地说明、存储、复原（回忆），而且在我们的日常活动中使用这些信息。一些婴儿相比于按时获得沟通技能的多数婴儿，早期展现了较高的使用他们母语进行沟通的能力。一些婴儿被确认为有特定的语言损害——听力损害或者耳聋、心智迟滞、忽视或者照看者缺失及虐待、**自闭症**——一种典型的在童年早期出现而且以沟通和社会交往显著缺陷为特点的障碍。

进行衔接

心理活动让我们给知觉"赋予意义"。我们靠的是把一些在我们的经验中发生的事情和其他事件或物体行为联系起来。我们使用来自我们环境和记忆的信息，以做出有关我们说什么和做什么的决定。因为这些决定基于可获得的信息和我们理性地处理信息的能力，我们将它们视为理性的。这种能力可以使我们在有意识地思考下干预事件的进程。

举例来说，如果我们给 13～24 个月的儿童看数个月步骤简单的"意大利面条制作"，使用陶土、蒜夹和一把塑料刀，然后让他们自己完成任务，他们能够再认步骤序列并重复它们——有时需要八个月。很明显，这些儿童正在获得来自他们感觉的知识，模仿他人的功能并记忆信息——这都是他们具有较高认知功能的证据。的确，许多实证表明 16～20 个月大的婴儿有能力组织他们新奇事件的回忆中围绕因果关系的信息——他们知道通过一个事件通常跟随另外的一个事件的方式，事件"偶然发生"并且这个相同序列未来将会以相同的方式再次展开。

心理学家、神经科学家、小儿科医师和其他的发展心理学家正在逐渐开始将婴儿看作有体验的、会思考并处理大量信息的非常复杂的人。婴儿在他们生命的前几个月，开始形成他们自己的行为与外部世界事件之间的联系。当他们这样做的时候，他们逐渐地得到这个世界的一个概念，他们将其视为具有稳定的、再发生的和可靠的成分和模式。这样的概念让他们如同实际的人一样开始发挥功能，引发世界上有关他们的事件发生，并唤起与他人的社会反应。让我们用婴儿学习的例子开始探查这些问题吧。

学习

学习是一个基本的人类过程。它允许我们借由对先前经验的构建来适应我们的环境。传统上心理学家根据三个标准定义学习：

- 一定有行为方面的一些改变。
- 这个改变一定是相对稳定的。
- 改变一定由经验产生。

那么，**学习**（learning）包括由经验产生的能力或者行为方面相对长久的改变。学习理论分为三个广泛的类型：

1. 行为理论强调人可能被正性或负性的强化刺激物影响。
2. 认知理论把重心集中在如何通过个体思考他们的环境而形成认知结构。
3. 社会学习理论强调需要提供给人模仿的榜样。

理论的这三个类型对于促进个体学习具有一些突出的共同影响力。

婴儿在出生前就开始了学习！

全世界越来越多的研究实例确认在子宫中最后三个月的胎儿正在学习。心理学家 Anthony DeCasper 和其他的研究人员已经检查了胎儿和婴儿的听知觉。他们发现胎儿能区别常规人类言语里的多种低调声音，并且他们提出胎儿借由区别言语模式的不同类型来感知母亲情绪的可能性，像那些由愤怒或快乐产生的情绪。他们相信在一定程度上学习已经出现，虽然他们不知道它的精确机制。研究人员设计了一个可以激活录音设备的乳头器。通过一种模式的吸吮，婴儿会听到他们自己母亲的声音；通过另外一种模式的吸吮，他们会听到另外一个女人的声音。宝宝（有些只有几个小时大）倾向于使用会让他们听到自己母亲声音的吸吮模式。研究者的结论是婴儿的偏好被他们出生前的听觉经验影响了。

在比较早的测试中，16 个孕妇在妊娠的最后六周给她们未诞生的孩子每天两次读 Seuss 医生的《在帽子中的猫》（*The Cat in the Hat*），共大约五小时。在他们出生之后，让婴儿借由他们吸奶的行为方式来选择，听他们的母亲读《在帽子中的猫》的录音，或者他们的母亲用不同的节奏读其他作家故事的录音（见图 3—1）。借由他们吸奶的反应，婴儿选择听《在帽子中的猫》。自从这个开创性的研究以后，其他的研究已经指出，到妊娠的第 30 个星期，胎儿能听到并区分声音，还证明出生后对那些熟悉的声音有像脉搏加速或降低这样的生理反应。

在相似的跨文化研究中，Kisilevsky 和同事针对语言的听知觉研究了中国的 60 个胎儿，发现在母亲腹部附近播放母亲声音的录音时胎儿的心率增加。当他们辨认出他们母亲的声音时，胎儿变得"兴奋"了，而且他们清楚地将她的声音区分于陌生人的声音。这个研究确认了胎儿在子宫中有能力学习、记忆而且能维持注意力。胎儿对音乐的听知觉也在妊娠的最后六个月期间习得。从比较年幼的胎儿到较大的胎儿都对五分钟的勃拉姆斯摇篮曲钢琴录音有反应。较大的妊娠超过 33 周的胎儿表现为心率的持续加速，而那些在 35 周以上的胎儿表现为躯体运动的改变和在注意力方面的改变。

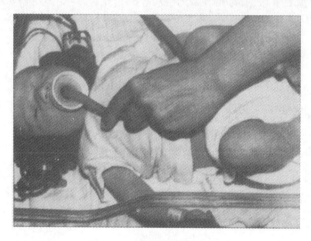

图 3—1　胎儿能够学习吗？

这个宝贝将参与 Anthony DeCasper 关于胎儿和婴儿学习的研究。婴儿通过吸吮来听录音带，上面有他妈妈怀孕的时候以一般的方式大声阅读的故事。相似的故事比没有听过的故事吸吮的比率更高，并且当妈妈读故事的时候比陌生人读的时候吸吮的比率更高。

婴儿出生时出现对音乐韵律——节奏和音调的先天感知。Jónsdóttir 发现，自从妊娠第三个月初期起，胎儿对音乐是敏感的而且清楚地听到川流不息的子宫的"嘶嘶"声、母亲的心跳和她的消化及呼吸的声音。有些人提出，语言的发展始于对这些先天的音乐的认识，因为语言学家已经依照他们的韵律性质对口语语音进行了分类。一些父母将这些研究结果理解为他们能借由在出生前给他们的婴儿阅读或者播放古典音乐，使得婴儿得以超前发展。

DeCasper 和其他人的研究结果推动了有关早产儿发育的研究，他们暴露于新生儿重症监护病房的许多声音之中，比如机器的"哔哔"声和陌生人交谈的"嗡嗡"声。音乐治疗者持续研究婴儿的哭泣、咿呀语和语言发展，为那些延迟说话的孩子设计早期干预方法。尽管许多父母认为电子媒体上的教育节目能加速宝宝的语言学习和认知的发展，美国儿科学会（AAP）发表了一份政策陈述，建议在最初两年父母不要让婴儿看和听电视。

新知

穿尿布的婴儿、观看媒体和认知及语言结果？

你会和宝宝或年幼儿童在家中一起看电视或者光碟吗？当你抱着你的宝宝时，你会看《周一晚间足球》（*Monday Night Football*）吗？或是《夜间新闻》（*The Nightly News*）？或《绝望主妇》（*Desperate Housewives*）？或者你会看《蓝色线索》（*Blues Clues*）、《爱探险的朵拉》（*Dora the Explorer*）、《天线宝宝》（*Teletubbies*）或《比尔葛斯比的新冒险》（*Bill Cosby's Newest Venture*）、《小比尔》（*Little Bill*）吗？你认为看（和听）大量电视的稳定"饮食"对于两岁以下婴儿的认知和语言发展的影响是什么？你是否觉得你的孩子观看电视会提高你孩子的语言能力或理解力？我们是否会借由使他们的家庭环境充满带有环绕音响系统的家庭影院和大型高分辨率电视荧屏，而将我们的婴儿和初学走路的婴儿置于险境？

小心：在屏幕前的宝宝

美国儿科学会（AAP）建议照看者不要让两岁以下的孩子暴露于在电子屏幕上被呈现的媒体——举例来说，电视节目、录像、DVD、CD 节目、电脑游戏或大屏幕电影（见图 3—2）。这项政策基于 20 世纪 90 年代的一个实验研究结果——媒体的攻击行为和暴力对较大孩子有不利影响。该结果显示，当媒体被用于家庭或者儿童保育中心的时候，孩子与照看者的互动较少，并且数据显示由于久坐的行为，如看电视和玩较多电视/电脑游戏，孩子会变得过度肥胖。然而，因为这个建议，较多的电视节目、家庭录像带和计算机软件为婴儿和初学走路的婴儿生产，如《小小爱因斯坦》（*Baby Einstein*）产品。直到最近，很少有研究者调查媒体暴露对从出生到两岁的婴儿发展上的冲击。

图 3—2 小心：在屏幕前的宝宝

从出生到两岁的较年幼的儿童正在暴露于电子化媒体中，尽管美国儿科学会建议照看者不要让两岁以下的孩子暴露于呈现在电子屏幕上的媒体中。

这代人的沟通途径是电子化的

宝宝典型地从如父母、同胞兄弟姐妹、其他家庭成员、照看者和电视或其他媒体这样的"环境刺激"中习得语言和词汇。然而，较早一代婴儿通过与成人和同胞兄弟姐妹的沟通以及纸制媒体接触到语言，现在这一代的宝宝则生于全方位电子媒体兴起的时代。Woodward 和 Gridina 在 1999 年全国性地调查了超过 1 000 个父母，发现几乎所有的家庭都有两台或者更多的电视，而且其中几乎一半有录像机和 DVD 机、电视游戏设备、计算机和接入了互联网。

父母的报告内容

在 2003 年的一项全国电话调查中，超过 1 000 个父母表示婴儿和初学走路的婴儿平均每天会花多于两个小时在屏幕前（电视、录像或计算机）。反馈从不看电视到一天看电视的时间高达 18 个小时。令人惊讶的是，在两岁以下的美国儿童中超过 1/4 在他们的卧室中有一台电视，而且这些婴儿中有 2/3 每天看电视。较少有父母会监听孩子看电视的时间或内容；只有大约 20% 的父母认为他们的孩子看太多电视，而且他们认为教育节目对他们宝宝的智力发展是有好处的。

然而一些质疑仍然存在，比如婴儿和初学走路的婴儿能够从家庭环境的电视中学习到什么或者电视是否影响婴儿的沟通能力。在 Linebarger 和 Walker 的纵向研究中，有 51 个婴儿参加者的中等样本，父母保持每日记录婴儿的观看模式，而且婴儿在认知、词汇和表达性语言等多方面测量中被评估。父母报告最初婴儿在九个月大时显示出对看电视的兴趣，到 18 个月（一年半）时观看时间加速度增加。观看电视的时间随着儿童的年龄而增加，但是看儿童娱乐节目还是成年人的节目与词汇增长（表达性语言的产物）无显著相关，在 30 个月大（两岁半）时，父母报告儿童平均使用 438 个字。

节目内容是关键

看"多拉探险家"和"蓝色线索"的孩子与看"亚瑟和柯利弗德"（Arthur and Clifford）同孩子与不看这些节目的孩子相比，使用较多单字和叠字说话。看"芝麻街"和"天线宝宝"的孩子与不看的孩子相比，使用较少单字和叠字说话。看迪士尼节目与使用单字和叠字说话无关。这些电视节目中的每一个都有深入课堂的特定策略，来阻碍或者促进表达性语言和词汇的发展。举例来说，"蓝色线索"和"多拉探险家"有角色直接地跟儿童对话、积极地博得参与机会、分类物体，而且为儿童提供机会回应——因此促进了表达性语言和词汇的增长。"亚瑟和柯利弗德"和"龙的故事"使用带有词汇和定义的具有视觉感染力的故事书形式，而且已知在词汇及语言产生和阅读故事书之间存在正性关系。"天线宝宝"与表达性语言的词汇习得和使用负相关。因此，适当的节目是关键。

图画电视和配乐电视的比较

一些研究者对图画电视和配乐电视进行了严格区分。图画电视是一种儿童可以持续参与的电视节目，它是专为儿童设计的，并假定对儿童来说是可理解的，尽管看电视节目和理解它是两回事。为儿童设计的图画电视往往具有生动的音乐和明亮的色彩。对配乐电视，儿童显然并不关注——它不是为儿童所生产的，它对于儿童来说是不可理解的。大部分电视节目的播出在多数家庭中对于儿童来说都是配乐电视，有高比例的小于两岁的美国婴儿长时间暴露于配乐电视中。非常年幼的儿童最初对电视节目并不关注，图画电视的数量随着他们的发展正在上升。另一些研究发现，20% 以上的配乐电视减少了婴儿的游戏时间和游戏中注意力的专注程度，并且减少了父母和儿童之间的互动。

电视观看的缺点

Anderson 和 Pempek 对儿童的电视观看、理解力和学习的研究文献进行了回顾，发现 12～30 个月大的儿童对于模仿现场示范已经没有困难，但是对模仿电视中的示范有较多困难。三岁的儿童在影像上看到捉迷藏游戏就可以在真实情境中将这个游戏进行得很好，但是两岁儿童很难完成这样一个目标再提取的工作。两岁或者更大的孩子能从电视和影像中习得词汇。10～12 个月大的婴儿暴露在一个女演员分别用正性的方式和令人恐惧的方式谈论特定物体的影像中之后，会变得对这个特定物体感到畏惧。总的来说，婴儿从电视节目中学习有很大困难。

一个重要的个案研究

我们已经知道照看者不能只依靠电视节目教孩子说话。在 Sachs，Bard 和 Johnson 的一项经典研究中，一个父母耳聋的三岁男孩只通过电视接受英语学习。在三岁时，他习得一些词汇，但是他的语法是功能不全的。

父母的因素

在 2003 年超过 1 000 个父母的 Kaiser 家庭基础调查中，那些较少受到教育的人的孩子在家更有可能看大量电视，受到较多教育的父母家里更有可能拥有有益处的书，方便他们的孩子参与阅读和评价读物。收入较低的家庭让孩子暴露在电视前的时间阶段较长，也许是由于收入较少而使可供选择的娱乐项目不多。幼儿园的男孩比未满学龄的女孩更有可能看电视、玩更多的电视游戏和电脑游戏。已婚父母的孩子相对成为单身父母的孩子较少看电视，但是孩子和父母有时会一起看电视。

新生儿的学习 长久以来，发展心理学家对新生儿是否能够学习感兴趣——或者，很大程度上，他们是否能根据成功或失败调整他们的行为。Arnold J. Sameroff 就新生儿吸吮技术的学习进行了一项研究，尝试性地提出这个答案是肯定的。通常认为两种吸奶的方式对婴儿来说是可能的——挤压的方式涉及用舌对着口的顶部压乳头并压挤出乳汁，而吸入的方式涉及通过在口内减少压力制造部分真空而牵引出来自乳头的乳汁。

Sameroff 设计了允许婴儿调节他所得到奶水的供给的实验乳头。只有当采用挤压的方式（挤压乳头）时，他提供奶水给第一组宝宝；只有当他们用了吸入方式的时候，他给予第二组宝宝奶水。他发现婴儿根据被强化的特定技术来调整他们的反应以适应环境。举例来说，当采用挤压方式时被给予奶水的那一组，他们的吸入反应减少——的确，在大多数情况下，他们在训练期间舍弃了吸入的方式。在第二个实验中，Sameroff 能够诱使宝宝，再透过强化刺激，在两个不同的压力水平上挤压出乳汁。这些结果意味着学习能在 2～5 天大小的足月婴儿身上发生。婴儿还能将言语的多种节奏分类，而且能区分两种语言的声音。似乎在节奏、音素（声音的基本单位，例如 ba）、音节结构和最后的字词学习之间有联系。当我们最初听到外国语言的时候，我们不能够发现每个字之间的界限。正如"Itisasifeverythingrunstogether"，好像每件事都凑在一起了。然而，当听我们已经习得的一种语言的时候，我们能感知词界。这是婴儿与生俱来的语言速度和节奏中的一部分。

皮亚杰：感觉运动期

瑞士发展心理学家皮亚杰对于我们理解孩子如何思考、推理和解决问题提供了很大的帮助。在过去 50 年内，也许比任何其他的人都重要，皮亚杰是造成人们对认知发展的兴趣迅速提高的原因。在许多方面，他工作的广度、想象力和创意使同一领域中的其他研究黯然失色。

皮亚杰将儿童逐渐构造复杂的世界观的阶段发展序列制成图表，他描述儿童如何在每个水平下行为，并且这些活动如何导致下一个水平的行动。他最详细的分析是关于生命的最初两年，他称为"感觉运动期"。在皮亚杰的命名方法中，感觉运动涉及运用知觉的输入（感知）进行运动活动的协调，它是**感觉运动期**的主要工作。在发展的这个时期，宝宝发展出一种能力，通过视觉、听觉或触觉信息来观察发出他们所听到的声音的对象，并学习指导自己的抓握和行走。总的来说，婴儿开始整合运动和知觉的系统。这个整合为新的适应性行为的发展打下基础。

感觉运动期的第二个特性是宝宝发展出将外部世界视为永久存在的能力。婴儿形成**客体永久性**的观念——他们开始将一件事物视为超越他们自己当下感知和具有自身真实性的事物。身为成人，我们把这一个观念视为理所当然。然而，婴儿在感觉运动期的最初 6～9 个月期间未必这么做。在 6～9 个月之后的某个时间，宝宝开始有能力搜寻成人藏在布料之下的物体。儿童会根据这个物体去向的相关信息来搜寻它。在这样做的时候，婴儿理解即使当自己不能见到这个物体时，它也是存在的。这个发展能力提供了构造空间、时间和因果关系概念的结合点。

依照皮亚杰的观点，感觉运动期的第三个特点是婴儿无法对他们自己内在地描述世界。他们被限制于当下的此时此刻。因为他们不能够形成世界的象征性的心理表征，他们只透过他们自己的知觉和他们自己对知觉的反应来"认识"世界。举例来说，在感觉运动阶段的孩子只知道食物是他们能够食用的并可以用他们的手指控制的东西，他们无法远离这些活动之外想象食物。仅当真实的知觉信息输入显示食物存在的情况下，婴儿有一张食物的心理画面。当知觉的信息输入停止的时候，这张心理画面就会消失。

依照皮亚杰的观点，婴儿在真实视觉的展示缺失时，不能够"在他们的脑中"形成食物的静态心理表征。"眼不见，心不想"是对感觉运动阶段的婴儿如何感知外部世界的适当描述。伴随着遗传基因上给予的超过 70 次的反射（举例来说，给任何健康的婴儿一个物体婴儿将会抓握它，通常最后被放入儿童的口中），婴儿进入感觉运动期。

总的来说，在感觉运动期的婴儿协调他们与他们的环境互动的方式，赋予环境永久性，而且开始"认识"环境，虽然他们对于环境的认识局限于他们与环境的知觉互动。然后，儿童进入下个发展期，为发展语言和其他描述世界的符号方式做准备。

感觉运动发展和副交感神经系统的治疗　副交感神经系统的西方式理解来自印度、

中国、中东和北美治疗性按摩的远古传统。婴儿发展感觉运动技能的潜在能力是一个身体至关重要的生理系统，它被称为"副交感神经系统"——一个封闭系统，包括脑膜和脊柱膜内的脑脊液泵出或脑脊液的流入物及流出物。脑脊液在脑和脊髓的细胞之间循环，并填充细胞（神经元，正如你从普通心理学中回想起来的概念）之间的腔隙。这些液体具有一些重要的功能：（1）帮助大脑漂浮减少重力效应；（2）作为突然的运动或对头盖骨的打击的缓冲器（环绕大脑的颅骨的骨质部分）；（3）提供营养物给脑和脊柱以及垂体和松果体；（4）冲走新陈代谢的废弃物和毒性物质；（5）在中枢神经系统的细胞之间起到润滑的作用，避免摩擦或伤害细胞膜；（6）帮助维持在产生和传递神经冲动时所需的电解质的适当浓度，神经冲动关系到认知、情绪和生理机能的运行。副交感神经系统里面的液体体积以稳定的但有节奏的周期变化浮动。头盖骨可以有微小的调整以对这个有节奏的浮动留有余地。

自然的出生过程关系到正常的子宫收缩，使得胎儿的身体和头慢慢地移动进入到正常生产的转换位置。然而，对婴儿的头盖骨、面部或颈部的伤害，出生之前、出生的过程中或出生后，会限制脑脊液天然的节奏性变化——产生过多或者限制性的对精细大脑或脊柱不同区域的浮动压力。John Upledger 博士是一位整骨医生和生物力学教授，他发现婴儿可能在出生时经历副交感神经系统的问题，例如以下这些宝宝：出生很快，臀位分娩（脚最先出生），产道"附着"，一旦头部出现便用手拉或者推动母亲的身体，身体由于使用镊子或者真空提取（将一个吸力装置放置在胎儿的头上使生产更快速）被拉出，通过剖宫产出生，在出生时经历氧匮乏，或出生后嘴和鼻子被大力地抽吸。为了较轻松地通过产道，婴儿的头盖骨板还是重叠的。（你已经注意到大多数婴儿"相当尖的头"的特征了吗？）这个重叠在几天之内会自己校正，但是在一些宝宝身上不会。另外一些具有副交感神经系统问题的宝宝出生时有异常的头部形状，以及脊髓、骨盆和髋部的问题。

副交感神经系统治疗可以帮助处理在婴儿和儿童中出现的一些症状：进食问题（不能够使用吸吮反射）、腹痛和过度哭喊、消化问题（包括肠问题）、得不到休息、头痛、鼻窦和耳充血、运动协调损伤、脊柱侧凸（弯曲）、抽搐障碍和较大孩子的学习问题，包括注意缺陷多动障碍、运动过度行为和诵读障碍。一个熟练的治疗者采用手轻触的方法检查颅骨、颅骨底部、背部和骨盆，监测副交感神经系统的节律，以觉察潜在的脑和脊髓约束因素和不平衡。

副交感神经系统治疗的目标是，让每个儿童达到其最佳的机能状态——这关系到整体的感觉运动发展。理想的是，副交感神经系统治疗会在产房或在出生后的最初几天内实行。而且整骨医生、内科治疗师、按摩治疗师和脊椎指压治疗师会通过轻触按摩技术来帮助宝宝和儿童正常地发展。这些专业人士通常作为早期干预团队的一部分一起工作。

新皮亚杰理论和后皮亚杰理论的研究

皮亚杰的工作已经激励了其他心理学家探求儿童的认知发展。婴儿与成人认识物体和事件的方式不同激起了他们的研究兴趣，他们特别研究了婴儿的物体永久性概念。这个持续的工作将调整和精炼皮亚杰的洞察。

举例来说，研究者已经发现婴儿具有一组物体搜寻技能，比皮亚杰想象的更复杂。儿童在搜寻物体方面的大部分错误并不反映对物体和空间基本概念的缺失——甚至在四个月大时，他们就能理解当他们的视野被挡住的时候，一个物体的持续存在，但是他们可能尚未有能力协调搜寻这个物体的动作。

游戏是学习　发展心理学家进而发现孩子并不是在社会性真空中发展对物体和控制物体技能的兴趣。甚至照看者可以借由和他们"游戏"来为儿童设定他们所处的阶段，当他们应该做什么的时候提示宝宝关于什么是他们应该做的。另外，通过和婴儿玩，父母提供了儿童独自一人无法产生的经验（见图3—3）。然而很多当代的父母正在用看电视来取代游戏时间。

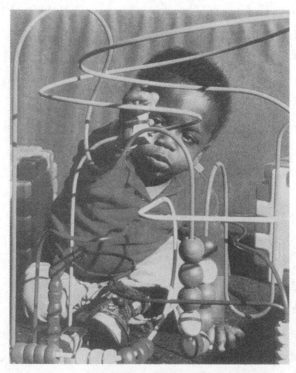

图3—3　游戏活动对学习来说是必不可少的
婴儿在游戏期间协调他们的知觉和运动能力，看电视不能成为游戏时间的替代品。

在这些活动的过程中，婴儿获得并且加强他们的交互主观性，所以在第一年结束之前他们会与他人分享注意力、情绪感受和意图。所有的那个时期的婴儿得到对他们社会的文化感，并得到一些在那个文化中成长的必要技能。照看者——文化的监护人——传输对社会的有效参与来说必要的知识、态度、价值观和行为，而且他们帮助把婴儿逐渐转变成有能力操纵物体的真正的社会人，并与其他人共同行动。在和他们的儿童游戏方面，照看者为孩子稍后的认知和语言表达提供了社会文化性的指导。然而，母亲患临床忧郁症的儿童，时常不是这样的。

母亲抑郁的结果 临床抑郁的母亲可能有很虚弱的症状，以致事实上没有能力满足他们孩子的需求。临床上的忧郁症是以持续长达数个月甚至数年之久的以心境低落为特色的情绪障碍。当抑郁加重，通常带有失眠、在工作上失去兴趣、能量低、没有食欲、性欲减低、顽固性悲伤、感觉无希望和所有情绪上极深的绝望，甚至日常生活任务也很难完成。此外，许多抑郁的人报告注意力集中、记忆事物和将他们的想法组织起来等方面有困难。一些人在感到抑郁时，还受到焦虑的折磨。许多因素提示与在临床上的抑郁症有关。在一些女性中，由于物质滥用，她们的抑郁是复杂的。产后抑郁症至少在10％的美国女性中发生，但比率可能高达20％。历史中女性产后抑郁的比率是25％或更高。

由于母亲—婴儿相互作用被干扰，母亲抑郁的孩子往往具有发展上的缺陷。健康专业人士报告，抑郁的母亲时常显得很忧愁，时常喜欢叹息，无法嬉戏式地与他们的孩子互相影响，似乎对她们宝宝的需要感觉迟钝，而且集中注意于向下凝视。有新生儿的贫困女性、近期移居的女性和没有同伴支持的那些女性是产后忧郁症的高危人群。

由于抑郁，母亲照看、养育和激励她们婴儿的能力减低。她们的孩子往往在认知适应方面落后，包括情绪性的言语和社会性的发展。Kaplan，Bachorowski 和 Zarlengo-Strouse 观察发现，遭受抑郁的母亲不太可能使用儿童指示性的言语——唱歌式的旋律性言语被认为是获取和维持婴儿注意力的主要的声音方法。然而，抑郁的母亲往往使用单一声调和他们的婴儿说话，无法引起婴儿的注意。

抑郁女性的宝宝，比其他的儿童更退缩、反应迟钝和缺乏注意力。他们可能哭泣而且为了小事特别烦恼，显得淡漠和倦怠，有睡眠和饮食问题，而且无法正常成长，有时被诊断为发育不良。目前关于发育不良的看法是有问题的母亲—婴儿的相互作用，尤其是母亲和儿童之间较少的碰触。一些研究者建议，"发育不良婴儿的行为特征可能与生理反应模式相关，尤其是自主神经系统的活动"。Dawson 和同事对13～15个月大的非抑郁母亲的婴儿控制组的大脑活动模式进行研究，以抑郁母亲的婴儿为样本。在多种情境下——包括与非抑郁成人互动——抑郁母亲的婴儿显示左侧额叶活性相对减低，而这典型地与正性情绪表达相关。在英国的一项超过 11 000 个婴儿的纵向研究揭示出父母的身高较低和宝宝体重增加缓慢之间的关系，并且母亲第四次生育或者并发妊娠的婴儿表现为发育不良的可能性会加倍。

由于母亲训练不当的表现可能是复杂的。举例来说，抑郁的母亲可能交替使用忽视他们的孩子或者用严厉的禁令批评他们。如此不一致的行为对儿童来说是不可理解、令人丧气的，他们可能以负性行为、挑战极限反应、憎恶惩罚作为回应，而且变得异常好辩。这种不满行为强化了母亲的抑郁和父母亲的无力感，恶性循环可能相继发生。一项研究已经发现，如果抑郁是慢性的，可能具有长期的效应，出生时是男性或家庭遭受其他社会风险因素的婴儿是处于险境中的。临床上的抑郁症通常是一种可治疗的障碍，抗抑郁药物治疗和其他的心理治疗干预有一定作用。然而，在抑郁能有效地被治疗之前，它必须首先被意识到并得到适合的医学人员的注意，他们将对治疗效应密切监控并推荐成熟的心理治疗。

布鲁纳关于认知表征的模式

最先开始欣赏皮亚杰工作重要性的一个美国心理学家是布鲁纳（Jerome S. Bruner）。作为美国心理学协会的主席，布鲁纳凭他自身的头衔已经是一个杰出的心理学家。他大部分的研究显示出皮亚杰强大的影响力，尤其他对于认知发展阶段的论述。

然而，经过数年，布鲁纳和皮亚杰逐步显示出对于智力发展的根源和性质的不同意见。特别是两个人对于布鲁纳的观点"任何主题的基础可以在任何一种形式中教授给任何年龄的任何人"的分歧。与之相反，皮亚杰坚持认为存在严格的阶段性步骤，只有当这个阶段中特定主题的认识的所有成分存在而且适当地发展的时候，儿童才可以获得这种认识。

布鲁纳对我们理解认知发展的主要贡献之一是关于当儿童长大时，在孩子具有天赋的描述世界的模式中发生的变化。依照布鲁纳的观点，起先（在此期间皮亚杰称为"感觉运动期"）代表性的处理是角色扮演：孩子通过他们的运动描述世界。在托儿所和幼儿园的数年中，形象表征的方法很常见：孩子使用心理表象或者与感知紧密相连的画像。在中学的数年内，重点移转到符号性的表示方法：孩子使用基于个人喜好的和社会标准化的对事物的表示方法；这使他们能够内部化地使用符号来表示抽象的和合乎逻辑想法的特性。因此，依照布鲁纳的理论，我们通过三个方式"认识"某事：

- 通过完成它（角色扮演）。
- 通过一张照片或它的表象（画像）。
- 通过一些符号的方法例如语言（符号）。

举例来说，我们"认识的"一个结。我们能通过捆绑来认识它；我们会有将结作为与法国号或"兔子耳"类似的物体的心理表象（或形成结的心理"运动画像"）；我们能借由结合四个用字母表示的符号语言描述一个结，k-n-o-t（或者借由一句一句地连接言辞来描述绑线的过程）。透过这三个常用的方法，人类增强了获得和使用知识的能力。

自婴儿期以来认知发展的连续性

心理学家长久以来对于了解能否从婴儿期认知表达预测在日后生活中的心理能力和智力感兴趣。直到相对较近的时期，心理学家认为在早期和稍晚期的能力之间几乎没有连续性。但是现在他们正在逐渐总结婴儿期心理表达的个体差异，也许超越整个童年期在中等程度上持续发展。因此，预防和早期干预机构和政策已经建立，而且对于那些有认知的和语言延迟的婴儿所作的努力应该从生活的早年开始。认知连续性的概念与社会政策和未来研究有关系。

注意力的降低和恢复 智力的信息处理模型有助于这种再评估。由于人心理上描述和处理有关这个世界的信息是关于他们自己的，他们必须首先注意他们环境的各种不同方面。注意力的两个成分对儿童的智力似乎非常地具有预示性：

- 注意力的降低——对观察一成不变的物体或事件失去兴趣。
- 注意力的恢复——当新的事物发生时重新恢复兴趣。

当看或者听相同事物的时候，较快疲倦的儿童处理信息较有效率。偏爱新奇的事物超过普通的事物的儿童也是这样。这些婴儿典型地喜欢较复杂的工作，显示出超前的感觉运动发展，快速探查他们的环境，用相对复杂的方式游戏，而且快速地解决问题。相似地，学会事物的速度与他们测量出来的智力有关。如有相等的机会，相同时间下较聪明的人获悉的相对较不聪明的人更多。然后，并不令人惊讶的是，心理学家目前发现，对于婴儿发展，注意力的降低和恢复似乎比作较多传统测试更能精确地预测童年期的认知能力。

孩子表现出来的专心于信息的模式反映了他们的认知能力，并且更特别的是，他们构造他们所见到和所听到的工作图式的能力。Harriet L. Rheingold 指出，经过将新奇转化为熟悉，心理发展持续进行。环境中的每件事物开始时是新的东西，当婴儿将新的事物变成已知事物的时候，发展更近了一步。依次地，一旦你认识某事，对于认识什么是新的就有了前后关系，因此已知的东西为进一步的心理发展提供了基础。然后，熟悉的和新颖的东西都有吸引力，互惠的方式对终生适应很重要。

语言和思维

人类与其他动物不同的地方是他们高度发展的语言沟通系统。这个系统让他们可以获得并传递来自他们生活文化的知识和思想。的确，许多科学家宣称，在 12 个左右的黑猩猩中，语言使用的技能特性已经逐步发展出来。但是，尽管黑猩猩展现的技能与人类的技能有明显的联系，但是这很难等同于我们复杂和精细的语言能力。而且黑猩猩必须依靠典型的训练得到的方法，与儿童自然产生的习得语言的方式有相当大的不同。它们学习对信号的反应时是懒散的，并且通常只在与香蕉、可乐和巧克力豆一起使用之后。

语言是具有社会标准化含义的声音模式（字词和句子）的结构化系统。语言由一系列符号组成，相当彻底地对人类环境中的物体、事件和过程进行分类。人类在大脑左半球皮层中处理并解释语言（见图 3—4）。

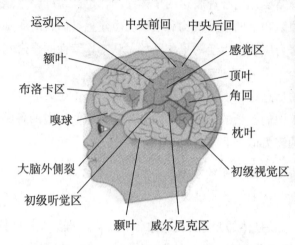
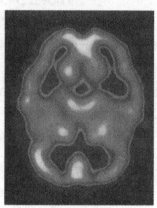

PET中的灰色显示大脑
最活跃的区域

图 3—4 宝宝在哪里以及如何处理声音和语言

左边的图画表示大脑皮层左半球。每个半球的颞叶可以解释每个耳朵听到的声音。通常，一侧比另外一侧具有更大的"支配权"，虽然两侧都听到给定的声音。大多数个体处理语音－语言位于布洛卡区和威尔尼克区。儿童会借由观察说话者的嘴和脸部表情学习语言，也会用到视觉皮层/枕叶。这真的是整个大脑的成就！注意用 PET 扫描右半球整个大脑都参与了语言表达。

婴儿积极地吸取语言中语音的经验塑造着大脑的生理结构。在经历了听一种语言数年之后，一个儿童能够典型地区别听到的声音，而且失去区别不常使用的那些声音的能力。在亚洲文化中，L和 R 的发音对于较大的孩子和成人来说往往很难区分。PET 扫描已经显示这样的声音在说英语的人的特定大脑部位被解码，对来自亚洲文化的那些人来说，也是在大脑的相同部位。

减少智力落后发生率并提高宝贝的脑力

人们曾经认为大脑是固定连线的，而且它的线路可改变。然而，大量实证研究提出，丰富的环境能使发育中的大脑产生物理改变。使用像正电子放电断层扫描成像的技术，研究显示积极的环境变化和脑细胞间突触接合处的连接增加之间呈现正相关。通过丰富经验"在脑中按下了特定的按钮"——好的营养、玩具、玩伴、学习的机会和父母亲的咨询——能避免潜在的大量心智迟滞和发展上的缺陷：早期干预会为许多儿童创造更美好的将来，否则他们的成长会受到阻碍（见图3—5）。

图3—5 协助发展上延迟的儿童

最新的令人兴奋的科学证据（包括大脑扫描，像 PET）表明"大脑"和"心理"之间的连接，是一条双行道。举例来说，科学家已经发现行为认知疗法的技术不只帮助解决一些参加者的心理问题，也改变他们大脑的生理结构。简单地说，通过一系列的行为技术学习抵抗各种不同的毁灭性冲动的参加者，最后改变了他们的大脑。这样的证据激励其他人追求新的探索和方法来帮助发展上延迟的孩子。模仿行为帮助这个儿童学习适当的口部运动来形成较好的表达性语言技能。

这些调查结果致使许多父母想知道是否他们也能提高他们宝宝的智力发展。心理学家长久以来注意到好的教养方式对青少年有着极有意义和正性的影响。父母—婴儿关系的情绪质量无疑在孩子的早期认知和语言能力中扮演关键性角色。父母亲的行为通过一些方式影响婴儿的反应能力。首先，如果当孩子说或者做新奇的、富于创造力的或适应性的事情时，父母提供即刻的正性反应反馈给他们，孩子的学习会直接地被提高。其次，当父母提供非限制性的环境允许他们参与探索行为的时候，孩子发展上的反应能力得到鼓励。最后，安全地依恋于照看者的孩子往往比其他人更多地从事对他们环境的适当探索。有效的父母要知道他们孩子发展上的需要，并指导他们自己的行为来迎合这些需要。

这些调查结果既有正性的也有负性的影响。从正性的方面来说，研究结果鼓励了对处在像言语和语言发展的认知发展延迟这样危险中的婴儿的干预。在英国的一项研究关注来自贫困家庭的双胞胎的阅读和语言损伤。矫正的主要干预包括像引起模仿和示范这样的策略。从负性的方面来说，研究调查结果已经导致一些父母沉迷于教育心理学家所说的"热居"是什么或者试图让儿童"高起点"地迈向成功。当凝视白色闪卡上的五个红点时，初学走路的婴儿大叫"五个！"或大声地读出《戴帽子的猫》的回忆带给许多父母的欢乐。然而太多父母对非常年幼的儿童逼迫得太急切，以致儿童无法得到学术取向的技能。迄今，学前计划唯一的受益人被证明是文化上被剥夺的儿童。被强迫通过不适当的方法学习的许多孩子开始讨厌学习。

年幼儿童从他们自己的经验中学到最多——从自我管理的活动、探索真实物体、与人说话和解决像是该如何平衡一堆积木这样的现实问题。他们受益于由他们自己可阅读的有一定基础的故事。当照看者闯入孩子自我管理的学习并坚持他们自己对孩子学习的优先权时，像数学、阅读或小提琴这样的学习，会干扰孩子自己的动力和主动性。然后，父母和照看者必须考虑对非常年幼的儿童来说什么是适当的学习方式。

语言的重要作用

语言对人类的生活有两个重要的贡献：它使我们能够彼此沟通（在个体之间的沟通），而且它促进个体思维（个体内的沟通）。第一个贡献，称为**"沟通"**，是人们将信息、思想、态度和情绪传递给彼此的过程。语言的这个特征使得人类可以协调复杂的群体活动。他们根据他们传达给彼此的"信息"，使自己发展中的功能适合于他们活动的发展水平。因此，语言是家庭的基础，同时也是经济的、政治的、宗教性的和教育制度——的确，也就是作为社会本身——的基础。

语言赋予人类在所有生物中独一无二的使其超越生物进化的能力。进化的过程花了数百万年，有了两栖动物——可以依赖土地或在水中生活的人。与之对比的是，"两栖动物"的第二个类型——能在地球的大气下或者在大气之外的太空生活的太空人——也在相对比较短的时间内"进化"。但是在第二个情况中，为了可以在太空中幸存，人类的解剖学结构没有改变。更正确的说法是，人类增加了他们的认识来弥补他们的解剖学结构；通过这个方式，他们使自己具有太空耐航力。

语言的第二个贡献是它促进了思维和其他的认知过程。语言使我们能够借由给我们的经验命名来编码这些经验。它为我们仔细剖析我们周围的世界，并对新的信息进行分类，概念化之后反馈给我们。因此，语言帮助我们将环境划分为与我们关注的东西相关和易处理的区域。语言还让我们可以处理过去的经验，并通过参考这些经验来预感将来的经历。它扩展了我们的环境和经验的范围。这第二个功能——语言与思维的关系，已经成为大家激烈争论的主题。让我们更近距离地、逐个地仔细分析这些功能吧。

思维塑造语言

持有思维塑造语言观点人指出，无论是否存在语言，思维都会出现。话语只有在向其他人传递想法时是必不可少的。举例来说，某些类型的思维是视觉的映像和"情感"。当某人要求你描述一件事——你的母亲、从你的房间向外看到的风景、你家乡的大街——的时候，你开始注意到作为传递思维的工具语言。你试图将心理图景翻译成话语。但是你可能发现，口述描述映像的工作是复杂和困难的。

皮亚杰持有的一种观点是，结构化的语言需要以某些类型的心理表征优先发展为先决条件。根据他的研究，皮亚杰总结出语言在年幼儿童心理活动中作用有限。依照皮亚杰的说法，孩子形成物体（水、食物、球）和事件（喝、吸奶、抱球）的大脑映像是以大脑的再现或模仿为基础的，而不是词语的标签。因此，儿童获得话语的目标是把语言映射到他们先前已经存在的概念上。

在本书前面部分的讨论中，我们见到皮亚杰把问题过于简单化了。在某些方面，心理表征确实先于语言。举例来说，William Zachry 发现，在心理表征中扎实的进步对于产生某些语言形式来说是必不可少的。他提出，儿童得到内部的表征作为映像的运动图式（特定的被普遍化的行动）的能力。因此，与各种不同功能有关的奶瓶将会被表征为像握住一个奶瓶、吸吮一个奶瓶、从一个奶瓶中倒出奶等等这样的心理图景。之后，儿童开始通过"奶瓶"这个词语表征"奶瓶行动"。然后，奶瓶这个词语成为一个与语意有关的"标记"，表征与一个奶瓶有关的各种特性——可被握住的、可被吸吮的以及可被倒出奶的，等等（见图3—6）。Zachry说，在这一个事件中，词语开始作为代表心理图景的语意的标记来发挥作用。

通过对近期研究的回顾发现，当学习词语的意义的时候，年幼的儿童有搜寻隐藏着的、非明显的特征的趋向。更明确的是，儿童似乎对名词更倾向于"整体物体"的意义——他们假设一个新的名词指代一个整个的物体而不是它的一个部分。让我们通过举例的方式来考虑名词"狗"。儿童必须了解"狗"这个词是指一个特定的物体和狗这个种类，然而词语"狗"不应用于物体的各个分开的方面（例如，它的鼻子或尾巴）；这个物体和其他的物体之间的关系（举例来说，一只狗和它的玩具）；或物体的行为（举例来说，狗的进食、吠叫或睡觉）。孩子权衡这些和其他数不清的可能意义以达成词语狗的正确映射之前，他们会被难以驾驭的与狗有关的信息海洋淹没。

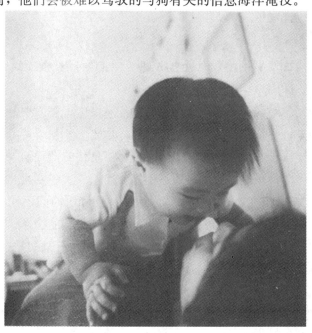

图3—6　获得语言

婴儿从一个人直接地对他说话来习得语言，这种活动通常用夸张的表情或"父母语"仅仅说一个或一些字，典型的是距离儿童的面部8～10英寸。当儿童努力重复语音的时候，照看者可能奖励儿童大大的微笑和快乐的声音，像是："好女孩！"一些理论家表示儿童已经具有对字的内部理解，然而另外一些人称儿童必须首先学习词语，然后发展对这些字词的概念。在1岁之前，婴儿证明在能够说出词语之前具有接受性语言技能。要求这个年龄的儿童"去拿那个球"，他会典型地抓住那个球。

儿童不需要跟随这样一条艰苦的路径而行。他们对于与他们相同的想法存有偏爱，这是一种"快速映射"的方式——获取经验的基本元素来排除其他经验。除此之外，孩子的认知偏向于表述关于互斥类别的假设。因此我们可以看到，语言的发展与一个先于概念上的发展而存在的状态相联系的一些方面。

像四个月大的婴儿似乎拥有将色彩光谱分开成为四种基本的颜色——蓝色、绿色、黄色和红色的能力。举例来说，婴儿不同地回应于从成年人色调相邻着的类别中选择的两个波长，比如 480 纳米的"蓝色"和在 510 纳米的"绿色"。然而，婴儿无法不同地回应于从成年人色调的相同类别中选择的两个波长，尽管相隔相同的物理距离（30 纳米），像在 450 纳米的"蓝色"和在 480 纳米的"蓝色"。然后，婴儿的心理表征被组织为蓝色、绿色、黄色和红色——而不是作为对成人来说形成色彩光谱的精确的波长编码。儿童唯一较迟开始的是为这些类别命名。

这样的调查结果提示色彩组织优先，并且色彩不是通过语言和文化进行分类（蓝色、绿色、黄色和红色的文字标签）而产生的。一些研究确认，婴儿在前语言期，自然而然地形成分类。然后，以某种形式，孩子的语言知识依赖于那些对于语言中会被提起的人类社会的概念的优先掌握。

语言塑造思维

第二种观点是语言发展同步于甚至优先于思维的发展。依照这个观点，语言塑造思维。

这个观点强调概念对我们的思维起作用的部分。借由将刺激划分成各个类别并与我们关注的东西相联系，生活变得更易管理。通过**概念化**——基于特定的相似性，将知觉分组进入各个类别—孩子和成人一样能识别并且将信息化的知觉输入进行分类。在不具备分类的能力时，生活似乎是混乱的。通过使用分类，成人和婴儿"忽略"某种刺激并"觉察到"其他的刺激。事实上，尽管物体因视角不同和因时间不同而变化，但我们可以将物体看作相同的物体。而且人能够对两个不同的又相似的物体作等同的处理——当作相同类型的事物。分类方法以及从特殊事物到概括性事物形成的思维跳跃，关系到更加高级的认知思维。重要的是，研究人员发现，语言增加了婴儿注视物体的时间，这个时间超过实际上的语言标签发生的时间，这提示婴儿偏爱着眼于有语言出现时的物体。

概念还表现出第二种功能。它们使个体能够超越提供给他们的即刻信息。人们能在心理上操纵概念，并想象性地与它们相关联以形成新的适应性。概念的这个特点让人类可以补充性地推论没有观察到的物体和事件的性质。由于我们在概念化过程中能使用词语，人类与其他动物相比之下具有优势。一些社会和行为科学家称，命名或贴语言标签的活动有三个优点：

● 借由产生整合性观念的语言学符号促进思维。

- 经由语言编码加速了记忆贮存和提取。
- 通过使人们对某些刺激敏感化并对其他刺激去敏感化来影响知觉。

然而，批评者声称，过分地简单化和夸大语言和各种不同的认知过程之间的关系是很容易的。Eric H. Lenneberg 和 Katherine Nelson 注意到，儿童的第一个词语时常是认知分类上已经存在的名称。正如在之前章节中指出的那样，婴儿的色彩组织先于习得由语言提供的分类。这里提示，语言不是思维所依赖的内部表征的唯一来源。语言也不是记忆中信息表征的唯一来源。并且语言对知觉充其量只有较小的影响。

即使这些观点站在直接反对的立场上，许多语言学家和心理学家也相信有许多方法来仔细分析语言和思维之间的关系。一些理论家认为语言和思维不必是彼此的镜像。由于文化的力量和对意义的解释，语言的许多方面随着时间的流逝而变化。

语言的习得

在解释孩子言语的发展方面我们做得怎么样？人体为使用语言在遗传基因上和生理上已经"预编程式"了吗？或是通过学习过程获得语言？这些疑问暴露出在关于先天和教育之间的争论的敏感话题，即先天论者（遗传论者）与环境论者各自持有的针锋相对的观点——最近的实证研究支持了遗传和环境影响的相互作用。

先天论者的理论

如同在开始生活时就有了声道的特定解剖结构、大脑中就已具备言语中枢一样，幼儿也被认为具有日后言语知觉和理解的基础。先天论者（遗传论者）主张通过使用语言的大脑回路，人类语言是"预配的"——语言习得的潜能已经通过基因"装入"人类体内，只需要被适当的"触发机制"引出，就像营养引起生长一样。他们认为人类以某些比其他行为更容易和更自然的行为方式逐渐发展，例如语言习得。

乔姆斯基的先天论者理论　麻省理工学院的乔姆斯基是一个有名的语言学家，在过去 50 年内已经提出对于教育和心理学产生主要影响的语言发展的先天论者理论。支持者和批评家都知道乔姆斯基理论解析的方式已经为语言学研究提供了许多新的方向。

乔姆斯基观点的核心是观察到成熟的话语者能理解并生产无穷多组的句子，甚至是他们从未听到、读到以后也不会学到的句子。对于这点的解释，乔姆斯基坚持认为，人类拥有一个天生的产生语言的机制，他称为**"语言习得装置"**。乔姆斯基将人类的大脑看作装有电线的，借由对收入频率的分类而将言语的声音分流为 42 个可理解的**音素**（最小的语言单位，像是 bāke 中的长音 A），来使听觉世界的混乱简单化。通过语言习得的过程，孩子只需要学习他们社会中的语言特质而不是语言的基本结构。虽然乔姆斯基的理论已经引起了很多的注意并引发争论，但是，由于建立科学的步骤进行测试很困难，因此至今仍然无法证明它是对的还是错的。

为了支持他的观点，乔姆斯基指出世界上的各种语言在表面结构上不一致——例如在他们使用的词语上。但是它们在组成上有基本的相似性，他称为"深层结构"。深层结构最普遍的特征包括具有名词和动词，提出疑问的能力，提出指令和表达否定。乔姆斯基提出，经过前语言的和直觉上的习惯——由转换生成的语法——个体将深层结构变成表面的结构，反之亦然。

双胞胎的早期发展研究　普罗敏及其同事一直致力于1994年在英格兰和威尔士出生的3 000对双胞胎的早期发展研究。这项行为遗传学的纵向研究的目标是识别多重基因系统的特定基因，这些基因造成在语言能力和语言障碍方面遗传上的影响。研究收集并分析了这些孩子的DNA样本及在两岁、三岁、四岁时的早期语言迟滞的测量数据。这些参与者在两岁时的研究结果证明其在病因学上有实质性差异，其表现处于常态范围与低水平之间。

语言能力受到遗传基因的影响，对四岁组双胞胎的研究，分析了语言损害是否也是如此。这项研究的结果确认了四项早先的双胞胎研究的调查结果，指出在语言损害上遗传基因的实质性影响力。研究发现语言障碍更多地受遗传影响，而不是语言能力。四岁双胞胎的另一项研究结果虽然有一些不同，但是遗传基因和环境在语言损害上对男孩和女孩的影响力是相似的。

剑桥的语言和语音项目　英国研究人员估计，未受损害的孩子之中有2％～5％在获得语言方面具有显著的困难，即使他们有足够的智力和机会。Steven Pinker和同事已经在有严重的语音/语言障碍的三代英国家庭中识别出FOXP2基因的变异形式。

虽然Pinker不认为语言损害与单个的基因有关，在这个家庭中的基因变异似乎是造成他们的特定语言障碍的原因。这个基因在发展的早期阶段作用于一组蛋白质对大脑产生影响，导致语音和语言非正常地对大脑回路的需求。这是首例语音/语言障碍和一个特定的基因之间的直接相关。后来的研究调查结果质疑了特定的语言损害和FOXP2基因之间的联系。然而，已知特定的语言损害通常在家庭中不间断："受到影响个体的第一近亲发展SLI的可能性七倍于一般人群中的人"。

依照国际阅读障碍协会的资料，人群中15％～20％有阅读能力损伤，他们中相当多的人（85％）有诵读障碍。**诵读障碍**是一种可能在某些方面自证的学习障碍。有诵读障碍症的人可能在阅读、拼写和/或说方面有困难。

孤独症的国际分子遗传学研究　自闭症是一种神经障碍，在大约两岁的"常态"儿童中出现，显示出沟通、社会交往方面的明显缺陷，语言损伤，专注于幻想，不寻常的重复性或过多的行为。自闭症和相关障碍的发生率高达1/500，自闭症协会报告，发生率正在全世界逐步升高。自闭症儿童需要语音和语言治疗、职业治疗、适合的躯体教育，并且通常需要终生的监督和照料。过去的 20 年中，在英国、德国和美国对自闭症的家庭和双胞胎研究中，已经显示出基因在大多数自闭症案例中扮演重要角色。此外，这些研究还提出这些相同的基因可能参与其他发展障碍的发展，例如"阿斯伯格综合征"和其他在沟通和社会交往方面的较轻微的障碍。在这个协会中的研究者继续研究家庭单受精卵的和双受精卵的双胞胎和同胞兄弟姐妹中有被确诊为自闭症的两个或更多成员的情况。

最新的数据报告揭示，自闭症被与染色体 2、7 和 16 上的特定位置相联系的复杂而强大的遗传基因的因素影响。单卵（同卵双生）的双胞胎显示对自闭症相对较高的一致性，然而，双受精卵（异卵双生）的双胞胎显示较小的一致性。同胞兄弟姐妹的递推风险远远高于一般人群。这些确实是当前支持语音/语言发展和损害的先天论者观点的研究结果的少数例子。这些研究员人员的目标是发现变异基因，识别那些最有可能受到听觉/语音/语言的病变影响的婴儿和年幼儿童，并设计医学/药理学干预方法来改善孩子的语言/沟通技能。

大多数儿童在获得语言方面有一点困难　甚至非常年幼的儿童也能掌握难以置信的复杂并抽象的规则，把一系列声音转换成意义。例如，可以有 3 628 800 个方法将下题中的这十个字重新排列：

试着重新排列任何一句由十个字组成的普通句子。

然而，这些字只有一种排列是文法上有意义的和正确的。先天论者称一个儿童从 3 628 799 种不正确的可能中区分出正确句子的能力，无法仅仅通过经验产生。类似地可以想象日语或者阿拉伯语这样的外国语言对其来说是多么可怕。

成年人的言语是矛盾的、断章取义的和马虎的　思考一会儿以你听起来不熟悉的语言持续地交谈会是怎样的；或许更像是一个庞大的字，而不是一组清晰的字。听两个成人之间的交谈，处处都是类似犯规起跑情况的字"嗯"和许多"填充性短语"，例如"你知道"。的确，语言学家已经尝试性地提出，如果不在语境中，通常我们甚至无法正确地理解词语，哪怕是我们自己的语言。从录音对话中，语言学家拼接个别的字，回放录音给这些人听，而且要求这些人识别出这些字。收听者通常只能理解大约一半的字，虽然相同的字在他们最初交谈时理解得非常清楚。

儿童的言语不是成年人言语的机械性回放　儿童以独特的方式结合词语以及拼凑词语。例如，表达"我买"，"步行"，"比较好"，"吉米伤了他自己"，等等，揭示儿童不以严格的方式模仿成年人的言语。然而，依照先天论者的观点，儿童的言语基于他们出生时具有的潜在的语言系统，因此特例最初不被掌握。

学习和相互作用理论

一些研究者，已经遵循斯金纳（B. F. Skinner）的传统，主张语言与任何其他的行为一样以相同的方式被获得，即经过强化的学习过程。另外一些人研究了有助于语言习得的照看者和儿童之间的相互作用。的确，语言的使用可能开始得相当早。

DeCasper 的研究意味着宝宝甚至在出生之前，已经开始对语言具有敏感性。他们在子宫中的时候，我们认为他们听到了"语言的旋律"。出生后，这种敏感性提供给他们有关声音适当地结合在一起的线索。新生儿在他们母亲所讲的母语的言语样本和不熟悉的语言之间进行分辨的能力，源于在他们出生以前暴露于语言学信号中被发现的独特语调特征中。相比于较高音的语调，年幼的婴儿对于低音语调的反应更平静，而且他们似乎尤其享受普通摇篮曲的旋律。对于似乎使宝宝更平静的旋律和节奏，每个文化都有它自己的艺术处理。如果你近来还没有听到过，花数秒听一首普通的摇篮曲，这里是一首普通的歌词：

一闪、一闪，小星星

我多么想知道你是什么！

在世界上这么高的地方

像天空中的一颗钻石

一闪、一闪，小星星

我多么想知道你是什么！

(Twinkle, twinkle, little star

How I wonder what you are!

Up above the world so high

Like a diamond in the sky

Twinkle, twinkle, little star

How I wonder what you are.)

一些研究者提出，宝宝在最初的 6～8 个月，即他们加强听力练习之前，密集地收听他们母语的细微之处，最终开始忽视不存在于他们母语中的声音。

照看者言语 许多最近的研究已经把重点集中于照看者的言语。在照看者的言语中，母亲和父亲对婴儿和年轻人说话的时候，会系统地修正与成人说话时他们使用的语言。**照看者言语**不同于日常言语，包括单一化的词汇、较高的音高、夸张的声调、短而简单的句子和高比例的疑问句和祈使句。

从年幼婴儿的角度来说，他们对照看者言语显示出听力上的偏好，即整体较高的音高、较宽的音域、较有特色的音高升降曲线、较慢的节奏、较长的停顿和增加强调重点的语调。研究者认为婴儿的听觉识别程度可预测童年早期的认知能力。一项研究，比较了由未患糖尿病的母亲所生婴儿和患糖尿病的母亲所生婴儿的声音识别的神经路径。

以照看者言语主要的两个特点——单一化词汇和较高的音调——为特征的言语，术语是"儿语"。儿语可以在很多语言中找到：从 Gilyak 和 Comanche（小的、分离的语言以及文字以前的旧世界和新世界群落）到阿拉伯语和马拉地语（精通文学传统的人所说的语言）。此外还有成人留声机式地单一化的儿童词汇——"wa-wa"为水（water），"choo-choo"为火车（train），"tummy"为肚子（stomach），等等。儿语也喜欢带有言语标签的心理学功能。

照看者言语相互作用的本质 照看者言语相互作用的本质实际上从出生开始。医院职员包括男性和女性，与他们照料的婴儿说话时使用照看者言语。这些言语主要把重点集中在宝宝的行为和特征上，以及成人自己的照看活动中。而且，照看者说话的方式好像婴儿是理解他们的。他们所说的话显示，他们将婴儿视为具有情感、需要、希望和爱好的人。同样地，一个饱嗝儿、微笑、哈欠、咳嗽或喷嚏会代表性地引出来自照看者对婴儿的评论。通常以疑问的形式说话，然后照看者想象孩子可能回应般进行回答。如果宝贝微笑，父母可能说，"你很快乐，是不是呀?"如果儿童打饱嗝儿，照看者可能说"对不起"。

的确，照看者将婴儿最早的行为归因于意图和目标，使婴儿比他们事实上的状态显得更老练。这些归因以自我实现的预言的方式促进了孩子大部分的语言学习。由于他们抑郁的母亲不太可能使用"妈妈语"（在下面可以见到）的夸张的音调变化，并且由于母亲对他们发声方式的早期尝试回应比较慢，抑郁母亲的婴儿因此发育受到阻碍。

"妈妈语"或"父母语" 当婴儿仍然在他们发出咿呀声的时期，成人时常对他们说一些长的、复杂的句子。但是当婴儿开始回应成人的言语的时候，尤其当他们开始发出有意义的又可以确认的词语（在12～14个月左右）的时候，母亲、父亲和照看者总是说一种叫作"妈妈语"或者最近更常在一些研究文献中被称为"**父母语**"的言语——单一化的、冗余的和高度合乎文法的一种语言。

当说父母语的时候，父母往往被限制于用现在时态以及具体名词说话，对儿童正在做的或体验的事情发表意见。而且他们典型地聚焦于物体的命名（"那是一只小狗!"或"乔尼，这是什么?"）、物体的颜色（"带给我黄色的球。黄色的球。不，黄色的球。就是它。黄色的球!"）和物体的位置（"嗨，丽莎! 丽莎! 小猫在哪里? 小猫在哪里? 看见了吧。在台阶上。在三个台阶上。看一看!"）。照看者说话的音高与儿童的年龄是有相互联系的：儿童年纪越小，言语的音高越高。除此之外，婴儿指向的"父母语"的声调——在妈妈的言语中固定的音调——相对于成人或其他的成人指向的言语，为说话者的沟通意图提供更可靠的线索。"父母语"似乎较少源自父母试图提供的简单语言课程，而是源自他们与孩子沟通的努力。

语言的发展

什么与学习说话有关? 这个问题已经令人着迷了长达数世纪之久。远古的希腊历史学家希罗多德（Herodotus）在对提库斯（Psammetichus）的研究中报告了这位公元7世纪的埃及统治者，在有记录的历史上对控制性生理学实验做了首次尝试。国王的研究以在遗传基因上传递的词汇概念为基础，而且孩子发出的咿呀声是来自世界最初语言的词汇：

> 提库斯……偶然看到一个普通的家庭中两个新生的婴儿，并把他们送给了一个牧羊人，让他在他的羊群中抚养，严格规定不能有人在他们面前说出一个音。他们被带到一间孤单的小屋中待着，牧羊者有时将山羊带进来，为了让宝宝们有充足的奶水可以喝，以他们所需的任何方式照料他们。全部这些都是提库斯安排的，因为他想发现孩子会首先说出什么字……计划成功了；牧羊者两年期间完成了每件被吩咐做的事情，两年之后突然他打开小屋的门……（两个孩子都跑向他并）说出了"becos."这个字。

当国王得知孩子发出"becos"的时候，他试图发现这是什么语言的词汇。从被他探究而产生的信息中，他将"becos"归结为佛里吉亚词语的"面包"。因此，埃及人不情愿地被迫放弃他们是最古老的人类的说法，而且承认佛里吉亚在古代生活中超越了他们。

沟通过程

变得有语言能力，不只是使用关于语音和意义规则的系统。语言还包括使用这样的系统进行沟通的能力，并当一个人可以使用两种或更多方式的时候，进一步使这样的系统保持独立。

非语言沟通或肢体语言　语言的本质是彼此说话的能力。然而口语只是作为信息传达的一种途径或形式。我们也根据肢体语言（也称**"人体动作学"**）进行沟通，它是指通过身体的运动和手势进行的非语言沟通（见图 3—7）。举例来说，我们眨眼表示亲密；我们在不信任时挑起一道眉毛；我们轻翘我们的手指表示不耐烦；摸我们的鼻或者擦我们的头表示我们迷惑。每个社会都发展具有它自己的模式和意义的这样的身体运动和手势，当旅行或搬到其他国家居住的时候，这样的沟通会被误解。

我们也通过注视来沟通；我们看另外一个人的眼睛和面孔，并使用眼神交流。我们使用凝视的一种方式是有先后顺序的，并作为言语的协调行为。典型地，当他们开始说话的时候，说话的人眼神远离听者，排除刺激，并规划他们将会说什么；在说话结束的时候，他们看向听者，示意他们已经结束，并不想让对方开口；在这两者之间，他们给听者简短的注视来得到反馈信息。

在第二年年底，大多数的孩子似乎在模仿他们的环境中成人的眼神交流方式：当他们在说话的时候向上看，来示意他们结束了，而且当另一个人说话时从头至尾向上看，

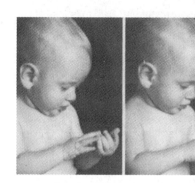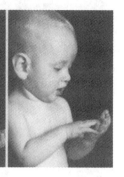

图 3—7　婴儿使用手势沟通

这个六个月大的男孩正在使用有明确目的的手势。暴露于可听到的语音中的儿童和听力损害的儿童都会使用多种手势进行沟通。

表示确认发言权将要还给他们。尽管如此，孩子在这些行为的一致性和频率上显示出相当大的差异。而且一些群体实际上是避免眼神交流的，如在非洲裔文化中注视表示有攻击性，并且对于美国土著，注视是粗鲁无礼的。

其他的非语言行为是"指指点点"（见图 3—8）。指指点点可在两个月大的年幼婴儿中观察到，虽然指指点点在这样一个幼小的年龄不是有企图的动作。与之相反，指指点点在第一年年底是一个有企图的动作。它是语言的一个非语言先兆。当和他们的儿童说话的时候，母亲普遍使用指指点点。孩子使用手势来标记出一本书的特征，或引起对一个活动的注意。

沟通的另一种形式是**副语言**—— 在我们沟通表达的意义方面所依据的发生方式的重音、音调和音量。副语言包括如何说某事而不是说什么。声音的音调、语速和非语言的语音（像是叹息）是副语言的例子。在咿呀语后期，婴儿已经控制了他们的说话人的音调或调节音高。在大约九个月时，新的社会认知能力在结合注意力、社会参照和沟通性的手势中出现。

在语言发展方面的大部分研究已经把重点集中在语言产生上，孩子为了要以有意义的方式表达信息，增强了将不同的声音组合在一起的能力。直到最近，似乎没有研究探讨**语言接受程度**，即接受或粗筛信息的质量。然而孩子善于接纳的能力往往凌驾于他们的建设性能力之上。举例来说，甚至非常年幼的宝宝也能够分辨微小的语言差异——比如在语音"p"以及"b"之间。

相似地，较年长的孩子对细微差异的理解是优于其对语言的制造。来看看目前已算是语言学家 Roger Brown 和年幼儿童之间的经典对话：儿童提到"fis"，Brown 重复"fis"。儿童对 Brown 这个字的发音感觉不满意。和儿童之间经过大量的交流之后，Brown 尝试说"fish"，儿童最后满意地答复"是的，fis。"虽然儿童目前为止无法说出"s"和"sh"之间的区别，但是，他知道这样的语音差异确实存在。

图3—8　指指点点

在一岁的时候，婴儿把指指点点当成一种非语言先兆。父母一般使用指指点点，当他们对儿童说话的时候。孩子使用手势来标记一本书的特征，或引起对一个活动的注意。

语言发展的顺序

直到几十年以前，语言学家假定儿童只会说有缺点版本的成年人语言，反映了儿童有限的注意力、有限的记忆范围以及其他认知缺陷的障碍。然而，语言学家现在通常接受儿童说他们自己的语言——具有通过一系列阶段发展出的特有模式的语言。

孩子在语言发展的速度和形式上显示出巨大的个体差异。的确，直到进入他们生命的第三年之后，一些孩子才开始很好地说话，然而其他的孩子此时正在说长的句子。这样的差异似乎不仅对于成年的语言技能有意义，还提示儿童是否在其他方面发展正常。表3—1概述了"平均水平"的儿童的语言发展的代表性里程碑。

表3—1

语言发展的里程碑	
年龄	声音特点
1个月	哭声；小的喉音。
2个月	开始产生像元音一样的"喔啊"声，但是声音不像成人发出的元音。
3个月	较少哭，"喔啊"声，在喉音后有重复间歇的短声笑，尖叫，"咯咯"声；有时"吃吃"地笑。
4个月	"喔啊"声变成被调整的音调；元音状的声音开始点缀于辅音之中；吵闹声；当和他说话时微笑和发出"喔啊"声。
6个月	元音中散布较多辅音（通常是 f、v、th、s、sh、z、sz和n），产生咿呀语（单一音节的话语）；用尖叫、"咯咯"声和以重复间歇的短声笑表示快乐，用咆哮声和发哼声表示不快乐。
8个月	在咿呀语中显示出成人的声调；时常使用二音节的话语，像是"妈妈"（mama）或"爸爸"（baba）；模仿声音。
10个月	理解一些字并结合手势（可以说"不"并摇头）；可以发出"爸爸"或者"妈妈"，并使用婴儿的单词语（带有许多不同意义的单字）。

续前表

年龄	声音特点
12个月	使用较多婴儿的单词语，如"宝宝"（baby），"再见"（bye-bye），和"嗨"（hi）；许多模仿物体的声音，如"汪汪"（bow-bow）；对语调模式有较好的控制；对手势赋予具有个人看法的一些字和简单的指令（如"给我看你的鼻子"）。
18个月	掌握3～50字；可以开始使用二字话语；仍有咿呀语，但是用复杂的音调模式使用一些音节。
24个月	掌握超过50个字；更经常使用二字话语；表现出逐渐增加的对口头沟通的兴趣。
30个月	加速学习新的字；言语有二或三个字甚至五个字；句子带有儿童特点的语法，并很少逐字模仿成年人的言语；言语的可理解性很低，虽然孩子在各方面有差异。
36个月	约1 000个字的词汇量；大约80%的语言是可理解的，甚至是对陌生人说话；文法的复杂性略可比较于口语化的成年人语言。
48个月	很好地建立起语言；与成年人语言的差异更多在于方式而不是语法。

从发声方式到咿呀语　哭喊是新生儿发出的最引人注目的声音。发声方式有基本的节奏，包括"生气的"和"疼痛的"哭声。虽然作为婴儿沟通的主要方法，但是，哭泣不能被视为真实的语言（虽然一些母亲说她们能容易地区别出不同的哭声的意义）。年幼的婴儿也会生产一些其他的声音，包括哈欠、叹息、咳嗽、打喷嚏和打嗝。

在第6～8个星期之间，婴儿使他们发声的方式多元化，当独自玩的时候，采用新的噪声，包括"讥讽声"、发出流动且如倒水的声音和舌触声音游戏。在他们大约第三个月时，婴儿开始发出"喔啊"的声音，并发出尖锐的叫声——发出流动且如倒水般的噪声，并能维持15～20秒的时间（见图3—9）。

咿呀语　在第六个月左右，所有文化中的婴儿产生一系列交替的元音和辅音，类似单一音节的话语，如"da-da-da"。的确，婴儿似乎和声音玩耍，享受这个过程并探究他们自己的能力。通常，咿呀学语的声音由"n"、"m"、"y"、"w"、"d"、"t"或"b"组成，跟着一个元音，如"bet"中"eb"的声音。在许多语言中，表示母亲和父亲的词语由这些声音开始不可能是巧合（举例来说，"mama"，"nana"，"papa"，"dada"，"baba"）。辅音，像是"l"、"r"、"f"和"v"，以及辅音连缀例如"st"是很少的。

得克萨斯大学的研究人员MacNeilage和Davis，分析了6—18个月大的一些婴儿的录音磁带，总结宝宝发出的咿呀语中和个别语言中的第一个字常见的辅音—元音组合的四个模式。他们称这些模式通过在说话时基本的口和颌骨的开口（元音）和闭合（辅音）运动而产生——而不是将咿呀语归因于任何遗传基因的或天生的语言机制——与传统语言学家的思想相反。

同时，婴儿的笑声也很典型地大约出现在这个时间。

聋的婴儿也经历"喔啊"声和咿呀语的时期，即使他们可能从未听到过任何说话的声音。他们与很多正常的婴儿一样以相同的方式咿呀学语，尽管事实上他们不能够通过这种方式听到他们自己的声音。这个行为意味着遗传机制成为早期"喔啊"声和咿呀语过程的基础。然而，稍后，聋的宝宝咿呀语的声音与可以听到的孩子相比，有一个略微更有限的范围。此外，除非天生聋的孩子经过特别的训练，否则他们的语言发展是迟滞的。

最近一项由 Goldin-Meadow 执行的研究，考察来自美国和中国文化中耳聋的婴儿，确认婴儿对类似语言一样的沟通有强烈的偏好。这个研究中的父母的母语不同，养育儿童的习惯不一致，与言语相比使用手势的方式也不同——然而孩子自己会自然地把类似的语言结构引入他们的手势中。

其他的研究者发现，聋父母的聋宝宝以相同的有节奏的和重复性的方式用他们的手咿呀学语，如同可以听到的儿童以他们的声音咿呀学语一样。出现在有听力的宝宝周围的如"goo-goo"和"da-da-da"的声音，作为咿呀语的标志，相同时间也会在耳聋的儿童之中出现打手势。耳聋婴儿的大部分手部运动是美国手语中的真实组成——这些手势本身没有任何意义，但具有潜能，连同其他的手势一起表示某种意义。

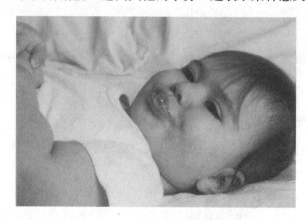

图 3—9　早期交流："喔啊"声

大约 3 个月的时候，婴儿开始发出"喔啊"声。通常张开嘴巴发出简单的元音，如"噢"、"呃"、"啊"。典型地，在婴儿 6 个月时表达较难的辅音字母之前，他们喜欢用嘴巴吹出一些口水泡泡，并且伴随产生一些唾液。图中的婴儿正在为准备说话开始学习移动自己的舌头和嘴唇。

重要的是，耳聋的孩子在声音的咿呀语方面，和在有听力的孩子身上看到的处于相同的阶段，在相同的时期经历：他们以很多相同的方式将手势和运动连贯起来，就像有听觉的儿童将声音连贯起来。这样的手势似乎具有与有听力的宝贝咿呀语声音相同的功能的重要性，因为他们相比于有听力儿童随机的手指摆动和牢牢攥紧拳头显得更有系统和深思熟虑得多。这样的调查结果意味着语言与言语不同，言语是我们彼此沟通可使用的唯一一个信号系统。除此之外，研究提示咿呀语无论是手动的或者由嗓子发出的，获得语言结构的时候，都是大脑成熟的一个固有特征。

这些观察意味着，虽然声音行为自然地浮现，但是它只活跃于在适当的环境刺激存在时。而且耳聋的宝宝，当然是无法"顶嘴"的，这是皮亚杰提出的声音的接触传染和模型模仿的过程。然而，孩子似乎不仅仅借由听到语言被说来学习它。一个有正常听觉的男孩，与耳聋的父母通过美式手语沟通，他每天暴露于电视的目的可能是学会英语。

他流利地使用手语，但他既无法理解也不能说英语。这个观察资料意味着，要学习语言，孩子就必须能够在语言上与人互动。

接受能会意的词汇　在 6～9 个月之间，照看者将会注意到儿童理解了一些字。这是父母喜爱的时间，他们开始向宝宝提问："妈妈的鼻子在哪里？"而且向宝宝指着妈妈的鼻子。或者爸爸可能说"跟爸爸挥手说再见"，当孩子留在家里的时候，通过挥手再见证明理解了。还未说话的儿童当被要求拿回某种东西（如他或她的玩具或在厨房中的壶和平锅）的时候，能够适当地回应。所有这些功能证明早在他们说他们的第一个字之前，孩子已经发展了接受**能会意的词汇**——早于他们拥有**表达性词汇**，即使用他们自己的字有效地传达意义、情感或心境。

单词语　多数发展心理学家同意大多数的孩子在 10～13 个月大时说他们的第一个字。然而，儿童达到这个里程碑的精确年龄时常难以确定。儿童的第一个字是被大多数父母如此热切地盼望，以至于他们在婴儿的咿呀语中曲解这种意图——举例来说，他们会注意到"妈妈"（mama）和"爸爸"（dada），但是忽视"tete"和"roro"。因此，一位观察者可能认为一个儿童已经会说"第一个字"，而另外的一位观察者不这样认为。行为理论家表示，此时父母用他们的微笑和鼓励强化或奖赏婴儿。反过来，儿童一再地重复相同的表达方式，例如"da"，很快地变成"爸爸"（dada）（或者我们解释为爸爸）。"d"的发音较容易被婴儿说出；"m"的发音［例如在"妈妈"（mama）中］需要儿童将唇皱在一起，因此可能再过几个月也无法听到这个发音。

孩子的第一个真正语言学上的话语是**单词语**——能传达不同意思的单个的字词，依赖于使用他们的语境。通过使用单词语，儿童能暗示一个完整的想法。G. DeLaguna 在 85 年之前首先提出了单词语的特征：

> 正因为儿童的用字是如此模糊，以至于他们会准备非常多的用途……儿童所说的话并不……指明一个物体或者一个性质或者一个动作；相反，它通过与儿童生活相联系的有趣特性和动作一起，松散地并含糊地表示物体。正因为儿童语言本身的名词非常模糊，因此特别的设置和语境决定了每种情况下特定的意义。为了理解宝宝正在说什么，你必须见到宝宝正在做什么。

话语"妈妈"，在英语语言的儿童早期指令表中很常见，是单词语的一个很好的例证。在一种情境中，它可能表示"我想要一块饼干"，在一个情境中表示"让我从婴儿床出去"，而在另外一个情境中表示"不要拿走我的玩具"。单词语最通常的情况是只有一个名词、一个形容词或一个自我发明的字。婴儿的早期语言事实上的和情绪的成分会逐渐地变得更清楚和更精确。

Nelson 及其同事发现儿童早期的语言学习典型地经历三个时期。10～13 个月大时，他们开始有能力将成人使用的许多词汇搭配到现有的概念或大脑映像中。一项研究揭示 13 个月大的儿童平均理解大约 50 个字；与之对比的是，一般儿童直到 6 个月才说

50 个字。这个发现也是有趣的，照看者已经成功地教会前语言期的孩子词汇符号，例如他们作为代替口语使用的"多的"（more）、"猫"（cat）和"饥饿的"（hungry）。

第二个阶段，通常在 11~15 个月之间发生，孩子自己开始说少数的字。这些字紧密地联系于一个特别的语境或行为。

过分延伸 第三个阶段在 16~20 个月，孩子产生许多字，但是他们往往超越一个字的核心意思，将其扩展或过度概念化。举例来说，儿童 Hildegard，首先将字"tick-tock"使用于她父亲的手表，但是接下来她拓宽了字的意义，首先包括所有的时钟，然后所有的手表，然后瓦斯量表，再然后是缠在线轴上的消防水龙带，接着是带有圆表盘的磅秤。总的来说，孩子基于运动、质地、大小和形状的相似性过分扩展了意义。过度概念化显然起源于理解和制造之间的分歧。举例来说，儿童 Rachel，将她自己的口语产物中的汽车过分扩展到包括各类型的车辆上。但是她可以挑选摩托车、脚踏车、卡车、飞机和直升机来取代它们的正确名字。一旦她的词汇扩大——一旦她获得了这些概念建设性的标签——各种不同的车辆开始从汽车群中浮现。

孩子倾向于首先获得与他们自己的活动或者他们参与的事件有关的字。Nelson 注意到孩子从大多数突出性质是变化的物体开始取名——比如如下动态的物体：滚动（球）、奔跑（狗、猫、马）、吼叫（老虎）、不断地移动（时钟）、时断时续（光）和开走（汽车、卡车）。在孩子的早期词汇中，最明显被忽视的是不动的物体（沙发、桌子、箱子、人行道、树、草）。

当他们参与涉及单词语的活动时，孩子也典型地产生单词语。Marilyn H. Edmonds 观察到当自己的被试努力把一个球从一只鞋上移开的时候，他们命名他们行为的对象，说"球"；当他们将他们的玩偶娃娃放在床上时，他们对他们放置物体的位置命名，说"床"；当他们摔倒的时候，他们命名他们自己的行为，说"倒下"；当他们发现被同胞兄弟姐妹窃用的物体时，他们声明所有权，说"我的"；当一头玩具母牛倒下时，他们否认他们的玩具的行动，大叫"不"；等等。

通常，儿童用单一字说话是如此紧密地与行为相联系，以至于行为和言语似乎融合在一起：在皮亚杰论者的观点中，单字被现有的感觉运动的图式——这个字适合于或者被合并于儿童现有的行为或者概念上的组织状态——"同化"。好像儿童必须与行为合作来产生单字。Edmonds 引用一个 21 个月大的儿童的情形作为例证，在 30 分钟内，当他玩耍一辆玩具汽车时，他说了 41 次"汽车"。

两个字的句子 在 18~22 个月大的时候，大多数的孩子开始使用两个字的句子。一些例子包括在洗手之后说"全部黏黏的"（Allgone sticky）；对成人请求大声地继续朗读时说"再一页"（More page）；当一扇门在儿童身后关闭之后，说"全部外面"（Allgone outside）（"allgone"被当做一个字，因为"all"和"gone"不会个别地出现在这些孩子的言语中）。大部分的两字句不是通常可接受的成人英文句子，而且大部分不是来自对父母亲言语的模仿。典型的造句如"好湿"（More wet）、"不下"（No down）、"不确定"（Not fix）、"我喝"（Me drink）、"全部生菜"（Allgone lettuce）和"别人确定"（Other fix）。两个字的句子表现出孩子透过他们自己的独特语言系统以他们自己的方式表达他们自己的尝试。

像单词语一样，一个人通常必须根据语境解释孩子的二字句。举例来说，Lois Bloom 年幼的观察对象之一 Kathryn，在两个不同的语境中以两个不同的意义使用了话语"妈妈袜子"（Mommy sock）。"妈妈袜子"可以意指妈妈为 Kathryn 穿上袜子的动作，或可以意指 Kathryn 刚发现一只属于妈妈的袜子。

孩子真实的话语比解释他们的语言学结构更简单。Dan I. Slobin 看到，即使是两个字的水平，孩子也能表达许多意思：

> 鉴别："看小狗。"
> 位置："书那儿。"
> 重复："更多牛奶。"
> 不存在的事："全部事物。"
> 否定："不狼吞虎咽。"
> 所有物："我的糖果。"
> 特性："大汽车。"
> 人物—行为："妈妈走。"
> 人物—物体："妈妈书。"（意思是"妈妈看书"）
> 行为—位置："坐着椅子。"
> 行为—指示物体："打你。"
> 行为—间接物体："给爸爸。"
> 行为—工具："切刀。"
> 疑问："球呢?"

孩子也使用语调来区别意义，当儿童说"宝宝椅子"强调"宝宝"的时候指出所有物，并在说"宝宝椅子"中强调"椅子"来指出位置。

电报语　在两个或者三个字的组合中，孩子开始使用短而精确的字，表现出**电报语**和对语法最初的理解。第三个字通常表示二字陈述中所暗指的含义。"需要那个"变成"杰瑞需要那个"，或者"妈妈奶"变成"妈妈喝奶"。

心理语言学家 Roger Brown 认为电报语是两岁儿童语言的突出特点。Brown 评述说，电报中的字需要付钱，所以我们有好的理由简言之。例如信息"我的汽车坏了，而且我已经遗失了皮夹；把钱汇给我到巴黎的美国快递"（My Car has broken down and I have lost my wallet; send money to me at the American Express in Paris）。我们会在电报中这样说，"汽车故障；皮夹遗失；汇钱到美国快递巴黎"（Car broken down; wallet lost；Send money American Express Paris）。以这样的方式，我们省略了十一个字："my，has，and，I，have，my，to，me，at，the，in"。被省略的字是代词、介词、冠词、连词和助动词。我们保留了名词和动词：

> 英语的成年使用者在写电报的时候，在长度的限制之下进行，儿童在最初开始使用句子的时候，也在某种限制长度的极限之下进行。令人好奇的事实是，儿童造的句子像成年人的电报一样，因为他们主要结合名词和动词（与一些形容词和副词），并且他们通常不使用介词、连词、冠词或助动词。

在 12～26 个月之间，儿童最有可能使用名词和动词，伴随着一些形容词和副词，如"爸爸再见"，"我出去"，"我想要喝水"。孩子尤其喜爱他们的父母和照看者以夸张的方式对他们阅读。

在 27～30 个月的时候，儿童开始衍生出复数："安妮想要饼干（cookies）"，"妈咪拿鞋子（shoes）"。冠词的使用 "a，an 和 the"，现在出现于言语中是显然的："猫咪咪地叫"（The cat goes meow），或者"我要饼干"（I want a cookie）。一些介词（指明位置）也被使用："现在吉米在床上"（Jimmy in bed now）。尽管第一语言的习得有可预见的里程碑，但是第二语言技能的时间过程和最终获得却有很大变数。

双语

虽然儿童与成人相比在整体认知能力上较不精通，但新生儿是语言通用主义者。似乎正常又健康的婴儿能学习任何语言中的任何声音，而且在人类话语中区分发出的语音。与之对比，成人是语言专家。他们在感知不出现在母语说话方式中的语音方面有相当多的困难。举例来说，日本婴儿能区分英语语音 "la" 和 "ra"，但是因为日本成人的语言无法与这些语音形成对照，因此他们无法做到这一点。

一些语言学家主张，语言学习主要是发生于童年期，并且语言习得是有关键期的。神经系统的某些方面随着年龄的增长，似乎失去了可塑性，所以由于从青春期开始脑组织基本上已经固定下来，使得对新语言的学习变得困难。这个假设遇到了挑战：研究表明，决定双语获得的是语言的熟练水平，而非何时开始学习。

在这个情势下，难怪，对第二语言的熟练程度与开始暴露于这个语言的年龄有关。从另一方面看，在童年早期学习了第二语言的成人比在生活中较晚学习第二语言的成人对语言更精通。相似的结果也在较大的孩子中发现，或者学习美语手语作为他们的第一语言的听力缺陷的成人也是如此。

这些证据意味着，关于获得第二语言的能力，并非在青春期突然地中断，而是穿过童年期逐渐地下降。的确，下降在生命中开始得非常早。Patricia K. Kuhl 和她的同事报告在孩子六个月大时，经验改变了语音认知。举例来说，对美国和瑞典的六个月大的宝宝进行的实验揭示美国儿童通常忽视"i"的不同发音，因为他们在美国听到的发音是相同的。但是美国婴儿能区别微小的"y"的发音差异。瑞典宝宝却相反——他们在"y"发音中忽视了差异，但是在"i"的发音中注意到了差异。

这些调查结果对于教育家具有重大意义。学习新的语言最合适的时间是生命早期。年幼儿童的认知结构似乎特别适合学习第一和第二语言。这个能力在整个童年期的数年中会逐渐地遗失。虽然成人能够获得第二语言，但是，他们很少像童年期获得语言的个体一样，达到相同程度的精通。双语教育开始得越快，效果越好。

语言发展的重要性

父母焦虑地等待他们年幼的孩子正常的语言发展，因为在许多文化中语言表达和理解被视为智力或智力发育迟滞的指标。孩子表达性语言出现的时间点大相径庭。父母和祖父母通常持续地跟初生儿说话，初生儿非常有可能在发展的预期范围内或更早开始说话。有同胞兄弟姐妹的稍晚出生的孩子有时不一定要通过说话来得到他们想要的；如果较大的同胞兄弟姐妹照顾儿童就会预期到儿童的需要，那么很有可能这个儿童将会只是延迟语言表达。一些孩子非常少说话，然后突然他们说出短句子而使每个人吃惊！

然而，如果照看者注意到儿童不遵守简单的指导语，或者无法依照正常的时间表说出简单的发音或者字词，他们会被劝告预约儿童的小儿科医师进行一次检查。一些语言迟滞的孩子有听力缺陷；其他孩子可能需要言语治疗以促进正常的言语发展。我们确实知道，语言延迟的或者当他们说话时不能够被理解的孩子，在参与像儿童看护中心、托儿所或幼儿园的群体教育活动时，具有社会性隔离的风险。

一些美国父母让他们的初学走路的婴儿进托儿所或学前班，在那里以第二语言的教育作为常规，然而最近移民到这个国家的父母正在努力使他们的孩子融入说英语的文化。一些孩子说双语的父母，似乎能更轻松地在家学习两种语言。

续

在美国不说英语的年幼儿童数逐渐增加的问题，已经引发了很多争论，何时应该学习语言，在生命的最初几年内什么教学方法最有效，在孩子的家里应该讲什么语言，并且所有这些计划如何得到资助。在医疗健康、社会服务、教育、早期儿童看护和刑事司法这样的领域工作的人们特别地理解，没有正常的语言沟通是多么困难。（我们鼓励本书的读者学习第二语言，因为当你找工作的时候，你将会发现它非常有益。）

在第四章中，我们将会讨论家庭环境和照看者对年幼儿童的情绪发展的影响，以及儿童在其中发展自我感的扩展的社会环境。

婴儿期：
情绪与社会性的发展

在第二章和第三章中，我们集中讨论了婴儿在成长和认知方面的发展。在上述领域发展的基础上，我们现在将用多种方法考察婴儿如何通过社会化过程进入更大规模的人类群体。在美国，很多家庭已不再按照祖孙三代同堂的模式生活了，然而，在其他很多国家里，这种三代同居的生活方式则很常见。

当前，家庭结构呈现出更多差异性，双亲家庭在减少。产生这些复杂社会现象的同时，美国的人口统计学性质也发生了变化。随着越来越多的母亲离开家庭投身工作，职业妈妈的数量达到前所未有高度，因此，也有越来越多的家庭需要帮助，社区需要为孩子的成长提供高质量的托管服务。

美国有大量人员在照看儿童，规模空前，儿童从这一过程中得到社会化。过去 20 年里出台了很多种计划，来辅助这项重要任务。此外，电视也成为一种强大的社会化力量。对于研究依恋的社会科学家来说，这一点很值得关注，因为很多心理学家相信儿童早年生活的情感联结非常重要，这种联结会塑造他们日后人际关系的模式。最重要的是，在成功发展情绪和社会联结的过程中，儿童自己的人格和气质可能是潜在的影响因素。

情绪的发展

情绪在我们的日常存在中扮演着至关重要的一部分。事实上，如果我们缺乏体验爱、欢乐、悲伤和愤怒的能力，我们就不成其为"人"。情绪奠定了很多人的生活基调，有时它们甚至超越了我们最基本的需求：恐惧可以取代食欲，焦虑可以毁掉学生的考试成绩，绝望可以使人开枪自杀。

绝大多数人都拥有一些来自五脏六腑的感觉，这是我们用"情绪"这个术语来指代的含义，然而我们很难把这种感觉转化成词汇。心理学家和其他发展科学家遭遇了类似的问题。事实上，他们使用不同的方式描述情绪。一些学者把情绪视为人体生理变化的一种反映，包括快速的心跳和呼吸、肌肉紧张、出汗以及胃部"下坠的感觉"。另外一些专家则把情绪描述为人们所体验到的一种主观感受——是我们为唤起状态贴上的一个"标签"。另外还有一些人把情绪描述为人们展示出的可见的表达性行为，包括哭泣、哀伤、大笑、微笑和皱眉。

然而对情绪最恰当的描述是上述所有内容的结合。我们认为，**情绪**（emotions）是如爱、欢乐、悲伤和愤怒的感受中涉及的生理改变、主观体验和表达性行为。

情绪能力的功能

所以，情绪不仅仅是"感受"，而是通过个体建立、维持和终止他们自己与所处环境之间的关系所加工的。例如，愉快地进入交谈的人更可能继续谈话，而他们的面部表情和行为将向其他谈话者传递这样的信息，即他们也应该将这场互动继续下去；悲伤的人们倾向于感到自己不能成功地实现某个目标，他们的悲伤也将向他人传递需要帮助的信号。

查尔斯·达尔文（Charles Darwin）对情绪表达很感兴趣，并为此提出一种进化论的理论。在《人类和动物的情绪表达》（*The Expression of Emotions in Man and Animals*）一书中，达尔文（1872）声称，我们表达情绪的很多方式是遗传下来的模式，具有生存价值。例如，他观察到，狗、老虎、猴子以及人类在发怒的时候都会露出牙齿。通过这种做法，他们将内心中的意向这些重要信息传递给同类物种中的其他个体或者是别的物种。当代的发展学家追随达尔文的引领，注意到情绪能够执行一系列功能：

● 情绪帮助人类生存并适应环境。例如，对黑暗的恐惧、对独处的恐惧以及对突发事件的恐惧均具有适应性，因为在这些令人恐惧的事物与潜在的危险之间存在某种联系。

● 情绪能指导和激发人类行为。也就是说，我们的情绪影响我们如何将事物分类，是归于危险还是获益，它们还为我们随后的行为模式提供动机。

● 情绪支持与他人的交流。通过读取他人的面部、手势、姿态和声音线索，我们间接地获取了他们的情绪状态。了解到朋友处于恐惧或悲伤的状态，让我们能够更准确地预期朋友的行为，并对此做出恰当的反应。

能够"读取"他人的情绪反应还提供了**社会参照**，这使得没有经验的人可以信赖更有经验的人对一件事的解释，来调整他/她随后的行为。一岁以前，绝大多数婴儿都在进行社会参照。当他们碰到新的或不寻常的事件时，通常都会看着父母。进而他们便根据父母交流的情绪和信息信号进行行为。由于神经生理方面的成长，他们控制情绪的能力也随着时间得到了发展。

Meltzoff 和 Moore 已经证明社会参照起始于婴儿出生的最初几天，甚至是出生后的几个小时，婴儿具有天生的能力能够通过嘴巴张开以及舌头翘起来模仿父母的面部表情。很显然，婴儿不会很在乎传递这些信号的人是不是自己的父母。

十个月大的婴儿使用他人的情绪表达来评估诸如遭遇视崖这样的事件。当他们接近错觉上的"下跌"时，他们观察母亲的表情，并据此修改自己的行为。当母亲表现出愤怒或恐惧的面孔时，绝大多数婴儿都不会通过"悬崖"。但是当母亲表现出欢愉的面孔时，他们会爬过"悬崖"。婴儿对母亲传递恐惧或愉快的声音具有类似的反应。这个研究表明婴儿会主动寻求来自他人的信息来补充他们自己的信息，而且他们能够利用这些信息来推翻自己对事件的感知和评估。

婴儿期情绪发展

婴儿具有情绪，受动物行为学理论影响的心理学研究者在近期关于儿童情绪生活的成长研究中扮演了重要角色。

Ekman 和其他研究者展示了当被试（他们来自于不同的文化）看到西方社会的人脸照片时，他们的判断显示了六种基本情绪：快乐、悲伤、愤怒、惊奇、厌恶和恐惧。他们发现这些来自美国、巴西、阿根廷、智利、日本以及新几内亚的被试使用相同的情绪标定同一个面孔。跨文化研究的结果支持了人类将特定的表情与特定情绪进行联结，而这类研究的焦点在于识别不同情绪情境下的身体运动和声音。

Ekman 把这些发现作为证据，说明人类中枢神经系统在遗传上预置了情绪的面部表情：面孔提供了一扇窗子，通过面孔，他人能够获得通往我们内心的情绪生活的通道，而我们也获得通往他人内心生活的类似通道。但是这扇窗并不是完全敞开的。在生命早期我们学会伪装或抑制我们的情绪。即使是在抑郁的时候，我们也可以微笑，在愤怒的时候看起来很平静，还可以在危险时刻摆出一副自信的面孔。

心理学家伊扎德（Carroll E. Izard）是儿童情绪发展领域的重要人物，曾提出"差异情绪理论"。像 Ekman 一样，伊扎德认为每种情绪都有其特定的面部模式。Izard 说，人的面部表情会影响思考中的大脑"感受"到什么。例如，与微笑相联系的肌肉反应会让你意识到你很愉悦。而当你体验到愤怒的时候，生理上与愤怒相联系的肌肉唤起模式会"通知"你的大脑你正在体验的是愤怒，而并不是痛苦或耻辱。所以，按照伊扎德的说法，面部及相关神经肌肉所产生的感官反馈产生不同的主观体验，被人识别为不同类型的感受（见表4—1）。

表4—1

十种基本情绪

在他的《情绪心理学》（*The Psychology of Emotions*）一书中，伊扎德（Izard, 1991, 2004）阐释了跨文化研究发现的十种基本情绪的特征。因为考虑到学生的高度兴趣，伊扎德还谈及"爱"的情绪，这是一种与很多他人（父母、兄弟姐妹、祖父母、配偶、子女、朋友）关联的感受或状态，这种情绪的存在强度有多种水平（例如"我就是爱那首音乐/那只动物/那部车……"）。	兴趣 享受 惊奇 悲伤 愤怒 厌恶 恐惧 害羞 羞耻 内疚

你如何解释这些婴儿的情绪？

伊扎德发现，婴儿从出生那一刻开始就有强烈的感受。但在最初，他们的内部感受仅限于痛苦、厌恶和兴趣。在他们逐渐成熟的过程中，新的情绪——每个时段有一到两种——按照一定顺序逐步发展起来。伊扎德说，情绪在生物钟中被预先设定：婴儿在4～6周时获得社会性微笑（愉悦）；在3～4个月时获得愤怒、惊奇和悲伤；在5～7个月时获得恐惧；在6～8个月时获得羞耻、害羞和自我意识；在第二年获得轻蔑和内疚。

心理学家坎波斯（Joseph Campos）不同意伊扎德的观点。他认为所有的基本情绪在一出生时就存在，有赖于一种预设的过程，而并不需要体验或社会性输入。坎波斯说，婴儿的很多情绪直到晚些时候才能被观察到，所以最初的情绪体验并不总是与最初的表达相一致。

无论情绪是在出生时就存在，还是在成熟的过程中才逐渐浮现，我们都知道婴儿的情绪表达在一岁之后变得更高级、更精细、更复杂。此外，婴儿在最初五个月中表现出一种增长的能力，能区分出不同的声音线索和面部表情，特别是愉快、悲伤和愤怒。甚至更显著的是，婴儿能够日益基于对母亲的情绪表现和行为的评估来修正自己的情绪表现和行为。

儿童情绪发展阶段　儿童精神病学家格林斯潘夫妇（Stanley Greenspan & Nancy Greenspan），过去是联邦政府的健康经济学家，是最早提出0～4岁典型健康儿童情绪发展模型的研究者之一。按照格林斯潘模型，儿童甚至在婴儿期起就开始主动引导和调节环境。它们的阶段和出现的时刻表见表4—2。

表4—2

婴幼儿情绪发展的格林斯潘模型		
根据格林斯潘夫妇的观点，典型地从出生到四岁的健康儿童将被观察到展示出下列情绪性行为		
年龄	情绪发展里程碑	观察到的行为
0～3个月	自我调节和对世界感兴趣	婴儿学会让自己平静，他们发展出对世界的多感官通道的兴趣
2～7个月	"坠入爱河"	婴儿对人类世界发展出一种欢愉的兴趣，忙于吮吸、微笑和拥抱
3～10个月	发展有意图的交流	婴儿与他们生活中重要的人们发展出人类的交流（例如，他们会向照看者伸出手臂，递给照看者玩具，因照看者的讲话"咯咯"发笑，喜欢藏猫猫游戏）
9～18个月	有组织的自我感浮现	幼儿学会如何将情绪与行为整合，他们开始获得有组织的自我感（例如，他们会奔向回家的父亲或母亲，饥饿时会带着照看者走到冰箱旁，而不再是只会哭闹）
18～36个月	创造情绪性想法	幼儿开始获得创造自己关于世界的心理意象的能力，并学会使用想法表达情绪，调节心境
36～48个月	情绪性思维——幻想、现实和自尊的基础	儿童拓展了上述能力，并发展出"表征性区分"，或者称"情绪性思维"；他们能够区分不同的感受，并理解为何与自己有关；他们还学会区别幻想和现实

早期依恋关系导致有意图的交流，幼儿进而获得一种连续而积极的自我感。这些早

期的成就为儿童使用语言、假装游戏以及"情绪性"思维的出现奠定了基础。格林斯潘夫妇强调，越多的消极因素干扰儿童掌握情绪性里程碑，其后期的智力和情绪发展就越可能受到威胁。

例如，在小学教育中，如果孩子的爸爸妈妈刚刚分居，孩子可能在掌握最简单的"A"、"B"、"C"方面都碰到困难。在"当前事件"的讨论中，小学年龄的孩子会表达他们对于搬入新社区的恐惧，他们对于父母再婚、继父母子女搬入的焦虑，还有对爸爸因贩毒而入狱的焦虑。他们主要的担忧具有个人化、情绪化的色彩，而很多孩子只能将它们"爆发"出来。

情绪表达的稳定性　伊扎德及其同事还发现了证据证明儿童的情绪表达具有连续性，或称"稳定性"。孩子在与母亲短暂分离时所产生的悲伤程度，能够预测该儿童在六个月后显示出的悲伤程度。而当孩子在 2～7 个月间接种时所显示的愤怒程度，能够预测该儿童在 19 个月大时所显示的愤怒程度。婴儿期晚期的情绪表达还能够预测学龄前其母亲对其所评定的人格。

伊扎德并不否认，在某些测量中，学习条件和体验修正了孩子的人格。例如，母亲的心境会影响到其婴儿的感受和行为。当九个月大的婴儿的母亲表现出悲伤的表情时，她的孩子通常也会表现出相同的面部表情，并且比母亲高兴的时候更少地投入到精力旺盛的游戏中。伊扎德认为，"情绪发展的交互作用模型很可能是正确的。生物性提供了某个起点、某种限制，但是在这些限制内部，婴儿一定受到母亲的心境和情绪的影响"。

事实上，很多父母养育的社会化过程直接指向教给孩子如何调整他们的感受和表达行为，以适应文化规范。一些研究发现，婴儿和幼儿在情绪自我调节方面会遭遇很多困难。另一些研究表明，四岁的儿童通常能够调节自己的情绪，这有赖于父母或照看者与其进行互动，还有赖于对这些情绪表达所期待的结果。

情绪智力

当孩子处于 1～2 岁时，他们在认知上正在从感觉运动阶段向前运算阶段转换，这时他们开始获得象征性功能，这是自我意识情绪、新的应付和自我调节技能浮现之时。

情绪智力（Emotional Intelligence, EI）是由 John Mayer 和 Peter Salovey 在十几年前首先提出的概念，Daniel Goleman 将其推广普及，在过去十年中产生了广泛的公众魅力和数量可观的研究成果。EI 也被称为"情绪智商"（EQ）或"情绪智力商数"（EIQ），包括能够激发自己的能力，在挫折面前坚持不懈的能力，控制冲动并延迟满足的能力，共情、希望和调节心境以便让痛苦不至于湮没自己思考的能力。关于 EI 的研究"广泛应用于临床心理病理学、教育、职场人际关系、卫生与金融事业以及健康心理学领域"。

随着人类大脑的进化，作为情绪中枢的边缘系统，在脑干之上发展起来。脑干控制诸如血压、睡眠/醒觉循环和呼吸作用等基本生命过程。继续的进化在边缘系统上边，围绕着边缘系统产生了大脑皮层。大脑皮层使我们能够思考、记录感觉，分析、解决问题，预先计划。边缘系统是脑干和大脑皮层的"中介"或"转换站"。

设想你在阅读这一段的时候很疲惫。按照"自下而上"的顺序，脑干记录身体很疲乏，要求睡眠，并将这些信号传递给边缘系统。边缘系统与皮层交流疲倦或烦躁的"感受"，这是在大脑中的决定的制造者。皮层感知到这些"感受"，并决定继续这一任务，还是停下来去睡觉。边缘系统是脑干和大脑皮层之间的媒介。

或者再设想你在开着收音机开车。按照"自上而下"的顺序，你的大脑皮层"听到"汽车收音机里传出一首熟悉的节奏欢快的歌曲。大脑皮层就扣动了边缘系统中愉快和兴奋情绪的扳机，边缘系统进而向更低级的脑干传递信息，在你哼唱的时候增强脉搏和呼吸。

新的扫描、影像和诊断方法能够像绘制功能那样绘制加工过程的地图，因而日益揭露出关于神经通路的新信息。我们曾经认为感官系统直接向大脑皮层的特定脑叶发送信息，然后再发送到边缘系统进行加工，以进行情绪性解释和反应：我们感觉，然后思考，然后感受，然后反应。然而神经科学的最新发现告诉我们，我们感觉，然后感受，然后几乎同时对我们正在体验到的内容进行反应和思考。这再次证明了当人们处于生命受到威胁的情境时，人们只是为保护性命做出反应，然后才去思考身处的情境，就像在2001年9月11日联邦航线93号机撞毁世贸大厦的灾难中那样，我们看到很多消防员和警官牺牲自己的生命来挽救他人。

从边缘系统到前额叶（解释和调节情绪信号）的正常神经通路对于有效的思维至关重要。从边缘系杏仁核到前额叶皮质的强烈情绪信号（例如在儿童虐待中会发生的持续的惧怕和恐惧）能够使儿童的智力能力产生缺陷，削弱其学习的能力。我们对这一效果非常熟悉。当我们情绪低落（例如工作上出现了意料之外的结果）时，或者情绪过度喜悦（例如中了彩票）时，我们可能会说："我简直不能认真思考！"

强烈情绪所导致的智力缺陷可能表现在儿童的持续躁动和冲动性中。一项研究对小学中IQ达到平均数以上但在校表现很差的男孩们进行了神经心理学检查，发现这些男孩的前额叶皮质功能受损。他们冲动行事、焦躁不安，在课堂上制造混乱，所有这些都显示了前额叶皮质对边缘系统的刺激在控制方面的问题。这些孩子日后将在学业失败、酗酒以及犯罪方面存在最高风险，因为他们的情绪生活是受损的。"这些情绪环路被童年经验所塑造，而离开这些经验就令我们彻底陷入危险之中"。神经学家和大脑研究者假定，典型情况下，感受是理性决定必不可少的条件。

"在某种意义上，我们具有两个大脑，或者说两套心智——也就是说完全不同的两种智力：理性的（rational）（由标准IQ来衡量）和情绪性的（emotional）。我们怎样生活取决于双方——并不仅仅是IQ在起作用，情绪智力同样重要。事实上，智力不可能在缺乏情绪智力的情况下发挥出最佳水平"。哈佛大学的心理学家加德纳（Howard Gardner）在《心理结构》（*Frames of Mind*）一书中提出了多元智力的理论，其中就包括情绪智力。

人际智力是理解他人的能力：什么推动着他们，他们如何做事，如何与他们合作。成功的推销员、政治家、教师、临床医生以及宗教领袖很可能都具有高水平的人际智力。**内心智力**是一种相关的能力，转向内心。这是一种将自己形成准确而真实的模型的能力，并能够使用这一模型在生活中有效地运作：有很多证据表明，善于在情绪上阅读他人感受并能对此做出反应的人非常具有优势。支持 EI 概念的研究者声称，这些关键的能力应该被儿童所学习和改善，特别是当我们希望减少美国社会中青少年的攻击行为和成人的暴力时，这一点尤为重要。

依恋

依恋（attachment）是一个个体与另一个个体之间形成的情感联结，能够跨越时空而经久不衰。行为中表达出的依恋促进了亲近与联系。婴儿的这类行为包括靠近、跟随、依附以及发出信号（微笑、哭泣和呼唤）。通过上述活动，儿童展示出某个特定人物是重要、令人满意且有回报的。一些作者把这种原发的社会性反应格局称为"依赖"，而非专业人士通常把它称为"爱"。

什么是依恋过程？　Schaffer 和 Emerson 对 60 个苏格兰婴儿进行了研究，通过考察他们生命最初的 18 个月，研究了依恋的发展过程。他们确定了婴儿社会性响应发展过程中的三个阶段：

● 在生命最初的两个月中，婴儿被周围环境中的所有内容唤起。他们从人类和非人类刺激中等同地寻找唤起物。

● 大约三个月左右，婴儿显示出无差别的依恋。在这个阶段中，婴儿变得把人类作为一般性刺激类群来响应。他们抗议任何人撤回关注，无论此人是熟悉的人还是陌生人。

● 当婴儿七个月左右时，他们显示出特定依恋的信号。他们开始展示出对特定人物的偏好，并在接下来的 3~4 个月当中，日益付出更多的努力以接近这个依恋对象。

儿童何时出现特定的依恋，在这方面有非常大的差异（见图 4—1）。在 Schaffer 和 Emerson 研究的 60 个婴儿中，一个在 22 周时就表现出特定的依恋，而有两个直到一周岁生日过后才表现出来。

安斯沃斯（Mary Ainsworth）发现，乌干达的婴儿在大约六个月时表现出特定依恋——比 Schaffer 和 Emerson 研究的苏格兰婴儿大约提前一个月。类似地，研究发现危地马拉婴儿的分离抗议早于美国婴儿。研究者将乌干达和危地马拉婴儿的早熟归因于文化因素。乌干达婴儿在绝大多数时间里都与他们的母亲有亲密的身体接触（他们被绑在母亲的后背上），很少与母亲分离。在美国，婴儿在出生后不久就被安置在自己的房间中。这样的分离在危地马拉是不为人们所知的，因为那里绝大多数乡下家庭都生活在只有一个房间的棚屋中。近期对于哥伦比亚母亲和婴儿的一个小样本研究的结果支持安斯沃斯依恋理论的概念。

图 4—1　培养安全的母婴依恋

亲密的接近与接触提升了个体之间的情感联结。跨文化差异在依恋的发展中起着某种作用。

Schaffer 认为，分离抗议的出现与儿童客体永久性的发展水平直接相关。社会性依恋有赖于婴儿区分母亲和陌生人的能力，还有赖于他们认识到母亲即使在看不到的时候也存在的能力。在皮亚杰的认知理论中，这些能力在感觉运动阶段才出现。事实上，Silvia M. Bell 发现，在某些情况下，**个人永久性**的概念——也就是说某个人的存在不依赖于知觉上的可见性——可能在儿童获得客体永久性概念之前就出现了。其他研究者的研究也证实了儿童对父母离开的抗议与其认知发展水平有关。

依恋是怎样形成的？　心理学家提出了关于依恋的起源或决定因素的两种解释，一种是基于生态学观点，另一种基于学习论观点。精神分析取向的生态学家约翰·鲍尔比

(John Bowlby) 指出，最好在达尔文进化论的视角下来理解依恋行为所具有的生物基础。对于人类物种，要在延长的婴儿期未成熟且脆弱的状态下存活，母亲和婴儿都被赋予一种先天的倾向，倾向于彼此接近。当人类以小规模的游牧群落生活时，这种互惠的联结发挥着保护婴儿免受食肉动物袭击的功能性作用。

根据鲍尔比的观点，人类婴儿在生物上具有预适应性，预设了一组行为准备被环境中适宜的"诱发因素"或"释放刺激"所激活（如图 4—2）。例如，用来抚慰和平静不适的、吵闹的婴儿的亲密躯体接触——特别是拥抱、爱抚和摇动。事实上，婴儿的哭闹确实迫使养育者注意他，而微笑在很大程度上也达到了同样的目的。Rheingold 观察到：

> 像听到哭闹很让人心烦一样，看到微笑又是一种回报。这对于目睹者有一种安抚和放松的效果，使得他也开始微笑。这种对于照看者的效果绝不夸大。父母普遍报告说，因为有了微笑，孩子变成了"人"。因为有了微笑，他还将被当成一个个体，在家庭中获得一个成员的地位，并在家人的眼中获得了人格。进而，母亲自发地相信婴儿的微笑使得对他的付出是值得的。简而言之，婴儿学会了使用社会领域的表达方式。当他大一点时，具有更高的能力和判断，识别的微笑将出现；这种伴随着发声和拥抱的愉快反应是保留给照看者的。

吮吸、依附、呼唤、靠近和追随是促进接触和接近的另一些行为类型。从进化论的视角来看，儿童在遗传上预先设定了社会性世界的程序，而"这种感觉从一开始就是社会性的"。父母这一方则在遗传上预先倾向于对婴儿的行为进行互补性反应。婴儿纤小的身躯、特殊的身体比例以及幼稚的头颅形状显然促发了父母的照料。

鲍尔比是第一个使用"母亲剥夺"这一术语的学者，他用这个词来反映不恰当养育的毁灭性后果。他的理论对于改变医院制度方面有所帮助，医院开始允许父母对生病的孩子进行陪护和亲密照料，以帮助改善其治疗效果。

与鲍尔比的观点相反，学习论者将依恋归因于社会化过程。根据 Robert R. Sears、Jacob L. Gerwitz、Sidney W. Bijou 与 Donald M. Baer 等心理学家的观点，母亲起初对孩子来说是一个中性的刺激。当她喂养、温暖、擦干和搂抱她的婴儿时，她带来了奖赏的特性，并降低了婴儿的痛苦和不适。因为母亲与满足婴儿需求相联系——她单纯的物理在场（她说话、微笑、做有情感的手势）本身也变得有价值。简言之，依恋发展起来。

学习论者强调依恋过程是一条双向通路。母亲也将对自己能终止孩子刺心哭喊的能力感到满意，同时这也能减轻她自己因这令人头疼的声音所带来的不适。同样，婴儿向他们的照看者回报以微笑和咕哝声。所以，按照学习论者的观点，社会化过程是互惠的，并源自相互的满意和强化的关系。

依恋的对象是谁？ 在对苏格兰婴儿的研究中，Schaffer 和 Emerson 发现母亲是最常见的第一个特定依恋对象（在 65% 的个案中）。然而，5% 的个案的第一个依恋对象

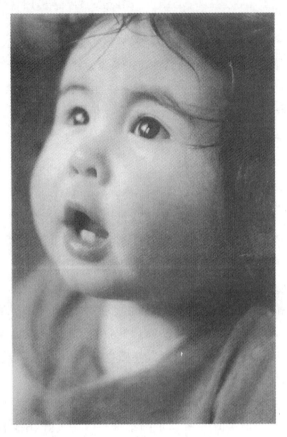

图4—2 预先设定促成养育行为？

　　著名的生态学家康拉德·洛伦茨（Konrad Lorenz）认为，人类在基因上预设了养育行为的程序，而照料技术被"可爱"所唤起。当洛伦茨将人类婴儿与小鸡和小狗比较时，他注意到它们好像都展示出一系列相似的刺激征象，能够唤起养育反应。显而易见，短短的脸、突出的额头、圆圆的眼睛以及丰满的脸颊，都激起了养育感觉。婴儿还向照看者回报以微笑和咕哝声！

是父亲或祖父母。而30％的个案的最初依恋同时发生于母亲和另一个人之间。此外，儿童依恋对象的数量也迅速增长。到18个月时，仅有13％的婴儿只对一个人表现出依恋，而大约1/3的婴儿都有五个以上的依恋对象。事实上，最初形成的依恋概念过于狭隘。因为婴儿也正在与他们的父亲、祖父母以及兄弟姐妹形成关系，这些心理学家认为理论和研究的焦点应放在关系网络上，即与重要他人之间的联系网。

　　依恋的功能是什么？　有生态学背景的心理学家指出，依恋在保障婴儿存活方面具有适应性价值。它促进了无助的、依赖的婴儿与保护性的照看者之间的接近性。但依恋同时也培养了社会性和认知性技能。在一项对跨国收养儿童的纵向研究中，早期母婴互动和依恋的质量能够预测后来的认知的和社会情绪的发展。根据这一观点，有四组互补系统调节儿童的行为与环境：

- 依恋行为系统引导发展和维持与成人的接近和接触。

- 恐惧—警惕行为系统鼓励小孩回避可能成为危险源的人、物品和情境；这一系统常被称作"陌生人警惕"，我们将在这一章后半部分进行讨论。

- 一旦警惕反应减退，接纳行为系统将鼓励婴儿与其他人类成员进入社会关系。

- 探索行为系统为婴儿提供安全感，让他们在信任并值得信赖的成人的陪伴下知道自己是安全的，可以探索环境。

气质

儿童情绪表达的连贯性与不连贯性的问题总是将研究者引向婴儿气质的问题，特别是儿童气质的差异性问题。一般来说，儿童自己的人格和气质是情绪和社会联结成功发展的潜在因素。这类联系对于自闭症或有弥散性发展障碍的儿童来说可能很困难，因为他们缺乏理解社会性线索的能力。

气质（temperament）指的是相对一贯性的、基本的脾气，对于人类的很多行为具有基础和调节作用。发展心理学家经常研究的气质的品质对于父母来说显而易见。气质包括兴奋性、愉快心境、容易被安抚、运动活跃性、社交性、警惕性、适应性、觉醒强度、觉醒状态的规律性以及拘谨性。

凯根发现一些儿童天生有一种倾向，或称"易感性"，当面对陌生人或陌生情境时倾向于表现得非常拘谨，而另外一些儿童则不然。这种差异在他们长大后仍然持续存在，并产生不同的社会性结果。在第一天上学时，拘谨的儿童就倾向于待在活动的外围，安静地保持警觉，而不拘谨的孩子总是在微笑，并渴望接近其他孩子。

在美国文化下，不拘谨的人通常比拘谨者更受欢迎，而拘谨的孩子通常会受到来自父母和他人的压力，要使他们变得更开朗些。凯根认为这种偏见令人遗憾。他认为我们应该在合理范围内为孩子提供一种尊重个体差异的环境。尽管不拘谨的儿童可能成长为受欢迎的成人，但拘谨的儿童也可能投入更多的精力在学习上，如果他们能够进入看重学业成就的教育环境，他们可能成长为有才华的知识分子。凯根注意到，尽管美国人在努力促使拘谨的孩子朝向不拘谨不胆怯的一端发展，但另外一些文化，例如中国和日本，则倾向于认为无拘无束的行为是失礼和不合时宜的。

气质的个体差异　托马斯（Alexander Thomas）及其合作者对200多名儿童进行了研究，得出了与凯根很相似的结论。他们发现婴儿在生命最初几周就显示出气质方面的个体差异，与他们父母如何对待他们以及父母的人格特点均无关。托马斯将气质视为行为的风格成分——即行为是如何进行的（how），而不是行为的原因（why，动机），也不是行为是什么（what，内容）。托马斯命名了三种最常见的婴儿类型：

- 困难型婴儿：这一类型的婴儿经常哭闹，有时暴怒，吃新的食物时会吐出，洗脸时尖叫扭动，进食和睡眠不规律，很难安抚（10％的婴儿属于困难型婴儿）。

　　● 慢热型婴儿：这一类型的婴儿活跃水平较低，适应很慢，倾向于退缩，似乎处于某种程度的消极情绪状态，在新的环境中很警惕（15％的婴儿属于慢热型）。

　　● 容易型婴儿：这一类型的婴儿通常具有开朗、欢愉的天性，对于新的作息、食物和人群都能很快地适应（40％的婴儿属于容易型）。

剩下35％的婴儿显示出混合型特征，并不单纯属于任何一种分类。托马斯和切斯还发现，所有婴儿都拥有气质的九项成分，在出生后很快会显现出来，并在进入成年期时都保持相对不变（见表4—3）。

表4—3

气质的九项内容

活跃水平：活跃时段和不活跃时段的比例
节律性：饥饿、睡眠、排便的规律性
随境转移：外来刺激引起行为改变的程度
接近/退缩：对新的人或物的反应
适应性：儿童适应变化的容易程度
注意的广度和持久性：儿童从事一项活动的时间长度，以及是否容易分心
反应强度：反应的能量
响应阈值：唤起响应所需要的刺激强度
情绪质量：愉快、友好行为的数量与不愉快、不友好行为数量的比例

新知

自闭症发生率的上升

自闭症是一种复杂的、毕生的发展性障碍，通常出现于生命的最初三年中，它是一种神经障碍，影响了社会互动和交流技能领域的正常的脑部发育。自闭症是被归于弥散性发育障碍这一类群中的五种障碍之一。它属于神经障碍，特点是"在若干发育领域的严重和普遍受损"。自闭症谱系障碍意指在每一个领域内的受损程度都处于一个从轻度到重度的连续体上。一个孩子可能有交流和社交方面的缺陷，感官灵敏，行为和情绪控制方面有困难，异常的运动和重复性行为，依恋于客体，对改变有阻抗。罹患自闭症的个体往往在言语和非言语交流、建立关系以及娱乐和玩耍方面有困难。他们通常需要一个持续不变的照料监督，而这在家庭中往往难以实现。

Leo Kanner 医生首先在 1943 年描述了自闭症儿童，但是很多人，包括医学、教育和职业工作者，仍然没有意识到自闭症如何影响人们，以及如何有效地治疗自闭症患者。

与公众信念形成对照的是，很多自闭症儿童可以进行眼神接触，展现情感，表现不同的情绪，尽管程度有所不同。尽管每个有自闭症的人都是一个独特的个体，有着其自身的人格，但仍有一些自闭症患者所共有的特点。美国自闭症学会指出，罹患自闭症的人可能显示出如下特点（从轻度到重度）：

● 抗拒改变。

● 表达需求很困难；使用手势或指示代替词汇。

● 重复词汇或短语代替正常的、响应式的言语。

● 因为一些对他人来说不明显的原因大笑、哭叫、显示出痛苦。

● 倾向于独处；回避的举止。

● 发脾气。

● 很难与他人合群。

● 持续不变的奇怪游戏；旋转物体。

● 可能不喜欢拥抱或被拥抱。

● 没有或较少有目光接触。

● 对于正常的教导方法没有反应。

● 对于物品的不恰当的依恋。

● 对于疼痛明显地过于敏感或过于不敏感。

● 对于危险没有真正的恐惧。

● 身体方面显而易见的过度活跃或过度不活跃。

● 粗/精细运动技能不均衡。

● 对言语线索没有反应；虽然他们听力正常，但表现出的行为就好像他们听不见一样。

● 感官可能过度活跃或过度不活跃。

什么引发了自闭症？

自闭症谱系障碍的病因现在还是未知的，但是很多理论正在探索。通常被接受的是，自闭症患者大脑的外形和结构方面与非自闭症儿童有所不同。研究者正在寻找形质遗传、基因遗传以及医学问题之间的联系。在一些家庭中，好像有一种有遗传基础的自闭症模式，尽管还没有哪条或哪些基因被明确。例如，当前自闭症数据显示，同卵双生子的共病率接近90%。遗传疾病发生率并不在某一代中突然改变，但是自闭症的发生率在过去十年中却发生了引人注目的上升（见图4—3）。

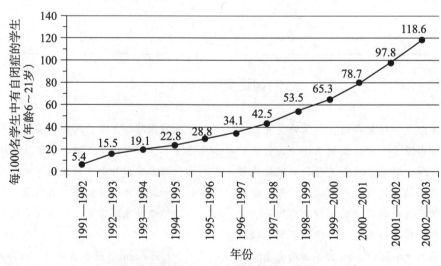

图4—3 美国学校诊断为自闭症的儿童（1991—2003）

自闭症是最普遍的消极发展障碍，每166个儿童就有1个患有该症。美国自闭症的比例从每年小于6%的到以10%～17%的速度增加。在自闭症中，男性占70%。

学者们正在探索有关自闭症的理论，关于怀孕或分娩时的问题，还有病毒感染、新陈代谢不均衡以及环境中的化学物质影响。最近发表的研究发现，与正常健康的儿童相比，在自闭症儿童身上存在一种独特而一贯的代谢不均衡。在一些有特定医学疾病——包括脆性X染色体综合征、结节性脑硬化、先天性风疹综合征以及苯丙酮酸尿——的患者身上，自闭症倾向于更经常发生。

大量过时的理论已被抛弃：自闭症并不是由糟糕的养育引起的，也不是一种精神疾病。还没有已知的儿童发育中的心理因素显示会引发自闭症。

如何诊断自闭症？

没有哪种医学检查能够显示自闭症的存在，自闭症的诊断是基于某些特定行为的存在或缺失。因为很多与自闭症有关的行为也在其他障碍中出现，多种医学检验可能被用于排除或明确其他潜在的原因。任何被怀疑可能罹患自闭症的孩子都应该由多位受过训练的专家所构成的"多学科小组"所评估，包括儿童心理学家或精神病专家、言语病理学家、受过感觉统合训练的作业治疗师，以及发展儿科医师或儿科神经医师等其他专业人士。

治疗自闭症的有效方法

诊断低龄儿童的自闭症谱系障碍是非常必要的，因为治疗越早开始就越可能有效。从出生到三岁的被诊断为自闭症的儿童可以获得早期干预服务，而超过三岁的孩子将通过学区获得服务。多种类型的治疗可用于自闭症儿童，包括应用行为分析、听觉整合训练、饮食干预、音乐治疗、包括感觉统合在内的作业治疗、躯体治疗、言语/语言治疗、视觉治疗以及关系发展干预计划等，治疗方法还不仅限于上述类型。

2003年，美国自闭症学会估计治疗150万自闭症患者的花费每年是900亿美元，到2010年将上升至2 000亿～4 000亿美元。除了治疗的经济代价之外，自闭症影响整个家庭，家庭必须为他们所爱的这个罹患自闭症的人提供照料。我们正活在一个时代，可供利用的处置和治疗比几年前更多。很多父母、医生、研究者和教育者每天都在努力工作，来发现自闭症的病因和可能治愈的方法；他们获得了一些进展，自闭症患者的生活也正在随着这一领域日新月异的变化而得到改善。

人格发展理论

在过去的20年中，很多家庭中家庭结构和稳定性的变化都促进了一种不断增加的紧迫感，使得在个人和社会层面上都要发现"最佳"的教养方式，提升所有婴儿和儿童的最健康的情绪—社会性发展。因为更多的父母成为单亲抚养者，或者工作过度、长期压力、过劳、抑郁或不健康，很少有时间或精力恰当地喂养、刺激或保护婴儿和小孩。

在当代美国社会，家庭暴力、长期忽略以及虐待儿童的报告屡见不鲜，高达25%的成人本身在童年时就是受害者。"童年心理社会性失调……已经成为众所周知的最为普遍、长期的儿童和青少年疾病"。

在20世纪早期，精神分析和心理社会科学家开始聚焦于在婴儿期和童年早期健康情绪发展的长期发展性影响。后来，行为和认知理论开始出现。而近期，还有学者提出了生态理论。

精神分析观点

在 19 世纪末 20 世纪初，西格蒙德·弗洛伊德强调婴儿期和童年期的早年经历在形成成人人格方面起着重要作用，革新了西方关于婴儿期的观念。弗洛伊德的核心思想是成人神经症根植于童年冲突，而童年冲突与诸如吮吸、排便以及自我张扬和快感这些本能性需求的满足有关。在过去的 70 年里，弗洛伊德的观点对美国的儿童养育实践产生了重要影响。根据弗洛伊德派的观点，能够产生在情绪上健康的人格的婴儿照料系统应包括哺乳、延长的看护期、逐渐的断奶、根据自己需要而定的喂养时刻表、推迟并耐心的排便训练以及避免过度惩罚。

很多儿科医生、临床心理学家和家庭咨询师都接受了弗洛伊德派理论的主要宗旨，特别是通过后来的斯波克（Benjamin Spock）博士最初于 1946 年出版（最新版发行于 1998 年）的畅销书《婴儿和儿童照料》（*Baby and Child Care*）而广为人知。经过很多修订和改版，据说该书已经被译为 39 种语言在世界范围内出版发行，并成为发行量仅次于《圣经》的书籍。

弗洛伊德强调，如果婴儿没有被允许获得持续养育，从乳房或奶瓶中进行吮吸，直到他们在身体上准备好并有动机从杯子里边喝水，那么他们将"固着"于口欲期。同样，斯波克博士提出在婴儿期执行一种由需要而定的养育时间表，而不是由儿科医生决定的每两个小时喂养一次的刚性时间表。他极力主张父母拥抱婴儿，给予能够使他们更快乐更安全的情感。

很多心理学家，特别是受弗洛伊德派思想影响的心理学家，认为儿童的人际关系（特别是与母亲之间的关系）在早年极其重要，并将成为其日后人际关系的原型。从这种观点出发，某人人际关系的特性、成熟度和稳定性源自于其早年的情绪—社会性生活联结。精神分析治疗的目标是使用治疗性技术发现并讨论童年早期的任何创伤性事件，它们隐蔽于病人的潜意识当中，并可能导致病人的人格困扰。

然而，精神分析研究很少带来实证性的研究发现，而是更多依赖于个案研究和观察记录。Sewell 和 Mussen 在一项对于儿童养育实践的大规模研究中发现，小学生在婴儿期获得的养育类型与诸如咬指甲、吮吸拇指以及口吃等口欲期症状之间没有联系。今天，很多心理学家认为，儿童具有相当的心理弹性，而并不像弗洛伊德所认为的那样那么容易被创伤事件和情绪压力所损伤。父母也无法期待通过给孩子灌输爱，就能够让他们抵御未来的任何困难、灾难、痛苦和心理疾病。

心理社会性观点

埃里克森主张婴儿期的关键任务，**口唇感觉阶段**，如果照看者在喂养婴儿的时候响应及时并且稳定可靠，婴儿便可以发展出对他人的基本信任。他认为，在婴儿期，儿童学会世界到底是一个好的、令人满意的地方，在这里需求能够被他人所满足，还是不适、挫败和痛苦的来源。如果儿童的基本需求得到真诚而敏感的照料的满足，儿童便发展出对人的"基本信任"以及自我信任的基础（一种"良好"和完整的自我感）。

在埃里克森的观点中，婴儿第一个社会性成就是自发地让母亲离开视线范围，而不至于过度焦虑或愤怒，因为"除了外部可预见性之外，她已经成为一个内部确定事实"。心理社会性心理学家高度强调解决渐进冲突对于健康的情绪和社会毕生发展的重要性。

行为（学习）观点

20世纪初的约翰·华生（John Watson）以及后来的斯金纳的严格行为主义（也称学习理论）在20世纪40年代到50年代实质上将情绪研究排除在行为科学课程之外。华生声称，他可以将一打健康的婴儿打造成任何他想要他们成为的样子。行为主义者承认婴儿被赋予了先天的情绪（包括恐惧、愤怒和爱），然而他们并不关心儿童的潜意识或内心感受。他们更关注于通过可观察的行为显示出的情绪外部表现，然后奖励"适宜的"行为或消灭"不适宜的"行为。

通过敏锐的观察和奖励与惩罚系统，儿童的行为能够得以塑造或控制。强化时间表、暂停以及其他行为技术被用于创造希望的行为和情绪表达模式。绝大多数童年早期教育项目都遵循传统行为主义理论的原则，而并没有优先考虑情绪发展。通过掌握特定的学业和自我调节技术，儿童被假定获得了积极的感受和自信。

认知观点和信息加工

自20世纪60年代以后，更多发展心理学家和认知心理学家将研究聚焦于认知发展的成分和阶段，皮亚杰关于儿童认知发展的著作遗产是其基础。大批儿童心理学家和神经科学家将注意力投向儿童如何进行推理和问题解决，以婴儿的感官刺激体验开始。过去他们把情绪视为次要的，只有当它干扰到理性思考，或以心理疾病的方式不正常地表达时，才对它感兴趣。

然而，在过去大约十年中，情绪研究的一个更新的兴趣在于，纠正人类发展的行为或认知的主导观点。在这一过程中，信息加工研究者和心理学家开始抛弃人类作为简单的"刺激—反应黑箱子"或"思维机器"的意象。当代理论试图检验将情感（情绪）与思维和行为联系起来的认知、信息加工机制。

在美国和其他国家行为与情绪问题日益普遍的情况下，儿童情绪健康方面的跨文化研究攀升，儿科医生比以往任何时候都更加关注识别和治疗情绪和/或心理受损的儿童。因为大约有13％的学前儿童和12％～25％的美国学龄儿童表现出心理社会问题，很多儿科医生认为"儿科症状检查表"（PSC）应当成为儿童健康检查的一部分。PSC（图4—4）的设计能反映父母对其子女的心理社会功能的看法。近期美国儿童全国性的一个样本调查结果表明，生活在贫困家庭、单亲家庭、有心理疾病家族史，或生活在这样的看护下的儿童在行为/情绪方面有很高的发病率。

儿科症状检查表（PSC）

情绪和躯体健康对儿童来说是一体的。因为父母首先注意到的往往是儿童的行为、情绪或学习问题，你可能可以通过回答下列问题帮助孩子获得最佳照料。请画出哪个陈述最适合描述你的孩子。

请在每个项目后标记出关于你的孩子的最佳描述：

		从不	有时
1. 抱怨有疼痛感 ……………………………	1	____	____
2. 花越来越多的时间独处 ………………	2	____	____
3. 容易疲倦，精力较差 …………………	3	____	____
4. 坐立不安 ………………………………	4	____	____
5. 与老师相处有麻烦（只适用于6～16岁的儿童）…	5	____	____
6. 对学校的兴趣减少（只适用于6～16岁的儿童）	6	____	____
7. 好像被一个发动机驱动一样行动 ……	7	____	____
8. 过多白日梦 ……………………………	8	____	____
9. 容易心烦意乱 …………………………	9	____	____
10. 害怕新环境 …………………………	10	____	____
11. 感到忧伤，不开心 …………………	11	____	____
12. 易怒，生气 …………………………	12	____	____
13. 感到绝望 ……………………………	13	____	____
14. 集中注意困难 ………………………	14	____	____
15. 对朋友兴趣较少 ……………………	15	____	____
16. 和其他孩子打架 ……………………	16	____	____
17. 逃学（只适用于6～16岁的儿童）	17	____	____
18. 学习成绩下降（只适用于6～16岁的儿童）…	18	____	____
19. 自卑 …………………………………	19	____	____
20. 看医生但却没查出任何毛病 ………	20	____	____
21. 睡眠有困难 …………………………	21	____	____
22. 很多担心 ……………………………	22	____	____
23. 比过去更想跟您待在一起 …………	23	____	____
24. 感觉他/她自己不好 ………………	24	____	____
25. 冒不必要的风险 ……………………	25	____	____
26. 经常受伤 ……………………………	26	____	____
27. 好像欢乐较少 ………………………	27	____	____
28. 行为比同龄的孩子显得幼稚 ………	28	____	____
29. 不守规则 ……………………………	29	____	____
30. 不表现感受 …………………………	30	____	____
31. 不理解他人的感受 …………………	31	____	____
32. 戏弄他人 ……………………………	32	____	____
33. 为他/她的麻烦谴责他人 …………	33	____	____
34. 拿不属于自己的东西 ………………	34	____	____
35. 拒绝分享 ……………………………	35	____	____

总分 _____

您的孩子有任何需要帮助的情绪或行为问题吗？　　（　）否　（　）是
您希望孩子在上述问题方面得到的帮助和服务吗？　（　）否　（　）是
如果是的话，希望得到哪种服务？ _____

图4—4　儿科症状检查表（英语和西班牙语版）

这是一个由父母填写的筛查问卷，作为常规基本保健检查的一部分，目的是可以帮助识别儿童的行为/情绪问题。描述特定行为和情绪的35个项目，父母评估他们的孩子在多大程度上符合每个项目，在下面这个标尺上打分：0为不符合（据您所知）；1为某种程度或有时符合；2为非常符合或经常如此。对于2～5岁的儿童，第5、6、17、18题忽略不答，剩余31题的得分就是总分数。对于2～5岁的儿童，24分及以上是临界分数。对于6～16岁的学龄儿童来说，28分及以上是有社会心理损害的标志。接待护士或临床助理将计算检查表上的分数，并为后续儿科追踪所用。

生态学观点

布朗芬布伦纳的生态学理论假设，多种环境影响——从儿童的家庭、学校和社区经历到全球经济力量——都对儿童的情绪和社会性发展有贡献。家庭的核心、兄弟姐妹、单亲父母、祖父母、继父母、同居伴侣或主要养育者无疑具有最主要的影响，至少是原初的影响。像我们已知的那样，很多小孩还会上托儿所或学前班，这意味着老师和照看者每天也会对孩子施加几个小时的影响。社区中是否拥有高质量的儿童照料、低成本的营养配餐项目以及低成本的儿童卫生保健直接影响到每个儿童的发展。社区的职业机会能够塑造或毁坏家庭——代价可能是某种严重疾病。

国家立法者制订的政策也将影响地方上为家庭提供的服务，特别是教育和继续教育项目、居住和卫生保健。联邦政府为保护经济稳定因而向大企业倾斜的分配基金决策，通常意味着诸如在父母休假外出时的儿童照料这些项目上获得的资助将减少。联邦法律既能够将家庭聚在一起，也可以通过福利激励或法律规定，强化那些在外不归的父亲，或在最小限度上导致贫困的后果变大。

在文化层面上，一个社会的观点能够影响如何看待传统核心家庭、单亲家庭、再婚家庭、同居家庭、同性恋家庭或关于家庭最小公民的健康和福利等方面的价值。尽管一些欧洲国家有关于父母休假的国家政策，对儿童早期照料进行补偿，然而美国没有这样的政策。美国国会于1993年通过了"家庭和医疗休假法案"，授权给合格的雇员在每12个月中可以有12周的无报酬、保留工作的休假，因为特定的家庭或医疗原因，其覆盖的雇员从公共机构到雇用了50人及以上员工的私营企业。

社会性的发展

儿童人口统计学的变化

随着我们步入21世纪，家庭结构的多样性增加，双亲家庭数量减少。相应地，美国儿童的人口学性质也在发生改变。美国儿童的数量自1950年后显著增加。到2002年，儿童构成美国人口比例的25%。美国人口普查局预计，到2020年，尽管19岁以下的儿童数量会增加，但他们在总人口中所占比例会减小，因为有超过两亿人将长大成人，进入成年人口数量。因为单亲父母和职业母亲的数量高于以往任何时期，大量的家庭需要从更大范围的社区获得高质量照料、情绪培养和稳定性，以及对易感儿童的督导。

这些统计数据的要点是什么？　你可能对自己说，谁关心那些统计数据？这对我来说毫无意义！再思考一下。你想从事什么职业？10 年内你所选择的领域是否有工作？20 年呢？30 年呢？婴儿和学前儿童的稳固增长对你在儿童照料、学前或"提前教养"、儿科、护理、牙科、谈话治疗、躯体治疗、职业治疗、听力学、视力验光、儿童心理学、社会工作、精神病学以及很多社会科学专业或咨询职业的长期就业机会有着深远影响——还对于想为婴儿和儿童写书或设计软件、运动场、玩具、服装和家具的这些职业都有影响。

计划进入商业经营或管理领域的读者，应该考虑下面这些问题：你是计划为你未来的高技术员工提供工作场所的婴儿照料保险，还是你会允许更多已成为父母的员工在家里利用电脑弹性工作？你今天所付出的时间、努力和金钱应该根据你未来希望服务的对象的人口趋势来进行评估。

成为人类的艺术

比其他都重要的是，婴儿是社会性生物，需要通过社会化进入他们自己的人类群体。像发展心理学家 Harriet L. Rheingold 所说的那样："人类婴儿出生于社会性环境；他只能在社会性环境中存活下来，而从出生那一刻起，他就在这一环境中站定了这种位置。"所以，人性是一种社会性产物。

在这一章中，你已经学习了早期情绪发展和依恋的典型过程，以及它们对我们所谓的存在意识的影响。然而通过对许多孤立、失牯、被遗弃或在专门机构中遭遇严重剥夺和忽略的非典型婴儿和儿童的仔细研究，我们发现人类的社会性接触使我们真正成为"人"。而上述强烈的情绪体验往往能够对受害者造成深远的消极影响。

早年严重剥夺的个案研究　没有社会性互动，人类婴儿无法学会直立行走；无法使用语言来传达需求；无法将感官刺激整合进意识经验；似乎也无法获得自我感、自我调节、理性记忆或者任何关于未来的想法。或许你已经阅读了 David Pelzer 撰写的《名叫"它"的孩子》（*A Child Called It*）这本书，或者它的续篇《迷路男孩》（*The Lost Boy*）。他关于极端的童年忽视和虐待的故事出版的时间正是专业工作者受委任被要求报告这样的受害情况之时，这样的孩子可以被移交，离开危险的环境，但是在其童年和更早的时间里，遭到忽视和虐待的儿童，例如 David，没有什么地方可去。让我们看几个著名的案例。

长期忽视、虐待和隔绝　当婚外生育是一件非常可耻的事情时，两个婴儿同时在美国出生了：Anna 和 Isabelle 是私生的，她们的母亲多年来一直把她们藏在与世隔绝的房间里。她们都只接受到仅够保持她们存活下来的照料。被发现时，她们都极度迟钝，几乎不能显示出人类的能力或反应。在 Anna 的案例中：

（孩子）不会说话、走路或做任何表现智力的活动。她极端瘦弱，营养不良……完全漠然，无精打采地仰卧着，保持静止不动，面无表情，对任何事物都无动于衷。Anna 被送到一个智力发育迟滞的儿童机构，在十岁时因黄疸病变出血而死亡。

然而，Isabelle 得到了俄亥俄州立大学专职工作者的专门训练。一周之内，她尝试了第一次发声。通过美国儿童通常进行的社交和文化学习，Isabelle 进步迅速。她在 14 岁时完成了六年级的学业，并被认为是一个合格的和适应良好的学生。Isabelle 完成了高中学业，结婚并建立了正常的家庭。报告这个案例的社会学家 Kingsley Davis 得出结论：

> 与世隔绝地生活到六岁，没有获得任何说话能力，也不理解任何文化意义，并不妨碍日后仍能够获得这些……绝大多数我们认为人类既有的行为并不能自发产生，而需要训练和来自他人的示范。绝大多数我们认为人类自然具有的心理特点并不会自发出现，除非与他人发生社交联系。

30 年后的 1970 年 11 月 4 日，在洛杉矶附近，一个被研究者称为"Genie"（化名）的 13 岁女孩被带到一位社工那里，社工以为她只有 6 岁，有躯体残疾和自闭症。让社工震惊的是，Genie 浑身赤裸，在过去的 11 年里，她白天被绑在一个儿童坐便器上，晚上被关在笼子里。她的父亲自从她两岁起就这样锁着她，"保护她免受外面世界的伤害"。她被禁止发出声音，家人也不准当着她的面讲话，否则她就会遭到殴打。她的卧室没有任何物品。父亲用一把猎枪控制家庭成员。

Genie 被发现时 13 岁，她非常安静，只懂得 20 个单词，会吐口水、嗅东西和抓东西。她成为密集型康复及语言和行为研究的一个被试。在一位语言学家坚持不懈的训练下，Genie 学会了事物的名字，但始终没能完全掌握英语句法（按照正确顺序说出单词，连成意义）。与心理学家/研究者共同居住了几年后，她在好几个被虐待者抚养家庭中生活。1994 年，她成为获奖纪录片《野孩子的秘密》（*Secret of the Wild Child*）的主人公。她现在居住在一个有智力发育迟滞成人的家庭中。

遗弃和情绪—社会性剥夺 20 世纪 80 年代末，另一个四岁的孩子 John 被发现在遭到遗弃之后有严重的问题，他曾目睹他的亲生母亲被谋杀。几年后，一些乌干达妇女发现他和一群黑长尾猴生活。BBC 的一部电影《活证》（*Living Proof*）记录了一对充满爱心的传教士夫妇如何对他进行营救、教育和使其回归社会。John 有了显著的进步，1999 年他 14 岁的时候曾飞往美国参加残奥会的足球比赛，又飞往英国参加一个儿童唱诗班。

Bucknell 大学的心理学和动物行为学教授 Douglas Candland 是《野孩子和聪明的动物》（*Feral Children and Clever Animals*）一书的作者，他为 John 做了检查并得出结论：John 显然与动物生活了一段时间，但是我们无从知道他与动物生活了多久，动物对他做了什么。鉴于 John 学会了基本的言语技能，这就是"社会因素对获得言语具有重要意义"的证据。

慈善机构与严重剥夺 自20世纪90年代初起，很多研究者开始研究一些罗马尼亚婴儿的躯体、情绪、认知和社会性发展，这些婴儿起初在孤儿院中，后来被美国、加拿大和欧洲家庭所收养，总数超过十万人。1989年，随着罗马尼亚政府和经济体制的瓦解，有成千上万的罗马尼亚婴儿被遗弃到孤儿院，而大一点的孩子直接流落在大街上。这些婴儿在拥挤和缺乏物资的慈善机构中被抚养长大，被剥夺了正常的刺激，也缺乏来自任何重要养育者的培养。尽管如此，他们还是被视为"幸运儿"，因为他们至少有食物和庇护所。在过度拥挤和人员不足的孤儿院里，他们只有基本的生理需求能被满足，而他们的认知—情绪—社会性注意被严重剥夺了。

英国和罗马尼亚收养研究小组基于纵向研究设计考察被收养的幸存者早期严重剥夺的有害后果。研究者将一些被收养的罗马尼亚儿童随机分成两组：月龄在24个月以前被收养的和24～42个月期间被收养的。比较的控制组是同一地区被更早安置、没有经历剥夺的被收养者。研究者在这些儿童4～6岁期间进行了大量评估，结果发现，剥夺时间更长的儿童在认知、社会性、躯体和健康方面有更多缺陷（例如，营养不良、头围偏小、发育迟滞）。儿童被收养得越早，其心理弹性越好，而心理干预在恢复认知技能方面具有显著作用。

反应性依恋障碍 尽管在被收养后，绝大多数儿童显示出惊人的躯体和认知回复力，但这些被收养的罗马尼亚孩子中有一小部分被诊断为**反应性依恋障碍**（RAD）。这种临床诊断包括情绪上的退缩/抑制，此类儿童很少寻求安慰，对他人的安慰也没有反应，还像无差别/抑制类型的儿童一样对养育者没有什么偏好，无差别/抑制类型的儿童毫无选择地从不同养育者那里寻求情感，即便对陌生人也是一样，而不会显示出对陌生人应有的拘谨。研究者对这些儿童进行了研究，追踪其从罗马尼亚慈善机构被收养后的数月到数年，结果显示依恋障碍的模式和无差别/抑制类型的发生都更为普遍。

一些儿童早期经历过多个养育者（例如一连在几个收养家庭生活过），也出现了这种障碍。那些有残疾的、意外怀孕导致的、"难养"的、没精打采的、罹患慢性病的婴儿或从父母那里经历过分离的婴儿都有较高的患RAD风险。父母/养育者可能导致患有RAD的儿童的个性风险因素有父母抑郁、隔离、缺乏社会支持，还有在自己成长经历中发生过极端的剥夺和虐待。家庭社会问题的增加（例如，分居、忽视和虐待或异族收养）可能提高了这种障碍的发生率。一些收养父母也加入了研究团队，并建立支持性小组来处理孩子早期躯体、情绪问题和社会性忽视所带来的严重后果。

在过去的一个世纪中，研究者证实了躯体接触和感官刺激可以改善社会福利机构中儿童的感觉运动功能。事实上，甚至很小一部分额外处理也显示出"丰富"的价值，至少在短期之内会起到作用。尽管一些孩子显示出比儿童心理学家几十年前预期的更大的心理弹性，但另一些孩子显示出在剥夺经历中更多的脆弱性。总体来说，对福利院婴儿的研究支持这样的观点：早期收养和收养家庭的作用要好于福利院。

早期关系与社会性发展

过去几十年中，很多社会科学家对早期母婴关系（或婴儿和养育者的关系）质量及其对儿童社会性发展的各种影响效果进行了研究。

母亲响应与陌生情境 安斯沃斯（Mary Ainsworth）及其同事设计了一种叫作"陌生情境"的程序，借此来考察亲子关系中的依恋质量。在**陌生情境**（Strange Situation）研究中，母亲和其婴儿进入一个陌生的游戏室，游戏室里有一些有趣的玩具和一个陌生人。几分钟之后，母亲离开，孩子便获得了一个探索玩具以及与陌生成年人独处的机会。当母亲回来时，孩子的行为会被观察和记录。这一程序会重复八次，轻微改动一些变量。安斯沃斯对孩子行为的不同很感兴趣，特别是他们对母亲回来的反应方式：

> 当母亲回到房间时，**安全型依恋的婴儿**（B 类型依恋）会热烈地欢迎她，几乎不表现出什么愤怒，或表明他们想要被妈妈抱起和抚慰。婴儿中大约有 60％把母亲作为一个安全基地，以这个安全基地为基础来探索陌生的环境，同时也将其作为分离后获得抚慰的来源。安全型依恋的婴儿好像接受了一致的、敏感的和响应的母亲养育。

> **不安全/回避型婴儿**（A 类型依恋），大约有 20％，当母亲回来时忽视或回避她的归来。后续研究重复并拓展了陌生情境研究，发现这些婴儿在离开父母怀抱时几乎不表现出难过，并倾向于给予陌生人和父母相类似的响应。典型地，这些婴儿容易被陌生人抚慰。

> **不安全/反抗型婴儿**（C 类型依恋），大约有 10％～15％，当他们进入游戏室后，他们难以探索新的设置，而是紧紧黏着母亲，躲藏着不见陌生人。然而，当母亲在短暂的离开后回来时，婴儿起初寻求与母亲接触，只是扭动着身体拒绝她，把她推开，持续哭喊。安斯沃斯发现，这些孩子展现了更多适应不良的行为，倾向于比其他组的孩子更生气。

使用陌生情境方法，Main 和 Solomon 确定了另外一种依恋类别：

> **紊乱/无定向型婴儿**（D 类型依恋）。在分离的时段和母亲回来的时刻，D 型的孩子好像缺乏一致的应对策略，他们朝向母亲展现出混乱和忧惧。此外，D 型婴儿在童年期有很大的社会适应不良风险。D 型可能与受过虐待或缺乏深度情绪的父母有关，不过这些问题还没有定论。

安斯沃斯认为，陌生情境中的 A 型、B 型和 C 型依恋行为反映了婴儿在生命最初的 12 个月中接受到的母亲照料的质量。她上溯 A 型和 C 型的起源是混乱的母婴关系，母亲在照料婴儿的过程中是拒绝的、干预的或不一致的。这些母亲常高估或低估自己的孩子；不能将自己的行为与孩子的行为匹配；冷淡、急躁或不敏感；给予的是马马虎虎的照料。尽管并不是所有被分类为焦虑或不安全依恋的孩子都会有依恋障碍，但研究者已发现，不安全依恋的小孩中有一个亚群体有反应性依恋障碍。

尽管母亲也会被她们孩子的气质所影响（例如，孩子是否易激惹或者相处困难），但这一因素在决定母亲对其孩子的信号和需求的响应性上似乎并不关键。总的来说，其他研究者已经证实安斯沃斯的发现，尽管关系并不像安斯沃斯最初认为的那样强烈。此外，关系的质量形成之后，也并不是永恒不变的。

陌生人焦虑和分离焦虑　对陌生人的警惕，是恐惧—警惕行为系统的一个表现，通常产生于一个月或在特定依恋形成后。**陌生人焦虑**，即对于不认识的人的警惕，好像在7～8个月的婴儿中更为普遍，而在13～15个月达到峰值，然后就下降。当遭遇一个陌生人时，特别是当一个信任的照看者不在场时，很多小孩都会皱眉、呜咽、慌乱、看着远方甚至哭喊。甚至在3～4个月时，一些婴儿就开始盯着陌生人看，偶尔这种长时间的检视也会导致哭喊。

另外一种八个月大的孩子显示出的常见行为是**分离焦虑**，是当一个熟悉的照看者离开时显示出的难过。在婴儿期的较早阶段，父母会很好地向婴儿介绍祖父母和保姆，所以当父母晚上要出去的时候，就会有一个父母和婴儿都信赖的照看者。有时婴儿被留下和陌生人在一起的难过如此强烈，以至于孩子在父母离开的整个过程中都在哭闹。大多数情况下，那些曾通过婴儿保姆这项工作挣钱的人最可能有这样的经历。这可能是一种极度易变的情境，因为保姆可能无法容忍那么大的、拖长了的哭声，因此可能试图用一些不健康的方式使婴儿安静。婴儿虐待和婴儿谋杀便会在这种情况下发生。

促进安全依恋

从陌生情境得来的分类可以预测学前儿童与老师和同伴的社会性功能。对母亲具有安全型依恋的小孩在学前更具有社会胜任力，能够更多地分享，并展现出更大的能力开始和维持互动。这样的孩子还更能接受母亲对哥哥姐姐表现出的关注，而安全型的哥哥姐姐比不安全型的更可能辅助照料年幼的弟弟妹妹。当环境存在压力和挑战时，B型孩子好像更有回复力和耐力。

这些发现与依恋理论的推测相一致，享受到与父母安全依恋的小孩发展内部的父母"表征模型"，其父母是爱的和响应的，而他们自己是值得养育、爱和支持的。相反，不安全依恋的小孩发展出的是缺乏响应和爱的养育者"表征模型"，而他们自己则是不值得被养育、爱和支持的。一些证据表明，依恋的不同模式可能通过代际传递，经由父母的心理状态和父母关于依恋关系的内部工作模型微妙地与孩子发生互动。

拟合度

托马斯和切斯介绍了"拟合度"这一概念，指的是婴儿和他们的家庭的特点匹配。在理想的匹配中，环境的时机、期待和要求都与孩子的气质相一致。理想的匹配促进了最佳的发展。相反，不好的匹配将产生粗暴激烈的家庭，导致儿童扭曲的发展和功能适应不良。托马斯强调，父母需要在其子女养育实践中考虑到孩子独一无二的气质。同样的方式对不同儿童将产生不同的发展性影响。权威型和控制型的父母行为能够使一个孩子焦虑和顺从，而使另外一个孩子挑衅和逆反。托马斯及其同事得到这样的结论，"可能没有普适有效的一套规则，对于任何地方的孩子都同样奏效"。有个难相处孩子的父母常常感到焦虑和自责，他们会问自己："我们做错了什么？"然而，他们孩子发展出的特定性格并不是源于父母的问题。这一知识帮助了很多父母。一个既定的环境并不会导致所有孩子产生同样的功能性后果；如果你有子女，你就知道这是事实。孩子从开始呼吸的那一刻起，就是独立的个体。事实上，怀孕妇女在孩子尚在子宫中时，就可能注意到他们的气质差异。

研究者高度重视针对每个孩子的个体需求调节养育实践，但有时，养育者会遇到对感官环境反应过度的孩子，非常容易兴奋的孩子，或者在行为上"垮掉"的孩子。A. Jean Ayres 是一位职业治疗师，治疗有发展残障的孩子，他提出了关于大脑—行为关系的感觉统合理论。**感觉统合**是"一种正常的发展过程，允许个体吸收、加工和组织其从身体和环境中获得的感觉"。尽管人们在对视觉、触摸、声音、味道和气味方面的感觉是相类似的，但绝大多数人不知道神经系统还会感觉到运动、引力和身体位置。这些感觉系统不仅要能有效地运作，还要能够在一起配合良好，这对的健康很重要。

一个孩子过度敏感或回避环境可以被称为"感觉防御"。这样的孩子对没有威胁的感觉也展示了战斗/逃跑反应。所以，一个孩子可能感知到触摸、声音、味道或运动是威胁，甚至是疼痛的。反应不足的孩子会比一般孩子寻找更强烈和持续时间更长的刺激，有时会伤害到自己（例如，击打自己的头部，或跑着撞到墙上）。

总之，孩子对社会化过程是活跃的主体；他们受养育者的影响，同时也影响着养育者。例如，甚至非常小的婴儿也在寻求对母亲行为的控制。婴儿和母亲可能相互看着对方。如果婴儿看向旁处，然后回过头来看他的母亲的目光也看向了别处，他就会变得惊慌和呜咽。当母亲再次看着婴儿时，她或他会停止骚动。婴儿迅速学会保护和维持其养育者注意的复杂方法。

事实上，正如 Harriet L. Rheingold 所观察到的，"（婴儿）使男人和女人成为父亲和母亲"。所以，让人感到惊奇的是，父母被他们所养育的每一个婴儿所塑造。这一复杂过程中特别重要的一点是，小孩与其养育者之间所发生的情感联结或纽带的性质和质量，简言之，就是依恋。

儿童养育中的文化差异

每个社会中的儿童养育方式都有所不同，在工业化国家和非工业化国家中就有更大的差异。世界上很多文化中的母亲，在孩子出生后好几年里，白天就把孩子的摇篮放在自己身旁——甚至在田间劳作时也如此——而到了夜晚，仍然与孩子同睡（见图4—5）。依恋模式也有所不同。A型依恋的孩子在西欧国家更多，而C型依恋的孩子在以色列和日本更多。像瑞典这样的西欧国家拥有发达和合格的育儿系统，父母可以在家照料孩子一年，并在经济上获得补偿。

跨文化研究者得到如下结论，养育者敏感性和情绪有效性的质量，在婴儿早期生命中对婴儿内部健康的自我表征、对依恋对象的表征和对外部世界的表征的发展都是至关重要的。

图4—5　依恋的文化差异

在依恋中，印度尼西亚的母亲通过一种文化上传递的背带促进了孩子的身体接触和社会接触。孩子和养育者之间的实质依恋促进了孩子的情绪与社会性发展；它减轻和终止了慌乱和哭闹的时段。注意，尽管如此，孩子对摄影师的出现好像还是有一点点不确定。

婴儿的养育

目前，美国卫生和福利部正在进行有史以来最大的纵向研究——全国儿童研究。在这个研究中，来自于 40 多家机构的研究者团队将对来自 96 个地点的十万多名儿童进行调查，考察多种环境影响（包括社会和情绪方面的影响）对儿童健康和发展的影响效果。这是此类研究中最大的量表研究，对参与者从出生追踪到 21 岁——目标是改善儿童的健康和福祉。儿童养育序列也在详细考察的变量之列，因为早期与他人形成的经验将塑造儿童的人格、心理和行为。

养育者—婴儿的互动

儿童养育质量是社会科学家非常关注的问题，因为他们认为，儿童在其早年生活中的情绪联结对于躯体、认知和情绪发展至关重要，并会成为日后关系的模型。自从 20 世纪 70 年代开始，很多美国家庭已经开始了三代共同抚养儿童的模式，而这在很多其他国家都习以为常。例如，在日本、中国和印度，祖父母与孩子生活在一起，并帮助照料孙子孙女，是很常见的。在美国，祖父母和其他更远的家庭成员可能住在附近，也有很多人居住在千百英里之外。

传统家庭模式的解体所带来的结果是，母亲外出工作挣钱养家的比例迅速增加，高离婚率和单亲父母以及非婚状态下的儿童养育也都在飞速增长。

美国劳工统计局 2003 年的数据显示，一半以上（54％）的已婚有三岁以下子女的母亲有全职或兼职工作，而一半以上（55％）的非婚（未婚、离异、分居或寡居）有三岁以下孩子的母亲有全职或兼职工作。这显示了有婴儿的母亲的工作率比 1975 年（34％）急剧上升。所以，相比于以往任何时期，现在美国的年幼儿童都更少地受到父母的监督和社会化培养，而在更大程度上由非家庭的人员所养育。婴儿和学步儿童的养育服务是最稀缺和昂贵的，而父母工作较累的家庭的孩子得到较差养育的可能性最高。

母亲作为养育者 弗洛伊德理论奠定了很多依恋行为研究的基础，把注意力放在母亲对其成长中的孩子的影响上。弗洛伊德发现，儿童与母亲的关系会产生毕生的影响，他称其为"独一无二、没有平行的客体，建立了毕生不可更改的第一个和最强有力的爱的客体，作为后来包括性关系在内的所有爱的关系的原型"。与精神分析理论一致的是，研究者、临床心理学家、精神医生、社会学家和法律系统在几十年中也都排他式地关注母婴联结，这对美国民众生活产生了强烈的影响。绝大多数美国人相信，母亲应该在家，照料非常小的孩子，然而他们也意识到家庭需要儿童照料助理，来平衡工作与儿童养育的责任。美国法律系统继续偏爱精神分析观点，母亲对于儿童养育是绝对至关重要的，母亲是最好的家长，并且更不可能抛弃孩子。在最高法庭的"Nguyen v. INS"的案例中，赞成移民法律，公开地支持亲生母亲，处罚亲生父亲：如果一个美国女性公民的孩子在国外非婚出生，孩子自动地获得美国公民身份。如果一个美国男性公民的孩子在国外非婚出生，在孩子成为美国公民之前必须履行法律程序。

　　一些科学家认为，生物性决定因素赋予女性更多养育和"母性的"角色，而赋予男性更工具性的、"家长式的"角色。其他研究者则认为，男性和女性之间的差异是被社会性清晰定义的母亲和父亲角色的产物。从传统上来说，母亲的角色是履行一般家务劳作——而儿童照料仅是家务劳作的一项内容。父亲的角色是"养家糊口"，将其时间和精力投入在职业发展中，人们并不期待父亲来做家务杂事。今天，这两个角色正在融合。

　　谁来换尿布？　因为越来越多的母亲参加全职和兼职工作，家务分工经常成为夫妻矛盾的焦点，包括儿童照料。尽管研究发现有更多的父亲开始照料孩子和做家务，但母亲在儿童照料工作中仍然负担大约 80%。经常有一个假定（可能是错误的），那就是，职业母亲仍然比职业父亲有更多的自由时间，职业父亲的工作时间可能更长。所以，典型地，双亲家庭中的母亲比父亲对儿童照料投入的时间更多。近期研究发现，在完整的家庭中，父亲对稍年长子女花的时间比对婴儿和学前儿童花的时间更多。婚姻质量同样与父亲在家务和儿童照料中的参与程度有关。

　　对于"分工不平等"的另一种解释是人类资本理论：夫妻中挣钱更多的一方有更大的权力来回避做家务事和儿童照料任务。显然，单亲母亲负担着挣钱、做家务和照料儿童的全部责任。只有在最近，社会科学家才在超越经济支持的范畴以外考察了母亲和父亲在儿童生活中的重要角色。

　　父亲作为养育者　社会对父亲身份的定义于上一个世纪中在两极之间不断变化：供给者或养育者。在过去十年中，社会科学家和政策制定者对父亲在小孩的情绪、认知和社会性发展的观念中发生了革新。

　　越来越多的研究者得出这样的结论：父亲在照料、养育和与儿童建立联结方面，即使在婴儿早期阶段，也像母亲一样好。同时，当父亲开始参与婴儿照料时，他们在五年后也会更多地继续儿童照料。照料其婴儿的父亲是一种动力，促进更健康的婴儿和婚姻的满意度（见图 4—6）。

　　Parke 观察新生儿父母的行为后发现，父亲对婴儿的发声和运动像母亲一样有响应。父亲碰触、观看、谈论、摇晃和亲吻他们的孩子，与母亲做的方式一样。而父亲，当与他们的孩子单独在一起时，就像母亲一样保护、给予和刺激。父亲还和他们的婴儿进行更多躯体游戏。他们还进行更多的身体游戏，例如把婴儿投向空中。

　　重要的是，婴儿通过引发、唤起、煽动、促进和轻推，对男人发展出父性也做出了可观的贡献。John Snarey 从对四代男人的 40 年研究中得出结论，发现更积极参与儿童

图4—6　儿童生活中父亲很重要

　　积极的父子关系将促进儿童整体学业成就和 IQ 测验成绩、自尊、社会能力和自我控制、避免不健康行为能力的发展。联邦政府对社区基础的教育项目提供资金资助，促进所有父亲对父亲角色的卷入、责任和忠诚。婴儿通过引出、唤起、煽动和轻拍，对男人发展出父性也具有可观的贡献。

养育的父亲在中年更可能成为有"社会性繁衍力"的人，这个结果在意料之中。父亲还在另一个方面也具有重要作用。研究显示，当父亲提供情感支持和鼓励时，母亲在养育角色方面做得更好。给予妻子温暖、爱和自我满意的男人帮助她对自己感觉良好，然后她就更可能将这些感觉传递给她的孩子。

　　进而，成为父亲对男人的自我概念、人格功能及对生活的整体满意度有贡献。男人日益认识到与儿童的亲近关系对儿童和成人双方都有好处。20 世纪 90 年代，更多的男人成为"居家父亲"，做很多儿童照料工作，而母亲承担了更多的挣钱养家角色。在一些家庭中，母亲白天外出工作，父亲在家照料孩子；到了晚上，父亲工作，母亲照顾孩子（反之亦然）。今天，5％的孩子与单亲父亲生活在一起（大约 400 万男人）。

　　缺席的父亲　"研究清楚地显示：在婴儿的生活中，父亲的因素非常重要。有责任的父亲的爱、卷入和忠诚没有简单的替代品。"关于父亲角色，在美国两个相反方向的趋势都很明显。一方面，更多的父亲在儿童养育中承担了更多责任，另一方面，也有越来越多的儿童生活在父亲缺席的家庭中，其中一些是父亲并不请孩子去自己家里，还有一些孩子根本不知道自己的父亲是谁。用数据来讲，一共有 2 400 万儿童（每三个美国儿童中就有一个）生活在其生物父亲缺失的情况下。这个数字比起 1960 年时十个孩子中只有一个没有父亲的数字大得多。

　　媒体很关注那些没有结婚的父亲：感人的逸事将他们描绘成为懒惰和不负责任的人，他们对孩子既不提供经济支持，也不提供心理支持。然而，研究证据显示出对这种概括化的挑战，并显示了这一群体的差异性。几年来，"国家父权提案"举办了关于父权的国家最高会议，在全国城市中提供了基于社区的父权计划信息，促进所有父亲对父親职责的卷入、责任和忠诚。父权运动的提倡者声称，"父亲的缺失仍然是我们时代的最大社会问题"。据 Wade Horn（美国卫生和福利部的助理）称，他查阅了 65 个不同的社会计划，这些计划每年花费 470 亿，其需求与家庭破裂、单亲家庭以及父亲缺失有关。所以，联邦政府正在国家的不同地区资助"健康婚姻和父母关系"计划。

父亲缺失的倾向将产生极其重要的社会意义，因为研究显示，父亲并不是多余的。男孩比女孩似乎更受父亲缺失的影响。与完整家庭的男孩相比，来自于父亲缺失家庭的男孩在道德判断的内化标准方面较差。对于不良行为的严重性，他们倾向于按照被发现和惩罚的可能性来评估，而不是通过人际关系和社会责任来判断。

研究数据还显示，积极父亲—孩子关系的缺失会削弱孩子整体的学业成绩和 IQ 测验成绩、自尊、社会胜任力和发展自我控制，以及避免不健康行为（抽烟、物质滥用、早期性经历、犯罪和团伙行为、受他人虐待）的能力。父亲离家时孩子越小，父亲缺失的时间越长，孩子受损害的范围越大。

关于父母分居对三岁以下孩子的影响，一项研究显示，他们的心理发展会受到母亲收入、受教育程度、种族、对孩子养育信念以及抑郁和行为症状的影响。同时，近期研究也发现，母亲的再婚，特别是发生于儿童的早期生活中，似乎与儿童的智力成绩改善有关。

好、更好还是最好? 我们并不该得出结论说，母亲或父亲的养育就比另一个更重要。父母每一方都提供给孩子某种不同的经历。养育的能力并不是某一性别的财富，而不同社会在对养育角色的定义方面也相当不同。例如，在对 141 个社会的调查中，45 个社会中（大约 1/3）的父亲维持着与婴儿的"规律而亲密"或"频繁而亲密"的关系。在另外一个极端上，33 个社会（23%）中，父亲几乎没有或从来没有与婴儿的亲密关系。

所有这些都说明，母亲和父亲是不可相互替代的；他们都在儿童养育和发展中有自己的贡献。研究表明，母亲—孩子和父亲—孩子关系可能在性质上有很大不同，并可能对孩子的发展有不同的影响。例如，Lamb 发现，母亲最经常抱着婴儿来履行养育功能，而父亲则会花费比装饰、喂养婴儿、洗澡等多出 3~4 倍的时间来陪孩子玩耍。今天的社会科学家正在检验儿童每天与父母双方的互动。他们发现婴儿从这些早期关系的连续性中学会很多。似乎这些琐碎的时间——而不是戏剧性的片段或创伤——对儿童绝大部分的发展预期具有贡献，并将被带入他们日后的关系。

同胞—婴儿的互动

新生儿的出生对年长的同胞有重要影响。同胞将调整和接受来自父母的关注变少的情况，使其需要与家庭状况相匹配。根据 Dunn 的研究，一些同胞变成父母的"教导者"，以使自己的需要得到满足，而另外一些则退缩和表现出对婴儿更多的怨恨。明智的父母按照适合儿童年龄的方式为家庭里新生儿的到来做准备。一些家庭使年龄较大的孩子专注于新弟弟妹妹的出生；另一些父母则决定在把新生儿从医院带回家时向其他孩子介绍新婴儿。

绝大多数同胞对家庭中的新婴儿展现出很大程度的关心、依恋和保护。从过去30年中对婴儿认知、社会性和情绪发展的大量研究中，我们知道婴儿需要和接受感官和情绪的刺激，而年长同胞是提供这方面援助的完美人选。同胞通常花大量时间在一起，成为玩伴和同伴（有赖于年龄跨度），并影响社会性和认知学习。

年长同胞对年幼同胞的关系，在自发责任感、分享想要的物品和允许年幼儿童自由选择方面似乎有文化差异。年长同胞通常是年幼儿童的榜样，而年幼儿童通常希望"紧随"年长的同胞。这有时可能会产生冲突，但是同胞通常学会如何相处以及如何分享。

祖父母或亲属照料

"亲属照料"这一术语是指，一位亲属或其他在情感上与孩子很亲近的某人，对养育儿童负担起主要职责。研究者注意到，孩子与其他亲属生活在一起的数量自从20世纪90年代早期开始就有实质的增加，最大的增长是孩子与祖父母生活在一起——而不和父母在一起生活。在1996年的调查中，美国退休人员协会发现，美国祖父母通常因为如下原因照料他们的孙辈：父母毒品滥用、虐待儿童、遗弃儿童、青少年怀孕、父母疾病或死亡、父母残障或父母被监禁或在公共机构的监管下。

2002年人口普查的最佳估计值告诉我们，美国大约有300万祖父母在抚养一个或更多的孙子孙女，这些祖父母中超过半数年龄在50岁以上，绝大多数都没有受过正规教育，而且更可能生活在贫困的状况下。和祖父母生活在一起的儿童中，大约有1/3年龄在六岁以下。这些数据很难精确，因为超过500万的儿童被报告同时与祖父母和父母居住在一起，然而在另外一些情况下，祖父母和儿童居住在一起，而父母并不在一起生活。一个发现是，非洲裔美国人的祖母可能承担了更多照料孙辈的职责，因为孩子的父母还处于青春期。这些祖父母中的一部分是正式的养父母，符合经济援助资格，另外一些为他们的孙子孙女寻求了监护或法律监管，还有一些没有合法身份。

抚养孙子孙女并不总是大多数美国中老年人正常人生发展的一部分，而很多人在退休时面临着严重的经济困难，或者选择延迟退休。绝大多数并不了解社会资源，或不想寻求公共援助，但是在全国范围内，一些祖父母正在通过老年中心建立支持性团体，并分享想法、资源和安慰。祖父母可能对孙子孙女的爸妈抚养孩子方面的无能感到心烦，但大多数祖父母在为婴儿和幼儿提供其正常情绪和社会性发展所必需的爱、照料、刺激和安全方面发现了意义与满足。

早期婴儿的照料

保育中心　几种重要的社会力量推动了美国的儿童保育运动。美国家庭正在为政府所有层级缴纳更多的税金，这迫使母亲和父亲们（如果是双亲家庭的话）工作更长时间，来维持经济安全。单亲家庭（离异或未婚）数量有实质的增加。公共政策，例如工作福利立法，同样也迫使生活贫困的母亲们外出工作，而使对儿童养育的资金援助支持限制到最低。所以，超过60％的学前儿童的美国母亲现在工作，而1970年只有29％。

根据《盖洛普民意测验月刊》（*Gallup Poll Monthly*）的调查结果，接近半数的美国人赞成父母中有一方待在家里养育孩子。当询问关于学步儿童时，接近一半的人仍然认为孩子在家最好，但还有1/3认为儿童保育中心更好。然而，绝大多数职业母亲的婴儿在白天与亲属待在一起，在自己家或亲属家里。

对于保育的很多批评认为，儿童在接受养育照料的过程中需要持续性、稳定性和可预期性。精神分析理论的追随者强调，儿童的情绪广度和爱的能力源自早年生活中对爱的经验。其他研究者说，情绪胜任力对年幼儿童的社会性成功是一个贡献因素。但是在保育中心里，儿童必须与其他孩子分享保育员工的注意。而且，当他们休假和工作变更时，儿童就变得没有任何特定亲近的人。

很多儿童养育研究都在与大学有关的中心进行。在这类中心里，员工—儿童的比率较低，并且有设计良好的项目指导对儿童认知、情绪和社会性发展的养育。很多保育员都是具有很高动机水平并且乐于投入的学生，他们准备将教师作为未来职业。然而当前美国父母所能得到的最多的儿童保育服务并不是这种类型和质量的。在绝大多数儿童保育中心，团体的规模都很大，保育者对儿童的比率很高，员工没有受过培训，或者很少受到督导，因为薪酬很低，员工离职频繁发生——所有这些都威胁到儿童的健康。2002年，保育员每小时收入的中数是7.86美元，比小学教师或其他相同教育水平的员工收入低得多。

像我们从普通心理学中所了解的那样，相关并不意味着因果！可能还有很多其他因素起着作用——例如，对于那些一周要工作四天休息三天、每天工作十小时的母亲，或者是那些在保健或制造业工作、需要轮班的母亲，她们在家庭中对幼儿的养育类型、较差的营养或缺乏睡眠、工作时间表等，都可能使幼儿每周经历变化的睡眠/醒觉时间表。

那些由养育者和父母评估出的攻击性，常常属于正常的行为范围。（2～3岁的学步儿童通常展示出一些攻击性，这是他们正常发展的一部分。两岁儿童最喜欢的词就是"不"！）80％在更早时段的托儿保育中的婴幼儿就没有展示出"问题"行为，而主流媒体却没有报道这些。在保育中心的保育员比家长受过更多训练和教育。所以，在所有早期教育机构都推行一些措施，以改善教师的职业教育。儿童照料的效果依赖于儿童在中心花的时间，更为显著的是，依赖于在家时父母—儿童互动的质量。

儿童保育机构中更大的一个问题是，儿童会形成网络传播多种疾病，特别是呼吸道感染、甲肝以及肠道疾病——尤其是对于两岁以下的儿童。混合型感染的机会增加，而易感的儿童也会有很高的发病风险。

很多社会科学家和政策制定者建立了更高的联邦基金、立法和指导方针，来调节儿童保育中心以及员工的质量。与联邦对儿童公立学校制定的"一个孩子也不落下"法案相一致的是，2002 年一个名为"好好起步，聪明成长"的新童年早期提案启动：（1）加强早期大脑开发和大脑开发项目，培训大脑开发教师；（2）创造更强的联邦国家股份，以支付高质量的早期儿童项目；（3）建立 4 500 万美元的基金支持合作研究，以确定前阅读和言语课程以及教师策略的效果。最后，目标是在所有托儿机构中进行高质量的培训和对婴儿和幼儿的保育。联邦资助的早期大脑开发项目最初发现的是，对于从出生到三岁的儿童，较之于没有进入早期大脑开发项目的对照组而言，参加项目的儿童都有更多机会发展，包括更好的认知、语言和社会—情绪发展。

现在，我们基于研究能够得出的最可靠的结论是：高质量的儿童照料是儿童养育安排中的一种可接受的选择，可能对认知发展和父母—儿童关系都有好处。世界各地的婴儿成长环境差异很大；儿童照料安排只是其中之一。而像我们已经在前面章节中指出的那样，家庭照料并不能保证孩子安全的依恋或健康的社会性和情绪的发展。

多重母亲养育　在美国，传统上，人们最喜欢的养育孩子的方式是在**核心家庭**里，也就是只有父母和他们的孩子。一种被很多专家推荐和赞美的观点是，母亲养育应该由一个人来提供，这是心理健康良好的核心。然而这种观点是美国文化环境内的观点，对于世界各地的很多孩子来说，他们在**多重母亲养育**的情况下健康地成长——在这种方式下，几个人分配和共同承担照料孩子的责任。

某些情况下，一个主要的母亲与很多母亲代理人分担养育责任，包括姑妈姨妈、祖母外祖母、年长的表姐妹、没有亲属关系的邻居，或是丈夫的其他妻妾。例如，在美国境内，Jacquelyne Faye Jackson 显示了多重养育方式——很多家庭成员分担养育责任，无论母亲的婚姻状况如何——对于非洲裔美国婴儿是正常情况。另一个例子是，在密克罗尼西亚的 Ifaluk，多重养育也很普遍。

> 对于西方人来说，婴儿被从一个人交到另一个人手中的次数几乎难以想象。婴儿，尤其是在其能够爬行之后，从不在一个人的怀抱中逗留。在半小时的会谈过程中，婴儿可能被倒手了十次，从一个人手里换到另一个人手里……成人，还有年龄较大的儿童，都喜欢抚弄婴儿，逗他们玩耍，其结果是婴儿从不和同一个人待很久……一旦婴儿哭泣，他就会立即被一个成人抱起、拥抱、抚慰或喂食……在人们自己的亲属和"生人"之间几乎没有什么差别。如果他需要什么东西，任何人都会尽力满足他的需要。每个房子都对他开放，而他从不需要学习这些房子有什么差别。

另一种超乎想象的照料孩子的方法发现于以色列农业聚集区（以色列集体农场）的集体主义的社会经济生活中。从婴儿早期开始，孩子就被养育在托儿所中，由两到三个职业照料者照顾，到了夜晚也在一起睡觉。起初，他们自己的母亲规律地看望他们，但是"公共婴儿"在夜晚睡眠时不在父母的家里。尽管这是"伴随母亲"的方式，但是系统的观察、检验和临床评估都显示了这些以色列集体农场的儿童智力、运动发展、心理健康和社会调适都在正常范围。以色列集体农场的模式伴随着经济成功和年轻工人构成的社团（社会工程实验）还在继续发展。

风险中的儿童：贫困的影响

评估表明，接近 1 300 万美国儿童生活在贫困状态下。这些儿童的生活环境有更多危险因素存在，可能导致中毒、学习机会受限，还有因经济压力而导致的家庭破裂，进而导致儿童严重的情绪困扰。他们的家庭不能提供足够的住宅、营养充足的食物或者高质量的儿童照料。这些意味着超过 1/5 的美国儿童正在经历着如下的不幸：

● 健康：有更高的风险出现矮小、贫血等问题，而且在其一周岁时的存活率较低。

● 教育：在上学时更可能留级或成绩较差，还可能因为辍学或开除而受教育水平低。

● 工作：工资较低，毕生的整体收入也偏低。贫困的孩子在校期间较长，为此付出的经济代价是，需要为他们提供免费的早餐午餐、特殊的教育服务和课外辅导，还因为最初较差的健康状况要支付更多的医疗费用，这些代价意味着，我们不解决贫困儿童的问题导致了每年要为此花费 1 370 亿美元。

贫困中长大的儿童还更有可能因为意外事故、传染病或其他疾病死亡。从发展的观点来看，儿童的健康、情绪和认知发展以及社会互动，都会受到贫困所造成的恶劣环境的负面影响。简言之，贫困篡夺了对儿童未来的承诺，最终影响了每个人的发展。

忽视与虐待儿童　儿童在童年期有赖于父母和养育者的照料，绝大多数美国儿童都被父母照顾得很好。然而，根据儿童虐待预防研究中心的统计，在 1999 年，美国每十秒钟就有一例忽视或虐待儿童的报告——在一年中有大约 320 万报告，其中有超过 100 万得到了证实——这比上一年的比率有所增加。更悲惨的是，在 2000 年有 1 356 个儿童——也就是每天有接近四个儿童——因为虐待或忽视而死亡。五岁以下的儿童占这些夭折儿童的 80%，而一岁以下的婴儿占 40%。

忽视的定义是，缺乏足够的社会性、情绪和躯体照料，这些可能发生在任何社会经济阶层。忽视的案例占据了儿童保护系统案例的大约 63%。**儿童虐待**的定义是，儿童养育者对儿童故意的躯体攻击或伤害，2000 年得到证实的案例中有 19% 是儿童虐待。过去在这一领域中有很多研究关注躯体虐待，而忽视了性虐待、情感与社会忽视或遗弃。

很难对虐待儿童的父母进行概括。虐待通常包含多重因素，这些因素随着个体、时代和社会环境而改变。然而，研究者越来越多地从生态学的观点看待儿童虐待问题，并考察了这种行为所根植的复杂的社会环境和网络。儿童虐待并不是仅限于低社会经济阶层的家庭；任何阶层都存在这种现象。儿童虐待还与家庭的社会压力有关。例如，婚姻中较高水平的冲突、伴侣间的躯体暴力以及失业，都与儿童虐待的高发率有关。此外，儿童虐待还在罹患心理疾病和物质滥用的父母身上更常发生。而相比于社会联系紧密的家庭来说，社会隔绝和远离邻里支持系统的家庭更可能虐待儿童。

精神病学家 Brandt G. Steele 和 Carl B. Pollock 对 60 个家庭进行了密集型研究，在这些家庭中发生过严重的儿童虐待情况。这些家庭中的父母来自于各类阶层，有着各种不同的社会经济状况、智力和教育水平、各种宗教信仰和人种。Steele 和 Pollock 发现了儿童虐待中的一系列共有元素。这些父母对婴儿要求很多，远超过婴儿能够理解和反应的范围。这些父母还感到不安全，对是否被爱感到不确定，他们把孩子视为安心、舒适和情感的资源。Kathy，一位母亲，说出了如下痛心的话：

> "在我一生中，我从未感到过真正被爱。当孩子出生时，我想他会爱我，但是当他哭闹的时候，这意味着他并不爱我，所以我打他。"三周大的 Kenny 因为双侧硬膜下血肿（多重淤血）而到医院就诊。

暴力的代际循环　Steele 和 Pollock 发现，他们研究的 60 例儿童虐待的家长都是在独裁风格的家庭环境中长大的，而这种风格再次发生在他们自己的孩子身上。其他研究者证实了虐待孩子的父母自己在儿童时期很可能也受到过虐待，或者是家庭暴力的目击者。事实上，证据显示，这种模式被无意识地从父母传递给孩子，从一代传递给一代——研究者和专业人士称其为"暴力循环"和"暴力的代际传递"。

社会学习理论的支持者说，暴力的、攻击的孩子从其父母那里习得了这类行为，他们是孩子的有力榜样。一些研究者主张，攻击行为有一种生物或基因的成分，攻击性是基于儿童自己的气质的一种个性特点——也就是说，儿童继承的生理倾向使虐待循环得以永存。

对于暴力代际传递的第三种解释是环境（社会学习）与生物/基因因素的交互作用。Kaufman 和 Zigler 认为，有关反社会行为表现的基因成分使个体有很高风险表现出暴力行为，而基因与环境因素的交互作用产出了表现暴力的最大风险。研究者普遍公认，没有单一因素能够解释虐待是如何在代际间传递的。

即便如此，被虐待并不总导致其成为虐待者；然而，在童年期经历的虐待体验的频率越高，受害者成为一个暴力家长的可能性也越大。Corby 发现，很多研究（除了乱伦研究之外）都聚焦于对母亲行为的调查上，然而，躯体虐待中男性占据了一半以上。

虐待孩子的父母通常并不虐待其所有孩子；通常，他们选择一个孩子作为受害者。一些孩子似乎比其他孩子更具有"受虐待的风险"，包括早产的婴儿、非婚生子、有先

"优质时间……优质时间……"

在任何社会经济阶层都可能发生社会性和情感剥夺。

天异常或其他障碍的孩子、"难养的"婴儿，或在继父母家庭中的孩子。总的来说，被有虐待倾向的父母视为"奇怪"或"不同"的孩子比其他孩子更有受虐待的风险。

虐待的信号　天生带有一些风险因素的孩子更容易受到虐待。受到虐待的孩子表现出多种不同症状。因为儿童照料员工和学前教师是很多婴儿和幼儿在家庭以外唯一持续见到的成人，他们所处的位置常常能够觉察到儿童被虐待和被忽视的信号，并报告给当地儿童保护服务机构或警署，以便开始对这一情形采取补救措施。事实上，绝大多数州都要求教师和健康照料专业报告儿童被虐待的案例，而法律为出于好意的错误报告提供法律豁免权。教师和其他在教育领域中的人士通常占据了报告虐待和忽视的最高比率。国家儿童虐待和忽视管理局公布了一系列信号，教师应该将其作为可能存在儿童被虐待或被忽视的信号，包括：

- 儿童是否有无法解释清楚的淤伤、鞭伤或挫伤？
- 儿童是否抱怨被打或被虐待？
- 儿童是否经常早到学校或在学校逗留？
- 儿童是否经常缺席或迟到？
- 儿童是否表现出攻击性、制造麻烦、破坏性、害羞、退缩、被动或过分顺从和友好？
- 儿童是否穿着不适合天气、邋遢、肮脏、营养不良、疲惫、需要医学关注或经常受伤？

此外，孩子被忽视或被虐待会增加日后行为不良、成年期犯罪行为和暴力犯罪行为的风险。大约有一半被虐待和被忽视的儿童（在青春期或成年期）被逮捕且不能假释，而某些亚群体（非洲裔美国人和被虐待或被忽视的男性）中，几乎有 2/3 在青少年或成人时被逮捕。儿童期发生的很多其他事件——例如，他们的天赋、气质、社会支持网络以及参加治疗的情况——可能会调节儿童被虐待和被忽视的不利后果。

忽视使儿童承担很多东西。心理学家 Byron Egeland 对于照料不良儿童的纵向研究发现，当孩子不高兴、不舒服或者受伤时，在情感上缺乏响应的母亲倾向于忽视他们；这些母亲并不与孩子分享快乐；其结果是，儿童发现他们不能从母亲那里寻求到安全和舒适。躯体上受虐待与情感上受剥夺的孩子通常都低自尊、自我控制差、对世界有负性情绪。然而身体上受虐待的孩子倾向于展现出高水平的愤怒、挫败和攻击，而那些被在情感上不可接近的母亲所养大的孩子倾向于退缩和依赖，并在他们长大后展示出严重的心理和行为损害。因为他们以不正常的方式看待和体验世界，他们当中的很多人后来都延续了其父母的虐待模式，虐待自己的孩子。

与残障婴儿的互动

我和你一样

每个人都暗自期待一个与众不同的婴儿，但是很少有人获得，至少没有很特别的"天才"的感觉。很多最后成为伟大的领导者（如丘吉尔，洛克菲勒）、科学家（如爱因斯坦，霍金）或艺术家（如汪德）的人，在生命的最初阶段都表现出一些障碍，但后来他们克服了障碍并实现了的潜能。

先天残疾儿童的父母常常体验到很多复杂的情绪，包括否认、苦恼、痛苦、自责、惊慌、抑郁和深深的丧失感。一些有特殊需求的孩子的父母坦承所有上述感受。最好的建议是寻求专家、律师、亲属和朋友来支持你和你的孩子。特殊教育和残障领域的专业人士鼓励父母做如下事情：

● 爱这个孩子本身的样子。看你的孩子、碰触他、充满爱意地对他讲话，尽可能正常地对待你的孩子。你的孩子首先是一个人！（见图4—7）

图4—7 依恋与残障婴儿

Emily 患有先天性心脏病，她在进食方面有困难，需要一个进食管。她的母亲把婴儿按摩视为加强其情绪和躯体健康的一种方式。一些儿科医师说，按摩创造了情绪联系以及养育者和婴儿之间的依恋。

● 尽可能从出生开始就进行早期干预服务。你将接触到专家和律师，他们了解你的孩子的需要。要意识到，我们生活的时代比以往任何时候对残障、先天异常和有先天风险因素的儿童都具有更多的专业知识。

● 获取信息，询问问题。如果你所居住的地区没有这些服务，可以通过专业杂志和互联网获得养育和专业方面的支持。父母需要知道他们并不孤独。甚至孩子的诊断非常罕见的父母也能够与世界上某个能够理解并有相同遭遇的人联系上。

● 意识到当孩子有残障时，家庭要支出额外的精力，而随着时间的流逝，很多父母发现了以前潜藏的精力和弹性，并成为他们以前从不知道自己会成为的人。

● 在美国，允许所有有残障的孩子在合适的年龄进入公立学校的正规班级受教育。有特殊需求的孩子可能经由学校管理机构支付教育费用。

● 意识到儿童的主要发展性原则是，无论其是否残障，儿童都会按照其个人成长的速度发展出力量和技能。庆祝你的孩子的发展性里程碑。

● 意识到你的孩子能够成为社会中积极的、有贡献的人。

● 意识到事情会朝向更好的方向改变。

打破暴力循环 一些研究者发现，有几种因素似乎给予了受虐待的孩子一些"缓冲"。这些因素包括，来自母亲的强有力的社会支持系统，参与社区活动，对孩子应该能够做到什么的期望不是很严苛，遭遇的生活事件较少，有一个支持性的伴侣/配偶，做一个有意识的决定不再重复虐待历史的人。Fry 提出了一些打破暴力循环的方法。

● 提升一种文化态度，躯体力量是不必要和不被接受的（躯体惩罚的不合法性）。

● 使用非暴力的冲突解决和问题解决方式来训练所有儿童。

● 训练父母使用健康的儿童养育技术。

● 尽早干预虐待情境。

续

　　在儿童人格的发展与其早期情绪和社会经历的关系方面，本章综述了社会和行为科学家一直感兴趣的文献资料。起初，社会科学家关注于母亲剥夺，认为仅考察母亲对儿童的影响就足够了。随着时间的推移，研究开始关注于父亲、同胞兄弟姐妹、祖父母、姑舅叔伯以及其他更大范围的家庭成员。近年来，这一范围甚至拓宽到儿童照料的提供者和学前教师。

　　在儿童保育机构的期望方面，美国人的观点中存在严重分歧。判断儿童照料是"好"还是"差"的冲动似乎更多是一个意识形态的问题，而不是科学的问题。在很多情况下，现代社会和社会科学家日益面对这一问题：当父母确实需要离家工作一段时间时，我们如何管理成功的保育工作，来养育未来的一代？

当我们检视下一部分时，儿童在学前和小学低年级时继续成长，经历重要的认知发展，并经历多种不同的社会影响。

第五章

童年早期：
身体和认知的发展

身体发育和健康问题

认知的发展

记忆

道德的发展

在 2～6 岁之间，儿童拓展了行为的全部本领。当幼儿在身体和认知方面发展时，他们自己也开始变成有能力的人类。绝大多数幼儿都是健康、充满活力的，并且对掌控其自身的小世界充满好奇。他们成长的身体和增加的力量允许他们爬得更高、跳得更远、喊得更响、抱得更紧。对于幼儿来说，每天实际上都是崭新的一天。他们在拓展词汇量、提问题，并且用他们自己的智慧和幽默进行娱乐。

像埃里克森指出的那样，当幼儿获得了自主性或独立感时，他们开始与自身的冲突性需要作斗争，反抗父母的控制。这些暂时性的剧变通常被称为"可怕的两岁"，此时幼儿开始坚持自己的意愿并且发脾气。与此同时，儿童开始把自己视为个体，尽管仍然依赖于父母，但他们意识到自己与父母是分离开的独立个体。幼儿的头脑是如何记住哪些是重要的、哪些是微不足道的呢？下面我们将考察几种关于早期认知发展和记忆的理论，以及有关身体和道德发展的理论。

身体发育和健康问题

童年早期为更复杂的学龄阶段生活打下了认知和社会性基础。支撑这些智力技能的是持续的大脑成长、身体发展、粗运动和精细运动技能的协调以及感官系统的成熟。贫困生活的深远影响是阻碍童年早期身体和认知发展的主要环境因素。

身体成长和运动技能发展

在生命的头 20 年里，成长是不均衡的。从出生到五岁，身高成长的比率或速率迅速下降。你可能听说过这样的谚语，"小孩子就像野草一样疯长"，1～3 岁的身高成长速度是 3～5 岁的两倍。直到学龄前结束的时候，幼儿都保持着头重脚轻的外形——头部相对于身体来说显得很大，但是他们逐渐变瘦，婴儿和幼儿阶段的"婴儿肥"特征消失殆尽。两岁以下的儿童往往很丰满，而 2～6 岁的绝大多数孩子都很苗条，尽管你能够看到儿童的身高和体重变化与遗传和环境因素都有关系。五岁之后，身高的生长率趋于稳定，直到青春期之前几乎保持常量。此外，相对于其年龄群体的生长常模，体形壮实的孩子倾向于比平均身高增长更快，而体形苗条的孩子倾向于比平均身高增长更慢。

成长中最令人震惊而又可能是最基本的特征之一，是该领域著名权威 James M. Tanner 称之为"自我稳定"或"寻找靶点"的特性：

> 儿童，正如火箭一般，拥有自身的发射轨迹，由其遗传体质的控制系统所调节，并由从自然环境中吸收的能量所推动。由于急性营养不良或疾病使儿童偏离成长轨迹，而一旦匮乏的食物得到供应，或者疾病得到治愈，就会产生回归的力量使儿童赶上最初的曲线。当发展达到这一曲线时，就缓慢下来，调节路径再次进入旧

有的轨迹。

这样，当恢复正常条件时，儿童展示出一种补偿性或补救性的特质，"弥补"被抑制的成长（除非成长中断的原因非常严重或被拖延）。

在学前和小学低年级阶段，儿童在身体上也变得更协调。走路、攀爬、伸展、抓握和释放不再仅仅是活动本身，而是有了新的目的性。这些发展中的技能赋予了新的方式以探索世界，完成新的任务（见表5—1）。

表 5—1

2 岁	3 岁	4 岁	5 岁
能跑。	能单腿站立。	能停住小三轮车。	能跳绳。
能踢动一个大球。	能两只脚跳跃。	能交替双脚从梯子上下来。	能单腿跳10步。
能跳12英寸高。	能骑小三轮车。	能骑马。	能照着画正方形。
能独自上楼梯。	一只脚能推动小推车。	能剪断线。	能照着写字母和数字。
能搭6~8层积木。	能照着画圆。	能写简单的字母。	很好地扔球。
能够自己翻书。	能画不间断的线。	能用肘部和身体前部接住球。	能系住纽扣。
能穿简单的衣服。	能从容器中倒水。	自己能穿连衣裙。	能用肘部和身体一侧抱住球。
单手能拿住一只玻璃杯。	能伸胳膊抓住球。		

粗运动技能 健康的2~6岁儿童总是很活跃。在这个年龄，儿童一旦有机会，就会跑、跳或者单脚蹦。他们的手臂和腿部肌肉正在成长，而这一年龄群的儿童需要日常的大量练习和活动，他们能从中获益。照料者应该限制被动性活动的时间，例如看电视、看录像和DVD，还有打电子游戏的时间。

4 岁 4岁大的孩子身体感觉更舒服了，他们通过探索可供攀爬游戏的立体构架和可供其他游戏的建筑物来突破身体的极限。上半身和下半身之间的协调性得到了发展，所以诸如跑步这类任务就得以更有效地完成。现在我们已经很清楚，儿童在学习走路这方面要经过三个明显阶段，并在大约4岁时达到成熟的模式。

5 岁 5岁大的孩子可能会很蛮勇；他们摇摆、蹦跳、尝试杂技，让父母胆战心惊。

很难想象，一两年前走不了多远就要摔跤的孩子，5岁时可以娴熟地滑冰、跳跃。有任何类型躯体残疾的孩子都应该被鼓励也参加运动，这样他们才能发展力量和协调性技能，并且享受身体运动的乐趣。娱乐治疗师和职业治疗师能够给予个别儿童以建议，告知他们能够完成什么样的活动。

● **娱乐治疗师**：儿童娱乐治疗师提供服务，帮助恢复功能、改善灵活性、缓解疼痛，预防或者减少外伤或疾病给病人带来的永久性身体残疾。娱乐治疗理论的目标是恢复、维持和提升整体的健康水平。

● **职业治疗师**：职业治疗师不仅帮助儿童提高基本运动功能和推理能力，还对永久性功能丧失进行弥补。职业治疗的目标是帮助人们能够独立、多产并且满意地生活。

<u>6岁</u>　照料者要设定界限和限制，并持续不断地提醒孩子安全和纪律，使用安全设备，因为6岁的孩子在更大范围的社区环境中主动寻求更多的独立。6岁大的孩子对大胆的冒险和游戏表现出更多兴趣。他们乐于通过快跑、猛掷、更高和更远的跳跃来尝试身体的极限。他们喜欢骑自行车，爬树，爬防火梯，从比较高的墙头或台阶上跳下。因为他们开始参加个体或团体的体育运动，所以他们可能在身体能力方面获得（或丧失）自信。父母在请教练方面要小心，不要为6岁儿童设置过多活动日程。

精细运动技能　粗运动技能是指包括身体更大部分的能力，而精细运动技能涉及身体的小的部分。精细运动技能比粗运动技能发展得缓慢得多，所以三岁的孩子虽然不再需要紧张地集中注意于跑步的任务，但却还需要心理能量来搭积木，玩乐高玩具，使用画笔，捏黏土，使用蜡笔或者敲击电脑键盘（见图5—1）。他们仍然倾向于把一块搞不

图5—1　良好的运动技能包含更加复杂的手眼协调
把方块、小珠子、拼图放在一起，需要较强的运动技能，这是儿童最喜欢的活动。

懂的积木强行塞进窟窿里，或者滑动它，直到它碰巧嵌进去。五岁大的孩子一般会给自己的手、胳膊、腿和脚下达困难的指令，他们觉得简单的协调动作很无聊，而更喜欢在平衡木上行走、搭高高的积木、开始尝试系鞋带。儿童鞋上使用了维可牢尼龙搭扣之后，很多孩子系鞋带的年纪都延迟了。成功穿衣、写字母表和数字、写连笔、切割、粘贴、在线条内涂色以及玩拼图玩具等等活动中，都需要精细运动技能，这里只是列举了一部分活动。

有协调问题的儿童　不幸的是，大约 5％的小孩在协调方面有显而易见的困难，而这些在五岁时有这些问题的孩子中，大约有 50％到九岁时仍然有这些问题。心理学家和教师越来越多地关注这些在躯体方面协调性差的孩子。辅助灵巧性差的孩子，使他们在躯体活动方面变得更成功，这是非常重要的工作。运动技能对小孩的自我概念形成以及他们如何感知他人都起到很大的作用。研究者发现，有协调问题的孩子将有更大的可能性在日后的小学期间出现明显的社交问题，因为笨拙经常影响到社交关系。被知觉为技能较差的男孩子最经常受到影响：他们比那些协调性更好的同伴所拥有的朋友少。心理学家和教育者正在寻找方法，帮助这些孩子改善那些起初看似不相关的领域。

感觉的发展

低龄儿童通常都喜欢多种色彩和质地的物品带来的感官体验，但少数儿童有感觉统合问题。绝大多数孩子在新鲜的体验和感觉中都感到愉悦。蹒跚学步的孩子喜欢把物品放到嘴里的感觉，而学龄前的儿童则通常不会这样做——尽管某个孩子会偶尔吮吸大拇指或手指头作为一种自我安慰的行为。伴随着新的感官体验，儿童发展出描述性言语来给这些体验分类，例如光滑的沙子、易碎的彩色树叶、温暖的水、松软的小雪、带刺的仙人掌、让人想抱抱的小猫咪等等。随着孩子的成熟，他们也会吸收周围他人的一切。

视觉、触觉和肌肉运动感觉　低龄儿童要发展自己的视觉和触觉感觉，并不仅仅在视觉上探索物品，还喜欢触摸它们，特别是对于沙子、水、食物、草、指画、黏土、肥皂、清洗的衣服以及羽毛等。他们使用手和脚来帮助自己发现环境中物品的所有不可思议的差异。然而，一些孩子对于感官体验（声音、碰触以及可能"刺眼"的光线）更加敏感、更加笨拙，在精细运动技能方面有问题。这些孩子可以从感觉统合困难的作业评估和作业治疗师那里获得帮助。

负责儿童视力保健和安全的保育员应该仔细查看低龄儿童的眼睛是否有斜视，这是一种"缓慢"或游离不定的眼睛，以及不寻常的外观，还有过度擦眼或红眼的现象。验光师和儿童眼科专家建议儿童从六个月大起要做定期视力检查，因为眼睛的问题如果得不到及时治疗，可能导致严重的健康、学习和自尊问题。

儿童在探索的时候注定要把东西弄得一团糟，但是大脑中复杂的神经连接就是因为这些刺激性体验而发展起来的。然而小孩也可以被教会在自己玩过之后收捡东西。感官体验帮助儿童使用语言技能来对事物进行分类（例如，大或小、热或冷、潮湿或干燥、平坦或颠簸、喧闹或安静、愉快或恐惧、安全或危险）。最终，儿童将能够利用成熟的视觉/触觉和肌肉运动感觉，进行预期的运动，学会扔球、使用叉子、冲马桶、翻开书的一页、穿衣服、轻而易举地爬上爬下楼梯等等。

听觉和语言发展　儿童的语言能力有赖于健康的听觉系统，还有口、舌和喉部肌肉的成长和发育。一周岁之内的婴儿发出的声音可以被视为具有跨文化的"普遍性"，而这个时期的婴儿能够倾听和学会不止一种语言的发声。寒冷、耳部感染、鼻窦充血以及过敏症（特别是如果儿童对奶制品过敏的话，黏液可能阻塞从咽喉后部到耳朵的管道）可能暂时性或严重地削弱听觉。童年早期的一个常见病是**中耳炎**，这是在小孩身上发生的一种很疼痛的感染，由其引起的液体积压在中耳内，如果不经治疗的话，可能导致听力丧失。典型的症状是儿童会不停地拉耳朵，在深夜哭泣或尖叫，因为一段时间的平躺会让液体压迫耳朵从而产生痛苦。一般来说，这种疾病需要药物治疗来降低液体的积累。患有一系列感染或延误了就医时间的孩子，可能会导致听力丧失。长期的听力问题会影响到学习和语言运用，所以，如果这些问题没有被及时发现，就可能会引起严重的认知发展迟滞。如果小孩对父母的要求似乎没有反应，或者没有朝向声音的方向转头，就需要进行检查。

嗅觉与味觉　在任何文化中，儿童都对食物和饮料的气味和味道展示出一系列反应。同样，儿童必须被教会把什么东西放在嘴里是安全的，什么是不安全的。对于儿童来说，识别什么是（玫瑰）气味，或者什么是（草莓）味道，有助于学会认识和在认知上对气味和味道进行分类。因为吃东西的同时包含了气味和味道，所以吃饭时父母会发现"挑嘴"的孩子——一小部分儿童对于嗅觉和味觉刺激过于敏感，或者对特定的食物过敏。儿童正在发育中的味蕾与儿童食谱中引入新食物的感官强度这二者的结合，可能使得就餐时间相当具有挑战性。

大脑和神经系统

大脑和中枢神经系统通常在童年早期持续快速发展。如果儿童通过使用感官或与他人的社会性互动受到刺激，神经系统中的大量复杂联结将持续发展。五岁大的时候，儿童的头部重量大约是头部最终重量的90%，而其身体重量只达到了最终重量的1/3。当你看到一个六岁大的孩子戴上成人的帽子时，你会看到，孩子与成人的头围差异远远小于衬衫或裤子尺码的差异。既然儿童的大脑在大小上迅速增长，我们也就不会奇怪，他们的复杂认知能力惊人的增长速度。

有认知迟滞风险的孩子　随着儿童物理世界的拓展，儿童将面临新的发展要求。他们主动寻求新的机会，操作和调节他们的环境，并在这样做的过程中实现一种自我效能感。这些过程是健康的认知发展的基础，并且能刺激这种发展。然而，一些小孩可能因为先天缺陷、多种智力发育迟滞以及其他在童年早期出现的健康问题（例如注意缺陷性多动障碍或抑郁、自闭症、抽搐障碍、艾滋病和其他健康问题）而出现认知迟滞。然而，设计良好的早期干预计划能够对生活在高危环境因素中的儿童或发育不健全的儿童有所帮助。

先天缺陷　一些儿童天生面临一些风险（例如：因为早产、出生缺陷或出生贫困），他们很可能在身体发育和感官成熟方面较为缓慢，所以可能无法获得完全发挥潜能的机会。这些孩子适合进行密集型早期干预治疗——"早期提前教育"项目，而且幼儿保健机构和公立学校还可以建立个性化家庭服务计划。

自闭症　被诊断为患上了自闭症——一种令人迷惑不解的神经发展障碍——的孩子，在三岁前就表现出这些行为。但可悲的是，儿童在自闭症开始之前，似乎发育正常。被诊断为自闭症的孩子通常没有或几乎没有语言技能，不能发起或维持对话，不能解释他人的情绪状态，对于碰触和声音非常敏感，对于无生命的客体表现出非比寻常的依恋，表现出古怪、重复或自我伤害的行为，有睡眠障碍，而且更可能有癫痫。一些自闭症儿童表现出异常的智力方面的优势，例如关于天气的统计数据、日期或生日，而另一较小比例的自闭症儿童被划为迟滞。自闭症症状较轻的儿童被划为**阿斯伯格综合征**。

尽管自闭症谱系障碍是可以识别的，但是它的确切原因却尚未得到明确。近期研究的焦点包括遗传学、畸形学、出生前或围产期感染、大脑结构或功能异常以及含硫汞撒的疫苗药理学。三个双生子研究的数据表明，同卵双生子的自闭症一致率是 65%，而异卵双生子是 0。这种疾病没有明确的检查能够诊断，也没有治愈的方法。

发现自闭症的确切原因并不是一项容易的工作，但是研究者继续在设计行为干预策略方面取得了长足进步。重要的是，养育者要尽早地识别在早期社会和言语方面有缺陷、迟滞或衰退的孩子，带他们去进行评估，并进行有效的治疗。被诊断为自闭症或阿斯伯格综合征的儿童适合于早期干预矫治。对小孩的行为和教育干预通常会改善其发展和行为的结果。

有行为问题的低龄儿童　在美国，大约有 10% 的儿童罹患由一些损伤所引起的精神疾病。然而，此类儿童中只有很小比例接受了心理健康服务。当学前儿童表现出懒怠、抑郁或烦扰，或者过度活跃、持续奔跑、打架或咬人时，他或她可能有严重的情绪/行为问题。越来越多的低龄儿童被诊断为注意缺陷障碍、重度抑郁症、心境障碍或反应性依恋障碍。

一些学者研究了跨越十年（1987—1996）的来自于美国三个医学库的数据，涉及 90 万名 2~4 岁的儿童，发现给学前儿童开的精神治疗处方药物是给成人处方的两倍到三倍。处方药物按顺序分别是兴奋剂、抗抑郁药和安定类药物（作为抗精神病药物使用）。

哈佛医学院的 Joseph Coyle 提出一些证据，表明提供给五岁以下儿童的精神类处方药物自从 1990 年起在加拿大、法国和美国都有所增加。然而，Coyle 提醒说，3/4 的美国数据来自于医疗补助计划的接受者，而并非一般低龄儿童的随机样本。"**利他灵**是这些研究中最常见的处方药物，被警告说不应该用于六岁以下的儿童"。利他灵是中枢神经系统的温和的兴奋剂，用于治疗儿童行为多动障碍，或通常被标签为 ADD（注意缺陷障碍）或 ADHD（注意缺陷多动障碍）。对 ADD 和 ADHD 较新的处方药物包括 Adderall（一种治疗多动症的药物）和哌甲酯制剂（利他灵的改良版）。然而，Coyle 和其他医生说，没有实证证据支持对非常低龄儿童使用精神药物治疗。他们相信，制药业在资助 ADHD 研究、发表针对医生推荐药物表以及在电视上对消费者直接做的广告方面有深远的影响。

一些合理的担心是，此类治疗可能对发育中的大脑产生有害的效果，必须进行广泛的研究以确定在童年早期阶段使用精神药物的长期后果。儿科医生还推荐行为治疗、情绪咨询、健康饮食与营养补给，还有早期干预矫治。美国卫生局局长在 2005 的"健康儿童年"的议程中提出要更关注于"改善成长中的儿童的身体、心理和精神"，还有对儿童早期发展和精神健康问题的特殊事宜。

低龄儿童的化学接触　低龄儿童的养育者必须注意限制儿童接触已知和可疑的有毒物质。一些低龄儿童因接触到从工厂和老化的储存设备排放或泄漏的化学毒物、农田杀虫剂、垃圾掩埋毒素以及污染的水塘、溪流和供水中的有毒化学物质，导致了躯体、运动、健康和大脑功能的损害。

杀虫剂已经被证实能够破坏人类 DNA 和基因结构，而且会严重地削弱人类免疫系统，并与一些童年期癌症有关。家用杀虫剂、控制白蚁的杀虫剂、Kwell 洗发香波、宠物除跳蚤剂、花园或果园中的二嗪农以及控制园中野草的除草剂等都与此有显著相关。一些低龄儿童不能耐受色素和化学食物添加剂。研究者认为，食品添加剂可能与儿童多动症有关。

营养学和健康问题

儿科医师通常推荐低龄儿童食用"混合食物"。也就是说，让儿童食用多种不同的食物和饮料，因此，随着时间的推移，儿童会获得恰当的营养。在生命的第二年，幼儿就可以进食绝大多数家庭食物。他们在吃饭时比成人吃的饭量小很多，所以他们需要在正餐之间吃些有营养的间食。

尽管一项近期研究发现，只有 16% 的学龄儿童按照推荐的每天五种蔬菜或水果进食，但少部分新鲜果汁、水果和蔬菜在切碎后便于手指取食，这对于低龄儿童来说通常很具有吸引力。商业上为低龄儿童准备的食物可能会提供必需的营养，但餐馆和外卖食品通常具有高钠、高脂肪或高糖的倾向。儿童一般不应该食用添加了过多香料和脂肪的食物，也不该食用添加了人工色素添加剂和防腐剂的食物。

两岁以上的儿童应该从谷物、水果、蔬菜、低脂牛奶、豆类、瘦肉、家禽、鱼类和坚果中获取绝大部分卡路里。绝大多数低龄儿童并没有准备好接受香料、味道浓烈的、苦味的或辛辣的食物。所以制药公司在儿童药物中添加了甜味剂。

儿童进食行为的可变性　像所有其他人一样，低龄儿童也会感觉到饥饿，他们的身体会告诉他们何时该进食，而他们的饥饿感可能与家庭的用餐时间不一致。低龄儿童还会体验到"成长风暴"，这与更饥饿的时段相一致。如果养育者强加给儿童严格的进食行为，例如，要求他们吃完所有东西，或者尝试每样食物，儿童可能在用餐时间变得麻烦或具有破坏性。另外，一些儿童对的味道和口感反应强烈，而感觉统合方法可能有所帮助。还有一些儿童对于特定食物过敏，而养育者必须给予特殊关注，以确保将该种食物从儿童的食谱上删除。

当孩子拒绝特定食物时　一些食物对于味蕾敏感的低龄儿童来说是非常苦涩的，例如椰菜、甘蓝、栀子甘蓝、菠菜、花椰菜、橄榄和洋葱等；还有一些食物可能因为口感而被儿童拒绝（例如，儿童通常不喜欢吃肝脏）。更好的办法是，在儿童成长的过程中，隔一段时间再引入此类食物，而且只给予很少的数量，或者用其他食物替代这些食物。Leach 引用了一个在伦敦的托儿所进行的研究，发现当每天提供三次多品种烹饪良好和切碎的食物，让儿童自己选择饮食时，他们的选择从长期来看是很平衡的。一些儿童会在某天偏好蛋白质食物，而另外一些天里偏好水果。一些日子里，他们吃得多些，另外一些日子吃得少些。

学者建议，进餐时间应该是愉快的，绝大多数父母也很快看到了这一点。食物不应该被作为奖励、惩罚、贿赂或威胁。文献中还指出，饮食干预项目只要在足够早的时间进行，就可以成功。儿科医生的例行检查将明确儿童对于其性别、年龄和身体类型来说是否发育良好。

进食频率　低龄儿童需要在醒来时吃些食物，在上午吃间食、午饭，吃下午的间食和晚饭，有时候还需要睡前吃间食。当饥饿的儿童必须等待很长时间才能吃到东西时，他们的血糖水平会下降，导致能量衰竭，缺乏耐心，并且在态度上"任性暴躁"。养育者必须准备在一天的不同时间里为儿童提供适宜的营养。

绝大多数上幼儿园、学前班的5～6岁儿童需要吃上午间食和下午间食以确保清楚的思考和参与活动的能量（见图5—2）。一些儿童比其他儿童个头更大，或精力更旺盛，他们在正餐之间所吃的间食数量可能也更多。其他个头较小、精力较差的儿童，可能只需要摄入较少卡路里。

牙齿健康对营养摄入的影响　Douglass 及其同事声称，童年早期最常见的慢性病是龋齿（牙齿的腐烂或蛀牙）；所以儿科医生和牙医推荐，当孩子在一岁开始长牙时进行首次牙齿检查。牙科医生还提议，每个儿童进行常规检查时，主要保健医生都要检查儿童的牙齿，确定其是否有瑕点和龋洞。为了预防乳牙和恒牙的腐烂，儿童在入睡前应该不再进食甜食或饮料。促进健康的牙齿发展的因素包括限制儿童的甜食摄入、训练幼儿

成长不困惑

和低龄儿童规律地刷牙、有规律地进行牙齿检查并在当地的供水当中加入氟化物。5～6岁时，乳牙开始脱落，恒牙开始长出。父母和养育者应该教授和示范正确的牙齿保健，并提供日用必需品。

图 5—2　低龄儿童需要间食

精力充沛的低龄儿童可能在每天的正餐之间需要几顿有营养的间食。上图是蒙台梭利学前班的儿童，那里鼓励他们自己准备间食。

很多国家在不同地点为低龄儿童提供免费的牙齿检查（例如，临近高校的地方可能有牙齿保健计划，为儿童提供免费的牙科服务）。牙齿发育不良会损害儿童进食和说话的能力——更不必说这还会影响到儿童日后的外貌和健康（一些儿童因为牙齿腐烂或缺牙而从不微笑）。

过敏症　对于有食物过敏症的儿童来说，最容易受影响的器官是口唇、皮肤、胃肠道及呼吸系统。最常见的引发过敏反应的食物是鸡蛋、牛奶、花生、大豆、小麦、坚果和贝类食物。昆虫的毒刺也会威胁到某些儿童的生命，包括蜜蜂、大黄蜂、胡蜂和火蚁。一些儿童对动物毛屑、特定药物有严重过敏，或对橡胶也有过敏反应。

父母、儿童保育员、学校护士和教师必须知道哪个孩子有被称为"**过敏反应**"的强烈器官反应，这种反应会危及生命。西奈山医学院（Mount Sinai School of Medicine）的 Sicherer 医生说，最容易引起过敏性反应的食物是花生、胡桃和树坚果（杏仁、山核桃、腰果、榛子、巴西坚果）。食物过敏的常见症状见表 5—2，所有儿童养育者都应该受到生命急救的相关教育。防止过敏反应的唯一方法是严格回避能够引发过敏的食物、动物、昆虫或药物。

尽管几代医药从业者和牛奶广告都试图说服父母，如果没有每日定量的牛奶，儿童的骨骼就不会成长，然而现今，"公认的观点是一些儿童不吃牛奶更好……牛奶所包含的有价值的蛋白质、矿物质和维生素在其他食物中也有"。一些儿童不能消化乳糖（会经历到腹痛和腹部绞痛，或有难闻气味，或是在食用乳制品之后立即排便）；他们能够从豆制品、马铃薯以及绿叶蔬菜中获得必要的营养物质。钙的其他来源包括新鲜山羊奶和豆浆（来自于大豆植物）以及很多绿叶蔬菜。

素食者　素食家庭的儿童通常从豆类、豆荚、坚果中获得碳水化合物和蛋白质，也可能有一些蛋类、干酪或奶制品。对于发育中的儿童，严格的素食食谱可能会有害处，父母应该从营养专家或医学人士那里寻求食谱建议。儿童要长出健康的骨骼、牙齿、血液和神经中枢，需要另外的微量矿物质和维生素，很多新鲜水果和蔬菜中通常含有这类物质。另一方面，快餐食品和垃圾食品含有大量脂肪，已导致许多儿童的肥胖倾向。

表 5—2

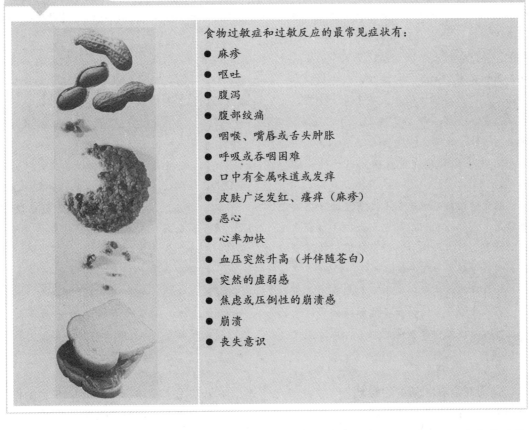

食物过敏症和过敏反应的最常见症状有：

- 麻疹
- 呕吐
- 腹泻
- 腹部绞痛
- 咽喉、嘴唇或舌头肿胀
- 呼吸或吞咽困难
- 口中有金属味道或发痒
- 皮肤广泛发红、瘙痒（麻疹）
- 恶心
- 心率加快
- 血压突然升高（并伴随苍白）
- 突然的虚弱感
- 焦虑或压倒性的崩溃感
- 崩溃
- 丧失意识

健康也意味着充足的卡路里　儿童需要每日摄入适量的卡路里，以确保其身体功能平稳运转，并为他们的大脑和身体系统发育提供燃料。世界各地以不同形式摄入的主要碳水化合物，包括稻米、小麦、马铃薯、玉米、豆类、山芋和甜薯。儿童可以从肉类、鱼类、禽类、蛋类，或包含蛋、干酪、酸奶酪、花生、黄油的食物以及类似食物里获得充足的蛋白质。

在世界上食物资源有限的地方，由于食物中长期缺乏碳水化合物、蛋白质和脂肪，很多儿童发展出不同形式的营养不良，如消瘦或恶性营养不良，这可能会威胁生命。营养不良的儿童精力很少、昏昏欲睡，可能因为蛋白质缺乏而腹部隆起，有很高的夭折风险。

家庭铅中毒

尽管整体血铅水平（BLL）比率在近年中已经稳定下降，但铅中毒仍然是一个主要的公共健康问题，特别是对于低龄儿童。低龄儿童常在地板上玩，或把旧油彩碎片放到嘴里玩，所以铅中毒风险更高。铅暴露的主要来源是房子油漆瓦解成尘埃、油漆碎屑、铅管。美国大约一半有六岁以下孩子的家庭仍然居住在有铅油漆的房屋里，而铅尘很容易通过灰尘传播。铅中毒的孩子身上会有以症状：食欲下降、胃痛、失眠、学习困难、便秘、呕吐、腹泻、IQ下降以及贫血。儿科医师能够通过血液检查来确定孩子的血铅水平。

研究者还在关注与铅暴露有关的健康效果研究。已知的有害后果包括大脑和神经系统的损害、行为和学习问题，还有一些激素的影响而导致青春期进程的延迟。

铅暴露的健康危害似乎是长期和不可逆的。大多数治疗方法似乎不能够减轻其对认知、行为和神经心理功能的损害。预防是保护儿童免受铅暴露伤害的唯一方法。家庭应对铅油漆进行检验，并经常重新粉刷，以预防铅油漆的旧涂层剥落成碎片。铅还可能通过供水接触含铅管道而进入供水系统。含铅管道应该被取代，供水也可以通过过滤去除铅物质。

随着新近的发现表明越来越低的血铅含量也会产生有害后果，CDC已经几次更改铅暴露的阈值。美国卫生和人类福利部设立了一个目标，要去除BLLs高于$25\mu g$每分升的情况，但是这一目标尚未实现。一个新的目标被建立，即要在2010年排除六岁及以下儿童BLLs高于$10\mu g$每分升的情况。要实现这一目标，必须通过增加公众健康问题意识，投入更多资金来排除暴露源。居住在老房子里的养育者，或是在旧建筑中与孩子工作的人们，应该有设施和外在土壤检查铅污染，定期清洗儿童的玩具和双手，定期打扫和清洗地板及窗台，确保没有掉落的油漆碎屑。在改造房屋时要避免暴露于铅尘之下。

贫困对营养和健康的影响 "食品安全"这个术语常用来描述想办法保证充足的饮食以维持健康有活力的生活。这意味着要提供有营养而又安全的充足的食物，而不必依赖于食品储藏室这样的资源。因为食品储藏室是直接与收入和金钱资源有关的，生活于贫困中的孩子就更可能面临不安全的食品。家庭收入低于联邦贫困线的儿童中，有超过45%的儿童要依赖社区食物储藏室，因此生活在食物不安全的状况下。

低龄儿童环境的安全措施 意外伤害是儿童死亡的首要原因。所以，所有危险的物品，例如尖刀、火柴和打火机、装有子弹的枪支、烟火等，还有带有有毒叶子的植物，都应该放在儿童够不到的地方。将钥匙放好，这样好奇的儿童也不能发动汽车或割草机。当处理旧的用具时，确保门已经被卸掉。溺水身亡是低龄儿童死亡的第二个原因，所以当孩子在水边的时候成人必须一直监督他们——包括儿童游泳池、按摩浴缸和澡盆！

低龄儿童往往会尝试新的和不同的物品来探索新的味道，而这些物品中有很多是不安全的，例如卫生球、大理石、硬币、硬糖，还有很多家庭清洁剂。吞下包含铅的物质（例如，剥落的油漆）能够严重危害儿童或胎儿发育中的大脑和神经系统。例如铅这样的神经毒素会导致惊厥、昏迷和死亡。

艾滋病儿童 世界上每天有超过1 900例儿童被感染艾滋病，艾滋病及病毒感染为儿童保健服务增添了极大压力。全世界4 000万感染艾滋病的人群中有接近一半是女性，她们怀孕、分娩或生下孩子后撒手人寰，这一过程中可能会感染孩子。一些被感染的低龄儿童在生命早期就出现症状和严重的并发症，他们被称为"急性发病者"，常常在五岁以前就死亡。另外一些在更晚些时候出现症状（有一些人直到十几岁的时候才出现症状），并且活的时间更长，被称为"长期存活者"。离开医院时要被送往寄养看护环境中的婴儿，其母亲可能感染了艾滋病的可能性高出普通婴儿八倍之多，而在寄养看护中的儿童有更大的可能遭受性虐待，这也使得其艾滋病感染的风险更高。美国儿科学会提出要对所有寄养看护下的儿童进行艾滋病检查，还包括那些有艾滋病感染的症状或艾滋病感染的躯体结果暗示的儿童，被性虐待过的儿童，有同胞感染艾滋病的儿童，父母一方有艾滋病感染的儿童，或其他感染艾滋病的高风险儿童。养父母需要接受教育培训，了解管理艾滋病儿童的所有健康事宜。

新的抗逆转录酶病毒治疗和革新的治疗策略继续得到开发，它们延长了儿童的生命预期。绝大多数儿童通过使用抗逆转录酶病毒治疗可以有希望活得更长和更健康一些。对暴露于艾滋病病毒下的儿童的综合照料要求医疗、社会服务和教育各界人士之间的协调配合。

感染艾滋病病毒的儿童能够上学，能够参加活动（有时对他们的身体训练教育需要调整），而且在教育环境中不应该被孤立或排斥。然而，像任何患有慢性疾病的孩子一样，他们更可能有其他感染，并需要包括家庭指导和早期干预在内的特殊服务。当症状变成长期和慢性的问题时，这些儿童开始出现认知迟滞或较差的学业绩效。

自我照料行为

小孩发展的很重要的一个方面是培养自我照料行为，如日常的洗头洗澡、刷牙、梳头、擦鼻涕、擦屁股、饭前便后洗手、按照天气正确穿着（如冷天雪天穿上靴子、外套和手套）。

如厕训练 排便训练是童年早期的一个重大发展里程碑，而掌握这一技能的年龄有相当大的差异。平均来说，在西方文化下的儿童在第三年时显示出身体的自我控制功能。在传统社会里，母亲通过使用自然的婴儿保健卫生，更具有同理心地对儿童的排便节律进行响应，就像她们对儿童的其他需要也保持协调一样。

父母和照料者应该意识到，极大的耐心和幽默感会帮助父母和儿童度过这一成熟和发展时期。就像你将在下面的章节中看到的那样，掌握了自我照料技能并能够自己调控行为的儿童更可能获得较高的自尊和自信，而这一点随着儿童的成长还会产生很多其他的积极结果。

睡眠　代表性研究显示，儿童的睡眠模式和睡眠问题受到文化和社会因素的影响。父母一般经常关心他们孩子的睡眠行为。在头三年里，日间睡眠会逐渐减少，到四岁时，绝大多数孩子不再需要白天的小睡（见图5—3）。夜晚的唤醒在童年早期很普遍。"大约1/3的儿童在四岁时会继续在晚间醒来，并需要父母的干预才能继续睡觉"。关于低龄儿童的睡眠习惯有两种不同观点：（1）儿童需要建立日常规律，在午后小睡，并有一个合理的晚间上床时间，这样儿童会在每个晚上获得10～12个小时的睡眠；（2）儿童的睡眠时间表可以随着父母的需要发生变化。

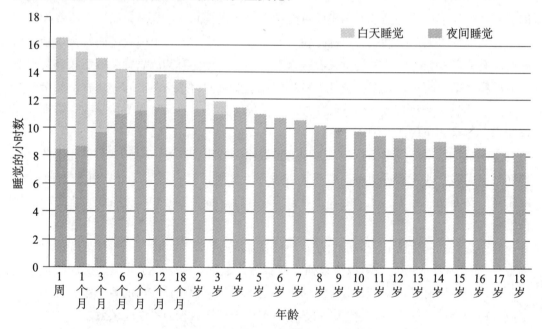

图5—3　随着年龄增长儿童日间和夜间睡眠时数有所变化

儿童3岁以前，日间睡眠逐渐减少，夜间睡眠逐渐增加。到4岁或5岁时，很多儿童就不需要在白天睡觉了。

事实上，睡眠时间表基于父母和养育者对睡眠习惯的容忍度、养育者的数量、儿童是否去托儿所以及父母的工作日时间。如今，超过60％的美国母亲都需要工作，很多低龄儿童很早醒来，白天被送到托儿所，晚上入睡前的几个小时被接回家。一个过度疲劳的儿童会烦躁、任性，并可能很难带或瞌睡。当父母不能为一个精力充沛、发育中的孩子提供足够的休息、放松或睡眠时间时，仅仅因为他的难以控制或不合作的行为而惩罚他是不公平的。

父母会发现，建立固定上床时间规律比强化摇来晃去、多次起床、四处走动或过度玩耍的行为更容易。在入睡前，可以用热水澡、讲故事或安静的谈话来使儿童放松。被允许晚睡、所有时间里都可以在房间里四处跑动的低龄儿童，在睡眠问题上控制了家庭。

低龄儿童的睡眠障碍 近期有两项大样本中国儿童和美国儿童的跨文化研究显示，在中国儿童身上存在更多的睡眠问题。睡眠问题的高发率可能是因为中国儿童平均来讲上床睡觉的时间比美国儿童晚一个小时，而且比美国儿童早起一个小时。我们可以预测，3～8岁的儿童常常有睡眠问题，尽管我们不知道是什么引起了梦魇或噩梦。"进入睡眠大约90分钟时，在第3阶段或第4阶段NREM睡眠中，噩梦可能会发生。儿童突然笔直地做起来，尖叫、难以安慰，大约持续30分钟，之后放松并再次进入睡眠。"

学前儿童开始在准备、维持和抗拒睡眠方面出现更多的问题。当儿童想要多喝一杯水或多听一个故事时，父母需要建立严格的限制。学前儿童在日间会经历很多压力或恐惧——例如进入新托儿所、新的弟弟妹妹出生、搬入新家、与父母分离，还有重要他人或宠物的死亡——这些都会触发噩梦。同样，现今的低龄儿童还会接触到媒体的很多暴力视觉镜头，这可能使他们非常困扰，并且会影响其睡眠质量。

估计有500万～700万美国儿童（男孩的比例更高）有夜间遗尿（尿床）。五岁时，有15%～25%的儿童尿床，这时候医生会考虑遗尿的诊断。到12岁时，男孩和女孩中仍然有一小部分比例的儿童遗尿。遗尿的原因是多因素的：基因因素、心理原因、膀胱的问题或感染，以及睡眠障碍。医生需要进行躯体检查和治疗计划，包括尿床警报、药物治疗、鼓励和支持。儿童的自尊会通过治疗得到改善。

低龄儿童还不具备用词汇来理解或表达她/他所体验到的焦虑，而儿的适应不良可以作为长期睡眠困扰的信号。父母可以通过给予孩子额外的关爱和注意、谈论孩子的恐惧以及对其进行理解和体谅，为经历着睡眠问题的孩子提供安心保证。

疾病与免疫 随着更多的儿童接受童年早期教育项目，或在托儿所、幼儿园、学前班、"早期提前教育"或"提前教育"项目中接受家庭以外的照料，儿童将不断地与其他孩子接触，所以有更高的风险接触到童年期疾病。绝大多数州都要求低龄儿童进入保育中心或公立的学前班和幼儿园之前具备接种证明。尽管一些儿童对特定的疫苗有更极端的反应，但父母按照推荐的接种时间表给孩子接种疫苗，绝大多数儿童都会获得更良好的健康状况。疾病控制和预防中心的研究组正在详细调查MMR免疫与发展性障碍之间可能存在的联系。一些父母对疫苗中使用特定防腐剂存在质疑，可以就接种和儿童个体的情况与儿科医生协商。下面是对4～6岁的儿童推荐的疫苗：

- DtaP——第五注射剂：针对白喉、破伤风、百日咳（百白破）。
- IPV——第四注射剂：针对脊髓灰质炎病毒（小儿麻痹症）。
- MMR——第二次注射：针对麻疹、腮腺炎、风疹。同时，您应该记住，医生推荐在这个年龄段注射第二剂，但也可能在第一剂注射的四周之后注射第二次。

两个针剂必须都在一岁或一岁后注射。

童年期哮喘　哮喘是第一位严重的、慢性的儿科疾病，将近9％的儿童受到感染，2001年感染儿童超过了600万，大约是20世纪90年代初的三倍。因哮喘症而就医是儿科门诊最普遍的原因，这也成为儿童学校缺课的主要原因。**哮喘**是一种慢性肺病，特点是炎症和肺部小气管的狭小，这是对过敏原的反应，过敏原引发了哮喘发作。这样的"扳机"包括宠物毛屑（例如教室宠物）、灰尘和尘埃、真菌、传染、运动、草、花粉、烟草、家用清洁剂、冷气、较差的室内环境、粉笔尘埃以及其他呼吸刺激物。美国有至少500万儿童患哮喘，而多数有哮喘的儿童家里有人吸烟。

哮喘的症状包括咳嗽、喘息、气短、胸闷、呼吸困难。照料者必须减少或消除儿童接触过敏源的可能，以此减少哮喘症状。在被诊断之后，一些儿童接受吸入式药物治疗以改善他们的呼吸（速效药），而另一些进行定期的过敏症注射和其他药物治疗（长期控制）。有严重过敏症和哮喘的孩子的家庭需要有紧急的可用"肾上腺素"工具箱。

跨文化的健康信念与实践

童年期检查和免疫

很多童年期疾病在那些儿童按照常规接种疫苗的国家都很罕见，在这些国家里，儿科医生和保健工作者按照时间表对儿童进行检查。然而，世界上多数儿童生活在预防性免疫很罕见甚至不存在的国家里，而家庭从传统的信仰治疗者那里寻求医疗保健。如今在美国有很多低龄儿童的父母移民自这样的国家，所以卫生保健和儿童照料专业工作者必须理解这些国家关于疾病原因和正确治愈的三个基本神话（而这些神话很可能不包括免疫的概念）：

● 自然原因：潮气和寒冷可以引发疾病。按照中医实践的观点，疾病是由"阴"（女性力量）和"阳"（男性力量）不平衡所引发的，可以通过针灸疗法治愈。有毒的食物或不适宜季节的食物能引发疾病。例如，很多穆斯林和信奉犹

太教的人不吃猪肉，且穆斯林在斋月时斋戒。摩门教的一些教徒不希望他们的儿童输血。波多黎各人、南美和加勒比海的岛民利用按摩和自然民俗以及草药来治疗常见疾病，他们将其分为"热症"或"寒症"。

● 超自然原因：疾病可能是被对生病者愤怒的某人、某事或精神力量所引发的，他们向那个人实施某些不好的东西（魔法、诅咒、钉人偶）。

● 宗教或精神原因：邪恶的想法或行为可以引发疾病，例如没有足够的祈祷，没有信仰，说谎，欺骗或不尊重长者、宗教领袖或上帝。

西医对健康和疾病的医学模型假设是适当的营养、睡眠以及广泛接种童年期疫苗能够预防绝大多数严重疾病以及可能威胁生命的并发症。然而，越来越

多的美国家庭到不给儿童施行免疫的国家去旅行。并且，随着世界各地的家庭日益移民美国，很多儿童和成人都没有接种过童年期疾病的疫苗，而且也没有意识到或者反对和恐惧免疫。同样，一些美国家庭也认为，让孩子接种疫苗可能导致发烧、出现轻微疾病症状，或出现例如自闭症等神经损害，并不值得冒这种风险。另一些家庭忽视带孩子做常规体检，即使公立临床门诊提供的是免费体检和免费疫苗或一个简化表。

认知的发展

接受适宜营养和各种刺激的学前儿童，其认知能力通常会迅速拓展。他们更为熟练地获取、组织和使用信息。这些能力逐渐进化成为一种品质，被称为"智力"。与在婴儿期不同，那时感觉运动过程很大程度上支配了发展，而在 18 个月后，一个朝向更抽象的推理过程以及问题解决过程的转变发生了。学前儿童继续使用他们的感觉来吸收周遭世界的信息，而学前教育者在教授关于世界的知识时使用很多感官体验（见表 5—3）。到儿童七岁时，他们已经发展了多套认知技能，在功能上与成人智力的元素相关。

表 5—3

学前儿童认知和感觉运动活动举例			
目标	感官体验	口头/数学/运动活动	资源
理解有触角的海洋动物，例如水母、虾和章鱼。	**水母 Ooey Gooey 的混乱餐桌** 水母不是真正的鱼。记住，鱼有脊骨，而水母没有任何骨骼。你需要为这样的活动做一批吉露果冻。让儿童把吉露压扁并挤出来。 假装这是一个真的水母。你能够给餐桌添加小鱼，让水母吃掉。	**五只愉快的小虾** 五只愉快的小虾在泥土中挖洞，躲在污泥中逃避它们的天敌。现在来了一条无声无息的鱼！吞掉！四只愉快的小虾在泥土中挖洞…… **挠痒的章鱼** 作者 Audrey Wood/Harcourt Brace。 这是一本非常有趣的书。花点时间让孩子重复简单的词汇。 **活动** 你还可以选择一个孩子扮演挠痒的章鱼。挠痒的章鱼出场时，它总是绕圈子走路给孩子们挠痒。	**有游泳的鱼的吉露果冻** 配料： 10 克蓝吉露果冻（四人份）； 3/4 杯开水； 1/2 杯冷水； 1 碟冰块； 10 克鱼胶粉。 做法： 在开水中融化吉露果冻，将冷水和冰块混合成 $1\frac{1}{4}$ 杯冰水。将冰水缓慢倒入吉露果冻水中，滤去没有融化的冰块。如果液体不够黏稠，可以冷冻几分钟。把吉露液体倒入干净的玻璃杯，倒入鱼胶粉，放入冰箱冷冻一小时，然后取出，分成四份。

智力及其评估

对于外行和心理学家来说，智力的概念都是一个模糊的概念。在某些方面，智力与电流很相似。就像电流一样，智力"是可测量的，但其效果而不是其性质，只能被不太严密地描述"。即便如此，心理学家韦克斯勒（David Wechsler）在考察了很多广泛应用的智力测验之后，提出一个定义，获得了普遍的接受。他视**智力**为理解世界、理性思考和机智地应付生命挑战的综合能力。韦克斯勒认为智力是获得知识和合理有效执行功能的能力，而不是拥有的知识储备量。智力因为很多原因令心理学家着迷，还渴望设计方法来教授人们更好地理解和提高其智力能力。

智力：单因素还是多因素？ 一个在心理学家中再次引发分歧的问题是，智力是一种单因素、一般的智力能力，还是由很多特殊的、独立的能力所组成。1905 年法国心理学家阿尔弗雷德·比奈（Alfred Binet）设计了第一个广泛使用的智力测验，视智力为一种理解和推理的一般能力。尽管他的测验使用了多种不同类型的项目，比奈假定他在测量一种一般能力，它能表现在多种任务绩效方面。

在英国，查尔斯·斯皮尔曼（Charles Spearman）在心理学圈子里迅速升至高位，他提出一种不同的观点。斯皮尔曼得出结论说，有一种一般智力能力，g 因素（g 代表"general"，一般、普遍之意），服务于抽象推理和问题解决。他视 g 因素为基本智力力量，遍及个体的所有精神活动。然而，因为个体的跨多种任务的绩效并不是完全一致的，对于给定的任务是有特殊性的，例如算术或空间关系，斯皮尔曼还确定了特殊因素（s 因素）。这被称为**"智力的二因素理论"**而广为人知。吉尔福特（J. P. Guilford）将理论进一步发展，确定了智力的 120 个因素。然而，并不是所有心理学家都很醉心于这样细小的区分。很多人更倾向于把智力称为"一般能力"——一种能力的混合，能够或多或少被一般目的的智力测验所武断测量。

多元智力 哈佛的心理学家加德纳（Howard Gardner）对天才儿童进行了很多年的研究。其研究基础之一是，他提出并没有一种称为智力的因素，而认为存在着**多元智力**。也就是说，人类有至少九种不同的智力相互作用（见图 5—4）：口头—语言、逻辑—数学、视觉—空间、音乐、躯体肌肉运动知觉、人际（知道如何与他人相处）、内省（对自己的了解）、自然主义者（天性聪颖）以及存在主义者（关于存在的哲学）。所以，儿童存在着不同的学习优势和劣势——而加德纳建议教育者改变工具与评估方法，以适应更多的学习者而不仅仅是视觉—语言和逻辑—数学的学习者。

加德纳不仅将智力分为这些独立的类型，还主张独立的智力存储于大脑的不同区域。当一个人的大脑因撞击或肿瘤而受到损伤时，所有能力并不是同等地遭到破坏。而在某一领域早熟的少年，通常在其他领域就较为平常。事实上，迟滞的人们在绝大多数领域心理能力都较低，但有时也会在一个特定领域展示出非凡的能力，最常见的是在数

图5—4 多元智力

加德纳提出，并不存在单一的被称为智力的因素，但是存在多元智力。也就是说，人类至少有九种不同但又有交互作用的智力。所以，儿童存在不同的学习优势和劣势。加德纳建议教育者改变工具和评估方法，以适应不同的学习者。

字计算方面。这些观察导致加德纳说，已经声名狼藉的智商的概念应该被"智力剖图"所取代。加德纳所提议的理论被很多日常与儿童工作的教师所拥护，并欣然看到了儿童的不同能力。但是来自 Sandra Scarr 等人的批评，说他所讲的实质上是天才或性向，而不是智力。批评者难以将人们通常标签为能力或优点的内容称为"智力"。

空间能力、音乐和智力　加德纳将空间能力定义为与形成心理意象、视觉图像表征以及识别客体相互关系的能力有关的技能。空间能力被用于移动周围的客体（包括自身）在任何环境（例如在运动场、制订国际象棋的战术策略或精通于电脑视频游戏）以及在后来的生活里解决数学和工程学问题。

沿着相似的方向，心理学家 Fran Rauscher 以及神经学家 Dee Joy Coulter 主张，歌唱、韵律运动、音乐游戏、听力以及早期乐器训练是神经上的练习，将儿童引入演说模式、感觉运动技能以及关键的韵律和运动策略。他们认为，所有这些非言语活动都独立于语言，但会促进在与空间技能同样的神经通路方面的大脑发育。Rauscher 在 1993 年进行的一个研究，其中十名三岁的儿童进行唱歌或钢琴课程。当这些儿童后来被测试时，儿童在《韦氏学前和小学儿童智力测验（修订版）》中物体集合任务分量表上的分数提高了 46％。随后的一项研究在三组学前儿童身上进行了八个月，参加钢琴课程的学前儿童比另一组没有参加钢琴课程的儿童分数显著高出 34％。Heyge 进一步声称，音乐是儿童生活的要素，因为它优化大脑发育，提高多元智力，促进成人与儿童之间的真正联结，建立社会/情绪技能，促进对任务的注意力以及内部语言，发展冲动控制与运动发育，并能够传递创造力和欢乐。

综上所述，这些心理学家和神经学家推荐尽早将音乐纳入儿童的生活，以建立神经联结，同时也建议在公立学校引入音乐计划。

智力和先天—养育之争

心理学家在将智力归因于遗传还是环境的相对重要性方面有所不同。一些关于先天—养育问题的研究者曾经询问"哪一个"的问题，而其他询问"有多少"的问题，还有一些关心"如何"的问题。因为他们询问不同的问题，他们也就得到了不同的答案。

遗传论者的立场　遗传论者倾向于将天生—养育问题变成影响"多少"问题，并在基于智力测验的家庭类同研究中寻求答案。心理学家使用一个被称为**"智商"**的单一数字来测量智力。一个 IQ，比如说 120，是源自测得的心理年龄除以生理年龄，通常被表达为一个商数，再乘以 100。今天的智力测验基于受测者成绩与同龄其他个体平均成绩的相对关系来提供 IQ 分数。

很多心理学家说，对智力能力的评估是其学科对社会最显著的贡献。但另外一些心理学家则认为，这是一个系统的尝试，有人能被放入"正确的"位置，有人则不能。研究表明，两个同卵双生子 IQ 相关系数在三个研究中的中值是 +0.72。异卵双生子的 IQ 相关系数中值是 +0.62。总结起来，在不同家庭中抚养长大的同卵双生子在 IQ 方面比在一起抚养长大的异卵双生子接近得多。随着两个人之间生物血缘关系的增加（接近），他们之间的 IQ 分数也就增加。所以，在一起养育的同卵双生子，与其他组合相比较而言其 IQ 相关最高（+0.86），其他组合如养育在一起的同胞之间（+0.47），或父母和同性别的子女之间（+0.40）。基于这个基础和其他证据，遗传论者通常得出这样的结论：在一般人群中 IQ 分数的 60%～80% 的变异可归因于基因差异，其余部分是由于环境差异。

环境论者的反驳意见　很多科学家对 Jensen 及具有相近思想的心理学家所言的"智力差异主要是一种遗传功能"提出质疑。一些人不同意对先天—养育问题的阐述停留在"多少"这个方面，而坚持这个问题应该是遗传和环境如何交互作用产生智力。其他人，例如 Leon J. Kamin 甚至称："不存在什么数据会导致一个谨慎的人接受 IQ 测验的分数是在任何程度上遗传来的这一假设。"同意 Kamin 观点的心理学家（通常被称为"环境论者"）认为，心理能力是习得的。他们相信，智力根据个体社会和文化环境中提供的丰富或贫瘠程度而增加或减少。

Kamin 有力地挑战了遗传论的提倡者为支持其结论的收养和同卵双生子研究。他强调，仅仅因为被试在不同家庭中长大，就说他们被养育在不同的环境中，这是不恰当的。在一些个案中，同卵双生子是被亲属养大的，或者住在隔壁，再或进入同一个学校。相似的是，环境论者指责那些收养儿童的研究，源于这样一种事实：收养者往往试图将孩子置于一种在宗教和种族上与他们出生的环境相似的社会环境中。

当代科学的共识 绝大多数社会和行为科学家认为，在先天—养育论战中任何一方极端的观点目前都没有被证实。基于双生子和收养研究的估计表明，遗传差异对人群中智力测验的绩效变异贡献了40％～80％。Bouchard及其同事发现，人群中70％的IQ差异可归因于遗传因素，但是其他专家认为70％的遗传估计过高。

Jencks使用了路径分析（一种统计方法）在组内划分方差的数量，他估计45％的IQ差异是由于遗传，35％是由于环境，而20％由于基因—环境的交互作用。Jencks介绍了第三个元素，基因—环境交互作用，因为他感到仅将IQ区分为基因和环境的成分是将这个问题过于简化了。类似地，Loehlin及其同事认为需要考虑下列三方面内容：

- 基因天赋：当智力刺激是持续不变的时候。
- 环境刺激：当基因潜力是不变的时候。
- 遗传和环境的协方差：这两个成分的变化与另一个有关，如果基因和环境相互强化，然后增加的方差内容就不能在逻辑上被归于先天或养育，而是二者独立效果之间联合的结果。

皮亚杰的前运算思维理论

皮亚杰是瑞士的发展心理学家，婴儿与儿童智力发展研究的先驱，他将2～7岁之间的年份称为**"前运算阶段"**。这一阶段的主要成就是，儿童通过使用符号发展了在内心中表征外部世界的能力。符号是代表其他某种事物的东西。例如，字母表中的字母就是一种符号，在英语中，"c-a-t"（猫）代表一种四腿动物。而数字，例如3，是某物的特定数量的符号。有一些其他熟悉的符号——你是否知道它们代表什么？如"©""σ""$"":-)"。

使用符号的能力将孩子从此时此地的严格界限中解放出来。通过使用符号，他们不仅能够表征眼前的事件，还能表征过去和未来的事件。语言和数字的获取促进了儿童使用和操作符号的能力。

解决守恒问题的困难 皮亚杰观察到，尽管儿童在前运算阶段在认知发展方面获得了长足进步，但他们的推理和思维过程仍然有很多局限。在学前儿童解决守恒问题时遇到的困难中可以看到这些局限。**守恒**指的是这样一个概念，某物的质量或数量保持不变，不管其形状或位置发生什么变化。

例如，如果给一个孩子呈现一个黏土球，然后把黏土球滚成长条的、细细的、像蛇一样的形状，儿童会说，黏土的数量改变了，仅仅是因为其形状改变了。类似地，如果我们给一个六岁以下的儿童呈现两排平行的硬币，每一排都均匀分布着八枚便士，然后询问儿童哪排便士更多，儿童通常会正确回答，每排的便士数量都相同。但是，如果要纵观儿童认知的全貌的话，我们把硬币移动，使其中一排硬币的间隔距离变长，再次询问哪排有更多的硬币，儿童将会回答说较长的那排硬币更多（见图5—5）。儿童不能够识别硬币的数量并不改变，仅仅因为我们在另外一个维度上（硬币排列的长短）做了调整。皮亚杰说，学前儿童在解决守恒问题方面的困难源自前运算思维的特征。这些特征通过设置了与中心化、转化、可逆和自我中心化有关的妨碍而抑制了逻辑思维。

(A)

(B)

图5—5　硬币守恒实验

首先呈现给儿童两排硬币（如图A）。实验者询问儿童硬币数量是否相同。然后，儿童观察实验者延伸下排硬币（如图B）。儿童被再次询问两排是否包含相同数量的硬币。前运算阶段的儿童会回答说，它们的数量不同。

中心化　前运算阶段的儿童聚焦于情境的某一方面特征，而忽略其他方面，这个过程被称为"中心化"。前运算阶段的儿童不能理解，当装在一个瘦高杯子中的水被倒入一个矮粗杯子中时，水的总量保持不变。取而代之的是，儿童看到新的杯子有一半是空的，就得出结论，水比从前的变少了；儿童不能同时关注于水的数量和容器的形状这两个方面。要正确地解决守恒问题，儿童必须"去中心化"——也就是说，同时注意高度和宽度。同样，在硬币的例子中，儿童需要意识到，长度的改变被其他维度（密度）补偿，所以数量并没有改变。此处在皮亚杰看来，去中心化的能力（探索情境中多于一个方面）再次超出了前运算阶段中儿童的能力。

状态与变化　前运算思维的另外一个特点是，儿童更关注状态而不是变化。在观察水被从一个杯子倒入另一个杯子时，学前儿童关注于最初的状态和最终的状态。干预过程（注入）被他们错过了。当实验者注入液体时，他们并不注意杯中水的高度或宽度的渐进改变。

前运算思维专注于静止状态。这种思维不能将连续的状态连接成事件的连贯序列。有一个更普遍的例子：如果你提供给前运算阶段的儿童一块饼干，而这个儿童抱怨它太少了，简单地将饼干掰成三块，把它摆在一整块饼干旁边。低龄儿童就可能认为掰成三块的饼干更多！

学前儿童缺乏跟随转换的能力，这妨碍了他们的逻辑思维。只有通过接受不同操作的连续和有序的性质，我们才能确定数量保持不变。因为前运算阶段的儿童不能够看到事件之间的关系，他们对最初和最后事件之间的比较是不完全的。所以，根据皮亚杰的观点，他们不能解决守恒问题。

不可逆性 根据皮亚杰的观点，前运算思维最有区别的特点就是儿童不能识别**操作的可逆性**，即一系列操作能够通过相反顺序的操作回到起始点。当我们将水从一个窄的容器中倒入宽的容器中之后，我们能够通过将水再倒回窄的容器来演示水的数量没有改变。但是前运算阶段的儿童不能够理解操作是可逆的。一旦他们执行了一个完整的操作，他们就不能在心理上重新获得原初状态。对可逆性的意识是需要逻辑思维的。

自我中心化 另外一种妨碍了学前儿童对现实的逻辑理解的元素是**自我中心化**——对除了他们自己的观点之外还有别的观点缺乏意识。根据皮亚杰的观点，前运算阶段的儿童如此全神贯注于他们自己的印象，因为他们不能认识到，他们的想法和感觉可能与他人不同。儿童只是假设所有人都像他们自己想的那样有同样的想法，并且像他们看待世界那样对世界有同样的观点。

皮亚杰和社会学家 George Herbert Mead 都指出，儿童要参与成熟的社会互动的话，必须克服自我中心的观点。如果儿童要恰当地扮演他们的角色，他们就必须知道关于其他角色的一些事情。绝大多数三岁的儿童能够使用一个玩偶进行几个角色相关的活动，例如，儿童能够扮成一个医生检查玩偶，这表明儿童具有社会角色的知识。四岁儿童通常能够扮演一个社会角色及其对应角色，例如，他们能够假装病人玩偶生病了，而假装医生玩偶检查它，在这个过程中，两个玩偶都做出恰当的反应。在学龄前末期，儿童变得能够以更复杂的方式结合角色——例如，同时既是医生又是母亲；绝大多数六岁的儿童能够同时假装扮演几个角色。

对皮亚杰自我中心的儿童的批评 然而，新皮亚杰主义者更近期的研究表明，尽管自我中心是学前思维的一个特征，但学前儿童也能够以自己的方式来识别他人的观点。幼儿在情绪方面可能非常自我中心，但他们在理解他人观点方面并不必然是自我中心的。越来越多的研究者正在揭示低龄儿童的很多社会中心化（群体定向）的反应。事实上，一些研究者曾质疑把儿童描述为自我中心化。考虑下述证据：

利他主义和亲社会行为 研究者已经在非常小的儿童身上发现了利他主义与亲社会行为。下列例子并不罕见：一个两岁的男孩偶然地打了一个小女孩的头部。他看起来吓坏了。"我伤害了你的头。请不要哭啊。"另外一个 18 个月大的女孩，看到她的祖母躺下来休息。她回到自己的婴儿床边，拿着她自己的毯子，给她祖母盖上。

如果自我中心化被视为在心理上与他人"接触"的无能，那么这些例子指出的是，儿童有能力延伸向另外一个人，并与其发生联系。另外一个方面，如果自我中心化被视为"对他人经验、行为或人或物，使用自己的图式进行了曲解"，那么甚至亲社会行为也可以被贴上"自我中心化"的标签。

蒙台梭利思想 蒙台梭利博士（Dr. Maria Montessori）于 1907 年成立了蒙台梭利"儿童社区"，这是最广为人知的早教项目之一。蒙台梭利教育与传统学前教育项目不同，有一系列利他优先的培养。她的第一个学校由 60 个市中心区的儿童组成，他们绝大多数来自于功能失调的家庭。她发展了一套以儿童为中心的"生命教育"哲学，指向每个儿童的兴趣、能力和人类潜能的开发。而她的视野超越了促进低龄儿童"亲社会行为"的学院课程。

今天的蒙台梭利学校给予儿童从属于家庭的感觉，并帮助他们学会如何与其他人生活在一起。通过创造父母、教师和儿童之间的联结，蒙台梭利寻求创造一种社团，儿童在这种社团中能够学会成为家庭的一部分，学会照料更小的儿童，从他人及年长者那里学习，彼此信任，发现恰当的自我张扬的方法而不是攻击性。蒙台梭利博士将其运动预想为本质上领导了一场社会重建。今天在世界各地都有蒙台梭利学校，包括欧洲、中美洲和南美洲、大洋洲、印度、斯里兰卡、韩国以及日本。

新近的研究进展发现，在我们努力理解儿童的过程中，我们被以成人为中心的概念以及我们所关注的成人—儿童关系所束缚——换句话说，被成人中心化所束缚。此外，近年来，心理学家从皮亚杰的宽泛的、宏观的阶段观念日益发展为更为复杂的发展观点。研究者不再搜索主要的整体变化，而是细查分离的领域，例如因果关系、记忆、创造力、问题解决以及社会互动。每个领域都有某种程度上的独特而灵活的时间表，不仅受到年龄的影响，还受到环境质量的影响。

儿童的心理理论

心理理论的研究探查的是儿童心理活动中正在发展的观念的主要成分。当儿童开始领会心理的存在时，这就为根本性地区分环境和自我铺设好了道路，例如自己是环境的一部分，而同时也与环境相独立。进而，儿童能够开始理解他人对事物的思考有别于自己。

例如，研究者可能给一个五岁儿童呈现一个糖果盒，并问这个孩子里边有什么。孩子会回答说，"糖果"。但当孩子打开盒子时，她会惊讶地发现里边装的是蜡笔而不是糖果。研究者接下来会询问孩子："下一个进来的小孩没有打开这个盒子，她会认为里边装的是什么？""糖果！"孩子回答说，为这个诡计咧嘴一笑。但当研究者与三岁的孩子重复同样的程序时，孩子通常会像预期的那样以"糖果"回答第一个问题，但当回答第二个问题时，她会回答"蜡笔"。值得注意的是，当让三岁的儿童回忆她起初认为盒子里装的是什么时，她也会回答"蜡笔"。

三岁的孩子与五岁的不同，不能够理解人们持有的信念可能与他人所已知的想法不同，甚至可能是错误的信念。三岁的儿童相信，因为她知道盒子里没有糖果，其他每个人都自动地知道了同样的事实。与更大一点的孩子相比，三岁孩子的想法仍然是混淆的。情况就好像是，三岁的儿童很努力也不能够理解四岁和更大的孩子通常能够理解的事情：人们有内在心理状态，例如信念，而信念可能正确或错误地表征了世界，人们的行为源自他们对世界的心理表征，而并不是直接源自客观现实世界。

皮亚杰对儿童推理的大量说明是提出"心理"问题的一个早期尝试——这是一个工具性概念，能够计算、做梦、幻想、欺骗和评估他人的想法。最近，研究者已经开始进行有关儿童发展中的对其心灵世界的理解的研究。

这一工作显示了，甚至三岁的儿童也能够区分物理的东西和心理的东西，他们对想象、思考和梦见某物分别意味着什么拥有一些理解。例如，如果三岁的孩子被告知某个孩子有一个冰淇淋，而另一个孩子仅仅是在想冰淇淋，然后这个三岁的孩子就能够说出，哪个孩子的冰淇淋可以被别人看到、拿到或吃掉。当小孩和兄弟姐妹、养育者以及同伴之间有互动，因而拥有丰富的"数据库"时，这种理解会得到促进。

内隐理解和知识　皮亚杰的程序还倾向于低估学前儿童的很多认知能力。事实上，近期研究在儿童的学习概念形成方面提出了一个重要的新问题。幼儿似乎对特定的原则拥有一种显著的内隐理解或知识。此处，为了便于说明，我们将考虑两个知识概念范畴：因果关系和数字概念。

因果关系　皮亚杰总结说，低于七岁或八岁的儿童不能掌握因果关系。当他询问较小的儿童太阳和月亮为何移动时，儿童会回答说，天上的物体"追随我们，因为它们很好奇"，或"为了看看我们"。这类对事物的解释导致皮亚杰强调儿童在智力操作方面的局限性。

但是当代发展心理学家在考察低龄儿童的思维时，发现他们已经能够理解很多因果关系。**因果关系**包括我们将两个按照顺序重复发生的成对事件归因为因果关系。因果关系是基于一种期待，当一个事件发生时，通常跟随着第一个事件的另外一个事件还会再次发生。显然，在三个月大的婴儿身上，对于信息的因果过程的基本原理已经很明显地体现出来了（"如果我哭，妈妈会过来"）。而3～4岁的儿童似乎已对识别因果关系拥有了较为成熟的能力。

低龄儿童掌握因果关系的多功能性导致一些心理学家得出这样的结论，人类在生物上是预设的，能够理解因果关系的存在。儿童似乎进行一种因果关系的内隐理论的运算。显然，认识到原因必然总是先于结果的能力，在进化的过程中具有巨大的生存价值。

数字概念　皮亚杰也不重视儿童的计数能力，称之为"仅仅是口头知识"，并断定"在获得计数能力与儿童能够真正运算之间没有关系"。然而低龄儿童似乎对某些数字概念存在内隐理解。学前儿童能够成功地完成修订版的计算程序任务，并能够判断木偶在演示多或少的概念时是否正确。计数是儿童所获得的第一个正式的计算系统。它允许小孩对数量进行正确的定量评估，而不是仅仅依赖于他们的知觉或定性判断。下一次你在2～3岁的孩子身边时，询问他："你多大啦？"儿童会总是比划着手指，并说出数字。

语言的获得

低龄儿童常常在领会语言〔包括接受性语言和产生语言（包括表达性语言）〕之间存在延迟。小于一岁的儿童反复地显示出他们理解我们所说的话。说："妈妈在哪儿？"儿童就会看妈妈。然而，在绝大多数儿童通常还要再过几个月才能用超过一两个词的词汇量开始表达自己更多的需要。三岁的儿童可能在敲门后说出下面的句子："没人在家吗？"也就是询问："有人在家吗？"很重要的是，要记住，当儿童发展到某一个正在获得语言的特定时间点时，他们以代表其自身对世界的所知所想的方式理解和使用语言。

在语言发展的这个阶段，儿童超越了两个词的句子，例如"狗走"，并开始显示了对语言规则的真正理解，同时也理解了语言的不同声音，也就是**音韵学**。能够使用过去式、复数以及所有格。

在三岁前后，儿童开始正确地询问有关"wh-"的问题〔为什么（why）？什么（what）？哪些（which）？什么时候（when）？谁（who）？〕这显示了对**语法**的理解，也就是词汇在句子中的顺序。使用把词与词有意义地联结在一起的规则，被称为"**语义学**"。在3～5岁之间，儿童学会什么类型的语言能够在不同的社会情境下使用，我们将此称为语言的"**语用论**"。

发展性音位障碍　这是儿童四岁前出现的一些语言障碍，包括在学习使用简单且可理解的讲话方面存在困难，这种倾向通常具有家庭的普遍性。儿童可能在储存声音、说出声音或使用言语规则方面遭遇困难。对于绝大多数儿童来说，很多方法都可用来评估和治疗多种不同类型的音位障碍。

口吃　绝大多数低龄儿童在学习说话的过程中都经历过不流利阶段。然而，说话流畅性的频繁中断被称为"口吃"或"结巴"，而研究者发现这一倾向也具有家庭的普遍性。儿童讲话中的不流利通常被分为拖长，也称为阻滞的停顿，以及重复。遗传学者发现口吃可能是遗传而来的，而男孩更容易患口吃。现在一般的方针是，如果父母开始注意到低龄儿童的一贯口吃，就应该寻求儿科医生或言语—语言病理学家的帮助。口吃儿童适宜进行早期干预矫治，而很多科学方法可以被用于帮助儿童改善说话的流畅性。

乔姆斯基的语言理论　诺姆·乔姆斯基提出一个语言方面的理论，鉴于儿童接收到的杂乱信息输入，并从中构造的有意义的句子，该理论能够充分地解释语言结构。乔姆斯基认为，人类天生拥有一种**语言获得装置**（LAD），接受婴儿所听到的所有声音、词汇和句子，并产生与这一数据一致的语法。乔姆斯基说，这个假设一定符合事实，因为对于婴儿来说仅通过归纳来学会语言是不可能的——也就是说，儿童不可能仅仅通过重新使用其听到的句子学会语言。如果是这样的话，一个小孩就不能说出新的句子，但我们都知道小孩会说出一些非常新颖的话。

说话晚的儿童　倘若儿童的听力没有问题，身体很健康，并且生活在一个能够听到讲话的环境里，却直到两岁、三岁甚至四岁还不能使用表达性语言（词汇），可能是出于下列原因：婴儿是个安静的婴儿，也可能是早产儿并存在健康问题，或者是双胞胎（双胞胎通常会发展他们自己的私有语言），还可能是因为性别的缘故——男孩通常说话较晚，或者婴儿可能在双语家庭，或有较大的兄弟姐妹替婴儿说话。一个研究对几百对有早期言语迟滞的 2～4 岁同性别双胞胎进行了考察，发现遗传原因仅是影响小部分儿童的一个因素——而一对双胞胎所共享的环境因素与早期言语迟滞关系更为密切。Bishop 及其同事得到的结论是，两岁的儿童表达性语言技能水平较低很可能没有什么关系，除非其家庭里存在讲话或言语的损害问题。如果孩子说话晚的话，父母可以向儿科医生咨询，医生可能会推荐孩子做听力测试或言语治疗。

学习使用言语赋予了儿童能力，因为这使他们有能力表达自己的需要，与他人发生联系，学习并掌控环境，并成为正常的社会性生物而不是孤立者。所以，一个听觉病矫治专家或言语病理学家的评估可能是早期言语迟滞的孩子所需要的。也有一些有言语和/或语言残障的儿童没有参加干预就取得了一些进步，但早期干预能够显著地提高进步的速度。

维果茨基的观点　学习语言和促进认知发展并不是儿童在婴儿床中独处就能完成的任务，他们需要在社会环境中达成这一点。列夫·维果茨基（Lev Vygotsky）首先考虑语言和思维如何与文化和社会交织在一起，因此提出了认知发展发生于社会文化环境中，有赖于儿童的社会互动的观点。这导致**"最近发展区"**（ZPD）这一著名概念的出现：当儿童得到一个更有技能的伙伴的帮助时，他们能够掌握比独自完成的事情稍微难一点点的任务（见图 5—6）。

回过头来想想你开始阅读的时候。当你开始学习阅读过程时，你的父母或老师提供鼓励、建议、修正和赞扬。逐渐地，你开始独立地阅读，但是只能通过你和较年长的、更成熟的人的互动，你才能够培养这一新的技能。同样的原则适用于学习一项运动。当儿童处于发展必要的手眼协调阶段以投掷或踢球时，某人通常向儿童示范如何做一个正确的手臂动作，或一个特定的脚部动作。

维果茨基与皮亚杰之间的一个重要差异在于：皮亚杰认为，儿童作为独立的探索者学习，而维果茨基则断言，儿童通过社会互动学习。所以，维果茨基向前发展了一种社会文化的观点，强调皮亚杰所没有强调的认知发展的社会性方面。维果茨基断言，当儿童与更有技能的人一起从事 ZPD 范围之内的活动时，儿童的心理得到发展。进而，维果茨基断言，当儿童和成人一起做某个活动时，儿童吸收了成人与活动有关的语言，然后重新使用语言来转换自己的思维。

语言与情绪

低龄儿童的词汇量通常很有限，主要由指示物品和表示动作的词汇构成，还有较少比例的词汇表达情感（情绪）状态。研究显示，当儿童处于一些情绪状态下，如恐惧、受伤、痛苦或压力时，他们不能够集中精力在学习任务上。他们的精力集中注意于大脑中边缘（情绪）系统的加工过程。在阅读了下面几句话之后，停下来你自己试试，回忆一个近期痛苦的体验。尽量回忆那些细节，在头脑中想象那些有关的人们，并感受你在那一事件发生时感受到的情绪。现在闭上你的眼睛，给自己几分钟时间。

图 5—6　维果茨基的最近发展区域（ZPD）

低龄儿童通常相互学习。对于儿童独自完成稍微困难一点的任务，如果有另一个更有技能的伙伴帮助，通常就能够被他们掌握。

儿童能够交流他们感受的一些健康方法是绘画和身体运动；这些活动释放边缘系统建立起的能量。所以保育中心和学前班通常准备很多纸张、颜料、蜡笔和彩色铅笔；这些机构还可以准备小的滑动和攀登的玩具，或者安排音乐时间和舞蹈时间，借此允许儿童"表达"他们自己。多重感官体验也使儿童学会从多种资源中加工信息，帮助他们进一步学习发展重要的技能。

谈话和交流 Catherine Garvey 和 Robert Hogan 发现，3～5 岁的儿童在托儿所的时间里，有一大半是在通过说话与他人互动。进而，尽管有些讲话是**私人言语**（直接朝向自己或没有朝向特定的人），但儿童的绝大多数讲话都是相互的反应，适合于同伴所说的话或非言语行为。

Harriet Rheingold，Dale Hay 和 Meredith West 发现儿童在生命的第二年与他人分享他们所看到的和所发现的有趣的事情。学前班、幼儿园预备班和幼儿园教师知道，可以通过安排周期性的"展示和讲故事时间"来培养这一类型的社会行为，例如让儿童讲述从家里带来的特殊物品。Rheingold 及其同事得出如下结论：

> 在向另外一个人展示物品的过程中，儿童显示了一种能力，即不仅知道他人能够看到自己所看到的东西，还知道他人会看他们所指或所拿的东西。我们能够猜测，他们也知道自己所看的可能是在某些方面不寻常的，因此也值得他人的注意。低龄儿童的此类分享与研究者不断把他们归为自我中心相矛盾，他们已经能够成为社会生活的贡献者。

表 5—4 列出了学前儿童发育迟滞的一些早期迹象。

表 5—4

学前儿童发育迟滞的早期迹象
语言
发音问题
词汇量发展缓慢
对讲故事缺乏兴趣
记忆
识别字母或数字时有困难
很难按顺序记住事物（例如，一周的星期几）
注意力
静坐有困难或专注于任务有困难
运动技能
自我照料技能有问题（扣扣子、梳头）
笨拙
不愿画画
其他功能
学习从左到右有困难
分类事物有困难
"阅读"身体语言与面部表情有困难

认知发育不良　有些儿童在早期会面临中等或严重的困难，延缓认知和语言技能发展。有中枢神经系统问题或遗传障碍的儿童（如心智反应迟钝、大脑性麻痹、自闭症），感知损毁（如失明、失聪），运动技能迟钝（如肌肉萎缩、瘫痪、四肢麻痹），社会忽视（如物质滥用、忽视、制度化、无家可归、隔离），或者严重的疾病，这些伤害将会以比他们正常年龄发育慢的速度发展。

记忆

记忆是一个关键的认知能力。事实上，所有学习都与记忆有关。在其最广泛的意义上，记忆指对所经历的事情的保持力。没有记忆，我们将对每一个事件都像是从未经历过一样进行反应。进而，如果我们不能使用记忆的事实，我们将无法思考和推理，也不能进行任何智力行为。所以，记忆对信息加工是至关重要的。

早期记忆

在婴儿期和儿童期，我们学会了关于世界的大量信息，然而到了成年期，早期经历的记忆消退了。这一现象被称为"童年期失忆"。成人通常只记得七岁或八岁以前短暂的场景和孤立的片段。

尽管一些个体没有先于八岁或九岁的回忆，但很多人能够回忆在我们 3～4 岁生日时发生的事情。最为普遍的是，最初记忆包含视觉意象，而绝大多数的意象是彩色的。在很多情况下，我们在这些记忆中从远处看到自己，就好像我们在看舞台上的演员一样。

早期记忆为何应该消退，至今仍然是一个谜题。弗洛伊德建立的理论说，我们压抑或改变了童年期记忆，因为这些记忆中有令人困扰的性和攻击性内容。皮亚杰主义者和认知发展学家主张，成人在回忆早期童年期记忆时有困难，是因为他们不再像儿童一样思考——也就是说，成人通常使用心理习惯作为记忆的辅助，而低龄儿童无法做到这一点。

还有另外一些人说，儿童的大脑和神经系统没有完全形成，所以不能允许足够的记忆存储发展，也没有有效的取回策略。还有一些人主张，很多在生命最初两年中学习的内容发生于大脑的情绪中心区域，这些学习内容在晚一些年龄时只能很有限地回忆。我们可能回忆起的绝大多数最早记忆的类型都与恐惧情绪有关。你能回忆起哪些早期经历？你觉得与情绪有关吗？

最后，Mark Howe 和 Mary Courage 认为，问题不是源自记忆本身，而是源自使个体记忆成为独特的自传体性质的个人参考框架的缺乏（用另一个术语来说，还没有发育完全的"自我"作为认知实体出现）。尽管有这些假说，我们童年期的记忆仍然常常令人难以捉摸。

信息加工

记忆包括回忆、再认以及再学习的简易化。在**回忆**过程中，我们记得较早时曾经学习过的内容，例如一个科学概念定义或戏剧的诗句。（例如，一个短文问题要求你回忆信息。）在**再认**过程中，当我们再次感知到此前曾遭遇过的某事时，我们经验到熟悉的感觉。（例如，一个匹配类型的测验要求再认。）在再学习的简易化过程中，相比于不熟悉的资料，我们学习已经熟悉的资料时更为容易。

总体来说，儿童的再认记忆优于回忆记忆。在再认中，信息已经是可以利用的，而儿童能够简单地依靠记忆检查其发生的感知。相反的是，回忆要求他们从自己的记忆中重新找回所有信息。当四岁的儿童被询问在一个单子上他们觉得自己能记住多少条目时，他们预测他们能回忆七条——但是他们实际上能够回忆的少于四条。

记忆允许我们储存不同时间段的信息。一些心理学家区分了感觉信息存储、短时记忆与长时记忆（见图5—7）。在**感觉信息存储**中，来自于感觉的信息被保存在感觉登记，时间只够允许刺激被扫描加工（一般少于两秒）。这提供了物理刺激的相对完整、表面的复本。例如，如果你用手指敲打脸颊，你注意到直接的感觉，但很快就消退了。

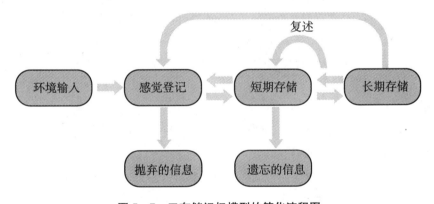

图5—7　三存储记忆模型的简化流程图

信息流被描绘为通过三种记忆存储：感觉登记、短时存储和长时存储。从环境中的输入进入感觉登记，在这里它们被选择性地通过短时存储。短时存储的信息可能被遗忘或被长时存储复制。在一些情况下，个体在主动有意识的短时存储中会在心理上复述信息。复杂的反馈操作发生于三个存储成分之间。

短时记忆　短时记忆是信息保持很短的一段时间，通常不超过30秒。例如，你可能看一眼E-mail的地址，记住它的时间只够将其敲入地址簿，然后你可能迅速忘掉它。另一个常见的短时记忆体验是，你对陌生人的介绍。10分钟之后，你能够多容易地记住这个人的姓名？通常，信息飞逝，除非有某种原因或动机让你更长时间地记住它。

长时记忆　长时记忆是信息保持更长的一段时间。记忆可能被保留，因为它从一个非常强烈的单一体验升起，或因为它反复被复述。研究者从很多方面研究了记忆。Schacter 和 Tulving 假定，人类记忆有五个主要系统，我们用它们来处理日常生活：

- 程序记忆——学习多种运动、行为和认知技能。
- 工作记忆——对已知的短时记忆进行精细阐述，允许个体在一小段时间内保持信息。
- 知觉表征——在识别词汇和物体时使用。
- 语义记忆——个体获得和保持关于世界的事实信息。
- 情节记忆——个体记得看到过的事件或生活中经历的事件。

元认知和元记忆

当儿童在认知上成熟时，他们在记忆加工方面变成积极的主体。记忆的发展发生于两种途径：通过改造大脑的生物性结构（记忆的"硬件"），以及通过改变信息加工的类型（获得和找回的"软件"）。研究者观察到，无论是在儿童对记忆任务的绩效，还是在他们对记忆策略的使用方面，年龄都带来显著的功能改变。随着儿童的长大，他们获得复杂的技能，使其能够控制学到和记忆的东西。简言之，他们变得"知道如何知道"，以至于他们能够投身于"有意的"记忆。个体的意识和对其自身心理过程的理解被术语化为"**元认知**"，并且低龄儿童尝试以适合自身的方式学习。仔细倾听，你会听到一个小孩说，"我不能做那个"或其反面"让我做这个"。这是他们对自身心理能力有意识的信号。整体来说，记忆能力从出生到五岁飞速发展，然后，在整个童年中期和青少年阶段，它的进展变得更缓慢一些。

人类在构成知识基础方面，比事实及策略性信息要求的更多。他们必须也接近这一知识基础并应用适合于任务要求的策略（我如何能够记住这个单词的拼写？我如何能够从幼儿园走回家？我如何能够把这个球扔回本垒？）校准对特定问题解决过程中的灵活性是智力的特点。灵活性在意识控制中达到峰值，成人能在很广泛的心理功能范围中达到这一点。在整个青少年期以及成年期的认知领域和社会—道德领域，这种策略的意识控制和意识或对策略的反思将得到持续发展。

儿童对自身记忆过程的意识和理解被称为"**元记忆**"。元记忆的常见例子是，儿童使用有意图的方法来记住地址和电话号码。因为很多低龄儿童白天不在家里，他们被要求尽可能记住这些重要信息。孩子是不是在口头上一遍遍地重复这些信息？或者孩子要求在一页纸上看到电话号码或住址？研究显示，甚至三岁的儿童也可以进行"有意图的"记忆行为。当他们被告知要记住某事时，他们好像理解了自己被期待存储这件事情，并在以后要回想起它。事实上，甚至两岁的儿童也能够独立藏匿、放错地方、寻找并发现物品。

当儿童上幼儿园时，他们已经发展出关于记忆过程可观的知识。他们意识到遗忘会发生（记忆中的项目丢失），意识到在学习上花更多的时间能帮助他们保持信息，意识到一次记住很多项目比少记几个更困难，意识到分心与干扰使得任务变难，并且他们能够使用记录、线索以及他人帮助他们回忆起事情。他们也理解这些词汇，诸如想起、忘记以及学习。

记忆策略

儿童（以及成人）可能使用多种策略来帮助自己记住和回想起那些他们正在学习或渴望记住的信息。在阅读下一章节之前先思考几分钟如下内容。如果你必须记住你新加入的小组里的五个人名，你如何完成这一任务？你会列出一个单子并在口头上重复这个单子吗？你会把名字写在抽认卡上，并改变这些抽认卡的顺序吗？你会写出他们名字的第一个字，然后组成短语，以便记住他们的名字吗？或者你还会使用一些其他方法？

作为记忆策略的复述　能够促进记忆的一个策略是**复述**，这是一个过程，在这个过程中我们对自己重复信息。很多擅长于记住人名的个体，在被新介绍一个人时，通过将一个新的名字在心里对自己复述几遍，来培养这种才能。研究者已经证明，三岁大的儿童能够有不同的复述策略。例如，如果三岁的儿童被教导要记住一个藏起来的物品，他们通常通过更长时间地看它、碰触它或指出隐藏的位置，为未来取回记忆做准备。隐藏和寻找活动还帮助低龄儿童发展多种记忆策略。

随着儿童成长，他们的复述机制变得更加主动和有效。一些研究者认为，随着儿童在口头上标签刺激物方面变得愈发有技能，这一过程会为语言所促进。根据这些调查者的发现，在命名方面内在的组织和复述过程是记忆的有力辅助。当儿童开始以更老练的方式加工信息，并学会如何和何时要记忆时，他们变得能够自己做更多决定。父母和老师能够培养儿童的决策技能。

作为记忆策略的分类　一种能够促进记忆的策略是按照有意义的分类储存信息。Sheila Rossi 和 M. C. Wittrock 发现，在儿童用来为再认而组织词汇的分类中存在着发展性的进步。在这个实验中，研究者给 2~5 岁的儿童念 12 个单词的列表（sun，hand，men，fun，leg，work，hat，apple，dogs，fat，peach，bark）。每个儿童都被要求尽可能地回忆出更多的单词。

儿童回忆词汇的顺序以成对的方式计分：押韵（sun-fun，hat-fat）；依照句法（men-work，dogs-bark）；聚类（apple-peach，hand-leg）；或序列顺序（回忆起列表上连续的两个词）。Rossi 和 Wittrock 发现押韵反应在两岁达到峰值，三岁主要是依照句法的反应，聚类反应发生于四岁，而按照序列顺序的反应发生于五岁。

这一进程在很多方面与皮亚杰的理论相一致，皮亚杰的理论将发展描述为从具体

（看到和碰触到某物）向抽象功能的前进。其他研究也证实，从两岁到青少年期的发展进程中，儿童自发使用的分类发生着变化。在回忆任务里，尽管两岁大的儿童也因开始分类而获得了好处，但较大些的儿童获得的好处更多。

一方面，回忆随年龄而增加。另一方面，在回忆任务中，相比于更年长的儿童来说，4～6岁的儿童对事物区分的类别更少，相似项目的次级分类也更少，而在将事物分配到类别时一致性也更低。青少年会采用更为复杂娴熟的策略，将项目分入逻辑分类，例如人群、场所、物品，或动物、植物和矿物。

道德的发展

社会感受首先出现在前运算阶段。在这个阶段，感受第一次能够被表征、回忆和命名。回忆感受的能力使得道德感受成为可能。如果儿童想起某人过去曾做的事情，而且情绪反应与行动联结，道德决策就开始出现了。

皮亚杰的理论

根据皮亚杰的观点，在感觉运动阶段，儿童不能重建过去的事件和经历，因为他们缺乏表征。一旦儿童具有重建过去认知与情感的能力，他就能够开始表现一致的情绪行为。

道德推理的进化　当皮亚杰第一次研究道德发展时，他观察到儿童道德推理的进化。他相信，年轻人身上的道德感指出了做什么是必要的，而不仅仅是做什么是更好的。他还提出，道德标准有三个特征：

- 道德标准对所有情境普适。
- 道德标准保持在产生它们的情境与条件之外。
- 道德标准与自主的感觉有关。

但是，根据皮亚杰的观点：儿童在2～7岁之间都不符合上述条件。首先，道德不是普适的，而是只在特定的条件下有效。例如，儿童认为对其父母以及其他成人说谎是不对的，但对其同伴则不然。其次，指导仍然保持着与特定再现的情境的联系，与知觉构造相似。例如，一个指令是将保持与给予指令的人的联系。最后，道德还是非自主的……好与坏被定义为对一个人接受到的指令是顺从还是不顺从。

态度与价值的互惠　皮亚杰断言，态度与价值的互惠是儿童社会交换的基础。互惠导致每个儿童以允许他或她记住互动价值的方式评估他人的价值。下面这段情节是儿童中发生互惠的一个例子：

两个小孩在公园里相遇，并在一起玩耍。其中一个孩子（Neiko）给了另一个孩子（Kiri）一些糖果，因为 Kiri 显然想要一些。他们最终分享了玩具，并在一起玩得很开心。通过将 Neiko 的行为标记为"好的"，Kiri 能够在他们下次在公园里相遇时回忆起这个情节。她可能给 Neiko 一些她自己的东西，至少对他态度很好，因为见到 Keiko 时能带给 Kiri 温暖感觉的回忆。

按规则玩游戏 皮亚杰基于自己对儿童道德发展的观点来观察当地男孩玩弹石子，他认为这是包含着一套规则的社会性游戏。通过访谈这些男孩，皮亚杰发现低龄儿童对规则的知识中包含两个发展性阶段：运动阶段和自我中心阶段。在运动阶段，儿童并不能意识到任何规则。例如，一个在这个阶段的小孩可能在大理石子之外建立一个巢，装作自己是鸟妈妈。弹石子游戏并没有被理解。在 2～5 岁之间，自我中心阶段，儿童开始意识到规则的存在，并开始想要与其他儿童玩游戏，（你能记得 Candyland 游戏的规则吗?）但是儿童的自我中心主义阻止了儿童社会性地玩这个游戏。儿童继续独自玩耍，而并不尝试竞争。例如，一个小孩可能将石子扔进堆里，并喊道："我赢啦!"在这一阶段，儿童相信每个人都能赢。规则被视为一成不变的，并来自于一个更高的权威。

故意与意外 皮亚杰还对儿童进行了访谈，以探索他们如何看待"故意"与"意外"。要让儿童区分行为与行为的原因非常困难。例如，儿童被告知下面两个故事：

从前有个小女孩名叫 Heidi，当她妈妈叫她来吃饭时，她正在自己的房间里玩耍。因为他们家来了客人，Heidi 决定帮助妈妈，于是就把 15 个杯子放到盘子里，这样她就能把它们都拿到餐厅。当她举着盘子走路时，她脚下绊了一下摔倒了，并打碎了所有的杯子。

从前有个小女孩名叫 Gretchen，正在厨房玩耍。她想要拿些果酱，可是妈妈不在身边。她爬上一个椅子，试图够到果酱瓶，但是果酱瓶放得太高了。她尝试了十分钟，变得很生气。然后她看到桌上有个杯子，就把杯子捡起来摔了。杯子被摔碎了。

低于七岁的儿童通常认为第一个女孩做了更大的错事，因为 Heidi 打碎的杯子比 Gretchen 多。儿童判断行为基于行为结果的数量，而并不能正确评价行为背后的意图。对于前运算阶段的儿童来说，道德仍然主要基于感觉。尽管低龄儿童拥有对道德的初步感觉，但只要他们不能理解行为的意图性，他们理解公正的能力就仍然受局限。

科尔伯格的理论

科尔伯格（Lawrence Kohlberg）关于道德发展的理论受杜威（John Dewey）发展哲学和皮亚杰理论——人们通过其社会经验阶段性地发展出道德推理——的影响。科尔伯格是一个发展心理学家，他通过研究儿童对道德困境的推理差异来研究道德推理的发展。根据科尔伯格的观点，学前儿童在道德判断方面往往很肤浅，因为他们在认知水平上有困难，无法在心理上同时保留几段信息。他们开始服从威胁或惩罚的权威，这被他归类于水平——前习俗阶段。科尔伯格还认为，儿童在道德推理方面的第一个水平是自我中心化的，不能考虑他人的观点。他拒绝将价值和美德（例如同情）作为研究焦点，因为他认为此类概念对于这个阶段的儿童太过复杂。他认为随着儿童在社会经验中进入不同的道德发展阶段，他们将在道德推理方面获得进步。尽管有人对科尔伯格的道德发展阶段理论提出一些批评，认为没有处理男性和女性道德观念的差异，但他的道德发展理论为心理学开辟了一条新的研究途径。

续

在童年早期阶段的身体、感觉和认知成熟以及技能获得，对儿童完全行使作为社会成员的功能的能力具有深远意义。我们并不是在与世隔绝的情况下发展的。要进入与他人持续的社会互动中，我们必须对我们周围的人进行归纳。我们所有人，儿童和成人都是同样地使用对人的分类来面对社会世界——我们将其分类为父母、家庭、堂兄弟姐妹、成人、医生、教师、青少年、生意人等等。社会并不仅仅由如此众多的独立个体所构成。它有被归类为相似的个体所构成，因为他们扮演相似的角色。

而且，当我们对他人进行归纳时，我们必须也对自己进行归纳。我们不得不发展一种自我的感觉，作为区分的、有界限的和可以确认的单元。在第六章，我们将在情绪与性别的领域检查低龄儿童的自我意识。在家庭和友人、儿童照料背景中和幼儿园的社会情境中，低龄儿童获得了表达情绪时所需的一套指导。

童年早期：
情绪和社会性的发展

认知因素在儿童确定情绪生活的基调方面扮演重要角色，社会因素也对最大化或者最小化智力能力产生影响。儿童通过社会交互作用获得指导，以在心智上或者认知上调节内部情绪体验和外部情绪表达。

情绪发展和适应

思维任务对情绪发展是关键的

儿童的情绪发展和情绪自我调节的过程对父母和照看者来说可能看起来很缓慢，但从情绪和自我调节的表现中可以看出儿童在这个过程中变化相当大。在童年早期，许多变化在情绪表达和情绪调节中发生，研究者开始试图确认促进或抑制儿童社会能力和健康适应的因素。

情绪是儿童生活的中心　今天的儿童心理学家和童年早期的专家认为，儿童的情绪作为他们生活的中心，也应该成为托儿所、幼儿园和小学初期课程的重点。童年早期方面的专家 Hyson 称，"新一代的情绪研究者已经为各种情绪的重要性提供证明，情绪是儿童的行为和学习的组织者。这一认识为重建以情绪为中心的儿童早期课程打下坚实基础"。

她进一步指出，情绪发展和社会性发展是缠绕在一起的，"所有的行为、想法和相互作用在某种方式上是由情绪激发和受情绪影响的，这是当前的理论和研究支持的观点。思维是一种情绪活动，而情绪为学习提供基本平台。但是，儿童的感觉能够支持或阻碍他们的智力活动的参与和掌握"。Shure 同意儿童学会的最重要的问题解决技能是如何思考，其中生成多样的社会适应的解决方式以对人际问题进行健康的适应，对于儿童的学习是重要的。

教授有效的问题解决技能　Youngstrom 和同事们研究形成了社会能力和健康适应所必需的理性目标，采用大样本的参与"提前教育"方案的五岁儿童，于七岁时上一年级再次研究。照看者、父母和独立评估人员评估那些在五岁和七岁生成更有效的亲社会解决方式的儿童是较具有社会胜任力的，显示出较少的注意力问题和破坏性的行为。

相反，那些在五岁和七岁再次强行地提出自己的意见（例如打、叫和抓）和非有效的解决方式的儿童，被评估为具有较小的社会胜任力，注意力不集中和较高破坏性。但是，大多数样本中的七岁儿童报告更多的问题解决方式，使用较少的暴力解决方式和生成更多亲社会的反应。从这些研究总结得出，为了提高社会能力，必须教授儿童有效的问题解决技能。

对父母情绪表达方式的学习　Eisenberg 及其同事调查了父母的情绪表达性（对儿

童或者在普通家庭中）与儿童的适应和社会能力之间的关系。他们将表达性定义为一种持久稳固的模式或方式，呈现为非语言的表达方式和语言表达的方式……通常根据发生事件的频率进行衡量。研究结果提出，显示出社会能力、情绪理解力、亲社会行为、高自尊和安全型依恋的儿童，父母具有热情或积极情绪、与他们的孩子较少负性相互作用和在家庭中非儿童指向性相互作用水平低的特点。进一步研究观察到，积极的支持性的父母总是帮助他们的孩子成功地处理困难情境。因此，可以想见这种家庭里的孩子可以学会模仿自我调节，发展出适当的情绪策略和行为。由于信任感和相互性，这些孩子也往往有动机去遵从父母的要求。

一些负性情绪的暴露——适当地表达和在有限基础上表达——对于习得各种情绪和如何调控它们来说非常重要。例如，悲伤、尴尬和悲痛这些非敌对情绪的表达，已经与表示同情心积极地联系起来。然而，显示出高水平的敌对和伤害性的负性情绪（包括儿童指向的和在家庭中普遍性的）的父母，他们家庭中的孩子在遵从父母的指导方面可能性更小，更可能显示出加强的负性情感影响表达和与情绪不安全感相关的问题。

Demo 和 Cox 的研究结果支持，那些在较安全的家庭环境中长大的儿童可能显示出更健康的情绪和较早期的情绪自我调节。反之，那些早产的、带有发展障碍的、有虐待经历的或者父母离婚的儿童，往往在情绪自我调节上是迟滞的，并且展示出的社会能力较低。这一章稍后我们将讨论父母的影响和孩子们的社会能力。

情绪发展的时间和顺序

非常小的婴儿会表达如快乐、悲伤、痛苦、愤怒和惊奇这样的情绪。在初学走路时期和学前期一些面部表情以相当高的频率出现，包括自豪、羞耻、胆怯、困窘、丢脸、恐惧和内疚。这些情绪表达方式要求一定水平的认知能力和对文化价值或者社会标准的觉察能力。学前期儿童经常立刻展现一些像愤怒和内疚这样的情绪，比如当儿童打算顽固地拒绝与其他儿童分享某样东西的时候。随着身体发展的增强，年龄较大的儿童可以较好地控制他们的面部肌肉，他们能够通过面部呈现一些更复杂的情绪。

面部表情、手势、身体语言和声音特性　许多试验性的研究集中在作为儿童情绪表达传送管道的面部，然而父母和其他照看者可以聪明地成为孩子们全部身体语言的"读者"。儿童能够以更复杂精细的方式越来越多地使用大块的和纤细的肌肉来控制感觉的表达。他们能够跳跃、挥舞手臂、将手轻拍在一起或者用语言表达他们的愉悦。美国小学的儿童可以演示像"竖起大拇指"和"击掌庆贺"这样的社会赞许性动作（见图6—1）。但是对于其他文化下的儿童，这些手势表示不同的意义，甚至传达侮辱或者性方面的信息。

心理学家还发现特定的声音特性如响度、音高和节奏，能够传达特定的社会情绪信息，例如恐惧、愤怒、快乐和悲伤。随着儿童的年龄增长，声音和嗓音一直是传达感觉

图6—1　面部表情及身体语言揭示情绪

儿童以较复杂精细的方式表达感觉要求一定程度的身体和认知能力。绝大多数情况下，儿童学习模仿父母的情绪表达方式！

的重要工具。话语也同样伴随着情绪。例如"不要碰我的玩具！"这句话被大声地和情绪性地表达出来。话语还允许孩子们表达他们自己和其他人的感觉："我说过。爸爸做得更好。"随着逐步成熟，儿童能够演示和口头表达他们较复杂的感觉。

游戏行为和情绪—社会性发展

"游戏"可以定义为为了娱乐和消遣完成的主动参与的活动，无论如何都在不超越自身的情况下进行。当健康的美国儿童在2～6岁心理上或者身体上发育成熟时，通过游戏的可预期阶段，他们显示出一系列增强的复杂性情绪、认知技巧、身体技能和交际策略：

- 功能性游戏是重复性的（四处滚动球或者模型车）。
- 建设性游戏包括操作物体或者玩具创作（使用木块搭建城堡）。
- 平行性游戏包括在其他儿童旁边独自游戏（独自放入一块拼图）。
- 旁观者游戏是观察性的（看其他儿童做游戏）。
- 联合游戏包括两个及两个以上儿童分享玩具和工具（当他们各自为图画上色的时候分享一个蜡笔盒）。
- 合作性（协力完成的）游戏包括相互影响、交流和轮流（玩棋类游戏、跳绳或者玩儿童足球游戏）。

由此看来，在最初的两年期间，儿童游戏从简单的操纵物体转换到对物体独特特性的探索，进一步转换到假装游戏，假装游戏需要较复杂的和具有认知性需求的行为（见

图 6—2）。游戏类型有许多，包括"假装游戏"、"探索性游戏"、"策略性游戏"、"社会性游戏"和"混战游戏"。游戏有许多好处，其中包括获得动作灵活性，这可以锻炼大脑和身体，同时舒缓压力，参与户外活动，习得创造力，习得社会化技能。例如遵从规则、合作行为、尝试领导和接受领导的角色以及结交朋友。孩子们经常说游戏时间是一天中他们最喜爱的时光。

图 6—2 假装游戏

儿童十足地享受假装游戏（也被称为"伪装"游戏）的乐趣，它可以让他们试验不同的角色。普通的家庭物品能为儿童的想象力服务，例如纸箱、喂饱的动物、装饰性珠宝、旧帽子、鞋和外套。这样的游戏甚至比和一个玩伴玩更有趣。

游戏活动的社会性功能数十年来吸引着研究人员。Mildred B. Parten，是社会性游戏方面的早期研究者，既研究学龄前小组游戏中的参与和领导，又研究小组的规模、玩伴的选择以及游戏活动、玩具和游戏策略的社会价值。在近几年，许多心理学家对假装游戏着迷，他们将伪装或幻想行为视为探索儿童"内在个体"的途径和潜在认知变化的指示物。儿童会和朋友玩"商店"游戏，如果朋友不是现实可用的，一个宠物、喂饱的动物或者玩偶通常会成为替代的同伴。在这个游戏中，谈话将模仿父母和照顾者所说的和所做的。当儿童在托儿所或者幼儿园的时候，他们在"学校"游戏中模仿老师和教室中普遍的相互作用。正如预期中的那样，参与和其他孩子一起玩的假装游戏的儿童比例随着年龄的增长而增加，尤其是那些读故事给他们听的儿童和开始探索环境多样性的儿童。

想象性游戏廉价又无价　儿童与家庭环境中可找到的东西一起玩并习得创造力，他们享受在普通物体中创造发明的乐趣，这些普通物体包括壶、锅、卡片、沙子、水、绳子、录音带、小石头。例如，将一张毯子放在两把椅背上能够做出一个"洞穴"，作为容易移动和反复重新创作的秘密躲藏地点。一个简易纸箱可以作为临时准备的船、飞机、洞穴、树上小屋、车、玩具屋或者任何儿童能够想象出来的建筑物或者空间！儿童通过旧帽子、衣服和装饰性珠宝能完全自制戏剧角色。人们总是能够看到父母买来的非常昂贵的玩具被束之高阁。

假想的朋友　在 3～7 岁之间，许多孩子参与假装游戏的一种方式是创造一个**假想的朋友**作为日常生活习惯性的部分——一个看不见的人物，他们给它起名字、在谈话中提起它，并且用一种缺乏客观基础的真实态度和它一起玩。头生的子女和非常聪明的儿童通常有假想的朋友。建议照顾者不要因为儿童使用想象力而斥责他们，最终儿童逐渐舍弃作为真实玩伴与之互动的假想朋友。

游戏中的性别差异　游戏行为中的一个差异是男孩选择的游戏往往要求参加者人数多于女孩选择的游戏，但是这些差异往往是父母和老师的社会化练习造成的。两个性别的游戏方式有些不同。男孩的游戏有许多不合规格打斗的动作特点和很强的竞争和支配的意味（见图 6—3）。女孩相对男孩参与更多模仿性的游戏和进行模仿行为的二人小组。女孩比男孩更可能向朋友暴露个人信息、手挽手和展现一些友爱的标志。

游戏有益情绪健康　许多童年早期的专家把游戏认作儿童交流最深处感觉的主要方式。典型的 3～5 岁儿童是**"自我中心的"**，也就是说，他们的想法、语言和感觉受限于当前自身的需要，他们相信自己也许曾引起不好的事情发生（例如，父母间的争吵、同胞兄弟姐妹的疾病和宠物或钟爱的小动物的死亡）。此外，幼儿园和小学期间的儿童完全无法用语言表达如焦虑、沮丧、嫉妒或者怨愤、拒绝或者耻辱、对抛弃或虐待的绝望这样的感觉。然而，经过研究确认在治疗性的游戏中，儿童通过行为演示、内部感受的揭露、想法的表达，减少了焦虑和攻击性，还增加了情绪表达、社会适应和控制感。

获得情绪理解力

父母通常对学龄前儿童说起过去的事情（还记得我们……的时候，发生了……）。

图 6—3　男孩游戏和女孩游戏的不同

通常来说，男孩往往在大的团体中游戏，参与较粗鲁的运动性活动，比如跑步、跳跃、投掷、摔跤——经常参与稍显竞争和支配意味的游戏。女孩的游戏往往是在两人小组中，在游戏中使用语言、手挽手或者亲密地待在一起并展现一些友爱的标志。

这些往事通常在情绪背景中构建（孩子是否高兴，活动是否开心）。当儿童长大一些或者学习到更多的情绪时，他们能更好地以正确的情绪标志来匹配面部表情。更大的儿童也能够识别为什么人们具有各种感受——悲伤、高兴、惊奇、恐惧或者愤怒。连三岁大的儿童关于引起恐惧的原因都有自己的看法。一些研究表明学龄前儿童对于理解人们能够同时具有多种情绪有困难（正如一个家长所说的，"我爱你，但我对你的做法感到不安"）。

感觉和思考之间的纽带　在给定的熟悉情境下，学龄前儿童能够准确地识别通常相关联的情绪，并且在给定的情绪下，他们能够容易地形容出适当的诱发情境。尽管过去的研究提出直到八九岁儿童才开始理解感觉的心理成因（而不是情境性的），但 Lagattuta 和同事们更多的研究证明了在认知水平的提示下，许多更小的儿童能够理解过去经历的情绪序列。这些研究者近期的三个研究的结果证明了三四岁的儿童根据当前外部情境解释情绪时有明确倾向，四五岁的儿童对于心智和情绪具有丰富的认识（见图 6—4）。他们关于儿童的研究更详细的结论如下：

- 低龄儿童之前的经历、需要、信念和想法能够影响他们对当前情境的情绪反

图6—4 孩子常常互相帮助

George Mead 曾经说过，左边的孩子能够把自己想象成右边的孩子的角色。孩子之前的经历会影响他们对当前情境的情绪反应。当到了四五岁的时候，他们常常会主动互相帮助。

应（例如他们能够把失去宠物联系到图片故事中，并详述为什么故事中的角色不开心）。

● 低龄儿童具有推断心理活动的能力（思考或者回忆），尤其是四岁、五岁和六岁的孩子。

● 儿童的心理活动能够影响他们的情绪激发。

● 低龄儿童表现出关于他们想法来源的知识。

● 学龄前儿童能够预测他的朋友（从未体验过人物的悲伤经历）将不会感觉到悲伤。

对他人情绪的反应 初学走路的孩子和学龄前儿童会有意地寻求他人情绪反应的信息。他们可能看起来沉迷于"招惹"他们的父母和照看者（首先看起来可能是一个能够激怒照看者的游戏）。在学龄前时期，他人困扰的情绪反应似乎激励了儿童安慰和帮助他们的照看者和同伴。在儿童情绪性发展期，在安全的环境中，他们要求在理解他们的情绪上、适当的情绪反应上和调节他们情绪的支持上的帮助。

形成情绪上的纽带 形成与父母和重要他人在情绪上积极的关系是儿童自我觉知发展中的重要任务。当前的儿童看护背景中的儿童已经证明在背景中他们能够发展出与照看者亲密的、深情的联结。通过如依靠、微笑和哭泣的行为，情绪依恋得以表现。随着儿童的年龄增长，他们能够对缺少必要的躯体接触的人发展出亲密的依恋。儿童还表现出在儿童看护背景中与同胞兄弟姐妹和其他儿童的亲密联结。

情绪是儿童生活的中心，它帮助他们组织他们的体验以从这些体验中学习和发展其他行为。尽管男孩和女孩表达他们感受的习惯具有文化差异，表6—1中还是显示了儿童2～6岁通常的情绪发展进程。

表6—1

2～6岁儿童的情绪发展	
年龄群	情绪发展
2岁	开始展示面部表情，如害羞、自豪、羞耻、尴尬、轻视、害怕、内疚。 类似这样的玩耍在2岁时是很正常的，即独自玩耍，与其他人很少互动。 游戏更可能是简单地操纵目标物。 故意掩饰自己的情绪、所谓的情绪自我调节，在这个年龄段都不可能发生。 有时故意蹒跚走路，试图引起照护者的情绪反应。 明确开始使用单词。 蹒跚走路还会与照护者发展出亲密的情感联结，这一点可以通过微笑、拥抱和哭闹来证明。 2岁证明开始出现人际自我（例如：当妈妈在一天要结束的时候抱起孩子，孩子会很快乐）。 "看我会这样做！" 儿童可以设想自我的生理部位，如指着自己的头。 植物和动物也有自我和意识。 有天分的儿童能够很快掌握环境，完全显示出自我指导性。
3岁	以一种更加复杂的、有意的方式，更能控制自己的面部表情。 能够跳动，挥舞手臂，拍手，用动词表达快乐。 声音开始有质感，如喊、尖叫、变换音调、传递特殊情感（如："别动我的玩具！"） 开始通过玩环境中的物体展示复杂的情感。 协作游戏更加普遍，儿童开始相互影响，并分享游戏玩具。 3岁结束的时候开始合作玩耍。 出现情绪自我调节的端倪。 通过观察他人、别人的示范行为以及直接的指令，了解情绪自我调节的预期。 有天分的孩子常常显示出领导力，会说"我会自己做！"
3～4岁	具有基于外在事件解释自己情感的倾向（"我很伤心。他打了我。"） 更加可能有意引起照护者的情绪反应。 更可能帮助完成任务以及帮助他人。
4岁	更好地控制面部表情，同时展示更加复杂的情绪。 开始用动词表达更多的情绪。 能够准确界定普通情感，描述一个吸引人的情境。 男孩似乎更喜欢在更大的群体中玩粗暴的竞争性游戏，而女孩似乎更喜欢两个人一起玩耍，产生更加亲密的行为，如谈心、拉手。 这个年龄段的有些孩子会有一个虚构的朋友。 4～5岁显示对心理和情绪的重要认知。 通常可以建立性别认同。
5～6岁	更能掌握思考和记忆。 出现区分心理自我和生理自我的证据。 在一个群体中出现更大的性格和行为差异。

自我意识的发展

正如我们所看到的，情绪发展是一个儿童形成自我意识的重要成分。此外，儿童对自我价值感或自我映像的判断被称为**"自尊"**的整体维度中的一部分。有些儿童被认为发展出积极的自尊，有些发展出对自己较负面的看法，被认为是低自尊。

提高儿童的自尊是许多父母和大部分幼儿园和托儿所计划的重要目标，有相当多的证据表明，儿童的自尊对他们的态度行为、学校表现、他们与家庭的关系和社会功能有毕生的影响。

自我感

儿童早期的认知和社会成就之一是产生了自我意识——"我"的人性意义。在任何一个时间，我们面对比我们能够注意和处理的更大量和多变的刺激。因此，我们必须选择那些我们将注意到的、学习的、推断出或者回想的东西。选择在随机的方式下不会发生，除非依靠使用我们的内部认知结构——心理"剧本"或"建构"——来处理信息。对于我们来说具有独特价值的是用于选择和加工信息的认知结构。这个结构被称为**"自我"**——我们用来定义我们自己的概念系统。我们对自己具有如同单独实体的意识，能够使我们思考和展开行动。

自我使我们具有观察、反应和指导我们自己行为的能力。自我感区分了我们每个人的独特个体、与社会中其他人的不同。它给我们在社会和物理世界中的位置感和跨越时间的持续感。此外，它提供了我们自我认同的认知基础。

Neisser 进一步区分了生态自我和人际自我。生态自我是获得和作用于环境中客体呈现的感知信息的自我（例如，宠物狗轻推儿童以玩耍）。人际自我与之相反，是自我形成与他人相互作用的方面（例如，当母亲在一天中的最后时间来到幼儿园时有开心的反应）。初学走路的孩子发展出的对刺激分类的能力变得越来越综合。Pipp-Siegel 和 Foltz 对 60 个儿童和母亲对婴儿和初学走路的时期做了一个研究，测定初学走路的孩子对自我、母亲和不知名物体的认识。他们的研究结果表明，对自我和他人的认识的复杂性的变化是受年龄影响的。两岁被测定为人际自我的出现，伴随着自我意识情绪的发展和象征游戏能力的增长。

自我感的发展是与他人分离并独特的，是儿童早期的中心事件。这个基本的认知变化推动了大量社会性发展的其他变化。儿童开始将自己视为制造事件结局的有活力的人。他们从成为行为的"自我创造者"中得到快乐，并且坚持独立完成活动——因而有点贬义地被标签为"可怕的两岁"的行为。初学走路的孩子对于他们的行为结果而不仅仅是活动本身的关注会一直增强。一个低龄儿童普遍的指示是"看，我做了这个"。

初学走路的孩子还从正在进行的活动的监控中得到能力，这些活动与预期结果和所使用的测量他们任务表现的外部标准有关。这个能力约在 26 个月大时首次出现。在 32 个月大时，他们认识到他们何时在执行特定活动犯错，并改正他们的错误。例如，在搭积木塔的游戏中，儿童不仅能较好地避免出错，当他们最初的努力失败时，还能巧妙地处理和重排积木。

关于自我的概念也许对于自我意识的和自我评估的情绪也是重要的，因为自我的概念表面上先于自我意识情绪（例如困窘）和自我评估情绪（例如自豪或羞耻）。在发展出自我意识的和自我评估的情绪——尤其是参与某些违规行为时的负面情绪——以及根据某种标准评价客体和行为的能力之后，当缺乏照看者时孩子能够习得抑制他们行为的能力：社会控制变为自我控制。

在学前时期，儿童以躯体方式确实地构想自我，这些方式有身体部位（头部）、生理特征（"我有一双蓝色的眼睛"）和身体活动（"我步行到公园"）。儿童仅仅将自我和思想看作躯体的一部分。在大部分情况下，儿童将自我置于头部，尽管他们可能引用身体的其他部分如胸部或整个身体。他们通常说动物、植物和死去的人们也有自我和思想。

在 6～8 岁之间，儿童开始区分思想和身体。思想和身体区分的出现允许儿童对自我的个人天赋的欣赏。他们开始认识到人们是独特的，不仅因为每个人看起来不同，也因为每个人有不同的感受和想法。因此，儿童已经从内部而不是根据外部世界定义自我，并且已经领会了心理和躯体特征的区别。

父母和照看者的全面支持和无条件的爱提供了儿童自尊或自我概念发展的基础。**自我概念**，或自我映像，被定义为一个人具有的关于自我的形象。一个理论称儿童的自我映像发展是作为他人对儿童的想法的映像。父母的表情、音调和耐心或不耐心的互动反映父母如何评价每个儿童。此外，儿童自己的个性能促成儿童发展自我意识和父母对儿童的看法。例如，家长也许认识到他的孩子是"害羞的"或"听天由命的"或"意志坚强的"——在这个孩子的独特本性中这些似乎是与生俱来的显著特点。

天才儿童和他们的自我感

Elizabeth Maxwell 在丹佛的天才发展中心，综述了天才儿童的童年早期和他们的自我感的资料。家长提供了至少 265 个关于智商为 160 或者更高的儿童的逸闻，超过 50 个儿童智商为 180 或者更高。Maxwell 表示，"很难不注意到天才和极高天赋儿童在尽可能快速彻底地掌控他们环境方面坚定自信的动机，远远超越发展时间进程表的年龄预期。他们似乎是自我指向的，通常他们面对父母和环境的自我意识过早且突然地出现"。Lovecky 称之为"**生命力**"，即一种动机和自主的需要的特殊类型，同时还是一种引导生命以及成长的内在力量和必不可少的活力，来发展成为具有生存能力的完整个体。

天才儿童是积极的学习者，具有他们自己的学习日程，学习速度明显较快，但是可能很难被教导或被控制。他们不会自发地对成人展现自尊，往往将自己视为与成年人是平等的，可能显示出坚强的意志力，会对父母和老师提出独特的挑战。从另一个方面来说，大部分这样的儿童展现出对他们自己情绪的自我效能——这是儿童自己的信念和感受，对于他们能够理解和共情他人情绪的程度。他们往往轻松地与他人分享，具有强烈的正义感，并显示出领导素质。早熟儿童普遍高度夸张的指令是："我自己来！"

性别认同

在生命早期自我获得的一个属性是**性别**，作为男性或女性的状态。儿童在生命的最初六年的主要发展任务是获得性别认同。现有社会似乎掌握了女性和男性解剖学上的不同来分配**性别角色**——定义为每种性别成员应具有的习惯的各种文化期待。

全世界的各种文化在分配给女性和男性的活动上呈现出相当大的差异。在很多社会中，女孩的社会化要认同母亲的抚养、照看者的角色，而男孩子为认同父亲的临时保护者的角色做好准备。可是在一些社会中，女性完成大部分的体力工作；在另外一些社会中，例如马克萨斯群岛，烹饪、家务和照看婴儿是男性的主要任务。

性别认同

多数人与他们社会的性别角色标准相当一致地发展性别认同。"性别认同"的概念是一个人将自己看作当今社会中的男性或女性。20世纪60年代，在西方化的世界，很多研究考察儿童设想他们自己男性特质的或者女性特质的方面，并作为男性或女性采用被文化认为适合于他们的行为。这也使关于性别差异和性别刻板印象的心理学争论活跃起来。虽然较"性别中立"的方式曾经被提倡很多年了（例如给小男孩的洋娃娃、给女孩的火车模型、"为两性设计的"衣服），近年来一些有权势和影响力的商人对购买习惯做了大量研究，发现明显基于性别的玩具、衣服、电视节目等正在流行。

在父母、大家庭、幼儿园经验和媒体影响下，3~4岁的多数儿童经由社会化经验已经获得了性别认同。4~5岁的儿童已经理解他们的性别不会再改变。在所有的文化中，儿童如何被对待源于他们的性别显著地影响儿童如何感知他们自己。从胎儿超声开始，你能看到大部分父母如何快速地计划使他们的孩子同化适当的性别角色：婴儿房油漆和墙纸的颜色计划用什么？出生前买什么颜色和样式的衣服？买什么类型的玩具和毛绒动物放在婴儿床里？选择什么样的可能的名字给将来的孩子？

对性别行为的激素影响

已有许多研究调查激素（内分泌系统的化学信号）对性别行为的影响。两性各自都有一些男性的和女性的激素，但是在男性和女性中每种的比例不同。尽管如此，睾丸激素的流行往往使男孩躯体上更活跃，更好斗，并不太可能静静坐着。Eleanor Maccoby在反复回顾性别行为研究之后，总结说："男性往往比女性更好斗可能是最实际地建立的性别差异，是一个超越文化的特征。"近年研究发现，当攻击行为是被社会期待和支持时（直到近年才允许女性参加的竞赛，如学校体育比赛、职业比赛和奥林匹克运动会），女性较无法抑制攻击行为。如今，许多美国社区开始教授五岁和六岁的男孩和女孩足球、棒球或者曲棍球。

女性或者男性激素的优势都会影响胎儿大脑的发育。早期解剖技术报告女性往往有较大的胼胝体即连接两个大脑半球的纤维和神经结合部，在脑的两个部分之间传递信息。有猜想说胼胝体体积些微的增加可以使女性两个脑半球的沟通更加流畅。

通常，男孩往往是较逻辑化、分析化、空间性的、精确性的，而女性在早期往往是更语言性的、更"情绪化的"和更社会性的。有证据表明，男孩乐于玩基于空间关系的电视游戏或者体育运动，女孩乐于办一个"茶会"或玩"学校"这种游戏，同时与其他人交谈。同样，Halpern发现男性不成比例地出现**阅读障碍**（一种学习障碍，以无法认知和理解文字为标志）和口吃问题。

大多数心理学家同意，仅仅指望生物学上对性别差异的解释是不够的。每个儿童个体的家庭经历和社会文化模式无疑对性别行为有影响。

对性别行为的社会影响

有时激素和生物因素对男性和女性的行为差异有贡献，这一事实并不意味着环境的影响是不重要的。在对双性者（具有两性生殖器官的个体）的研究基础上，Money总结出对形成性别认同最有影响力的因素是环境：

> 社会与你在出生以前的性别发展之路上的取向无关，但当你出生的那一刻，意想不到的是开始由社会接管。通过高兴的仪式性的哭泣迅速向你致意，你出生的戏剧达到高潮，此时，"是个男孩"或"是个女孩"取决于那些在场的人是否在你的裆部看到了阴茎……"男孩"或"女孩"的标签，无论如何，作为自我实现的预言具有极大的影响力，因为它作为新生儿性别认同的分岔路（在整条道路中）的开端和极其决定性的性别拐点，将社会的全部影响抛向了一种性别或另一种性别……即（当你出生时你被限定在）那些已经准备好成为你性别认同的东西。你已经"接通"了性别的"电"，只不过还未启动，比如正如你生来就"接通"了语言的"电"，也

是未启动一样。

显然，解剖学中并没有规定我们的性别认同。一直被贴上"男孩"或者"女孩"的标签，使儿童每天都被高度风格化地对待。男孩子们得到较多的玩具车、体育器材、机械、玩具动物和军用玩具；女孩子们得到较多洋娃娃、玩偶屋和家居玩具。男孩子的房间通常较多地用动物主题装饰；女孩子的房间用植物主题伴有蕾丝花边、穗状物和褶裥饰边。虽然性别革命已经给美国生活的许多角落以新的形式，但它还是无法达到玩具箱的深处。目前很少有证据证明儿童的玩具偏好与他们的性别取向有关，潜在的原因是许多父母对他们孩子玩的玩具类型的关注是对同性恋潜在的恐惧。

虽然女性可以生育而男性不可以，生物学以某种方式使女性成为较和蔼温和的人，或者大自然为了养育的角色赋予她们特定的东西，但完全不存在证据支持这样的流行观点。心理学家 Jerome Kagan，花了 35 年以上的时间研究儿童，推测所有女性作为照看者可能具有的倾向都能追溯到她们对生育角色的早期意识：

> 每个女孩子都知道，在 5～10 岁之间的某个时候，她是与男孩子不同的，并且她将有一个小孩——所有人包括儿童都将小婴儿理解为是如精粹般天然的。如果，在我们的社会中，天然的东西代表生活的赠与、养育、帮助、情感的给予，女孩将会无意识地总结为那些是她应该努力达到的品质。而男孩将不。并且就是那么回事。

关于性别认同获得的理论

社会和行为科学家已经提出了一些关于儿童心理上成为男性或女性的过程的理论。这些理论包括精神分析、心理社会性、认知学习和认知发展上的观点。

精神分析的理论　根据弗洛伊德的观点，孩子在出生时心理上是两性的。当他们解决与父母的关系中爱和妒忌的冲突情感时，他们发展出性别角色。年幼男孩对母亲发展出强烈的爱恋情感，但是恐惧他的父亲将会借由切掉阴茎处罚他。这种恋母情结的通常结果是让一个男孩防御地认同潜在的侵略者——他的父亲，来抑制他对母亲的性爱渴求。最终形成对他们父亲的认同，之后男孩情欲上也以女性为对象。同时，弗洛伊德说，年幼女孩爱恋他们的父亲。一个女孩因为没有阴茎而责备她的母亲。但是她很快开始了解她不能够代替她的母亲得到父亲的爱。因此，大多数的女孩解决她们的恋父情结借由认同她们的母亲和寻找适当的男人去爱。这些情结通常在五六岁解决。虽然弗洛伊德理论中关于性别认同的内容仍然存有争议，可还是常常会听到四岁或五岁的儿童宣布，"长大之后，我要与爸爸（或妈妈）结婚"。

心理社会性理论　接受弗洛伊德的精神分析理论中的性别认同之后，埃里克森展示了特定的性别特质可能如何被社会交互作用同化的。埃里克森说，在 3～6 岁期间孩子精力充沛且努力测试发展中的能力。埃里克森认为这是"运动心理社会性阶段"，在这个时期儿童借由得到较多的独立尝试解决**主动对内疚阶段**的冲突。孩子在这个年龄将会尝试模仿环境中成人和同胞的行为。如果爸爸正在摆桌子，然后小吉米或者吉尔将会想要帮忙。如果爸爸准许而且在监督下让他们帮助，那么埃里克森会说他们正在体验主动性。另一方面，如果吉米和吉尔决定他们想要打开微波炉，可能会被责骂他们还太小，他们可能体验到内疚感或压抑感。埃里克森说在总是想要学习并行动和被告诉"不，你还太小"或"你不能，只有大人做这个"时，这个过程中就存在一个平衡。

学习该如何管理这些对立的内驱力的孩子正在发展被埃里克森称为"目的的品质"的东西。孩子在这个年龄可能开始与自己对话，"我很好"或"我很坏"，这些都仰赖从他们的父母和照看者鼓励或使他们泄气的水平。

学前班和幼儿园老师在一项研究中被要求描述高自尊和低自尊孩子的行为。研究结果表示高自尊的孩子被激励去实现目标。与之对比，一些孩子展现"无助的"行为模式：他们没有尝试新的工作是由于他们预期不能成功，因此他们就不去尝试。埃里克森把这描述为禁止性行为。当用娃娃玩角色扮演时，"无助的"行为模式的孩子往往由于失败责骂娃娃，而且告诉娃娃它是"坏的"。孩子在这个年龄往往和他们玩的东西说话，而且典型地重复他们自己被告知的话。

认知学习理论　认知学习理论的观点认为儿童在出生时是基本中性的，而且女孩和男孩之间的生物学的不同不足以解释较后在性别认同中的不同。他们强调获得性别认同的过程中的选择强化和模仿游戏的部分。从这个观点看，一个养育在核心家庭环境中的孩子，模仿相同性别父母的行为会被奖赏。

而且较大的社会稍后透过有系统的奖赏和惩罚强化这一类型的模仿。由于做出了社会感知的性别适当行为，男孩和女孩积极地被成人和他们的同伴奖赏和称赞，而由于对于性别不适当的行为他们被嘲笑和处罚。现在在一些社会和行为科学家中流行"分离文化"概念，即儿童在童年期从很大程度上性别隔离的同伴经验中得知的社会相互作用的规则，然后携带进入他们的成年相互作用之中。

班杜拉（Albert Bandura）提出认知学习理论的一个另外的维度。他指出，除了模仿成人的行为之外，孩子参与观察学习。依照班杜拉的观点，当孩子观察时，他们心理上编码榜样的行为，但是除非他们相信它将会呈现正性反应的结果给他们，否则他们将不模仿已经观察的行为。他说儿童会通过观察许多男性和女性典型的行为来辨别哪些行为是合适的。他们轮流地采用这些性别适合的行为的抽象概念作为他们自己模仿行为的"榜样"。

但是不是学习的每件事物被表现出来。因此，虽然男孩可能知道该如何穿着打扮并使用化妆品，但是很少有男孩选择表现这些行为。然而，他们最有可能表现出已经编码的那些适合自己性别的行为。结果，孩子从他们的行为"宝库"中选择出来的反应主要地仰赖于他们对行为结果的预期。

认知发展理论　还有另一个观点，被科尔伯格证实，它聚焦于在儿童获得性别认同中认知发展扮演的角色。这一个理论称儿童最初学习将他们自己归类为"男性"或者"女性",然后尝试获得且控制适合他们性别种类的行为。这一个过程叫做"自我社会化"。依照科尔伯格的观点,儿童形成男性和女性刻板印象的概念——固定的、夸大的、卡通形象的——用于组织他们的环境。他们选择并且培养与他们的性别概念感觉一致的行为。

科尔伯格用这种方式将他的方法与认知学习理论相区别。依照认知学习模型,事情发生的顺序如下:"我想要酬谢;我为做男孩的事情被奖赏;因此我想要当一个男孩。"与之相反,科尔伯格认为事情的顺序像这样发生:"我是一个男孩;因此我想要做男孩的事情;因此做男孩事情的有利环境(和得到赞成做这些事情)是有益的。"

生理解剖学在低龄儿童的有关性别区分的想法中扮演相对较小的角色。相反,孩子会注意到并刻板化相对有限的高度可见的特质——发型、衣服、身材和职业。儿童使用性别图式或者榜样,灵敏地建构他们的经验,得出关于性别行为的推论和解释。以这种方式看来,孩子发展出对性别的根本理解(自我贴标签)而且继而唤起性别图式加工信息。这些图式在生命相当早的时期开始发展。

当面对玩具的选择时,男孩更时常选择"男孩"玩具,而女孩选择"女孩"玩具玩。当他们三岁这么大的时候,80%的美国儿童显然知道性别的不同而且能够对工作分类,例如将驾驶卡车或递送信件作为"男性的"工作,而烹煮、清洁、缝纫作为"女性的"工作。值得注意的是,儿童往往容易"忘记"或者曲解他们正在发展的性别图式中相反的信息。

理论的评价   上述理论都强调儿童对**性别刻板印象**(关于男性或女性行为的夸大概括)的了解作为性别定型的行为的有力决定因素。每个理论着重于性别之间行为的差异,这些差异至少部分地被一个事实所延续,即儿童较倾向于模仿相同性别原型的行为胜于模仿相反性别原型的行为。

每一个理论都有一些优点。精神分析的理论具有历史性意义,将我们的注意力集中于早期经验参与加工塑造个体的性别认同和行为这个重要的部分。埃里克森让我们知道低龄儿童自然地展现内驱力以生气勃勃(带有目的地)地作用于他们的世界,如果父母和照看者愿意耐心地指导他们,"没有"这个词肯定不是从低龄儿童那里说出的唯一的词。

借由强调性别—角色发展的社会和文化成分与性别行为习得中模仿的重要性,认知学习理论对我们的认识有所贡献。而且,认知发展的理论已经展现性别图式或心理模型如何引领儿童根据性别种类对接收到的信息分类,然后采纳联结性别的特征。因此相比用非此即彼的方式反向塑造这些理论,许多心理学家偏爱将它们作为补充和进行优势互补。

母亲、父亲以及性别定型

社会和行为科学家提出,性别刻板印象的出现是由于社会按性别进行劳动分工,借由归因于对男性和女性基本个性的差异使此分工合理化。然后，几乎不令人惊讶的是，关于父母对女性和男性儿童期待的行为，他们典型地具有清楚的刻板印象。女儿比儿子更时常被他们的母亲和父亲描述为"温和的"、"美丽的"、"漂亮的"和"可爱的"。继而有着比较传统的性别图式的父母的孩子往往对于他们自己和他人持有性别定型的观点。

此外，父亲和母亲对女婴和男婴的反应具有显著的和相对一致的差异。父亲是更可能超过母亲把他们的儿子说成是"坚定的"、"协调合作性很好的"、"警觉的"、"意志坚强的"和"强壮的"。而且他们更可能超过母亲把他们的女儿形容成"温和的"、"容貌美好的"、"笨拙的"、"漫不经心的"、"虚弱的"和"细致优雅的"（见图6—5）。

图6—5　性别意识

　　母亲和父亲典型地以独特的和一致的方式对男孩和女孩进行反应。在美国社会男孩可能被描述为"力量大的"、"强壮的"和"协调合作方面很好的"，而一个女孩可能被描述为"美丽的"、"细致优雅的"或"可爱的"。你会如何描述这个年幼女孩？孩子自出生就为他们的社会性别做准备，在四岁时就意识到他们的性别不会发生改变。

美国社会的实证表明，父亲根据传统的方式，在女性中鼓励"女性化"和在男性中鼓励"男性化"方面扮演重要角色。而且，父亲对待他们的女儿不同于儿子。父亲和母亲都更热心地向男性化塑造他们的儿子，超过向女性化塑造他们的女儿。当男孩做了文化上定义为女性的选择时，父母通常表达出较多的负性反应，超过当女孩做出文化上定义为男性的选择时。另外，父亲对他们自己或他们儿子的同性恋恐惧，导致许多男人阻止向他们的儿子展示爱和亲切。

下面的理论已经在过去 40 年左右的时间里在心理学的质询和关于男性化的想法中处于权威地位：男孩借由认同他们自己的父亲，学习什么样子是男性。心理上健康的男性，具有对于他们自己作为男性的优秀、坚定的感觉。然而现在的家庭中，因为较多的父亲在他们孩子的成长发展期间常常缺席，缺乏对于男性特征的安心感觉而进入成年的男孩子数量较大，且正在增加。相反的观点——缺乏对他们父亲的认同的男孩会通过社会化和其他的男性原型的互动来学习男性特征——被质疑。据目前的统计，父亲不在住所或缺席而出现行为问题的儿童数量逐渐增加。

家庭的影响

对于人类的群体来说儿童是新来者，在异乡的陌生人。基因无法传递文化，即某个民族社会标准化的生活方式。著名的人类学家 Clyde Kluckhohn 提出关于这一点的解释：

> 数年前，我在纽约市与一个年轻人见面，他一个英语单词都不会说，他显然对美国方式感到不知所措了。借由"血液"，他是像你或我一样的美国人，他的父母作为传教士从印第安纳州到中国。自幼年开始成为孤儿，他被一个遥远村庄中的中国家庭养育。所有遇到他的人都说他更像是中国人更甚于美国人。他的蓝色眼睛和头发颜色不比他中国式的步态、中国式的手臂动作、中国式的面部表情和中国式的思维方式更令人印象深刻。生理遗传是美国的，但是文化培养已经是中国式的。他回到了中国。

家庭传递文化标准

经过获得知识、技能和性情使儿童能够有效地参与群体生活，这个传输文化的过程，和将儿童转变成名副其实的功能性的社会成员的过程，被称为"**社会化**"。婴儿进入已经是正在被关注的社会，他们需要适应他们民族独特的社会环境。他们必须开始通过已被建立的标准指导他们的行为，这些标准是他们的社会一般被接受的可以做的和不可以做的准则。在家庭环境中，首先介绍给儿童的是群体生活的必要条件。当一个儿童两岁的时候，社会化过程已经开始了。发展心理学家 David P. Ausubel 和 Edmund V. Sullivan 观察到：

> 这时，父母开始比较不恭顺和注意。他们更少安慰儿童而且要求儿童较多遵守他们自己的欲望和文化规范。在这期间（在大多数的社会中）儿童常常被迫断奶，被期望习得控制括约肌、规定的饮食和清洁习惯以及自己做较多的事。父母较不会满足儿童即刻的满意要求，而期待过多挫折、忍耐力和负责任的行为，而且甚至可能要求儿童做一些家务活。他们也对儿童展示孩子气的敌对行为变得比较不放任。

他们的第四个生日时，大多数的孩子已经掌握他们的母语的难解又抽象的结构，而且他们能在他们自己的文化模式下开展复杂的社会交互作用。与此同时，儿童出生的家庭环境比以前在美国历史中的更具多样性。Jay Belsky 研究了家庭社会学并提出在文化和历史情境中，家庭作为一个系统是互相作用于个体功能的网状结构，至少三个双人小组正在互相影响：母亲—父亲、母亲—儿童和父亲—儿童。其他的影响力也影响着家庭系统，包括文化规范、婚姻关系的质量、父母亲的就业（双收入者与单收入者）、在家庭成员间的分工、养育实务和婴儿—儿童/行为发展。

教养方式的决定因素

直到最近，大多数的社会化研究聚焦于父母亲养育儿童的策略和行为上，它塑造而且影响了孩子发展的过程。大致上，心理学家和精神病医师对父母自己和他们执行他们的教养方式的情境几乎一点都不注意。也忽视了部分儿童在他们自己的社会化和影响他们照看者的行为方面是积极的行动者。

这个焦点在过去 20 年已经发生了变化，形成一种较均衡的观点。Jay Belsky 提出了一个框架，来区分三个主要的父母亲功能的决定因素：（1）父母的人格和心理健康；（2）儿童的特征；（3）作用于家庭和家庭内部的压力和支持的环境源。

父母的特征　教养方式，像人类功能的其他方面，被男性或女性相对持久的个性或人格影响。因此，可能正如你预期的，有心理疾病的父母的孩子更有可能有心理疾病。一个对 693 个家庭的六年研究发现，66％的母亲有情绪疾病的儿童有心理问题；47％的仅父亲有症状的家庭中的儿童出现问题；当父母亲都有心理症状时 72％的儿童出现问题（双倍于两个健康父母的儿童比例）。

另一些研究者发现父母亲意见不合或者压力对孩子产生不利影响。许多研究发现抑郁的母亲的孩子遭受童年期的不利的效应，因此提倡有效的预防和干预策略以减少对儿童不利发展的影响。与之对比，父母婚姻美满的孩子与他们的父母有更安全的情绪关系，因此看起来似乎比拥有相对不快乐婚姻的人的孩子在智力和其他方面更有优势。

儿童的特征　孩子的特征影响他们接受的教养方式（见图6—6）。这些性格包括年龄、性别和气质（例如，攻击性、被动性、情感、闷闷不乐和否定）。有些孩子只是比其他儿童更难养育。

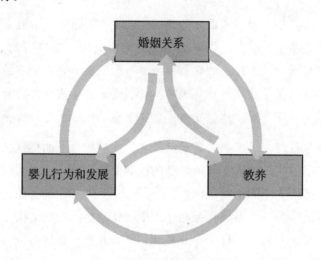

图6—6　整合家庭社会学和发展心理学的图式

Belsky提出了幼年时期的组织图式，其显示互相影响的个体的像网络一样的家庭作为一个系统发挥作用——强调婚姻关系、教养方式和婴儿/儿童的行为/发展的可能相关的影响力可以作用于系统的每个成员身上。因此，'妻子和丈夫之间的正性情绪（微笑、关爱）影响对婴儿/儿童的正性情绪。而且妻子和丈夫之间的负性情绪（敌对的、言语上的批评）会导致呈现对婴儿/儿童的负性情绪。同样，养育一个"顽固的—暴躁的"人格的儿童，或者一个严重残疾的儿童，对于婚姻关系有主要的影响。

Anderson，Lytton和Romney观察了32个母亲和三个不同的6～11岁的男孩游戏和说话。其中一半的母亲有反复无常的儿子被送到心理健康机构并被诊断为有严重行为问题；另一半是没有严重行为问题的儿子的母亲。研究者在游戏期间计算了母亲正性和负性相互作用和男孩顺从母亲的做法。困难和非困难儿童的母亲在他们的行为上没有表现出不一致。困难的男孩与其他男孩相比非常不顺从，不管母亲如何行为表现或与他们的关系如何。总的说来，证据表明，父母和其他成人对于不服从的、负性的和高度活跃的儿童的典型反应是，自己表现出消极的控制性的行为。

压力和支持的来源　父母并不在社会的真空中进行养育。他们陷在与朋友和亲戚的关系网络中，他们中的大部分是被雇用的工作者。这些社会性相互作用的竞技场是压力或支持的来源，或两者都是。举例来说，工作中的困难普遍波及家庭；在工作中的争论很可能随后紧跟丈夫和妻子之间的意见不合。然而，无论我们是否在压力之下，遍及在生活各处的社会支持对于我们每一个人都有有益的影响。当被整合于社会网络和群体中的时候，我们得到了正性经验和一组稳定的有益的社会性功能。

并不令人惊讶的是，对日本和美国母亲的研究显示，一个女性育儿的充分性被她对她的婚姻关系的感知影响。当一个女人感觉她有她丈夫的支持时，她更有可能关注她的婴儿。同样，研究者发现没有社会支持的父母比整合到较好功能性支持系统的父母在养育方面做得更差。因此让我们现在就将注意力转向对各种不同育儿措施的适应性上。

关键的育儿措施

大多数的权威都同意养育是每个成年人面对的最有益但又最困难的工作。并且，大多数的父母有养育成功的良好意向和愿望。因为这件复杂的工作会持续许多年而且消耗很多精力，父母时常期待小儿科医师或者儿童心理学方面的专家提供对于如何养育心理与生理健康的儿童的指导。但是求助于"权威"的父母会变得非常失望，因为他们将面对永无止境的育儿系列书籍，冲突的信息和花招伎俩。

正如我们已经注意到的，直到较近时期，心理学家假设社会化效应主要在单方向流动——从父母到儿童。大概在 1925—1975 年的 50 年时间，他们投身于揭示不同的育儿措施对于一个儿童的人格和行为的塑造这项工作上。这项研究发现有三个重要的维度：

- 父母—儿童关系的温情或敌对。
- 管教措施中的控制或自治。
- 父母在使用管教措施时表现出的一致性或不一致。

温情—敌对维度 许多心理学家一直坚持家庭环境的最重要方面之一是父母和儿童之间关系的温情。父母通过情深的、接受的、赞同的、理解的和以儿童为中心的行为对他们的孩子表示温情。当管教他们的孩子时，很温情的父母往往使用高频率的解释行为，使用鼓励和表扬的词汇，而且很少诉诸身体惩罚。与之相反，敌对通过冷酷的、拒绝的、反对的、自我中心的和高度刑罚的行为表现出来。Wesley C. Becker 在对教养方面研究的综述中提出，导向爱的技术往往促进孩子对职责的接受度，而且往往经过内疚的内部机制培养自我控制力。相反，父母亲的敌对干扰了儿童良知的发展，导致对权威的攻击和抗拒。

物质滥用的父母具有攻击、夫妻冲突和负性相互作用史，与孩子的行为失调相关，尤其对男孩。另外，在如此功能异常的家庭环境中幸存的孩子遭受过来自家庭的身体虐待、忽视和通过对儿童保护的部门从家中反复迁移出来的事件。

控制—自治维度 第二个关键维度是父母对儿童一些行为的限制程度，如性别游戏、谦逊、用餐礼貌、如厕训练、整洁、守纪律、对家具的爱护、噪声、服从和对他人的攻击。大致上，心理学家已提出高度严格的教养方式会培养依赖性而干扰独立性的训练。但是，正如 Becker 在他的研究文献的综述中所评述的，心理学家早就在提出"完美的"通用的一套家长指导手册方面有困难：

　　研究一致认为专制性和放任性都需要承受一定程度的风险。当培养较好控制的社会化行为时，限制性往往导致恐惧、依赖和服从的行为，智力发展的迟钝和不能自然表达的敌对。另一方面，当培养外向性、社会性和果断的行为及智力发展时，放任性也往往导致较少坚持不懈的行为和攻击性的增加。

　　教养方法的结合　与其研究彼此单独的温情—敌对和控制—自治的维度，不如研究它们的四个组合，一些心理学家已经探索：温情—控制、温情—自治、敌对—控制和敌对—自治。

　　温情的但限制性的教养方式　温情的但限制的教养被认为通向礼貌、整洁、服从和从众的道路。还被认为与未成熟、依赖性、低创造性、盲目地接受权威以及社会性退缩和不适当有关。Eleanor E. Maccoby 发现，在温情但限制性的家庭被养育的 12 岁男孩，与他们的同伴在一起时是严厉的规则强制者。与其他的孩子相比，这些男孩也显示了较不明显的攻击性、较少的不当举止和对完成学校作业的较强动力。

　　温情而民主的教养方式　心理学家报告，温情和民主（自治）结合的方式的家庭中，孩子往往发展成具有社会竞争力、足智多谋、友好、积极性和适当攻击性的个体。在父母也鼓励自信、独立、在社会性和学业情境中表现出色时，孩子可能表现出自恃的、有创造力的、目标导向的和有责任的行为。如果父母无法培养其独立性，放任时常产生没有冲动控制和低学业标准的自我放纵的孩子。

　　敌对的和限制性的教养方式　敌意的和限制性的教养被认为会干扰儿童发展认同感和自尊。孩子开始见到的世界是被强大恶意的强制力支配的，是一个他们无法控制的世界。据说敌对和限制性的结合会培养怨恨和内部愤怒。这些孩子将一些愤怒转向对抗他们自己或者当做内化的混乱和冲突来体验。这能够造成"神经质的问题"、自我惩罚和自杀倾向、沮丧的情绪和成人角色扮演的不足。

　　敌对的和放任的教养方式　结合敌对和放任的教养被认为与孩子犯罪行为和攻击性行为有关。拒绝引起怨恨和敌对，当与不足的父母亲的控制结合时，拒绝能被转变为攻击性和不喜欢社交的行为。当这样的父母确实进行管教的时候，它通常是躯体化的、反复无常的和严格的。作为对发展出行为的适当标准的一个建设性的工具，它通常反映父母亲的愤怒和拒绝并因此失败。

　　管教　管教的一致性是教养的第三个维度，许多心理学家强调这是儿童的家庭环境的核心。有效的管教是一致的和不含糊的。它把高度可预测性加入到儿童环境中。尽管在如何处罚儿童时保持一致时常很困难，但是，Parke 和 Deur 的研究揭示无规律的惩罚通常无法禁止被处罚的行为。

　　在攻击的情况中，研究人员发现最具攻击性的孩子的父母，对于有一些场合对孩子的攻击是许可的，但是对其他场合的攻击则进行严重的处罚。研究提示，使用不一致的惩罚的父母，实际上制造了他们孩子的抗拒，抗拒在将来消除不受欢迎行为的尝试。

> 教养是每个成年人面对的最有益但又最困难的工作。关于父母如何觉得他们的孩子与他们使用的特定的育儿技术之间存在巨大的差异。越来越多的心理学家将得出这样的结论：养育不是神奇的公式，而是欣赏孩子、爱他们，并提供指导和适宜年龄的训练。

当父母中的同一个人对同一个行为在不同时间回应不同时，不一致就发生了。当父母中的一个人忽视或者鼓励另一个处罚的行为时，它也能发生。

虐待儿童

许多人对于准确定义正当有效的管教和虐待儿童之间的界限有困难。大多数的美国人将把年幼的孩子独自留在家里、家庭环境很脏并缺乏食物、殴打儿童引起淤伤定义为儿童虐待和忽视。然而，多数人对于打屁股的情绪是矛盾的。虽然依照由 Yankelovich 最近所进行的调查，对于这个问题非常关注的人中，很多人反对打屁股，也有很多人赞成打屁股，但是多数美国成人将打屁股认为是一般形式的适当惩罚。

心理学家 Baumrind 和 Owens 在 2001 年一个美国心理协会（APA）大会上报告了具有争议的调查结果，他们的纵向研究揭示了偶尔温和/打屁股对于儿童社会性和情绪发展没有损害。参加他们研究的是 168 个白种人，来自中产阶级家庭，评估从 1968 年当他们的孩子是学龄前儿童的时候至 1980 年孩子 14 岁的时候。Baumrind 和 Owens 将打儿童定义为"徒手打在儿童臀部或者四肢上，在有意减轻行为的情况下没有造成躯体受伤"，但是他们个人不主张打儿童。

像所有的社会科学家一样，他们同意父母不应该滥用体罚，但是 Baumrind 的研究没有发现在 14 岁时"低频率"挨打会造成任何不利的结果。这个研究有两个限制：第一，样本量较小，且居住在自由的社区，主要为中产阶级欧裔美国家庭；第二，在童年期经历"低频率"挨打的不利结果可能在成年期才会出现。然而，最近的证据指出，儿童的不受欢迎与打屁股和肉体的（严厉的）惩罚有关，包括比较高水平的一般性攻击，较低水平的道德内化和心理健康问题。

贫穷且未婚的母亲似乎会增加儿童挨打的可能性。在压力之下的父母更可能使用较严厉的惩罚——五岁以下的婴儿和儿童最有可能因这样的惩罚而致命。

儿童虐待和忽视　在 2002 年，估计 896 000 个美国儿童被报告为儿童虐待或忽视的受害人。多数的受害人体验过忽视，伴随着躯体虐待、性虐待和情绪虐待，少数人体验到非特定类型的虐待（例如，利用、诱拐）。最高受害者比率出现在最小的年龄群体中（从出生到三岁）。估计 1 400 个美国儿童在 2002 年因虐待和忽视死亡。女性家长是忽视和躯体虐待的犯罪者，占儿童受害者中的最高百分比。男性家长被确认为性虐待的犯罪者，占受害人的最高百分比。

儿童性虐待　儿童性虐待是在儿童和较年长的人之间的性行为，较年长的人通过暴力、强迫或欺骗使之发生。儿童的性施虐者可以是父母、继父母、兄弟、其他的亲戚、信赖的朋友、邻居、儿童保育工作人员、老师，教练，或任何一个能够接触儿童的人。在青少年罪犯大幅度增加的情况下，80％～95％的案例指出施虐者为男性。一项全国性调查发现女孩报告被性虐待多于男孩报告的三倍，而且大多数研究涉及的是女性的性虐待。一项全国性调查发现，在过去的十年内证实的儿童性虐待案例减少了 40％，部分地是由于报告实例的变化、较保守的确认虐待的方法、较多的预防/觉察项目和较多罪犯获罪。

我们中的大部分人发现父母十分具有攻击性，为了性满足而利用他们的（任何年龄）孩子，以至于我们宁愿不要再想它。在 1974 年，联邦政府采用了更直接介入儿童虐待的政策，通过了"儿童虐待的预防和治疗法案"。其中明文规定，为这些受到虐待的案例建立识别标准、报告的行动路线和管理政策，而授权给个体来提出调查虐待的情况，并提供儿童给予保护的服务。公法 108－36 再次授权这项法案（"新儿童受虐预防和治疗法案"）。仍存在许多复杂的问题、争议，以及起因于性受虐儿童和法律系统的社会成本。

儿童的性接触通常开始于 5～12 岁之间（尽管也报告过婴儿和初学走路的婴儿受虐的案例），最初典型的情况是爱抚和手淫。随着时间的发展，行为持续，并且可能最后发展到性交或鸡奸。一项对乱伦犯罪者的研究发现，几乎他们全部人都将他们乱伦的过分要求定义为爱和关心，而且将他们的行为定义为体贴和公平的。但是，他们伪称的爱、关心和公平感在许多方面被驳斥，包括当儿童想要他们停止的时候他们拒绝停止。对儿童进行性骚扰的人时常伪装成可信赖的人、关心家庭的成员、邻居和有责任心的市民。他们花费如此多的时间操纵一个家庭，以至于他们将不被怀疑虐待儿童——儿童体验到揭露虐待的混乱、内疚、羞耻和恐惧。因此，儿童性虐待时常不被报告。

在孩子中性虐待的影响方面的一个研究评论发现涉及恐惧、创伤后应激障碍、行为问题、泛性化的行为和低自尊的大量例证，这些问题一直折磨着性受虐儿童。虽然孩子可能是太年轻以至于无法知道性活动是"错误的"，他们将会发生起因于不能应付过度刺激的行为或者身体的问题。通常被虐待的儿童没有明显的躯体征兆，不过医师能发现一些，如在生殖或肛门部位的改变。行为的征兆可能包括：

- 回避性别天性的所有事物，或者有不寻常的兴趣。
- 睡眠问题、做噩梦、尿床。
- 来自朋友或家庭的忧愁或冷淡。
- 与他人性方面不适当的行为或知识超过儿童的年龄。
- 表明他们的身体是肮脏的或者害怕生殖器部位不对劲。
- 拒绝去上学或违规行为。
- 在图画、游戏、幻想中的性骚扰视角。
- 不寻常的攻击性、隐匿、自杀行为（甚至在较年幼的儿童）或其他严重的行为变化。

通常因性行为受虐的儿童害怕告诉他人有关他们经历的事，因为施虐者将通过说一些话来控制/操纵儿童，例如，"妈妈将不再爱你"，或者"如果她发现，妈咪将让你离开"，或者"没有人会相信你，因为你是一个孩子"。折磨他们孩子的男人的妻子通常是消极的，有很差的自我形象，而且过度依赖他们的丈夫。他们时常罹患精神疾病、身体残疾或反复怀孕。

乱伦普遍涉及最大的女儿，也通常发生在较年幼的女儿身上，如此这般，一个接一个。而且，一个父亲的乱伦行为使他的女儿被其他男性亲戚和家庭朋友性虐待的风险更高。有时候媒体报告，有吸毒者父母让自己的孩子卖淫，以支付购买毒品的费用。女性受害人往往表现出心理上的羞耻和被打上烙印的终生模式。

几乎没有人知道或者写到有关男性受害人的事情，因为大多数的研究不在男性和女性受害人之间作区别。得到的证据意味着男孩和女孩不同地回应性方面受到的伤害。男性受害人较不可能报告他们的被虐待。因为男孩被社会化以控制他们自己和他们的环境，当他们受到性虐待的时候，男孩可能感觉他们的男性化已经被破坏了，或他们尝试将受虐事件的重要性"减到最小"。复杂的问题是，因为大多数的施虐者是男性，所以男性受害人时常面对被诬蔑为其他的问题，比如同性恋。

性虐待应该总是报告给主管当局和执法官员，以及儿童保育工作人员、老师，并且医学的专业人员被委任这么做。成人不应该对儿童关于身体虐待、忽视、情绪或性虐待的投诉置之不理。所有的心理健康、执法、医疗和对儿童给予保护的专业服务人员，牵涉到接见被怀疑受虐待的孩子时，必须已接受了专门的、适当的访谈技术的训练，已具有预防计划和干预技能的知识。

预防计划 到了20世纪90年代，人们设计了许多预防计划，采用多种方式的视听技术（电影、影像、录音磁带和幻灯片的影片）和形式（故事书、涂色书、歌曲、娱乐和棋类游戏）。材料和计划以一些假设为基础：大多数的孩子不知道虐待的养育由什么组成，孩子不能容许身体或者性虐待，孩子应该一被性接触、躯体伤害或被照看者忽视，就告知可靠的成人。许多国家已经回应虐待儿童的问题，而且提出许多观点抗击它。

教养方式

发展心理学家 Diana Baumrind 研究了在幼儿园和学龄儿童的父母亲，其养育儿童的方式和社会竞争力之间的关系。在 1968—1980 年，她对家庭社会化计划进行了研究，调查家庭社会化实践、父母亲的态度和儿童生活的三个决定性阶段（幼儿园、童年早期和青少年早期）的发展因素。她的样本中包含了来自白种人中产阶级家庭的父母和孩子，通过问卷法、个人的访谈收集资料，而且对家庭相互作用录像进行观察。在她的白种中产阶级托儿所儿童的研究中，Baumrind 发现教养方式的不同类型往往被联系到孩子中的相当不同的行为。在这一纵向研究的一些调查结果中，她区分了专制的、权威的、放任的与和谐的教养方式。

专制型教养方式　**专制型的教养方式**尝试塑造、控制和评价一个儿童的行为，使之符合传统的、绝对的价值观和行为标准。强迫服从，不鼓励言辞上的互让，偏爱惩罚性的和强力的管教。更普遍的是，使用这种教养方式的父母，被认为在拒绝—要求维度上摇摆。如此专制的父母的后代往往是得不到满足的、退缩和猜疑的。

权威型教养方式　**权威型的教养方式**对儿童的全部活动提供了坚定的方向，但是又在合理的限制中给了儿童相当多的自由。父母亲的控制不是僵硬的、惩罚性的、侵入性的或非必要限制的。父母和儿童在言辞上的互让，对给定的政策提供理由，同时回应儿童的希望和需要（它可能帮助你借由使用权威的互让记忆装置区别权威和专制）。

权威的教养方式时常与自恃的、自我控制的、探究的和满足的孩子联系在一起。在较后的研究中 Baumrind 发现，一种权威的教养方式对养育青少年尤其有帮助。

Baumrind 认为当儿童探索环境而且得到人际能力的时候，权威教养方式给了他们舒服的、支持性的感觉。这样的孩子没有经历与严厉又压抑的教养方式有关的焦虑和恐惧，以及与无结构的又放任的教养方式有关的不确定性和优柔寡断。Laurence Steinberg 和同事也发现权威的教养方式促进了孩子在学校的成功，鼓励自治的健康感和对工作的积极态度。被父母亲切地、接受地、民主地和肯定地对待的青少年，往往超过他们的同伴发展关于他们成就的积极信念，而且可能在学校中表现得更好。

除此之外，权威的父亲和母亲对于**"搭脚手架"**似乎比其他父母更熟练。搭脚手架通过干预和辅导儿童的学习，提供符合儿童现在的功能水平的有帮助的目标信息。根据她的研究，Baumrind 发现一些父母亲的习惯和态度，似乎促进了儿童社会责任感和独立行为的发展：

- 具有社会责任感和判断力的父母，作为这些行为每天的榜样，在他们的孩子中培养这些特征。

- 父母应该使用坚定的强化政策，使之适合具有社会责任感的独立行为的奖赏和偏离常规行为的处罚。这个技术使用条件反射的强化原则。如果他们的要求伴有解释，并且如果惩罚则伴随与父母自己的生活原则一致的原因，父母甚至可能是更有效的。
- 不拒绝的父母比拒绝的父母较多地作为有魅力的榜样和强化者。
- 父母应该强调和鼓励个体性、自我表现、主动性、发散思维和社会适应性的攻击性。当父母对他们的孩子提出要求并且分配他们职责的时候，这些价值观被转化进入每天的真实生活。

父母应该给他们的孩子一个复杂和刺激的环境以提供挑战和刺激。与此同时，儿童应该体验作为提供安全感以及休息和放松的机会的环境。

放任型教养方式　放任型的教养方式提供非惩罚的、接受的和肯定的环境，在其中的孩子会尽最大可能管理他们自己的行为。孩子被请教有关家庭政策和决定的事。父母对孩子提出较少的关于家庭职责或有秩序行为的要求。那些放任型的父母的孩子是最少自恃的、探究的和自我控制的。

和谐型教养方式　和谐型教养方式很少运用对儿童直接的控制。这些父母尝试培养平等的关系，儿童没放置在权力的不利地位。父母典型地强调人文价值，相对于处于主流的唯物论和成就价值，他们将其看作在主流社会中是有作用的。被 Baumrind 识别的和睦的父母只是一个小的群体。所研究的这种家庭的八个孩子中，六个是女孩两个是男孩。女孩特别能干、独立、友善、有成就取向并且聪明。相反，男孩是合作性的但特别地服从、没有目标、依赖的、非成就导向的。虽然样本很小，无法作为最后结论的基础，但是 Baumrind 尝试性地提出和谐的教养方式的这些结果可能是与性别相关的。

讨论：再谈控制和自主　很多的研究确认 Baumrind 的结果和深入的见解。"没有干扰另一个人整体目标而达成自己目标"的能力毫无疑问是社会竞争力发展的一个重要成分。很明显，父母和他们的儿童之间管教上的对抗，为儿童学习控制他们自己和他人的策略提供了一个关键性的情境，因此可以在竞争力策略方面做榜样的父母的孩子更有可能具有社会竞争力。

作为例证，可以看一看 Erik Erikson 如何解释初学走路的婴儿解决自主的羞耻怀疑阶段与父母的过度控制是怎么环环相扣的。一个两岁的儿童争取自主的迹象是，他们有能力和意愿对父母说"不"。获得"不"是一项让人印象深刻的认知成就，因为它伴随着儿童越来越多地意识到"他人"和"自身"。自作主张、挑衅和顺从是初学走路的婴儿行为的独特方面。例如，如果一个母亲告诉她初学走路的婴儿拾起玩具并且将它们放到盒子里，这时孩子说"不，我想玩"，儿童也许打算维护自己。如果初学走路的婴儿此时将较多的玩具从盒子里拿出来，或者用力举起玩具穿过房间，她也许是打算挑衅她的母亲。但是如果儿童听从她母亲的指导，她也许会打算遵从。

Susan Crockenberg 和 Cindy Litman 表示父母处理儿童这些自主事件的方式对儿童的行为有意义深远的结果。当父母以负性控制——威胁、批评、躯体干预和愤怒的形式坚持他们的权力的时候，孩子更有可能以挑衅回应。

当一个家长将指令结合附加尝试，以指导儿童在希望的方向上的行为的时候，儿童不太可能挑衅。当邀请分享权力的时候，后一种方法提供给儿童父母想要的信息。例如，如果父母要求儿童做某事（"可以拾起你的玩具吗？"）或尝试通过理性说服儿童（"你捣乱了，因此，现在你必须将它整理干净"），父母就暗示性地确认了儿童是一个具有个人需要的独立个体。

这种方法与 Baumrind 的权威型教养方式是一致的，并保持了谈判过程的进行，让初学走路的婴儿"决定"是否采纳父母的目标。如果他们感觉将参与互惠互利的关系，似乎孩子更乐意接受他人影响他们行为的尝试，在这种关系中他们尝试影响被尊敬的他人。

只有指导似乎不如结合指导和控制有效。邀请遵从（"你可以现在拾起玩具吗？"）似乎提供给初学走路的婴儿一个选择，儿童可能觉得可以自由地拒绝它，因为没有清楚且坚定地表达父母亲的希望。没有控制的指导方法与 Baumrind 的放任教养方式一致，似乎与较小竞争力的儿童行为相关。当初学走路的婴儿张扬自己，而他们的父母又以强力措施回应（"你最好按照我说的做，否则我打你屁股！"）的时候，孩子可能将行为解释为父母亲权力的要求和自己自主性降低，这与 Baumrind 的专制型教养方式一致。

整体来说，对于诱导出儿童的顺从性并使挑衅转向方面，似乎最有效的父母对于他们想要孩子做的事相当清楚，但他们一直准备倾听孩子的异议并使用适当的调节方式，传达对孩子的个性和自主性的尊重。有时，通过父母的解释、说服、劝解、建议、亲切和妥协，达成儿童的顺从的过程可能是略微漫长的和复杂的。父母的这些行为鼓励和诱导儿童适当的行为。当然也相当依赖情境和儿童理解他们父母的指导语的能力。

获得教养方式的看法

迄今，我们考虑到的教养方式的维度和方式把焦点集中在综合的模式和习惯上。但是它们多是太抽象而无法解释亲子互动的细微之处。在日常生活中父母表现出的养育行为非常多样，由许多因素决定：情境；儿童的性别和年龄；父母对于儿童的心境、动机和意图的推论；儿童对于情境的理解；父母可得到的社会支持；父母从其他成人那里感觉到的压力；等等。

举例来说，父母可能是热情或冷酷的、严格或放任的、一致或不一致的，依赖于背景和环境。儿童对管教做出的反应，也修正了父母的行为和父母将来对管教方法的选择。儿童感觉父母行为的方式比父母的行动本身更有决定性。孩子不会相互交换，他们不会对相同类型的照顾者行为全部以同样的方式回应。

哈佛的儿童养育研究　一项经典研究的追踪调查帮助我们澄清了一些事情。在 20 世纪 50 年代，三个哈佛心理学家实行了一项在美国曾经着手做的最有魄力的儿童养育研究之一的研究。Robert Sears，Eleanor Maccoby 和 Harry Levin 尝试识别那些造成人格发展差异的养育技术。他们访谈了波士顿区 379 个幼儿园儿童的母亲，对每个母亲评估，定出大约 150 个不同的儿童养育习惯。25 年之后，在他们 31 岁时，在 David C. McClelland 的领导下，一些哈佛心理学家联络了这些孩子中的很多人，他们大部分已婚且有了自己的孩子。

McClelland 和他的同伴访谈了这些人，并做了心理学测试。他们总结，人们作为成人的很多想法和行为并不是被养育儿童的父母在他们最初五年期间采用的特定技术决定的。与母乳喂养、如厕训练和打屁股有关的习惯并不是全部都很重要。父母觉得他们的孩子是怎么样的才重要。重要的是母亲是否喜欢她的孩子而且喜欢和孩子一起玩，或是否她认为孩子是讨厌的，有许多不令人愉快的特征。此外，相对于父亲的其他后代，被父亲喜欢的孩子更有可能成为表现出耐心和理解的成人。哈佛研究者总结说：

> 父母如何能对他们的孩子做对的事情？如果他们对促进孩子日后生活的道德和社交成熟度感兴趣，答案很简单：他们应该爱他们，喜欢他们，想要他们在身边。他们不应该用他们的权力维持一个只为自我表现和成人的快乐而设计的家。他们不应该把他们的孩子视为引起不安和混乱的原因，而不惜任何代价来控制他们。

离婚　儿童的父母离婚对于他们的生活有重要的影响。紧跟离婚之后的时期内最通常的家庭安排是让孩子和他们的单亲母亲一起居住，和他们的父亲仅仅间歇地联络。在父母分开而且后来持续很久之前，离婚是好的过程的开始。E. Mavis Hetherington 和同事做了一项两年的纵向研究，他们配对跟踪了来自离婚家庭的 48 个幼儿园儿童和来自完整家庭的 48 个儿童。他们发现在离婚之后的第一年是压力最大的。

父母离婚之后的经历和伴随的生活方式的变化作为许多压力源，反映在他们和他们的孩子的关系中。Hetherington 和同事发现离婚父母和孩子之间的相互作用模式，明显不同于完整家庭：

> 离婚的父母对他们的孩子较少有成熟的要求，和他们的孩子沟通较不好，往往较少对孩子表示喜爱，相比于完整家庭的父母，在管教和对缺乏控制他们的孩子方面往往显示出明显的不一致。贫困的教养似乎最明显，尤其是离婚的母亲，在离婚后的一年似乎是亲子关系的压力高峰……离婚后第二年母亲会要求更多……孩子的（独立和）成熟行为、沟通得更好而且使用较多的解释和理智，母亲对孩子更照顾和表现得更一致，而且能够更好地控制她们的孩子，而不是像去年一样。对于成熟的要求、沟通和一致性中相似的模式也在离婚的父亲中发生，但是他们将变成对孩子的较少照顾，而且更多与他们的孩子分离……离婚的父亲较忽视他们的孩子，并

且较少显示情感（虽然他们极端放任、"每天是圣诞节"的行为减少）。

因此，许多单亲家庭在离婚后有一个重新调整的困难时期，但是通常在第二年的时候情况会逐渐变好。Hetherington 已经发现很多时候要看作为监护人的母亲控制她的孩子的能力。母亲维持较好的控制，孩子在学校的表现就不会掉队。Amato 对从 20 世纪 90 年代起离婚对儿童的影响的 67 个研究做了元分析，发现作为一个群体相对于来自完整家庭的孩子，父母离婚的孩子在成就、行为、适应、自我概念和社会关系的测量中都显著较低。

Hetherington 还发现当单亲妈妈失去对她们的儿子的控制时，一个"强制的循环"典型地出现了。儿子容易变得更挑衅、过分要求和没有感情。母亲回应以抑郁、低自尊和较少的控制，而且她的教养变得更糟糕。相反，在母亲为主的家庭中，母亲和女儿时常对她们的关系表达相当多的满意，除了早熟的女孩，对她们而言异性且年长的同伴的卷入时常使母女关系的联结变弱。

联合监护的安排　研究员发现儿童和双亲父母关系的质量是她或他在离婚后适应的最佳预识因素。维持与父母稳定的、充满深情的关系的儿童，似乎情绪上的疤痕较少——他们展现较少的应激和较不具攻击性的行为，而且他们的学校表现和同伴关系比较好——超过缺乏这样的关系的儿童。对联合监护研究的元分析发现，在联合监护安排下的儿童相对于独自监护安排的儿童可以更好地适应环境，但与完整家庭安排的那些儿童没有差异。

通过**联合监护**，父母两个人平等地参与儿童养育中的重要决策，并且父母两个人平等地参与承担日常的照顾儿童的职责。儿童与每个家长一起住的时间是充足的——举例来说，儿童可能一个星期或一个月的部分时间在父母之一的房子中过，而另一部分时间与父母中的另一个一起住。联合监护也排除了监护位置的"胜利者/失败者"角色，以及非监护的父母时常感觉到的大量的悲哀、丧失感和孤独感。

但是联合监护不适用于所有的儿童，批评家指出，在婚姻期间不能够达成一致意见的父母不能够在离婚后在养育的规则、管教和教养方式上达成共识。他们说，家庭之间的交替妨碍儿童在他或她的生活中对连续性的需要。此外，当代社会变动的特性和父母将会再婚的可能性使很多的联合监护安排变得脆弱以致瓦解失败。因此并不令人惊讶的是，最初的实证提出联合监护安排与单独监护安排的儿童在对于离婚的适应上没有不同。

对于学校成绩、社会适应和青少年犯罪的行为，来自社会地位相当的单亲或者双亲家庭的孩子之间的差异很小或不存在。一些研究提出，来自单亲家庭的儿童和青少年表现出较少的青少年犯罪行为、较少的心理疾病、对父母较好的适应和较好的自我概念，超过那些来自不快乐的完整家庭的儿童。虽然如此，不快乐的婚姻或离婚对孩子有不利的影响。每个替代选择带来它自己的一系列应激源。

精神病医生和临床心理学家注意到，在许多情况下，离婚减少儿童经历的大量摩擦和不快乐，导向比较好的行为适应。整体来说，研究极力主张孩子与他们的父母的关系质量比离婚的事实重要许多。

总结　显然，教养方式不是大约采用肯定不会有错的一组食谱或公式。文化不同，父母不同，而且孩子不同。采用同样"好的"儿童养育技术的父母，他们的孩子可能长大之后也是非常不同的。此外，情况不同，在一个情况中有效的技术会在其他的情况里有不同效果。正如哈佛的研究及更近的《从神经元到邻里》（*From Neurons to Neigh-borhoods*）一书所强调的，养育的本质在于亲子关系。在他们的相互作用中，父母和儿童不断反映彼此的需要和心愿的适应性调节。包括在相同的家庭里和在家庭之中，亲子关系也是如此不同，以至于每个亲子关系在许多方面都很独特。没有你必须掌握的神奇秘方。事关儿童本身，不是技术——但是儿童养育专家认为父母不应该使用严厉的惩罚。大致上，大多数的父母都做得很好。

同胞关系

儿童和家庭里同胞姐妹兄弟的关系非常重要（见图6—7）。一个儿童在家庭中的位置，和他或她的同胞兄弟姐妹的性别和数量被认为对儿童的发展和社会化有主要的影响。这些因素构成儿童的社会环境，提供重要关系和角色的网络。由于围绕他们生活的社会网络不同，所以独子、最大的儿童、排序中间的儿童和最小的儿童似乎都体验到略微不同的世界，即使他们接受的教养风格相同。

一些心理学家主张这些因素和其他环境方面的影响力起作用，使得在同一个家庭中的两个孩子彼此不同，就像在不同家庭中的孩子一样。这些心理学家称，在每个儿童的家庭中都有一个独特的微环境。根据这个观点，没有一个单独的家庭，而是与之相反，儿童体验到的家庭如同许多"不同的"家庭一样。这些心理学家总结到，在同胞兄弟姐妹之中发现人格上很小程度的相似性，这几乎完全由共同的基因产生，而不是来自共同的体验经历。

简而言之，在家庭中同胞兄弟姐妹经验的独特之处在塑造他们的人格方面更有影响力，超过同胞兄弟姐妹经历的相同之处。家庭环境的大多数不同之处，对于孩子来说比对于他们的父母更明显，并且更多地由孩子如何感知和解释父母亲的爱和处罚来决定。

排序靠前的哥哥或姐姐的"先锋功能"会体现于生活的各个方面，例如在如何应对丧亲、退休或孀居时的行为榜样。的确，由于当今时常发生离婚和再婚，兄弟姐妹之间的联结已经被较新的研究关注。同胞兄弟姐妹关系典型地变得较平等，并且当儿童进入儿童后期和青少年期时较不强烈。

孩子和出生次序　在全球的许多文化中，头生儿比稍后出生的儿童更有可能有精心计划的出生仪式，成为一个知名人士（授予父亲的名字），继承特权和职位，而且享有权威和被同胞兄弟姐妹尊敬。长子通常对财产有较多控制，在社会中有较大的权力和较

图 6—7 同胞关系在各个社会都是很重要的

　　孩子的出生顺序构成了同胞间不同的兄弟姐妹关系社会网络或环境。实际上，社会科学家逐渐得出结论认为，并非"单一"家庭而是许多"不同"家庭中的兄弟姐妹在一生中都会维持很强的关系。

高的社会地位。而且在很多文化中，较年长的兄弟姐妹担当他们年幼的兄弟姐妹的照看者。

　　头生的孩子是很多研究持续的关注点，因为他们似乎是财富的宠儿。头生子中有较高比例成为研究院和专业学校的学生，具有较高的智力水平，成为国家的优秀学者和领罗氏奖学金的研究生，进入美国名人录和美国科学名人录，成为诺贝尔奖获得者，成为美国总统（52%），获得最高法院的 102 个指派职位（55% 是独子或者头生子），进入国会名人录，以及进入太空人军团（最初 23 个美国籍太空人中有 21 个是独子或头生子）。

　　虽然关于出生次序的影响已经有相矛盾的研究，Herrera 和同事综述了大多数出生次序研究，探究出生次序差异的经验现实（对父母亲的报告、同胞兄弟姐妹报告、自评和学术成就及职业的资料的实证分析），并发现头生子、排序中间的孩子、幼子及独子人格特质的相对一致模式和对应的职业地位。大体上，许多研究的调查结果表明：

（1）初生儿被看作聪明、顺从，以及可靠和有责任心的；（2）排序中间的孩子被视为野心勃勃、充满爱心、友好和有思想的；（3）幼子被认为是有创造力、感情用事、友好、不服从、有最少责任心和健谈的；（4）独子被视为独立和自我中心的。Jacklin 和 Reynolds 也发现较晚出生的儿童似乎比头生儿具有更好的社会技能。

由于许多研究一致发现长子被认为比其他的出生次序的孩子更聪明，因此往往得到较高的教育和职业身份，Herrera 和同事进行了一项两个不同学生群体关于出身次序和职业状态的信念的调查。两组参加者：获得较高声望的职位的头生儿，与稍后出生的孩子相对比：他们将头生儿归类为会计、太空人、律师和医生；而期望稍后出生的孩子成为演员、艺术家、音乐家、老师、摄影师或特技演员。但是这些期待会成为现实吗？Herrera 和同事之后在 1997 年和 1999 年对波兰人群的代表性横断大样本调查了出生顺序、家庭规模和现实职业成就。但是，他们的分析指出，较高的出生排行和较小家庭的个体实际上完成较多的学校教育并获得较高声望的职位。

整体来说，父母和其他人往往对初生儿和稍后出生的孩子有不同的反应，而这反过来又会强化人格的刻板印象。研究揭示，父母较看重他们的第一个孩子。较多社会性的、情感的和照顾的互动在父母和他们的头生儿之间发生。因此，头生儿较多地暴露于成年人的模范作用和成年人的期待及压力中。

头生儿和稍后出生的孩子之间差异的第二种解释源自**汇集理论**，这是心理学家 Zajonc 和同事设计的一个模型。汇集理论的得名来自家庭的智力发展像一条河，每个家庭成员的加入就如同交流的汇集的观点。依照 Zajonc，最年长的孩子体验到比年幼的孩子更丰富的智力环境。

汇集理论有它的反对者。因此，第三种解释——**资源稀释假设**——扩展了汇集模型，包含更多的资源而不只是丰富的智力环境。这个理论称，在大家庭资源变得同时满足太多的任务时，对所有的子孙有损害。在现实中，家庭资源是有限的，包括父母亲的时间和鼓励、经济的和物质的商品、各种不同的文化和社会的机会（音乐及跳舞课、旅行和大学储蓄金）这样的资源。其他的同胞兄弟姐妹确实减少了父母亲的资源，而且父母亲的资源对孩子教育的成功和社会情绪的发展具有重要的影响。

社会学家普遍采用资源稀释假设来解释他们发现的同胞兄弟姐妹的数量和教育成就之间的关系：同胞兄弟姐妹的数量增加，与经历学校教育较少年数和较少达成教育上的重要事件有关（在学生自治会中、在学校报纸上、在戏剧群体中的地位等等）。以这个方式，家庭的大小与达到成就的程度有更大或更小的相关。

第四种解释，首先被 Alfred Adler 提出，强调同胞兄弟姐妹的权力和地位竞争在一个儿童的人格形成中扮演着重要角色。Adler 将头生儿的"废君"视为初期儿童发展的关键事件。借由妹妹或弟弟的出生，头生儿突然失去他或她在父母亲注意上的垄断权。Adler 说，这个损失，引发了强烈的对于赏识、注意和表扬的毕生需要，而这些赏识、注意和表扬是儿童和稍后的成人通过高成就寻求获得的。较晚出生的儿童发展的一个同样关键的因素是，与更年长和更多成就的同胞兄弟姐妹成就上的竞争性比赛。在许多情况下，当个体变得比较年长而且学会处理他们自己的事业和婚姻生活的时候，怨恨就会消失。

总的来说，许多独特的遗传基因和环境因素介入个别的家庭中，在他们的成员之中产生广泛差异而不仅仅在家庭之间。

社会的影响

我们已经见到孩子进入包含社会网络的人类世界。特定的关系在形式、强度和功能上随着时间发生变化，但是社会网络本身横跨一生。然而社会和行为科学家大概忽略了孩子的社会网络的丰富图案，直到过去的 20 年。他们将婴儿和母亲之间的社会性亲密当作这个婴儿关系的中心定位，并将年幼儿童与其他家庭成员和同龄人的联结看作好像它们没有存在或不具有重要性。

然而，越来越多的实证研究指出其他关系对人际能力发展的重要性。在本节中，我们探究孩子的同伴关系和友谊。**同伴**是大约相同年龄的个体。早期友谊是一个儿童的情绪力量的主要来源，而且它的缺乏会造成终身性的危险。

同伴关系和友谊

从出生到死亡，我们发现我们自己陷入数不尽的关系中。对我们来说，很少有人会和我们的那些同伴和朋友同样的重要。像三岁这么大的儿童开始形成与其他儿童的友谊，这与成人的友谊令人惊讶的相似。而且正如那些成人的做法，对年幼的孩子来说不同的关系适宜不同的需要。一些儿童的关系令人想起强烈的成人的依恋关系；其他的一些关系，则令人回想起成年人的良师益友和被保护者之间的关系；还有一些，让人想起成年人同事之间的友情。虽然年幼的孩子缺乏许多成人带到他们关系中的思考性的理解，但是他们时常投入到他们带有强烈情绪特质的友谊中。与此同时，一些年幼儿童将相当可观的社交能力带到他们的关系和高度的互惠交换中。

正如依恋理论预言，从母亲—儿童联结的质量可以推断儿童的亲密个人关系。研究人员确定，相对于那些不安全的母婴依恋的学龄前儿童，有着安全的母婴依恋的学龄前儿童与他们同伴享受更和睦的、较少控制的、更多回应和快乐的关系。多种研究显示，随着年龄逐渐增加，同伴关系更有可能形成而且更有可能是成功的。四岁的儿童，举例来说，花费他们与他人接触时间中的大约 2/3 和成人交往，1/3 给同伴。11 岁的儿童，与之对比，花费大约相等的时间与成人和同伴交往。

一些因素促成了互动模式中的这一转变：（1）当孩子慢慢长大时，他们的沟通技能会改善，会促进有效的相互交往；（2）孩子逐渐增加的认知能力使他们能够更有效地针对他人的角色调整他们自己；（3）托儿所、幼儿园预备班和小学预备班为同伴相互交往提供了越来越多的机会；（4）逐渐增长的运动技能拓展了儿童参与许多合作活动的能力。

学龄前的孩子将他们自己分类进入相同性别的游戏群体。在一项纵向的研究中，Eleanor E. Maccoby 和 Carol N. Jacklin 发现，学龄前儿童在四岁半时，与相同性别的玩伴玩的时间三倍于不同性别的玩伴。在六岁半时，儿童与相同性别的玩伴玩的时间将11倍于不同性别的同伴。而且，幼儿园的女孩往往在小群体中玩，尤其是二人群体中交往，然而男孩通常是在较大的群体中玩。

同伴的强化和模仿学习

儿童作为对其他儿童的强化因素和行为榜样扮演着重要角色，有时成人会忽视这个事实。作为孩子与其他孩子相互交往的结果，大量的学习发生了。这里有一个典型的例子：

> 两个六岁的孩子正忙于参与"Playdoh"的游戏。当他们铺出长的"蛇"的时候，房间里回荡着他们欢乐的笑声。他们中的每个人都尝试超过其他人铺出一条更长的蛇。其中一个孩子一岁的同胞妹妹听到欢喜的叫声，摇晃地走入房间。她够到哥哥用的 Playdoh。较大的孩子递给一岁的儿童一些 Playdoh，这个儿童尝试卷起她自己的蛇。无法实行任务并感到挫败，一岁的孩子变得急躁起来，指着较年长的哥哥给她的一把小刀。然后四岁的他教妹妹该如何切断那些其他孩子已经做好的蛇。

的确，通过老师教较大的孩子和较大的孩子教较小的男孩和女孩，老式的单房间学校起作用了，而且运行得很好。

见到其他的孩子做出特定的举止也能影响一个儿童的行为。借由相互模仿和跟随领袖的游戏，儿童得到了一种亲近感，一种其他儿童与他们自己的存在相像的感觉，并且成功地运用对他人行为的社会控制。除此之外，O'Connor 的一项研究揭示，严重性格内向的保育院孩子，在他们观看描述一起快乐地玩耍的其他孩子的20分钟有声电影之后，相当大程度上会更多地参与同伴的相互交往。由此可见，榜样已经证明是帮助孩子克服各种不同的恐惧并为新经历做准备的一个重要工具。

儿童的攻击性

攻击性被社会性地定义为伤害性的或者破坏性的行为，而且大多数人类的攻击行为发生在群体活动的环境中。即使年幼儿童表现出攻击行为，随着年龄逐渐增长，他们的攻击性行为也会变得不太普遍并更具有目的性。没有目的性的情绪性的攻击性行为的比例，在生命的最初三年期间逐渐地减少，在四岁后显示急剧降低。与之相反，报复反应的相对频率随着年龄增加，尤其在孩子到了他们的第三个生日之后。口头攻击行为也在2~4岁增加。

为残疾儿童的童年早期环境做准备

每个儿童的一个最基本需要是有被接受的感觉和归属感。然而，研究表示有残疾或者差异的孩子无意识地不被同伴接纳，除非老师、儿童保育工作人员和父母在促进他们的接纳方面扮演积极的角色。关于伤残或有差异人士的早期感知为态度的形成奠定了基础。事实上，五岁大的孩子已经对有关残疾儿童的事有或是正性的或是负性的感知。如果没有促进认同感的细心体贴的计划和策略，这些早期的态度时常是负性的。老师会借由建立课堂提出态度形成的三个关键的影响因素，来促进班级气氛正性的、接纳的态度和残疾儿童正性的自尊：

● 间接的体验。提供关于伤残人士信息的相片、书籍、展览和教育节目。举例来说，对于孩子和他们不知情的家庭成员来说，不正确地认为他们会"理解"另一个儿童的残疾或疾病（如唐氏综合征）是正常的。残疾儿童需要真实地在班级设置和社区活动中得到正视，正如教室中所有的孩子需要在他们的环境中得到正视。Favazza和Odom在一项调查了95个幼儿园和托儿所的研究中发现，最典型的课堂并没有在展览、书籍中被描述的或使刻板观点受挫的课程中

的残疾人士。

● 直接的体验。研究已经清楚地证实，对残疾个体的正性体验会有助于接纳。班级中的其他孩子可能需要在游戏时间或点心时间帮助有残疾的儿童（见图6—8）。举例来说，群体中所有的孩

**图6—8　所有的年幼儿童享受
并且受益于同伴关系和友谊**

子可能都需要学习手语。在最初塑造帮助行为方面，老师是关键性的。负性态度往往出现于只有很少甚至没有直接体验残疾的孩子身上。

● 主要社会群体。一个年幼儿童的主要社会群体是她或他的家庭。孩子的态度被父母亲的态度影响，包括父母亲的沉默，儿童会有负性的体验。老师和

课堂援助必须对他们进行特定的残疾儿童的教育。开始了解残疾——并学习这些儿童的显著特质。如果可能，安排一位成功的带有这种残疾的成人和孩子一起参观教室并谈话——举例来说，邀请一个坐轮椅，或戴有义肢，或正在庇护工作室中工作的成人。

女孩和男孩对于他们如何表达对同伴的攻击是不同的。男孩往往透过躯体和口头的攻击行为伤害他人（击打或者推挤他人，并威胁他人会痛打他们）；他们所关心的事情典型地集中于他们的我行我素而且支配其他的儿童。与之形成对比的是，女孩往往把重心放在表示关系的议题上（建立密切的、亲密的与他人的联系）；借由例如散布负性传闻，将儿童排除在游戏群体之外和有目的地撤回友谊或赞同这样的行为，她们尝试通过破坏对同伴团体中异类的友谊或情感来伤害他人。

研究人员也发现，一些孩子带着攻击性行为的整套技能进入了保育院（见图6—9）；其他人起先是消极的和不决断的。但是在相对被动的孩子习得反攻击之后，由此结束其他孩子对他们的攻击性行为，他们自己开始攻击新的受害者。儿童保育专家Jay Belsky称，如果年幼儿童在照料中度过大量时光，而且远离父母，则会显示逐步增强的攻击性。这项国家研究的主导者关注的是，父母需要了解研究中儿童保育下的83％的儿童没被分类为具有攻击性的，并且年幼儿童在高质量的儿童保育中体验到许多有利条件。

尽管如此，一些孩子表现得比其他儿童更易于参与攻击性行为。一些攻击行为起源于孩子在获取角色技能的发展上的滞后，但是这不是故事的完整版。较具有攻击性的孩子，特别是男孩报告攻击行为会产生切实的回报，并减少其他孩子的消极对待。另外，研究人员发现，看到及听到成人之间怒火冲天的情景的幼儿，在情绪上会受困扰，并对他们的同伴采取攻击行为。

攻击、敌对、威胁、蔑视和毁灭性是**反社会行为**的征兆，包括对行为的社会描述模式的持久稳固的违反。研究显示：

● 儿童的攻击性的、反社会行为不"只是一个阶段"，一个会在成长过程中被放弃的行为。

● 童年早期的反社会行为是对青少年期犯罪行为最准确的预言。

● 反社会孩子可以准确地在三岁或四岁这样小的年龄被识别。

● 如果反社会行为模式没在三年级结束以前被改变，它会变成慢性的，只能通

图 6—9　同伴的攻击行为

许多有攻击性的孩子在良性环境之下甚至将有敌意的意图归因于他们的同伴。结果，他们在人际环境中比其他的孩子更有可能做出攻击性的回应。男孩的攻击行为往往是口头和躯体的，但是女孩更有可能使用伤害性的话语、排斥或撤回友谊。

过支持和干预来"处理"。

● 预防和早期干预是我们目前将孩子带离这条路的最大希望。

媒体的影响

至少长达 30 年，主管当局已经对关于媒体暴力对这个国家的年轻人行为的影响表示担心。在美国，幼儿园儿童平均每天看电视 3～4 小时。年幼儿童在电视和录像节目中都会观看到数以千计的谋杀现场、殴打和性伤害。

电视　有重要意义的是，美国儿童除了睡眠，相对于任何其他的活动会花更多的时间来看电视，一些研究已经将童年期肥胖与过度观看电视联系起来。此外，电视已经成为美国孩子的主要社交媒介，研究已经重复发现，电视暴力与攻击性行为的相关性和已经被测量的任何其他行为变量同样的强烈。许多研究已经发现，媒体暴力影响童年期和成年的攻击行为，尤其是倾向于表现攻击性行为的人。

一些例外包括观赏性的教育节目（为非常年幼的孩子而设计），如"芝麻街"（Sesame Street），不论父母教育、收入、母语或家庭环境质量，这些节目都对孩子的学前储备、语言和数字技能以及词汇有所贡献。观赏亲社会节目例如"罗杰先生的邻居"（Mr. Rogers' Neighborhood），用父母指导性的活动，会增加孩子的亲社会行为。重要的是，随着慢慢长大，孩子较少观赏这些高质量的教育节目，他们看的卡通和喜剧节目随着年龄增加。大部分这些节目指向浸透在攻击行为、故意伤害和暴力中的儿童观众。举例来说，"疯狂的兔子"（Bugs Bunny）和"BB鸟与大野狼"（Roadrunner cartoons）卡通片是典型的晨间娱乐节目，平均每小时有50个暴力行为。

电视对儿童能力的影响是复杂的。直到他们升入小学为止，许多儿童不理解产品促销信息后面的动机，而且学龄前儿童和初学走路的婴儿往往相信成人告诉他们的。他们缺乏个人经验和认知发展来质疑他们所看到的信息的准确度。电视在儿童观看的节目中很少描写暴力严重有害的作用。

多种研究揭示，观看媒体暴力在许多方式上鼓励了攻击性行为：（1）媒体暴力提供孩子学习新的攻击性技能的机会；（2）观看暴力行为以同样的方式使孩子抑制对抗的行为变弱；（3）电视暴力会提供场合的条件反射，借由想象参与另外一个人的暴力经验获得攻击性行为；（4）媒体暴力增加真实生活中孩子对攻击行为的耐受力——习惯性效应——并加强将世界视为危险的地方的趋向。

纵向研究已经跟踪个体生命的主要部分，这些被试中的一些已长达22年，揭示易受伤害的年轻人观看大量电视暴力是以后暴力犯罪行为最好的预言因素之一。总的来说，越来越多的文献提出，电视提供给孩子多种娱乐，但是同样地也具有很大的负性社会化影响。

在幼儿园的数年期间，是建立观看习惯的时期，父母和儿童保育工作人员具有大部分的支配力来影响孩子的观看习惯。假设孩子的父母限制他们观看，研究表明，如果父母花时间鼓励孩子或者陪他们进行其他的活动，孩子将会较少观看电视。就儿童健康的重要性来说，国家小儿科医师要求父母减少他们孩子观看电视一半或者更多的时间，因为观看电视还成为童年期肥胖的原因。由于在缺乏阅读技能和过量观看电视之间发现强相关，教育家已经为国家的阅读得分落后而归咎于电视。

录像和电脑游戏以及互联网　关于观看电视的许多教育和心理学研究发现扩展到电视游戏和互联网的使用上。在20世纪70年代早期有Pong，这是一个简单的电子桌球游戏。然后是小精灵（Pac-Man）、BB鸟与大野狼、太空侵入者（Space Invaders）、太空陨石歼灭战（Asteroids）及其他。到20世纪80年代时，电视游戏机在儿童中发展出相当多的追随者，以至于医生将一种手部疾病"太空入侵者痉挛"归因于过度玩电视游戏。十年之后，1990年，任天堂和Sega电视游戏机主导了儿童游戏领域。将近1/3的美国家庭拥有任天堂或Sega游戏机，一个销售前30位的玩具调查发现，其中有20种与电子游戏有关。

到2006年，许多美国家庭拥有了个人计算机并可以使用互联网聊天室、即时信息和全球信息网。互联网让儿童可以接触到非常多的教育和娱乐网站，但是它也让儿童接触到对发展不适合和对孩子来说危险的网站（举例来说，一些孩子登录到儿童聊天室上的"恋童癖者欺骗"）。"过滤"软件让父母可以"屏蔽"任何含有他们选出需要被屏蔽的话题的网站，但是使用过滤器不是个十分安全的解决方法。为了解决这个问题，心理学家现在已经识别出影响孩子和成人的心理障碍，称为"网络成瘾障碍"。

许多父母担心他们的孩子对电视游戏机和计算机入迷会导致儿童发展上的障碍。电视游戏机很少给儿童机会为自己做出决定，形成他们自己的创意，或构造他们自己对问题的解决方式。大多数的游戏不奖赏个体的进取心、创造力或想法，也不允许儿童有充分的自由来实验自己的观念、发展资源并使用他们的想象力。

批评者主张电视游戏机只提供了非常有限的文化和感官刺激，许多电视游戏机的游戏具有骇人的暴力和刻板的性别优越。少数的程序师制作出高质量的游戏，像 Myst。除此之外，习惯了电视游戏机提供的快速满足的孩子，可能不愿意投入努力和长时间的练习，而这对于较好地吹奏乐器或者在其他尝试中获得成功来说是必需的。

然而当这些技术以建设性的方式被使用的时候，这也是一个具有积极意义的时机。电视游戏机技术、计算机多媒体教育软件和对话式教育网站（如，国家地理的儿童网、在线的虚拟 、蒙特雷海湾水族馆、白宫儿童政府、笔友网站及其他）提供给教育家丰富的机会来帮助孩子学习和思考。显然，电视游戏机、计算机和互联网的接入，像电视一样，是我们的社会中具有极大的重要意义的现象。

事实上，我们需要重视在未来十年内，一些美国儿童没有机会习得计算机技能而成为合格的劳动力。社会科学家目前正在评估长期计算机使用和暴露于各种不同类型的网络内容对孩子（尤其是年幼的孩子）健康的影响。

续

　　在本章中，我们讨论了会促进或损害年幼儿童的情绪和社会发展的变量。每个儿童的整体发展——躯体、智力、情绪、社会和道德——都是独特的。即使当成人尝试促进儿童从发展的一个阶段到另外一个阶段，这些天然的发展上的过程将会顺着每个年幼儿童适合的速度向前发展。一个儿童的情绪自我调节和自我形象被多种因素影响和反映出来：儿童自己发展的自我感；来自家庭成员和照看者的鼓励或挫败；与同伴的结交、认同或分裂；以及在西方文化中，媒体影响的范围。如果孩子要发挥他们自己的最大潜能并形成对他们自己的积极形象，孩子需要感到被在他们的生命中重要的人所接受和爱。健康的社会情绪基础为年幼儿童的童年中期阶段，即7～12岁的发展需求做准备，我们会开始下一部分的内容——童年中期。

第七章

童年中期：
身体和认知的发展

身体的发育

认知的发展

道德的发展

在童年中期这几年中，儿童会暂缓自己在童年早期飞速发展的身体发育进程，并开始为为期不远的青春期和青少年期做准备。从发展视角来看，这一阶段产生的变化似乎格外平静顺利，以至于我们会觉得什么都没有发生。而其中最大的变化应该属于认知发展的层面，我们将重点讨论具体运算思维、智力因素及其测量、个体差异性以及某些具有特殊学习需求的儿童。

这个时期的儿童可以运用复杂的分类体系，并喜欢对各式各样的东西进行归类和整理，不论是运动卡片还是蝴蝶标本。他们开始对数字和计量投以关注，喜欢比较哪一个更大，谁拥有更多，而他们对于物理世界的了解更是飞速前进着。我们同样意识到，儿童在这些年的成长过程中，还包含学习恰当的文化和社会技能这一重要任务。而他们在现阶段形成的有关社会互动的习惯和模式，将不仅仅会影响儿童的整个青少年期，还会被带入未来的成人世界。最后，我们将探讨语言技巧和道德发展这两个在当今社会举足轻重的话题。

身体的发育

作家 Robert Paul Smith 在其 1957 年发表的作品中，将自己与好朋友们在小学共度的时光比喻为一阵无法停歇的旋风，其中充满了疾风骤雨般的玩耍和活动。"你要去哪里?""外面。""你去干什么?""什么也不干。"而他们所说的"什么也不干"，则指的是在游泳池游泳、在溜冰场溜冰、散步、骑木箱、踩单车、在门后的走廊上读书、爬上屋顶、坐上树梢、玩捉迷藏、在大雨和大雪中伫立、蹦蹦跳跳、蛙跳、单脚跳跃、飞奔、吹口哨、哼唱和尖叫。这些与朋友一起无忧无虑的玩耍，是被我们现在这个年纪的人带着无比向往和怀旧的心情进行回忆的东西。虽然当代儿童的童年与以前十分相似，但是从某种角度来说，我们仍然可以看到现代儿童的童年与从前存在的诸多差异。

差异之一就是在今后 45 年中，年龄 5～13 岁的儿童——也正是完成小学学业升入中学的年龄段的人数将显著增加。特别值得一提的是，预计这个年龄段儿童的数量将增长 35%，而他们会陆续走进学校，需要校外辅导，需要医疗和牙齿保健，参与各项体育运动或其他无人看管的活动，并在一个融汇了各类技术技能的世界里发展成长。

随着数以百万的儿童渐渐长大，个体之间的差异也会随之发生，例如由于性别、种族和社会经济地位所造成的差异。举例来说，比起欧洲血统的美国儿童来说，非洲裔美国儿童往往成熟得更为迅速（依据骨骼发展、脂肪比例、乳牙的数量所评定）。亚裔美国儿童的身体变化速度则最为缓慢，在儿童期中期几乎很难看到任何青春期的发育迹象。尽管在身体大小和成熟度上存在差异是一件再正常不过的事情，但是处于连续体两个极端的儿童，仍然会为自己所具有的生理差异而感到自卑和不足。

成长与身体变化

相比于童年早期和后来的青少年期，处于童年中期的儿童，其成长速度会相对较慢。在拥有充足营养的前提下，正常的儿童每年会增长5～6磅的体重和大约两英寸的身高。这一阶段的男孩和女孩的身高增长速度基本相同，但是女孩会拥有更多的身体脂肪，而且成熟速度也快于男孩。通过写字、穿衣、穿鞋以及执行其他方面的任务，大部分儿童会因此获得小运动技能和手眼协调能力。渐渐地，他们的乳牙开始脱落，长出越来越多的恒牙。家长必须教会儿童完成每天的牙齿护理，并定期清洁牙齿。牙齿密封剂和含氟的漱口水同样可以帮助儿童抵御蛀牙。那些患龋齿（牙洞）或是失去了恒牙的孩子们，会拒绝讲话，不愿大声阅读，或是对运用语言丧失信心，更有甚者，还会不愿意展现微笑。由于口腔护理需要很大的成本，我们距离理想的口腔健康水平还存在着一定程度的差距。美国儿童牙科医学会建议，当儿童参与一些带有身体接触的体育运动时，应该带好牙套、头盔和面具，以保护自己的恒牙和面部骨骼。

如果我们仔细审视一下处于这个时期的儿童，就会发现他们显得更为苗条或消瘦了。这是因为随着他们不断长高，他们的身体比例也会随之发生变化。由于此阶段儿童的肌肉变得更为结实和强健，所以比起之前的几年，他们能够把球踢或扔得更远。肺活量的增长则会带给儿童更大的耐力和速度，而这会被他们充分加以利用。尽管在发展中国家，儿童在身高、力量和速度方面所表现出的差异会有一部分是由营养因素所造成的，但是对于绝大多数差异来说，遗传仍然是其中的主导因素。除了体型上的差异之外，儿童成熟的速度也不尽相同。特别值得我们注意的一点是，在童年中期的最后阶段，一些儿童会开始经历某些青春期的生理变化，并因此发现自己与同伴在体型、力量以及忍耐力方面存在着显著的差异。

运动的发展

在童年中期，儿童开始能够更为娴熟地控制自己的身体。此时，他们的身体成长速度暂时减缓，而这为他们提供了更多的时间去自如地感受自己的身体（这一点与早些年的状态有着显著不同），同时也为儿童提供了一个演练自己运动技能和提升协调性的机会。7～8岁的儿童也许仍然会在速度和距离判断上存在困难，但是他们的运动技巧已经得到了充分的改善，足以成功地参与足球和棒球等游戏活动。跳绳、滑轮车、轮滑和骑自行车也是这个年龄段的儿童喜爱的活动。具体哪种运动技巧会得到发展，取决于儿童所处的环境（例如，他们学习的是热带运动项目还是冰雪项目，或是他们所处的文化氛围更倾向于英式足球还是美式足球）。但无论儿童最终选择了哪种活动，都会增加他们的协调性，提高速度和耐力水平。在这个时期，尽管女孩较易拥有更大的柔韧性，而男孩则更多增长前臂的力量，但是这种性别差异并不很明显。相对于性别来说，年龄和经验起着更重要的决定作用。就像我们在现实生活中常常看到的那样，这个年龄段的儿童开始参与到一些团体活动之中，女孩和男孩一样热衷于踢足球或是玩官兵抓强盗的游戏，也同样乐于去做侧翻、打滚和其他一些体育运动。

大脑发育

就像我们在前一章中说明的那样，如果拥有适宜的营养、合理的保健和充足的睡眠，儿童的大脑和神经系统发育就会同时包含两个过程：髓鞘化的逐渐推进，以及一些无用神经枝节的削减。在这个时期，儿童的心理加工能力、加工速度和效率都会得到普遍提升。但是如果儿童在这一阶段发生忽视、感觉剥夺、虐待、创伤或营养不良等问题，都会对儿童大脑的正常发育和成年后的潜能造成长期的恶劣影响（见图 7—1）。在童年期，儿童的记忆广度将呈现出稳步增长的趋势。效率增长的表现之一就是儿童的简单反应时间变短。这种反应速度的加快一方面得益于大脑的生理发育，另一方面也是源于儿童在这个年龄阶段能够熟练地使用更多的认知策略帮助自己解决越来越多的复杂任务。通过使用大脑成像这一新技术，DeBellis 及其同事发现，6～7 岁的健康男孩和女孩在大脑成熟度方面存在着与年龄相关的性别差异，比如在错综复杂的神经轴突和胼胝体区域，男孩的成长发育速度要明显快于女孩。

研究利用对幼龄儿童的大脑成像发现，相对于成人，儿童的脑区似乎在以完全不同的方式进行着组织。如果一名 6～7 岁的儿童不幸患了中风，那么并不会对他（她）今后的语言发展产生什么影响，而同样的中风发生在成年人身上，则会普遍引发语言能力的长期缺失。一些研究发现，那些为了控制严重的癫痫发作而切除了大脑一侧半球的儿童，通常仍然可以持续表现出良好的生理和心理发展。Perry 和其他大脑研究者发现，创伤、忽视以及虐待，都会对儿童大脑的发育产生严重的不良影响。而如果把他们安置在一个充满爱和支持的抚养家庭中，由于大脑具备可塑性，上述不良影响完全能够得到改善和调整。

阅读障碍 有 3％～15％的儿童在加工视觉或是听觉信息的过程中存在障碍。**阅读障碍**是一种学习障碍，在其他方面智力正常且健康的儿童或是成人一旦患上了此类疾病，将在阅读、写作和书写过程中对识别书面文字有极大的困难。男孩患有阅读障碍的人数远远超过女孩。而那些阅读障碍患者通常拥有正常或是高于正常水平的 IQ，并且能够更轻松地学会数学领域的相关技巧。脑神经学家一直在努力研究这一大脑疾病，到目前为止，他们已经通过脑成像、诊断学以及对阅读障碍患者有限的尸体解剖检验等方式发现，患者大脑左半球皮层的语言区当中的神经分层是毫无组织的，大量的神经细胞完全以原始的方式纠结在一起。现在，把这本书倒转过来，然后试着流畅地去阅读这些文字。要知道，对于那些患有阅读障碍的儿童来说，这就是他们通常遇到的阅读情境。这些阅读障碍的儿童当中有很大比例会在学校表现出较低的学业成就、丧失自尊、成为

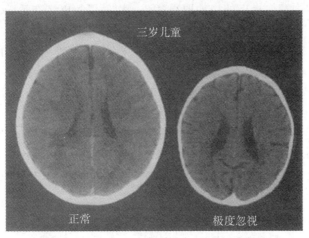

图 7—1　忽视对儿童大脑发育会产生严重影响

上图中的大脑扫描图像向我们展示了忽视对于大脑发育的消极影响。左边的这幅CT扫描图，呈现的是一名健康的三岁儿童大脑的平均尺寸（50％人群的比例）。而右边的这一幅则是一名从出生起就一直遭受严重感觉剥夺和忽视的三岁儿童的大脑。很明显，右图中的大脑要小于正常的平均尺寸，并且在大脑皮层、边缘系统以及中脑结构的发育上都存在异常。

学校的退学生，并且职业发展机会非常有限。但是非常有意思的是，他们当中也有另外一些人，会被当作具有天赋或天才的儿童。

天才与天赋　神经生物学家和心理学家发现，有一些大脑拥有更丰富的神经递质和更为复杂的突触联结，因此更富有效率。专家们由此推断，那些具有天赋的儿童，应该是在大脑皮层的联系区拥有更为复杂的突触联结，或是他们的神经化学递质传导效率更高。在这些方面存在生理优势的儿童可以在不同的方面表现出天分，从钢琴演奏到数学问题解决。通常来说，那些 IQ 分数达到 130 或以上，或是在阅读或数学标准成就测试中处于第 90～99 百分位的儿童，都会被推荐参加重点培养项目，成为班级中的佼佼者，或是干脆跳级完成学业。

在 7～12 岁的童年中期被识别为天才的儿童，往往需要额外的学习挑战，来避免自己在学校和家庭环境中感受到的索然无味。有很多小学，但是并非全部，会为这些超常儿童提供特别的培养方案。某些学院和大学会提供一些特定的周末和暑期项目，来刺激这些学生的敏锐思维。例如，在东海岸，位于马里兰州巴尔的摩市的约翰霍普金斯大学就建立起了"少年学业成就研究机构——天才青少年活动中心"，并进行每年度的天才搜索。约翰霍普金斯天才搜索小组会在那些处于小学 2～8 年级的学生当中，寻找出格外具有数学和/或言语推理能力的儿童，为他们提供机会来充分发展他们的数学和语言能力。其他针对高智商、富于创造力的青少年儿童而创立的美国及国际项目组织还包括：心灵之旅项目、奥林匹克科学、发明者协会、美国地理儿童网以及门萨计划。哪位读者若准备成为教育心理学家、学校心理学家、初中教师或未来的学校管理者，也许可以与上述组织机构中离你最近的机构取得联系，以便了解更多有关天才和天赋儿童特殊需求的信息。

健康和健身问题

从总体上来说，处于童年中期的儿童要比出生以来的任何一个时期都更健康。疾病的患病率在这一阶段非常低，据调查报告，大多数儿童在小学阶段每年只会出现4～6次急性病发作。而最为常见的儿童疾病就是上呼吸道感染，另外，儿童哮喘的患病率也在逐年上升。5～11岁儿童可能存在的其他慢性疾病还包括学习、言语、行为和呼吸道方面的问题。

比起疾病，意外事故成为这个年龄阶段导致死亡或严重伤害的最主要诱因，而最为常见的死亡原因就是汽车事故，因此，美国最近对有关汽车安全带的法律进行了更严格的执行。

处于儿童期中期的孩子仍然需要成年人的监督和看护。这个年龄段的儿童中有很多人会在玩篮球、足球、棒球、骑自行车或进行室外器械运动时受到运动伤害。

目前，社会对于这一年龄阶段的儿童遭遇的暴力，或这个年龄团体施加的暴力有越来越大的误解，特别是对那些年龄偏大的儿童。

13岁以下的儿童如果犯罪，那么他们在将来继续犯罪并成为长期罪犯的可能性将大幅增加（2～3倍的几率）。有关暴力学的研究显示，暴力或攻击行为通常是在生命的早期阶段习得的，对此，家庭和社会有必要必要采取一些措施帮助儿童学会在不使用暴力的前提下处理自身的情绪。因此，许多教师培训项目都会将冲突解决策略作为训练未来教师的必要内容。研究发现的一个最有力的结果就是：儿童们会"做他们所见过的事情"，对此，专家们建议，我们应该时刻小心，不要成为暴力的榜样。电视以及仿真视频或电脑游戏，不但会造就暴力形象，而且会因儿童变得更加暴力而给予奖赏。而一些分级为E类（适合每一个人玩）的电脑游戏则充斥着暴力、性、吸烟和喝酒的片段。

肥胖 CDC对儿童使用"超重"这一术语，而对成人使用"肥胖"一词。**肥胖**的定义是，体形指标超过相应性别和年龄群体人数的95％。自20世纪70年代以来，超重的儿童人数比例已经激增了四倍。到2002年为止，已经有16％的6～11岁儿童进入了肥胖者的行列。医生们开始将不断增加的超重儿童看作这个时代的流行病。包括胆固醇偏高和高血压等问题在内的重大健康风险因素，会导致早期的心血管疾病、更高比例的糖尿病、与体重相关的整形问题以及各类皮肤疾病。同样，肥胖还会导致抑郁、消极的自我映像、低自尊、被戏弄和被拒绝以及在同伴交往中的退缩。儿童时期的超重将大大增加个体在成年期继续超重的可能性，而这一重大的健康危害因素会大幅缩短成人的寿命。

造成肥胖的原因主要是高卡路里的摄取和较少的运动，也有很少一部分人是由于遗传或是甲状腺激素因素造成的。家长和学校的一些决策是导致超重儿童比例逐年上升的重要原因。例如：（1）生活方式的改变，比如迁入市郊或是搭乘顺风车；（2）父母双方上班的时间均有所增加；（3）有组织的体育运动时间减少，自由玩耍时间很少或几乎为零；（4）由于学校经费的限制，体育课越来越少；（5）长时间坐在电视、电子游戏机和电脑前面。

众所周知，肥胖的成人和儿童与相同性别、年龄和社会经济地位的非超重人群相比，往往摄入更多的卡路里，运动量却更少。对幼年寄养在不同家庭的双生子的研究发现，有一些遗传趋势决定了个体的胖瘦。与异卵双生子相比，同卵双生子的体重通常更为接近。同样，被领养的儿童即便是被肥胖的父母抚养长大，也不会像这些父母的亲生孩子一样呈现出肥胖的体形。Crespo 和同事们报告说，随着儿童和青少年每天待在电视前的时间不断增多，肥胖的增长比例也随之上升。在一项对 3～5 年级的儿童的研究中，Matheson 和同事们发现，观看电视节目时的儿童吃掉的高热量食品明显更多。

在这方面，成年人应该扮演一个良好的榜样，不但提供健康的食品，还应该鼓励儿童在学校里也做出更为健康的食品选择，并减少导致儿童久坐的活动，如电子游戏和电视。如果成年人以一种健康的生活方式生活，有规律地锻炼，并且吃低热量的健康食品，那么儿童通常也会发展出这些习惯。

全美上下都在指责学校以儿童的健康作为代价，通过自动贩售机销售软饮料和高卡路里零食来赚钱的行为。疾病控制和预防中心通过"学校健康政策及计划研究"调查总结发现，在美国有 43％的小学、89％的初中以及 98％的高中的自动贩售机、零食店或是小卖部都会提供高卡路里的软饮料和零食。还有 20％的学校甚至会为在校儿童提供快餐作为午饭。对此，美国的一些州已经颁布了法令，要求学校为学生提供更为健康的午餐选择，限制学生摄取垃圾食品，或是干脆清除掉类似自动贩售机一类的东西。

进食障碍　在很多国家，越来越多的小学（最小甚至四岁）和中学儿童（主要是女孩）被诊断为患有神经性厌食或是贪食症的进食障碍。妈妈的营养/减肥习惯、家庭环境、芭比娃娃、媒体对于苗条女孩和女人的刻画与追捧，以及同伴和朋友的作用，都会对儿童的进食行为产生强有力的影响；而一个儿童拒绝正常的营养摄取无疑将会导致健康水平下降、衰弱甚至死亡。因此，家长、老师以及学校医护人员，都有必要了解这一类疾病所表现出的身体的和行为的典型迹象，以及造成此类障碍的诱因。

游戏和锻炼的作用　在美国，任何加入公立学校的儿童，都需要参加体育课，除非他们患有某种疾病或是残疾导致自己无法参加。然而，由于资金限制和对儿童考试成绩的强调，日常体育馆中开展的课程已经日渐荒废（只有伊利诺伊州还强制要求 12 年级以内的儿童参加体育课程）。学校、社区和政策制定者有必要为所有的青少年提供有规律、有质量的体育课，让体育活动成为儿童终身的习惯。同样，中学也应该为所有男孩和女孩提供课外运动的机会，例如室内和室外橄榄球、篮球、田径、足球、棒球、垒球、排球和网球。身体活动的增加不但可以促进个体全身的健美，提升认知功能，促进整体心理健康，还可以有效缓解压力和建立自尊。所有的儿童都应该将体育运动发展为自己的日常习惯，并贯穿整个高中，甚至保持在整个人生当中，以此来确保自己的免疫和心血管系统的健康。近期的一项研究显示，随着年龄增加，个体参加体育运动和锻炼的数量呈下降趋势，这一点在女孩身上得到了格外的体现。因此，Dowda 及其同事们建议应该让体育课的内容更适合女孩，让她们可以获得更多的享受。依据自我报告，女孩们更喜欢散步、旱冰、有氧运动、慢跑或是跑步、骑自行车、游泳、跳绳（双手摇）以及交谊舞；而男孩们则报告说自己更偏爱传统的竞技活动。不断有研究显示，减少儿童的电视观看时间，将能够让孩子们有更多的时间进行体育活动，从而改善整体健康。

大部分处于这个年龄阶段的儿童都是喜欢玩耍的，这通常意味着他们喜欢诸如足球或躲避球、壁球、滑板、骑自行车、跳房子、跳舞以及健美训练。美国学校也已经把传统形式的锻炼活动转换为更具现代感的现代舞、山地自行车、远足、溜冰、滑雪、雪鞋行走、攀岩等等。在这个年龄阶段，健康的男孩和女孩很难在教室待坐一整天而不去外面消耗自己过剩的能量。所以，对于某些——并非全部——儿童来说，体育课可能是他们一周当中最喜欢的活动，因为他们可以从中获得最大的成就感。

认知的发展

小学阶段的一个重要特征就是儿童洞察自我与环境的能力的提升。经过这一阶段，随着他们的推理能力变得越来越富于理性和逻辑，儿童在加工信息方面将变得更为驾轻就熟。

认知融合

推理能力当中的一项关键性因素就是能够区分想象、表象和现实。举例来说，想象一下你正拿起一块看上去很像花岗岩的恶作剧海绵。尽管它看上去与一块岩石无异，但是在你拿到它的那一刻，还是会立即意识到这是一块海绵。但是如果对方是一位三岁的儿童，他恐怕就不会这么确定了。年幼的儿童往往不能了解到自己所看到的并不一定是自己所拿到的。而等到他们六七岁的时候，大部分儿童在面对日常生活中的各种形态时，都能够接受表象与现实之间存在的差异。

儿童还会渐渐发展出**元认知**，即对自己心理加工过程的意识和理解。从很多方面来看，皮亚杰的阶段发展理论指的就是**执行策略**，即儿童在整合和编辑较低水平的认知技能的同时，也会渐渐学会如何选择、排序、评估、修订以及管理自己的问题解决方案。随着成熟度不断增加，儿童运用的策略也愈加复杂和有效。作为一种习得的策略，元认知被视为联结行为表现的关键所在。一项考察儿童的心理策略和数学问题解决能力的研究发现，对于那些 8～9 岁可以成功解决数学问题的儿童来说，元认知解释了其中绝大部分方差。

皮亚杰的具体运算阶段　依据皮亚杰的观点，随着儿童开始发展出一系列检验世界的规则和策略，他们的思维会在儿童期中期发生质的改变。皮亚杰将儿童期中期称为**"具体运算阶段"**（见图 7—2）。皮亚杰想通过"运算"一词，反映出对有力量的、抽象的、内部的图式进行整合的含义，这些内部图式包括识别、可逆、分类以及序列位置。儿童开始理解，增加会使东西变多，物体可以不只属于一个类别，还有这些种类之间彼此存在的逻辑关系。这类操作之所以被称之为"具体的"，是因为处于这一阶段中儿童还只能遨游于即刻的外在现实世界，无法跳跃到此时此地之外的情境之中。因此，在这个时期，儿童在处理遥远的、未来的，或是假设性的（或者说抽象的）问题时，仍然会存在很大的困难。

尽管具体运算思维还存在着很大的局限性，但是在这几年中，儿童会在他们的认知能力上表现出巨大的进步。举例来说，处于 6～7 岁的前运算阶段的儿童，在为一些木棍按照大小排列顺序的时候，只能通过连续进行实物比较才能完成任务。而到了具体运算阶段的儿童，则可以在"头脑中"对木棍做出对比，通常并不需要实际测量就能迅速进行排列。由于属于前运算阶段的儿童是被真实的感知觉所控制的，因此他们需要很多分钟来完成这一任务。而处于具体运算阶段的儿童则只需要短短几秒就可以完成相同的任务，因为他们的行动是由内部认知加工所指引的：他们可以在头脑当中进行比较，而不需要在现实生活中真实地摆放，之后再逐一对比。

守恒任务　由于受到僵化的前运算性思维的限制，幼童在解决守恒任务时存在很大的困难。现在让我们来看一看，长大了一些的儿童是如何通过具体运算来解决这一类问题的。"守恒"这个概念需要我们认识到，尽管物体的形状发生改变，但它们的质量依旧是保持不变的。它意味着儿童必须能够在头脑中对物体的各种外部变化做出表征。进入小学的孩子们开始渐渐意识到，将液体从一个矮小但是宽敞的容器倒入另一个又长又细的容器当中，并不会改变液体的质量，他们明白液体的总量是恒定的。处于前运算阶段的儿童则会将他们的注意力集中（固着）于容器的宽度或是高度，忽略掉其他的维度；而具体运算阶段的儿童则会分解性地同时注意到宽度和高度这两项指标。更进一步说，具体运算阶段的儿童很好地吸纳了"转化"这个概念，例如液体在被倾倒进容器时在宽度和高度上会逐渐发生转变。而最重要的是，依据皮亚杰的理论，他们获得了"操作的可逆性"这个概念。他们意识到，可以通过把水倒回原来的容器而重新获得最初的状态。

"分类"，或者说"类别包含物"这个概念，通常是在儿童 7～8 岁的时候得到理解的。我们可以通过一个类似于"20 问"的游戏反映出儿童的这种发展：为 6～11 岁的儿童展示一组图片，并通过让他们提出一些问题逐渐勾勒出研究者"心里想"的那个东西（"它是活的吗?""它是你可以用来玩耍的吗?"等等）。儿童提出的问题通常可以被归纳为两大类：策略性（归类）和非策略性（猜测）。六岁及以下的儿童通常会采用对具体物体进行猜测的方式（"是不是香蕉?"）；而年龄再大一些的儿童则会询问归类性的问题（"它是不是你可以吃的东西?"）。

图 7—2　具体运算思维和守恒技巧

根据皮亚杰的理论，处于具体运算阶段的儿童的思维是可以分解的，因此他们可以同时关注于物体的宽度和高度。更进一步来说，他们吸纳了"转化"的概念，例如液体在倒入容器的时候它的高度或是宽度会逐渐发生转变。同样，他们也学会了可逆性操作，并意识到可以通过把水倒回最初的容器来重新获得原初的状态。

根据皮亚杰的理论，处于具体运算阶段的儿童会发展出运用逻辑归纳的能力：假如给予他们足够的例子或是丰富的经验，儿童会渐渐摸索出一条有关某事物如何运作的基本原理。例如，如果给予儿童足够多的有关"3＋4＝?"和"4＋3＝?"的问题，他们会由此推断出，加法等式中数字的排列位置其实并不重要。他们也知道自己总会得到相同的答案："7"。而从另一个角度讲，他们却非常不善于从概括推广到特殊，也就是我们所说的演绎逻辑。对某个概念进行深入的思考，然后将其应用到实践当中，对这个年龄阶段的儿童来说是一件非常困难的事情。因为这其中包含了他们可能从来没有体验过的想象过程。尽管具体运算可以为儿童带来很多认知方面的进步，但是处于这一时期的儿童仍然受到"具体"的限制，并且在某种程度上依赖于他们自身的观察和经验。

就像其他许多认知能力一样，有些儿童获得守恒技巧要早一些，而另一些人则会晚一些（见图7—3）。对于独立数量（数字）的守恒发生在对于物质的守恒之前。对于重量（某个物体的重力）的守恒发生在对于数量（长度和面积）的守恒之后，而紧接着重量守恒之后的，则是体积守恒（物体所占据的空间）。皮亚杰将这一序列的发展称之为"水平滞差"，其中的每一项技能都依赖于前面一项技巧的获得。

"水平滞差"指的是在一个单一的成长时期（如具体运算时期）里循环发生的发育。举例来说，一个儿童需要循序渐进地获得各种守恒技巧。当守恒的原理最初被应用到某项任务时，比如说有关物体的数量——无论物体的位置还是形状发生改变，其所包含的物质保持不变，儿童并不能把这一原理再应用到另一项任务上——如重量守恒，也即当物体的形状发生变化时，它的重量依然保持不变。只有到了一年或更长时间之后，儿童才会把守恒的基本概念扩展到重量这一层面。

不论是数量还是重量，其中所蕴涵的基本原理都是一样的。不论是哪一种，儿童都必须进行内部心理运算，而不能再继续通过实际的称重或是测量来决定哪个物体更大，哪个物体更沉。然而，在通常情况下，儿童会在了解了数量恒定概念一年之后，才会了解相关的重量恒定的理念。

后皮亚杰主义的批评　儿童在认知的获得时间上的差异并不完全符合皮亚杰的阶段论。如果按照皮亚杰所说的，每一个阶段都是"完全固定的"，那么我们应该发现任何既定阶段内的儿童应该都可以在不同类型的问题上运用类似的逻辑推理。也就是说，一个拥有具体运算水平的孩子应该可以在所有出现的任务中运用运算式的逻辑。同样，对于那些能够使用运算逻辑的儿童来说，他们对某项任务内容所拥有的具体知识也应该不会影响到基本运算认知的使用。但研究却发现事实并非如此：经验或者说体验对于不同儿童的问题解决水平造成了极大的差异。与接受新奇任务的儿童相比，那些对任务更为熟悉的儿童可以行使更加复杂的操作。

其他的研究则关注于讨论具体运算阶段的发展能否得到促进和提前，不是仅仅通过对事物的一般性接触和体验，而是通过一些特殊任务来培训儿童完成守恒任务。布鲁纳这样说道："所有客观事物的根本都应该可以在任何年龄阶段，以任何形式教授给任何人。"学习理论反对皮亚杰的阶段形成论；而皮亚杰认为六岁以下的儿童无法在学习守恒定律的过程中受益，因为他们的认知还没有达到成熟的水平的这一观点同样也被他们所摒弃。

早在20世纪60年代，就有很多心理学家尝试教授更为年幼的孩子有关守恒的技巧。他们当中的大部分人都失败了。而接下来，很多研究者却通过使用认知学习的方法，在训练孩子们学会守恒这个方面取得了成功。心理学家们进而发现，一项任务的内

守恒技能	基本原理	对守恒技巧的检测任务	
		第一步	第二步
数字 （5～7岁）	即便以不同的方式在空间中进行排列，物体的个数依旧保持不变	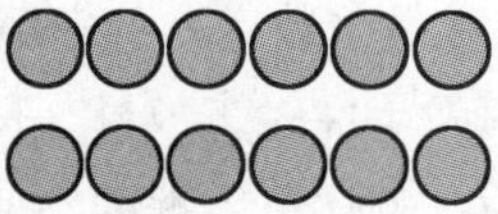 两行硬币按照顺序——对应	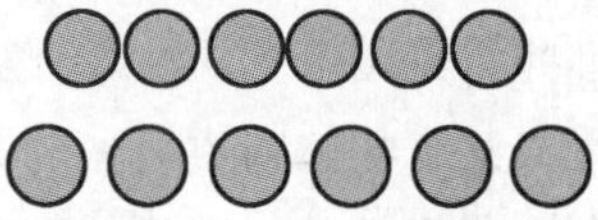 其中一行延长或是缩减两枚硬币之间的空间
物质 （7～8岁）	不论形状改变为什么样子，一团柔软的、像塑胶一样的东西的物质属性始终保持不变	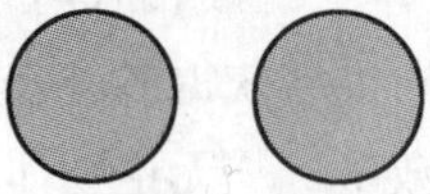 两团泥巴都捏成同样大小的球	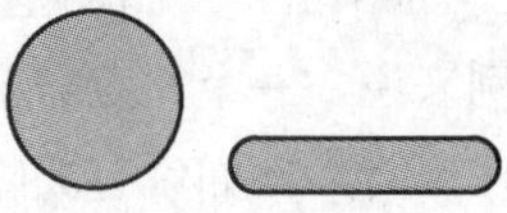 其中一个球被挤压成又细又长的长条形状
长度 （7～8岁）	不论在空间中如何摆放和排列，线状物两端之间的垂直距离始终保持不变	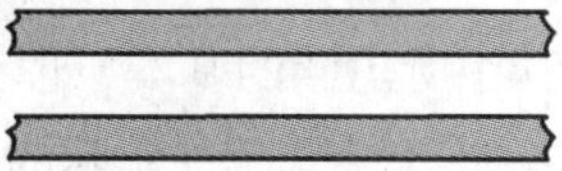 两条衣带被摆成直线	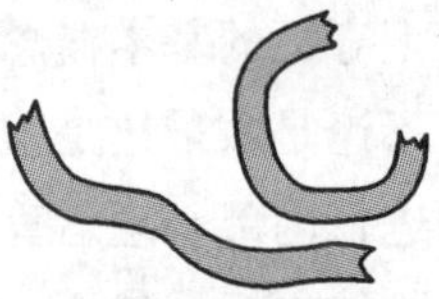 衣带改变形状
面积 （8～9岁）	不管一套平面形状是如何摆放的，这些形状所覆盖的面积大小保持不变	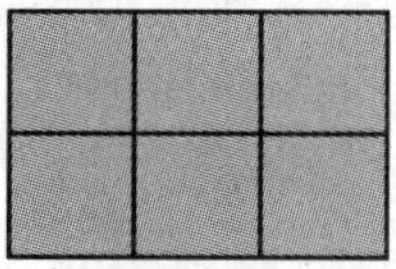 一群正方形摆放为长方形	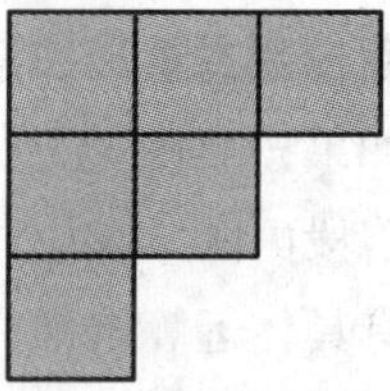 这些正方形得到再次排列
重量 （9～10岁）	不论形状如何改变，物体的沉重感保持不变	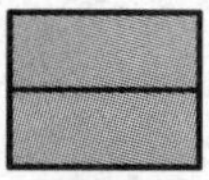 物体从上到下摆放	 物体横着进行摆放
体积 （12～14岁）	无论形状如何改变，物体所占据的空间大小保持不变	 把物体垂直放入水中之后，水平面的位置	 把物体水平放入水中之后，水平面的位置

图7—3 守恒技能的获得顺序

在具体运算阶段，皮亚杰认为儿童会依照固定的顺序来发展守恒技能。比如说，他们会首先学会有关数字守恒的概念，然后才是物质守恒，以此类推。

容在很大程度上影响了个体的思维。通过改变一项任务的认知成分，我们通常可以从一个孩子身上激发出前运算水平、具体运算水平以及形式运算水平的思维。而这一类话题则大大刺激了有关儿童创造性的研究。

跨文化的证据　在超过 40 多年的时间里，全世界的儿童都成为众多实验中的被试，用以验证皮亚杰的理论。这些研究遍布了 100 多种文化与亚文化，从瑞士到塞内加尔，从阿拉斯加到亚马逊平原。大量研究结果显示，不论身处哪一种文化状态下，个体的成长和发育确实符合皮亚杰所描述的认知发展阶段理论——感觉运动阶段、前运算阶段、具体运算阶段以及形式运算阶段——并且按照相同的序列进行。尽管如此，也有一些文化群体不符合形式运算阶段应该出现的状态。而跨文化的研究也显示，对于那些西方文化之外的、非个人主义文化下的儿童，他们在获得守恒概念上会存在发展上的延迟。我们还不能完全肯定这种延迟是该归咎于不同文化下基因的差异，还是源于研究过程中出现的纰漏，因为所使用的材料和任务都来自于西方本土。举例来说，在一项对中国儿童操作皮亚杰的液体水平任务的实验中，研究者发现在认知发展和主试的指导操作之间存在着某种程度的相关。

研究同样还提出了另一个问题：儿童在具体运算阶段获得的守恒技巧是否完全符合皮亚杰的假设（水平滞差）。在西方国家、伊朗和巴布亚新几内亚的儿童，表现出了与皮亚杰模式相吻合的发展趋势。然而，泰国儿童则会同时发展出对于数量和重量的守恒概念。而某些阿拉伯、印度、索马里和澳大利亚土著居民被试，则会在发展出物质守恒概念之前，就发展出重量守恒的概念。

创造力

我们通常将创造力视为心理活动和成就的最高形式。如果说智力代表的是迅速学习可预期知识的能力，那么**创造力**指的则是原创的、有价值的反应和产物。人们常常会假定智力和创造力是相辅相成的，而心理学家们则发现，高智力的个体并不一定拥有较高的创造力，而低智力却会严重削弱个体的创造力。由此可见，高于平均水平之上的智力——但并不一定必须是超常的智力——似乎是取得创造力方面的成就的必要条件。

在一些例子当中，太多的智慧似乎反而阻碍了创造力的产生。心理学家 Dean Keith Simonton 对 20 世纪一些著名的发明家和领导人进行了研究，结果发现最适合创造力发展的理想 IQ 是在某项领域当中比人们的平均智商高出 19 点左右的 IQ 数值。同样，正规的教育也不是酝酿创造力的必要条件（见图 7—4）。许多著名的科学家、哲学家、作家、艺术家和音乐作曲家都没有上过大学。要知道，正规的教育通常会为学生灌输很多传统而规矩的做事方法，而不是创造出新奇的解决方式。爱因斯坦曾经这样描述过正规教育的沉闷效果：

图 7—4　创造力天赋

心理学家普遍认为，与生俱来的天赋是不足以产生创造力的。人们不但需要将内在天分与环境的支持结合起来，而且这种天分和兴趣必须在生命的早期得到发掘。一旦儿童得到了自己的兴趣和喜悦感的激发，他们也就更乐于去探索那些看上去不可能的途径、采取冒险的精神，并最终创造出一些独特和有用的东西。四岁大的神童艺术家 Marla Olmstead 从两岁起就开始绘画了，并且受到了很多国际艺术收藏家（以及一家对此持怀疑态度的媒体）的瞩目。

"这方面的问题在于，我们不得不为了应付考试而把所有这些材料挤进一个人的大脑里面，不论他（她）是不是真的喜欢。对我来说，这种强迫起到了非常恶劣的影响，它会让我在通过了期末考试之后，发现自己有整整一年对科学问题倒足胃口"。

具有创造力的个体几乎都没有冷漠乏味的性格。心理学家 Vera John-Steiner 对近100 位活跃在人类学、艺术和科学领域的男性和女性进行了访谈，并查阅了爱因斯坦和托尔斯泰等名人的大量笔记、日记和传记。结果发现，这些科学家和艺术家都提到，他们的天赋和兴趣是在生命的早期阶段被发掘的，而且常常因此而得到父母或是老师的鼓励与培养。

有种观点认为，创造力需要的是个体发现某种情境与世界之间的联结或是纽带。由于它不仅必须改变个人思想中的内容和组织结构，还要改变对整个世界、对他人或是一整套业已建立的文化概念的内在系统关系，因此要造就出创造力方面的成就可谓难上加难。有的时候，扼杀创造力远比激发创造力要容易得多。

来自麻省理工学院的诺贝尔奖得主 Salvador E. Luria 博士这样说道："最最要紧的事情，就是让一个优秀的人才有独处的空间。"而即便富于创造力的人天赋秉异，他们也必须通过训练和努力的工作来培养自己的创造能力。这里有一些方法，可以帮助家长和老师对儿童的创造性思维以及任何形式的创意进行鼓励与培养：

● 尊重儿童提出的问题和想法，同时对他们自发产生的自学行为给予肯定。

● 尊重儿童对看护者提出的想法的反对意见。

● 鼓励儿童对周围环境中产生的刺

激保持觉察和敏感性。

● 让幼儿自己去面对问题、矛盾、模糊以及不确定。

● 给儿童一些机会去制造某些东西，然后与这个制造出的东西玩耍。

● 多提出一些具有启发性的和可诱导思维产生的问题，并给予儿童一些机会来描述他们所学到的东西和成就。

● 鼓励儿童的自尊、自我价值以及自我尊重的感觉。

简而言之，环境、认知、动机和人格这些方面的特征全都对个体的创造性起着至关重要的作用。

在沟通和人际关系的交互影响下，社会文化因素在儿童的认知发育过程当中扮演着非常重要的角色。在墨西哥，以制造陶器为生的家庭中出生的儿童，往往比其他家庭背景的同龄儿童能够更好地完成物质守恒任务。而 Greenfield 则在她的研究中发现，对处于塞内加尔和西非地区的沃洛夫儿童来说，是实验者还是儿童本人把水倒入宽窄不一的容器，这一变量将极大地影响皮亚杰测验的最终效果。有 2/3 的八岁以下儿童在尝试了自己将水倒入容器之后，领悟了有关守恒的概念。而那些观看实验者将水倒入容器的儿童，则只有 1/4 明白水的多少是保持不变的。儿童们会将实验者的行为看作"神奇的举动"，却不会对自己的表现做出类似的评价。

信息加工——对认知发展的另一种看法

在前面，我们曾经描述过，有一些理论家曾经让儿童报告自己在完成一项任务的时候会产生哪些智力活动。当儿童在解决问题的时候，他们是如何加工信息的呢？随着年龄增长，这些智力加工又会发生怎样的改变？这可完全不同于皮亚杰的理论，后者只是调查了儿童整体的逻辑框架以及这些框架随时间发生的改变。而依据信息加工理论的观点，我们需要了解，是系统的基本加工能力（硬件）发生了变化，还是运用在问题解决上的策略（软件）发生了改变。举例来说，有很多因素会限制电脑可同时加工的程序数量和加工它们时的运算速度。就像一套编码指令一样，处于这个年龄阶段的儿童开始变得更善于将任务分解为许多可操作的因子。正如在前面我们所讨论的，在记忆方面，这个年龄段的儿童开始更为有效地使用复述和分类的记忆策略了。

个体差异 到目前为止，我们将大部分注意力都放在了正常儿童在童年中期的认知功能发展这一问题上。我们前面描述了儿童在使用具体运算策略方面随着年龄增长而发生的变化，还展示了发展过程在一定范围内是可预测的，尽管人们对于究竟应该用哪种机制来解释这种发展仍然存有很大的争议。我们还提到在这个年龄阶段，儿童在变化发生的速度和变化的整体数量上也存在着不同水平的差异。皮亚杰认为，只有 30%～70% 的青少年和成年人能够达到形式运算水平。同样，一些儿童需要花相当长的一段时间才能发展出对各种任务的运算逻辑，而另一些儿童尽管可以非常轻松地获得学业上的技巧，却在类似于实践操作的技能上始终裹足不前。而在概念化能力的形成方面，学校和家庭环境这两个独立变量似乎都不足以解释造成个体在概念化能力上表现出差异性的原因。

儿童对他人的知觉　在小学阶段，儿童对整个外部社会的理解迅速增长，同时也需要大量的社会互动交往。想一想，当我们进入这个广阔的世界时，我们需要些什么。我们需要了解我们所遇到的人物的关键特性，例如他们的性别和年龄。我们还必须考虑他们的行为（走路、吃饭、看书），他们的情绪状态（快乐、悲伤、愤怒），他们的社会角色（教师、售货员、家长）以及他们所处的社会情境（教堂、家庭、饭店）。

因此，当我们进入某种社会情境时，我们会在心里试图在广泛的社会关系网络中"定位"他人。通过对各种线索的仔细观察，我们可以将人们归入不同的社会类别。比如说，如果他们戴着结婚戒指，我们就可以推断出他们已经结婚了；如果他们在工作时间穿着商务西装，我们就可以推断他们属于公司当中的"白领"阶层；而如果有人坐在轮椅上，我们则会推断他们身有残疾。只有通过这种方式，我们才能够决定自己可以对他人期待些什么，而他人又会对我们寄予什么样的希望。总而言之，我们所激活的各种**刻板印象**——某些不精确的、僵化的、夸张的文化形象——可以引导我们明确对彼此的预期，而这种预期决定了社会交换。

W. J. Livesley 和 D. B. Bromley 对 320 个 7～16 岁的英国儿童进行了研究，他们追踪了这些儿童对人知觉的发展变化趋势。研究结果显示，儿童在童年期阶段对于他人的概念化水平的维度数量会随着年龄不断增长。而他们在区分个体特征上的能力会在 7～8 岁期间得到最大提升。从那之后，变化发生速度逐渐减缓，儿童在 7～8 岁期间表现出的差异要远远大于在 8～15 岁的差异。基于此研究的观察结果，Livesley 和 Bromley 得出这样一个结论："在对于他人的知觉的心理发展上，8 岁是一个关键期。"

8 岁以下的儿童在描述他人时主要运用外部的形容词，更容易进行可观察的归因。他们关于人的概念内涵广阔，所包容的不仅仅有个人特质，还包括个体的家庭、财产和生理特征。处于这一年龄阶段的儿童会以一种简单、绝对和说教性的方式对个体进行归类，并采用模糊的、整体性的描述词汇，例如好、坏、可怕和美好。让我们一起来看看一个 7 岁大的女孩是如何形容一位她所喜欢的女性的：

> 她人很好，因为她给我和我的朋友们吃太妃糖。她住在主大道上。她长着金色的头发，还戴着眼镜。她今年已经 47 岁了。今天是她的结婚纪念日。她在 21 岁的时候就结婚了。她有时候会给我们鲜花。她有一座美丽的房子和花园。

而一旦长到 8 岁，儿童对于他人的评价词汇会快速地增长。他们的评语变得越来越具体和精确。从这个年龄之后，儿童会渐渐开始识别出个体身上某些内在的稳定或不易改变的品质，还能识别出个体所表现出的外部行为。下面这段对某个小男孩的描述来自于一位 9 岁的女孩：

　　我认识 David Calder。他也在这所学校上学，但是不在我们班。他的行为非常差，他总是对别人说一些无礼的话。他会跟各种人打架，不论年龄大小，而且他总是挑起麻烦的那一方。

　　上述内容显示了儿童在童年中期关于描述他人（有关他们的想法、感受、人格归因以及一般的行为表现）的能力的迅速发展。随着儿童对于"他人知觉"的认知能力不断成熟，以及他们所拥有的词汇量的不断增长，他们表达自身需求及与他人交流沟通的能力也会逐渐提升。

童年中期的语言发展

　　对于任何语言的学习，都是一个终身的过程。6～12岁的儿童会不断地获得细微的音韵区分、词汇、语义、句法、正式论文的格式等相关内容信息，还有他们的母语中那些复杂的生活用语。在这段时间中，儿童通常会在学校中接受一些认知层面上更为复杂的读写任务。随着他们不断长大，儿童会变得越来越聪明，而他们更复杂、认知程度更高的语言会体现在自己的学业和生活经历中。让我们一起更仔细地看一看童年中期在语言上发生的变化——特别是词汇、句法和生活用语。

　　词汇　Anglin 曾报告说，一个五年级的学生每天可以学会多达 20 个左右的新词，到 11 岁时，他/她将能够达到 40 000 的词汇量。这其中的一部分是基本的文学词汇，因为儿童每天的主要时间都花在了学校里，并因此接触到大量新鲜的事物，这需要他们去理解和使用具体而又崭新的词汇来进行描述。处于具体运算阶段的儿童同样还能够学习和理解一些与其个人经历没有什么关联的词汇，诸如"生态学"或"歧视"。他们能够以种类和功能的形式来描述物体、人物和事件，而不是仅仅通过物理特征。在谈到自己家的宠物狗时，他们往往会通过品种、个性特点以及它可以做哪些事情来进行描述。他们还可以将自己家的狗与其他狗进行比较，并对比作为宠物的狗与其他种类的宠物之间具有的异同。儿童开始理解，词汇可能具有多重不同的含义，而他们可以利用这一新获得的技能来讲笑话或是猜谜语。3～5 年级的小学生通常喜欢讲述和制造他们自己的"小笑话"。无论是在阅读还是讲话过程当中，我们都可以发现他们开始利用讲话者所处的情境，或是在阅读中利用图片和周围自己认得的那些词汇，来猜测某些未知单词的含义。

　　句法和生活用语　由于能够理解运用于语言中的规则，处于这一阶段的儿童将开始学习句法。他们也许仍然会出现言语错误，不恰当地使用代名词，或把主语和动词之间的一致性搞错，但是他们已经学会了如何使用正确的时态，并能够识别出句法当中的错误。他们的句式结构变得更加复杂——除了使用关联性动词之外，他们还会使用副词、形容词和介词短语。他们的认知能力得到了充分的发展，这让他们可以正确地使用各种情态动词，例如"可以"、"必须"、"将要"、"也许"、"可能"和"应该"。

另一类发展出现在儿童的生活用语上。所谓生活用语，指的就是在现实环境和情境中使用的语言。在童年中期，儿童发现自己可以（并且应该）根据互动的情境来调整自己的语调、语音，甚至所使用的词汇。举例来说，相对于自己的好友或是父母，儿童在与一位老师或是邻居交谈的时候，往往会采用更为正式的词汇和句式。这种内码转换或是转变语言风格的能力，显示出儿童已经可以在某个既定环境中发展出对社会要求的觉知。它同样使儿童在与同伴谈话时可以拥有一定的自由度，使他们能够用更为随意、通常更情绪化的词语来进行表达。花上一分钟思考一下，你会如何向你的朋友、你的老板以及你的父母分别描述自己昨晚的发烧情况。研究显示，来自各个社会阶层的儿童都能够运用内码转换，而他们的发音、语法和俚语全部都会在这个过程中发生变化。

对交流技巧低于正常水平的儿童的教育　自 20 世纪 80 年代之后，**英语能力有限**（LEP）的移民儿童数量激增，这为美国的学校带来了很大的冲击。被识别为 LEP 的学生要么出生在美国之外的地方，要么其母语并非英语，由于他们在说话、理解、阅读和书写英文的时候存在很大困难，因此他们很难有效地融入学校的生活。教育学家通常会将这些儿童称为"**英语学习者**"。

2002 年，当"不让任何一个孩子落后"的法案申请立法的时候，美国双语教育联盟对此签署通过。然而，到目前为止，我们对于 ELLs 儿童的需求满足程度还是很少（例如，用于教师培训、提供指导性材料和项目，并创建完备机构的资源非常有限）。

尽管美国在 2003 年花费了 47 700 万美元来完善和实施第三期美国州政府特教补助款分配项目，美国的教育学家仍然让 LEP 学生在通过标准测验方面倍感压力。研究显示，要让一个儿童对第二语言精通掌握，需要花费好几年的时间。

第一部"双语教育法案"于 1968 年正式通过，法案要求学校帮助那些 LEP 学生"矫正语言缺陷"。这一法案于 1988 年得到更新，不但要求学校统计 LEP 学生的数量和相关服务的资料，还要对双语教育项目的有效性的评估和研究提供支持。要求之一就是每一个校区都必须向那些非英语使用者传递一种信念，他们也能够像母语为英语的个体一样，拥有同等机会来获得语言和数学技能。近些年，NCLB 在 2001 年授权了一些机构，帮助 LEP 学生实现第三期资助项目为他们设定的目标。

在进行教育指导时使用什么样的语言，是一项至关重要的选择。而我们必须思考，语言究竟是如何被习得的，又有哪些变量会影响个体获得语言的速度，语言和思维以及语言的社会文化情境之间的关系又如何。

有八种方法被认为可以被用来"矫正缺陷"，并为儿童、家庭文化、父母能力拓展以及教师培训项目提供主流的教育。我们将在这里为读者描述其中的四种主要方法。

英语作为第二语言　将英语作为第二语言的方法致力于尽可能快而有效地教授儿童英语。因此，儿童可能会在一个独立封闭的班级中每天学习英语，直到他们达到一定程度的掌握标准。然后，儿童会进入常规的班级，并开始完全依靠英语来接受所有学业领域的教育和指导。我们可以将这种教授英语的方法与美国初高中教授外语的方式进行对比，也即儿童学习具体的单词和语法规则，并通过讲话和解释不断练习英语。而最关键的问题在于：何时才是儿童做好进入主流社会并结束 ESL 课程的时机？

　　一个重要的因素就是儿童在学习母语时表现出的能力水平和/或所接受的正式指导。如果儿童的母语得到了很好的发展，他可能会需要 3～5 年的时间来使自己的第二语言达到与自身年龄和年级水平相匹配的程度。而如果儿童在发展母语时没有接受到正规的指导和教育，可能就要花上 7～10 年的时间。另一个值得我们关注的问题在于，儿童可能因此会贬低自己的母语，拒绝在家庭和社区当中使用它们。这无疑会限制他们与自己的家人交流互动的质量和数量，并导致他们无法发展出属于自己的文化认同感。

　　双语教育　第二种方法，双语教育，是让**"精通双语者"**，分别用两种语言对儿童进行指导和教育。这种方法对某些专家来说堪称理想，因为他们认为，由于儿童是通过母语接收到指令的，因此可以同时获得学业上和语言上的双重技巧。通过使用自己的母语（得到更多发展的语言），他们将能够表达更为复杂的想法，阅读更高水平的文章，并增加自己的基本词汇，这些词汇转而又可以帮助他们更容易地学习第二种语言（英语）。已有的相关记录证明，通过母语得到的认知和学业发展，将对学校中学到的第二语言起到至关重要的积极影响。相对于通过发展程度较低的语言来直接进行学习，更多转换技能（读写能力、概念形成、学科知识、学习策略）往往发生在从第一语言向第二语言过渡的过程当中。

　　双语项目可以为儿童持续带来学业技巧和社会性及情绪技巧方面的双丰收。一方面，儿童将能够用越来越复杂、含义越来越丰富的语言与家庭和社区进行交流互动，另一方面，也可以让他们感到自己的母语是与英语具有同等的价值水平的。在经过 4～7 年高质量的双语培训项目之后，儿童再接受来自第二语言的测试，通常都能够在所有科目上达到甚至超越自己那些本土伙伴的表现。来自双语学校的学生，通常会稳定地保持自己的这一学业成绩水平，甚至会超越那些来自单一语种学校的高年级学生。

　　双语教育项目始终是一个备受争议的话题，并且在美国每个州都变成愈加复杂的一个问题。1998 年，加利福尼亚州的选民投票通过了一项议案，要求教师只能通过英语进行教学。而调查显示，大约有 1/3 的加州学生存在不同程度的英语缺陷。很明显，这个州的大部分选民认为，过去的双语教学方法并不成功，而且也是一个过于沉重的税务负担。特别值得一提的是，很多家长并不希望自己的孩子因为双语教学项目而被隔离在学校之外。相对来说，加利福尼亚州的大部分选民宁愿选择一种被称为"全英语渗透"的指导教育方法。

　　全英语渗透　在全英语渗透项目当中，儿童被置于常规课堂里上课（常规课堂中可能支持他们的母语，也可能不支持），英语将被用来作为所有活动的指导语。这种方法取消了"隔离式"的教育或是班级，并给予每个儿童一个通过英语观察和学习如何与自己的同伴进行社会交流的机会。全英语渗透的理论基础在于，语言学习的最佳途径不是在它作为一种学业上的科目来学习的时候，而是当它真正发挥作用的时候，只有这样，儿童才会有动力去学习这种语言，以便自己了解周围所发生的事情。然而，这个过程是非常漫长的，而这种学习也会依据这一阶段的儿童的语言和认知特点而变得非常具有目的性。也就是说，我们不会教自己两岁大的孩子有关美国殖民地时期的历史，或是科学计算的语言。全英语渗透项目似乎对于那些年幼的并且其家庭对于这一方法怀有积极感受的儿童具有最佳效果。

在童年中期这几年中，儿童开始能够理解句式结构和语法，拓展他们的词汇，更为连贯地进行写作，使用学校和公共图书馆甚至互联网寻找信息，并在班级里进行口头演讲。他们还能够通过组织俱乐部和活动，或是以帮助邻居、做兼职报纸运送工、成为志愿者等形式在社区中有效利用自己的语言技巧。处于这个年龄段的儿童开始了解，自己有权利就他们所关心的社会话题，比如空气污染或垃圾回收发表意见，其中一些儿童甚至会为当地的报纸、美国联盟或是政府机关撰写社论。而在美国，不论是对儿童还是对他们的家长来说，对英语的掌握都是一种授权的象征。

双向式双语教学项目　在双向式双语项目中，母语为英语的学生和母语为非英语的学生，会同时被教授英语和另外一种语言，例如西班牙语。所有参与的学生都具有一定的词汇量基础，而指导语则会均衡地用两种语言同时呈现。最终，学生们将能够精通两种语言，并实现对两种语言的读写任务。在美国，大约有 250 个这样的项目。很多人认为，双语能力在寻求就业机会的时候是一项非常强大的优势。而要想这一项目取得成功，对儿童的指导就必须从低年级开始做起，而且需要一些素质水平高、全心投入，并具有强力领导能力的教师。

智力评估

当我们谈及智力时，首先会想到个体与其他人在理解和表达复杂意见、有效地适应环境、从经验当中学习以及解决问题等方面的能力上表现出的差异。尽管儿童在做上述这些事情的时候表现出的能力差异是非常巨大的，但是这些能力也会根据我们测评的时间、使用的方法以及我们要求儿童去执行的具体任务而发生变化。长久以来，我们所能够了解到的学龄儿童之间的差异，主要基于他们在校的学业成绩和通过心理测量得到的智力测试分数。而之所以出现这种情况，大都因为在学校当中，这些差异在两个方面起到决定的作用：一是儿童如何进行学习，二是哪种教育项目最符合他们的认知需求。既然如此，有两个问题就随之出现了。首先，我们应该使用哪些测验来衡量他们的认知能力？其次，我们应该如何利用从评估当中得到的信息来决定具体的教育计划？

智力测验的类型　智力测验具有多种不同的形式。一些仅仅采用单一项目或是问题类型，典型例子包括皮波迪图画词汇测验——一套对儿童言语智力的测试材料，以及瑞文阶段性测试——一种非言语性的、不限时的测试，需要对知觉模型进行演绎推理。

其他的一些测验则会使用多种不同的类别项目，包括言语和非言语方面，相对于测量某些具体概念，例如空间能力或是言语智力，这一类测试评估的是更广阔范围的能力。韦氏量表和斯坦福—比奈测验会要求受测者为词汇定义，完成一系列图画任务，复制一组设计，并进行类比测验。对于这些任务的表现可以通过诸多维度（子分数）加以衡量，而受测者整体的得分将与其总体智力相关。这些分数都是标准化的，平均数为100，标准差为15。它一方面帮助我们了解到，人群当中95％的人口集中在两个标准差以内（即得分为70～130），另一方面也让我们可以将个体的得分与样本（与受测者进行比较的人群）得分加以对比。

相对于上述这些心理测量学上的测试，还有一些测试可以给我们机会去洞察个体对于某项特殊任务所表现出的能力。如果我们想要考察空间能力，那么我们只需要测量个体在一个新的城市或是不熟悉的地点找到正确位置所花费的时间，又或者我们可以通过让个体进行即兴演讲来考察其言语能力。

大部分学校主要采用的是更为常规的测试，例如斯坦福—比奈测验或 WISC-III（韦氏儿童智力量表—III Wechsler, Intelligence Scale for Children-III），因为这些测验的信度和效度已经得到了验证。对于学龄儿童来说，这些测验的得分也是稳定的，而且它们不但与儿童的学业成绩息息相关，还能对儿童未来的学习进行有效预测。

EQ 因子：情绪智力　学习对情绪进行自我调节是情绪智力的成分之一，这并不是一项非常容易的工作。随着儿童（和成人）在美国的暴力和攻击行为方面不断表现出愈演愈烈的增长趋势，情绪智力的发展得到了教育心理学家和其他研究者的关注和警觉。一些初中和高中学生甚至会带武器去学校，并将它们隐藏在衣袋和书包里。较大的城市和郊区学校，不得不求助于金属探测器、24 小时录像监控系统和巡警。一旦冲突发生，一些青少年往往根本无法控制他们的愤怒、狂暴或是恐惧。他们当中的一些人，会采取一系列悲剧性的行为，杀死无辜的同伴和学校员工。而汽车枪击事件——青少年在汽车中随意用手枪扫射路过的无辜儿童和成人——已经变得十分常见。那些研究情绪智力的研究者将这种现象称之为"脑盲"，指的是个体强有力的情绪边缘系统让大脑的前额叶皮层出现短路，阻断了所有的逻辑推理。一些心理学家也把它称作"暂时的精神错乱"。传统的智力测验已经被使用了将近一个世纪，但是却从来没有触及社会性—情绪能力这样一个可以预测个体将来能否拥有成功或是健康的自我调节行为——一项重要的生活技能——的关键指标。当然，我们也拥有其他一些心理测量工具，可以评估青少年和成人出现情绪困扰或是精神异常的可能性。

IQ 测验的局限性　在大多数时候，人们会依据儿童的智力功能而将他们纳入特殊的教育计划之内或是排除在计划之外，但是对于那些 LEP 儿童，我们却很难判定他们的智力功能。举例来说，只有当儿童通过一项标准的智力测试（IQ 测试），并获得低于

70 的 IQ 得分的时候，才能进入针对智力迟滞或是认知缺损的特殊教育机构。人们通常会假定，得分低于 70 的儿童的智力能力处在 97％的被测人群之下。但我们也毫无疑问地知道，儿童的学业表现并不完全由这一项得分所主宰。事实上，其他一些因素，例如儿童的动机、社会技能和语言技能、自我概念，甚至家庭和伦理价值观，都对儿童在学校取得成功起着重要作用。

近年来，一些学校开始求助于多学科小组评估。它可以更全面地考察儿童，而考察的范围将包括教师对儿童的努力和成绩的评价、家长和社区对于儿童功能的汇报、学校心理学家对于儿童在课堂表现的观察、儿童的作业或是资料样本的总结，以及各种专家和其他了解这个儿童的人（例如，言语治疗师、休息室的教师）的建议。这些附加的信息片段将帮助我们更为完整地理解儿童的整体能力。不管怎样，通过使用标准的测量方法，我们将能够有效地避免人们对进入特殊教育项目的儿童的偏见和损害。

个人认知风格　你是否曾经感到自己在班级里非常蠢笨或是无所适从？你是否感觉自己无论多么努力地集中精力，也无法理解眼前的知识内容？你是否曾经感到疑惑，为什么某些科目对你来说要比其他人更加容易？尽管智力在所有的学习活动当中都起着非常重要的作用，但是很明显，并不是每一个人都使用相同的方式进行学习。一些人通过视觉信息来获得最佳学习效果，而另一些人则喜欢听别人讲述，还有一些人在通过书写来进行学习时可以更快地获得信息，并且将信息保存得更为持久。可是有些人，比如一些患有自闭症的学生，会使用图像而不是文字来进行"思考"，他们保存影像的方式，就像"把图像放在光盘里"一样。这些在个体如何组织和加工信息方面所表现出的差异，被我们称为"认知风格"。**认知风格**是一种非常强有力的程式，它打破了智力和人格这两个领域之间的传统界限，影响着个体所选择的感知、记忆以及利用信息的方式。心理学家们对于认知风格的研究已经超过了 50 年，并且识别出了许多不同的认知风格模型，包括 Witkin 的场独立与场依赖模型；Kagan 的冲动性与反思性模型，以及 Hill 的教育认知模型。研究显示，当学生们受到与自己的学习风格相匹配的指导时，往往能够更迅速地加工信息，且使信息维持得更长久，同时也产生更强大的动力继续下面的学习。

由于教师需要利用多种手段（讲话、在黑板上或是幻灯片上书写、表演或示范、进行操作、演示录像，或是利用电脑指令例如 PPT 和其他方法）进行教学，因此将上述理论转变为实践是一项困难的工作。现今的教师培训计划已经变得越来越富于革新性，不但创造出了许多新颖的授课和考试方法，对教师们提出了精通外语的要求，还为适应学生不同的学习风格而尝试采用多媒体和多感觉通道的教学方法。正是由于多种不同学习风格的存在，教育界逐渐形成了档案评定的概念：每一个学生都是一个完整的个体，而不仅仅是一个能写、能说、能计算的生物。有人是艺术家，有人是机械专家，有人是音乐家，还有一些人非常擅长社会学。档案评定方法的拥护者相信，儿童一整年的学业成绩绝不能仅仅被浓缩为一个平均绩点分数。教师们应该保留着一系列有关儿童全年的最佳档案。这些档案中应该包括一份儿童最出色的作品，诸如班级游戏或是运动会中的照片、一次科学展览或是才艺展示、最初创作的诗歌，以及儿童本年度最佳的作文和数学考卷。

残疾学生

1975 年颁布的针对所有残疾儿童的教育法案 PL94 - 142，赋予了每一位美国学龄儿童自由和平等的权利，以及在限制最少的环境当中享受恰当教育的权利。美国的残疾儿童第一次能够进入学校，并开始为前景远大的未来进行准备。1990 年，"残疾人教育法案"（IDEA）对上述法令进行了重新授权。而近期，2004 年"残疾人教育和改善法案"PL 108 - 446 对上述法案再次进行了调整。时至今日，对残疾的分类更为细化和具体，包括自闭症、失明且耳聋、情绪障碍、听力缺损、智力迟滞、多重残疾、畸形、其他健康问题、特殊的学习障碍、言语或语言问题、创伤性脑损伤以及视觉缺损。美国的数据报告显示，在 2001—2002 年期间，大约有 640 万年龄在 3～21 岁、有着 13 种不同类型残疾的儿童进入了美国联邦支持下的教育培训项目——比起 1975 年 PL94 - 142 法令刚刚被颁布的时候增长了近 75%。

智力迟滞 患有**智力迟滞**的儿童和成人不但所拥有的心理功能低于正常标准，而且在适应性技巧上也存在很大局限，而有关智力迟滞的诊断必须在儿童年满 18 岁之前做出。自 1976 年以来，越来越少的儿童被归为智力迟滞，到了 2002 年，只有大约 50 万人被诊断为智力迟滞——其原因很可能是由于产前诊断越来越精确，并且越来越多的儿童被归入学习障碍的范畴。造成智力迟滞的原因可能有多种，例如基因或染色体异常（例如唐氏综合征或 X 染色体破损）、产前致畸剂的效果（例如胎儿酒精综合征）、出生时带来的并发症（诸如缺氧）、出生后的营养和/或环境贫乏、儿童期脑部损伤或是接触了致畸剂，以及其他一些未知的原因。通过 IQ 分数，人们通常将迟滞的严重性划分为四个等级：轻度、中度、严重和极其严重。如果儿童的能力和所测得的智力都很低的话，那么很明显存在迟滞的问题。然而，如果在能力和所测得智力之间存在矛盾的话，那么它通常只是表示儿童存在学习障碍。对于罹患智力迟滞的年轻人来说，尽管周围有很多让他们全面发展能力的机会，甚至很多治疗性机构从他们出生后的早期阶段就开始提供服务，但他们仍会在学业、交流、日常生活技巧、社交技能、休闲以及工作等多个方面表现出不足。

学习障碍 2004 年的法令将学习障碍定义为"一种表现为一种或多种基本心理加工上的障碍，包括理解或使用口语或是书面语的障碍。这种障碍可能表现为在倾听、思考、言语、阅读、书写、拼写或是进行数学运算等方面的不完备能力"。

教育学家用**"学习障碍"**（LDs）这一术语来说明那些尽管具有正常智力，也不存在生理、情绪或是社会功能缺损，但是却在与学校或是工作任务相关的内容上存在严重困难的儿童、青少年、大学生和成人：

> 学习障碍（LD）是一种会影响个体能力的疾病，它要么阻碍人们所看到或所听到的东西，要么阻断大脑不同部分之间信息的联结。这些限制可能会以多种不同的方式表现出来，比如在言语、书写文字、协调、自我控制或是注意力等方面表现出的特殊困难……学习障碍可能会是一种终身的状态，在某些案例身上，会影响个体生活中的很多部分：学校、工作、日常习惯、家庭生活，有时候甚至会影响个体的友谊和游戏。

在实践中，我们需要对那些所评估出的能力和他（她）真实的学业成绩之间存着很大矛盾的学生予以注意。因为那些成绩比自己在标准的 IQ 测试中测得的能力低两个年级水平的儿童，常常会被我们诊断为患有学习障碍。

特殊学习障碍依然是从小学到高中的学生中最为常见的障碍类型，占了总数的44％以上。被识别为阅读障碍的男孩人数是女孩的四倍，但事实上，有同样多的女孩也具有和男孩一样的阅读障碍问题。

在 36 060 亿美元的总教育经费中，有14％被用于针对 280 万儿童进行的特殊教育。

有各种不同类别的青少年会被归入学习障碍的类型。他们当中有的人的眼睛虽然可以看到正确的事物，但是头脑却无法恰当地接收或是加工输入的信息。或是他们无法将正对着自己眼前的物体准确定位，而只能广泛地看待所有周围的事物。他们还可能将字母混杂在一起，把"was"读成"saw"，或是将"god"读作"dog"。另一些人则很难在一大堆感觉信息中挑选出针对当前任务的具体刺激信息。还有一些人，虽然能够听到别人说什么，但是却由于听觉记忆的问题，而无法记住他们所说的内容。比如说，在接受口头指导的时候，他们会把书翻到错误的页码，或是完成了错误的作业。造成这些障碍的原因有很多种，包括基因、社会、认知以及神经心理学等各方面因素的综合。包括PET 在内的高科技脑成像技术显示，诸如丘脑等信号加工区域很可能是造成问题的关键所在。丘脑的构造和功能很像是一块电话转换功能板，它把由眼睛、耳朵和其他感觉器官收集到的信息积攒起来，再将它们分别输送到大脑的不同区域。但不论造成障碍的原因究竟是什么，那些患有学习障碍的个体会在阅读（诵读障碍）、书写（书写障碍）、数学计算（运算障碍）或是在听觉和视觉加工等不同方面表现出各自的问题。而被识别为诵读障碍的学生占了 LD 人群中的绝大部分。

这些障碍常常被我们称作"无形的阻碍"，但是学习障碍并不一定都导致个体成就偏低。许多成就非凡的科学家（Thomas Edison & Albert Einstein）、政治家（Woodron Wilson & Winston Churchill）、作家（Hans Christian Andersen）、艺术家（Leonardo da Vinci）、雕塑家（Auguste Rodin），演员（Tom Cruise & Whoopi Goldberg）以及军事家（George Patton）都曾患有学习障碍。

是否将儿童纳入类似学习障碍的范畴是一个非常严峻的社会问题。从积极的角度来说，这种划分可以为儿童提供一些服务，帮助他们促进学习、提升自我价值感，并增进他们的社会融合程度。但是老师们和公众也必须意识到，这种标定也可能会带来一定的负面效果，因此不可以带着晦涩、遮掩或是伤害性的目的为儿童贴上这样的标签。有一件我们可以确信无疑的事情，那就是在 1975 年之前，患有障碍的儿童根本得不到接受公共教育的机会，他们当中的绝大部分会待在家里，对未来不抱任何希望。而经过 30 年之后，充满机会和进步的大门已经向他们开启。不论是儿童本人还是他（她）的家庭，都可以决定该如何更好地利用这一契机。

注意缺陷多动障碍　注意缺陷多动障碍（ADHD）是一种会严重影响个体学习和认知发展的状态。它包括一系列不太明确同时又很普遍的症状。通常情况下，那些具有很强的冲动性，无法待在座位上等待属于自己的机会，不能遵从指示，或是无法坚持完成一项任务的儿童，常常被认为患有 ADHD。ADHD 可以继续被分为三种亚型：多动—冲动型、注意缺陷型以及多动和注意缺陷混合型。疾病控制和预防中心的报告指出，大约有 200 万 6～11 岁的儿童被诊断为患有 ADHD。这其中还有一些儿童会同时伴有学习障碍，而另一些则没有。很多患有 ADHD 和同时患有 ADHD 与学习障碍的儿童，往往会接受药物治疗。而近期的研究显示，将药物与行为治疗相融合的方法，对于治疗 ADHD 格外具有疗效。然而，有关药物治疗 ADHD 儿童的长期疗效信息目前仍然十分缺乏。

很多被诊断为患有 ADHD 的成年人仍然会体验到很多不良状态，尽管这些症状已经和童年时最初的表现有所不同。研究者发现，许多具有反社会行为、行为障碍和物质滥用的成人，都曾在幼年时患有 ADHD。值得一提的是，也有心理医生报告说，有一些人反而因为多动症的部分原因而变得十分成功，尽管他们备受多动症的折磨。这些人虽然很容易被干扰，但由于他们通常具有惊人的"注意集中"能力，所以最终总能够对干扰保持免疫。毋庸置疑的是，当一些拥有较高 IQ 和社会技能的 ADHD 患者成为自己所在行业中的佼佼者时（例如急诊室大夫、销售人员、证券交易员以及企业家），还有一些患有 ADHD 的人非但没有做出这些贡献，而且还因为冒险和冲动行为而沦为阶下囚。

究竟是什么引发了 ADHD，诱发原因又是否是唯一的？对此，我们还尚无定论。有关专家曾列举了各种不同理论来试图解释这一疾病，其中包括基因缺陷、不良教养方式、有毒物质、食物添加剂、辛辣食物、过敏、荧光灯、缺氧以及电视看得太多。有一个将基因与环境相融合的交互作用模型，可能是对儿童期 ADHD 发展的最好解释。

尽管目前还没有可靠的实验室测试能够对 ADHD 进行诊断，但是 1998 年在斯坦福大学进行的一项研究却通过大脑成像技术使这个问题更加明朗。参与者在对一系列任务进行反应的同时，接受核磁共振的扫描测试（MRI 扫描）。其中一些被试患有 ADHD，但是在三天之内没有摄取过利他灵（中枢兴奋药），而另一些被试虽然不是 ADHD 患者，却在接受 MRI 扫描之前服用了利他灵。结果显示，那些患有 ADHD 的个体通往注意调控基底神经中枢的血流量明显增加了。

值得一提的是，大部分国家诸如法国和英国，仍然会将这些难以驾驭的儿童当作行为问题，而非病人来加以对待。

许多专业人士和公共机构的成员非常担心，过分依赖于医生所开的处方药安非他明（解除忧郁、疲劳的药）来治疗"过度活跃"的儿童，会导致物质滥用，而且使一些不能从中获益甚至可能因此受到伤害的儿童也加入了药物治疗小组。美国和加拿大的一些管理机构反对在治疗 ADHD 的过程中开出超过安全限度的特殊药物。确实有一些孩子会获益于安非他明治疗，但是对药不加区分地使用的趋势，很让我们担心。总而言之，当我们将一个孩子诊断为患有 ADHD，并打算为他（她）开出在其他健康方面具有副作用的精神科药物时，还是应该三思而行，并且依据每个案例的具体情况进行监控。

道德的发展

作为人类，我们每个人都生活在群体当中。由于彼此之间相互关联，一个人的行动总会影响到他人的利益。因此，如果我们要与他人生活在一起——如果社会还存在的话——那么我们就必须在什么是对什么是错这个问题上，拥有某些共同的理念。我们每一个人都必须在由规则统治的道德秩序范畴下，追求自己的利益，不论是食物、房屋、衣服、性爱、权力，还是名誉。因此，所谓道德，指的就是我们如何在一个协作群体存在的情况下，对利益和责任进行分配。

一个功能良好的社会同样需要将它的道德标准传递给儿童——让年轻一代的身上呈现出道德的发展。所谓**道德发展**，指的是儿童采用一些原则来引导他们评估既定行为是对还是错，并通过这些原则来管理自己行为的整个过程。如果我们把媒体的兴趣看作一个风向标的话，那么看起来美国的大部分民众对于现代青少年的道德状态十分关注，他们希望学校能够教给儿童一些价值观和准则，来填充他们眼中的这一片道德空白。

一个世纪之前，弗洛伊德认为，儿童会通过自己行为所引发的内疚感发展出自己的良心。而近期的一些相关理论则来自于认知领域的研究。

认知学习理论

认知学习理论强调模仿行为在社会化过程中所起到的重要作用。根据 Abert Bandura 和 Walter Mischel 等心理学家的理论，儿童对道德标准的学习方式与他们对任何其他行为的学习方式是相同的，而社会行为是多种多样的，取决于当时的情境背景。很多在某种情境下会导致积极后果的行为，在另外一些情境中却会适得其反。因此，个体所发展出的高度辨别性和具体化的反应模式，并不能推广到生活中所有的情境里。

认知学习理论者所开展的一系列研究通常关注于榜样对他人拒绝诱惑的影响。在这类研究中，儿童通常会观察一个榜样，这个榜样要么屈从于诱惑，要么抵抗住了诱惑。Walters，Leat和Mezei就曾进行过类似的一项研究。第一组被试中的每个男孩都独自观看了一部短片。在这部短片当中，一个小孩因为玩了某些被禁止玩的玩具而遭到了母亲的惩罚。第二组被试所观看的电影短片则表现了一个小孩因为相同的行为而受到奖赏。第三组作为控制组，儿童不观看任何电影短片。之后，实验者会将男孩带到另一间屋子，并告诉他们不要去玩屋子里的玩具。说完之后，实验者就会离开房间。

研究显示，比起另外两个组的男孩，那些曾经观看电影中的榜样因为违反自己母亲的命令而得到奖赏的儿童，可能也会更迅速地违背实验者的指令。而那些观察到榜样遭受惩罚的儿童，则在三组被试中表现出对实验者最强的顺从能力。简而言之，对他人行为的观察，似乎起到了示范作用，从而导致了儿童顺从或是违背社会准则。而有趣的是，其他一些研究显示，那些不诚实或是不正常的榜样，往往要比诚实且正常的榜样，对儿童起到更为显著的影响。

上述这些发现为我们提供了一个机会，重新审视这样一条曾经十分流行的理念——暴力儿童的社会认知、态度和思维模式，会导致他们进一步的暴力行为。临床心理学家常常会将暴力看作"内部冲突"或是"反社会人格特质"在儿童身上表现出的象征符号。换言之，他们会认为儿童是因为存在缺陷或是具有歪曲的认知，才会导致暴力行为的出现。

"你是怎么知道什么时候黄灯代表着减速，什么时候又代表着加速的？"

儿童的榜样

认知学习理论者通常关注于榜样对他人拒绝诱惑的影响。在这类研究中，儿童通常会在环境中观察一个榜样，这个榜样要么屈从于诱惑，要么抵抗住了诱惑。

认知发展理论

认知学习理论的支持者将道德发展看作一个逐渐积累和持续不断的自我建设过程，中间不存在任何突发性的改变。与这一观念截然相反的是，以皮亚杰和科尔伯格为代表的认知发展理论学家，则相信道德发展是分阶段发生的，每个阶段之间存在明显的变化，因此，一个儿童在某个特定阶段所表现出的道德感，会与其之前和之后阶段中的道德感完全不同。尽管认知学习与认知发展理论截然相反，但是它们却相辅相成地对人类的社会互动进行了深刻剖析。

皮亚杰　对道德发展进行了最为科学的研究的人物，当属 60 多年前的皮亚杰。在他的经典研究"儿童的道德判断"中，皮亚杰声称，儿童道德判断的发展会以一种有序的、合乎逻辑的模式呈现。这种发展是建立在一系列与儿童的智力发育相联系的改变的基础之上的，特别是在儿童出现了逻辑思维的阶段。作为一名建构主义者，皮亚杰认为，随着儿童不断行动、转化，并且改变自己所生活的世界，他们的道德感也就出现了。而另外，儿童也会被自己行为的后果所转变和矫正。因此，皮亚杰将儿童描绘为自身道德发展过程中的积极参与者。在这方面，认知学习理论者则与皮亚杰完全相反，他们认为是环境在对儿童进行矫正和作用，而儿童不过是环境作用下的被动接受者。认知学习理论者会将儿童描述为不断从他们所在的环境中进行学习的个体，而皮亚杰则坚持认为，儿童与他们所在的环境会发生动力性的互动。

皮亚杰提出了道德发展的两阶段理论。第一个阶段被称为**"他律道德"**，它源于儿童与成人之间不平等的互动。在学龄前以及小学的前几年，儿童完全处于一种独裁性的环境当中，在这种环境里，他们只能推测成年人的意图来决定自己的立场和位置。皮亚杰认为，在这种情境下，儿童所发展出的道德准则概念是绝对的、不可改变的，并且是僵化的。

随着儿童逐渐接近并开始步入青少年期，一个道德发展的崭新阶段出现了——**自律道德**阶段。如果说他律道德来自于不平等的儿童与成人关系，那么自律道德则是来自于平等地位之间的互动——儿童与同伴之间的关系。伴随着整体智力水平的提升和成人独裁性限制的弱化，这种关系所营造出的道德更富于理性、灵活性和社会意识。通过同伴之间的互动和联系，青年人开始获得一种公正的感觉——出于平等、互利的人类关系，而对他人利益的关注。皮亚杰将这种自律道德描述为平等和民主，是一种建立在共同尊重和协作的基础之上的道德。

科尔伯格　科尔伯格对皮亚杰的道德价值发展基础理论进行了精炼、扩充和修正。与皮亚杰一样，科尔伯格也更关注于儿童道德判断的发展，而不是他们具体的行为。他将儿童视为"道德哲学家"。像皮亚杰一样，科尔伯格会通过问被试一些有关假想故事中的问题来收集信息资料。**这些故事中的一个因构成了经典的道德两难情境而闻名：**

皮亚杰在欧洲，有一位妇女因为得了一种特殊的癌症而即将死去。医生认为只有一种药可以救她。这就是被小镇上的药剂师刚刚发明出来的一种镭。这种药要花很多钱才能制成，而药剂师则会收取比制药成本高上 10 倍的钱。也就是说，他会花 200 美元来制造镭，但是却为这瓶药剂标上 2 000 美元的价格。这位病人的丈夫 Heinz，找了所有他认识的人来借钱，但是也只能凑到 1 000 美元，而这只是药价的一半。他告诉药剂师，自己的妻子就快死了，希望药剂师能够便宜一点把药卖给他，或是允许他以后再还钱。但是药剂师说："不行。是我发明了这种药，而我需要靠它来挣钱。"Heinz 在绝望之下闯入了药剂师的店铺，偷走了药来救他的妻子。这位丈夫应该这么做吗？

在对此类两难情境的基本反应的基础上，科尔伯格界定了六个道德判断发展的阶段。他将这些阶段汇总为三个主要水平：

1. 前习俗道德水平（阶段 1 和阶段 2）。
2. 习俗道德水平（阶段 3 和阶段 4）。
3. 后习俗道德水平（阶段 5 和阶段 6）。

在表 7—1 中，我们通过对 Heinz 的故事的典型回答，总结了科尔伯格的道德发展阶段。请认真学习这张表，以此来对科尔伯格的理论进行完整的回顾。请注意，每个阶段并不是由 Heinz 的做法是对还是错这样的道德判断所决定的，而是依赖于儿童使用哪种推理来获得最后的判断。根据科尔伯格的理论，各种文化下的人都会采用相同的基础道德概念，包括公正、平等、爱、尊重和主权，更进一步说，不论身处哪种文化，个体会按照相同的顺序，经历相同的阶段来推理这些概念（见图 7—5）。而个体间的差异只表现在他们完成整个阶段序列的速度，以及推理加工的深度上。因此，在科尔伯格看来，"道德是什么"绝不是一个有关品位或是选择的问题——而是存在一种世界通用道德。

表 7—1

科尔伯格的道德发展阶段模型		
水平	阶段	儿童对于偷药的典型反应
Ⅰ. 前习俗	1	Heinz 不应该偷药，因为他可能会被抓去坐牢。
		Heinz 应该偷药，因为他需要它。
	2	偷窃是正义的行为，因为他的妻子需要药，而 Heinz 在生活中需要妻子的感情和帮助。
		偷窃是不对的，因为他的妻子很可能在 Heinz 从监狱里放出来之前就死掉了，这并不能改善他的现状。
Ⅱ. 习俗	3	Heinz 是很无私的，他只是为了满足自己妻子的需要。
		Heinz 会为他给家里带来的侮辱而感到难过，他的家庭会为他的行为而羞耻。
	4	偷窃是正确的，否则 Heinz 必须为他妻子的死负责。
		偷窃是罪恶的，因为 Heinz 违反了法律。

水平	阶段	儿童对于偷药的典型反应
Ⅲ. 后习俗	5	偷窃是正义的，因为在一个个体如果遵循法律就会危及他人性命的情况下，法律是不适用的。
		偷窃是错误的，因为其他人也可能有很重要的需求。
	6	偷窃是正义的，因为如果 Heinz 任凭自己的妻子死去，就违背了自己的良心准则。
		偷窃是错误的，因为 Heinz 在从事偷盗的过程中违背了自己的良心。

吉利根　吉利根的研究发现，科尔伯格的道德两难测试只是抓住了男性的道德发展规律，但是却没有抓住女性的规律。吉利根通过研究揭示出，男性和女性在道德感上拥有不同的概念：男性遵从的是"公正性道德"，正如科尔伯格通过研究所描述的那样；而女性拥有的则是"关爱性道德"。总体来说，我们似乎可以合理地得出结论，认为科尔伯格的理论模型具有非凡的价值，道德的发展过程确实是在遵循一个固定的序列，特别是科尔伯格所提出的前四个阶段。但即便如此，不论是在顺序还是达到既定水平的速度上，个体之间仍然存在着差异。

图 7—5　所有文化下的儿童都会经历相同的道德发展阶段吗？

科尔伯格对这个问题的回答是肯定的。基于他和他助手所开展的一系列跨文化研究，科尔伯格得出结论，认为所有的幼儿都会经历相同的、固定序列的阶段。皮亚杰同样相信，随着同伴间互惠互利活动的不断发生，自律道德也会油然而生。吉利根则认为，男性拥有公正性道德，而女性则拥有对他人关爱的道德。在所有文化中，儿童的道德发展都会因为一对一的游戏、小组竞争以及个人成就等多种不同的方式而得到增强。

与道德行为相关的因素

就像我们在前面的部分中所讨论过的，道德行为在不同的个体之间，甚至在不同情境环境下的同一个体身上，都会表现出差异。相对于个体差异性，有关道德的研究通常更关注于道德的发展变化和普遍过程。有关个体差异性的问题多少会让人感到不舒服，因为它暗示了我们某些人要比其他人更道德。而我们当中的大部分人并不愿意为孩子们贴上漠不关心和毫无道德的标签。即便如此，仍有一部分研究者试图去细化和了解，究竟有哪些人格和环境因素与个体的道德行为有着最为密切的相关。

智力　在皮亚杰和科尔伯格所描述的多个层面上，道德推理的成熟度都是与个体的IQ呈正相关的。只有在非学业情境中，或是被发现的风险性非常低的时候，IQ与诚实之间表现出的相关性才会消失或是下降。但总体来说，聪明和有道德并不完全等同。

年龄　几乎没有研究能够提供证据证明，儿童的年龄越大他们就变得越诚实。虽然年龄与诚实之间确实存在着微弱的相关，但是这似乎要归因于伴随年龄增长所带来的其他变量，诸如对风险的意识，以及不用欺骗这种手段就能完成任务的能力。

性别　在美国，人们会怀有这样一种刻板印象，认为女孩通常比男孩更加诚实。但是研究却没能证实这样一种普遍观念。例如，Hartshorne 和 May 就发现，在研究者所观察到的大部分测验中，女孩比男孩作弊的人数更多。而其他一些半个世纪前进行的研究则显示，在诚实这一品质上，并不存在稳定的性别差异。

群体规范　Harshorne 和 May 通过研究发现，决定个体行为诚实与否的一项重要决定因素，就是群体准则。随着一个班级的同学持续在一起共同学习，其中各个独立成员所表现出的欺骗分数也开始变得越来越接近。这一结果向我们显示出，群体内部的社会规范得到了更稳固的建立。其他研究也肯定了这一观点，即在为内部成员提供指示，并引导组员行为这两个方面，群体发挥着至关重要的作用。

动机因素　在决定所做出的行为诚实与否的时候，动机因素也发挥着关键的影响。一些儿童拥有高度的成就需求，并且十分恐惧失败，所以，当他们认为自己在某次测验中做得不如自己的同伴好的时候，就更容易出现欺骗行为。

亲社会行为

道德发展，或有些人称为"性格教育"，不仅仅是一个学习如何克制不良行为的问题。它还包括获得**亲社会行为**，即通过同情、合作、帮助、救助、安慰和奉献的行为来回应他人的方式。一些心理学家区分了助人和利他两个概念。助人涉及有利于、有助于他人的行为，但不考虑其背后的动机。利他主义，相比较而言，涉及有利于他人的行为，同时并不期待一个外在的回报。因此，只有当我们非常确信某种行为不是为了获得回报的时候，才能说它是利他主义的。小朋友们的行为包含更多的利我的动机，而成年人则表现出更多的对他人的真诚的关心。根据皮亚杰的理论，一个年龄在六七岁以下的孩子会过于以自我为中心，以至于不能理解别人的想法和观点。

虽然利他主义行为出现得很早，但并不是所有的父母都想要他们的孩子成为圣徒。父母通常会教育孩子不要太过慷慨，不要把玩具、衣服或其他的物品让给别人。而在一些公共场合，他们可能会敦促孩子去忽视或不要担心那些周围正在受苦受难的人们。

研究表明，对于发展儿童的助人和利他主义的行为，家长温暖的、疼爱的教养方式至关重要。但是，仅有父母的教养是不够的；家长必须能够将他们自己对其他生灵的敏感关注传达给孩子。如果一只猫被车撞了，父母是表现出关心那只猫——同情猫遭遇的痛苦，并试图为减轻它的痛苦而做些什么——还是表现出冷淡无情，漠不关心，这些都会关系到孩子亲社会行为的发展。或者，如果孩子伤害了其他人，父母对于被伤害者感受的描述也会关系到孩子的亲社会行为的发展。但是，在鼓励利他主义和鼓励内疚感之间仅有一步之遥。父母不应该把这种情形变得太过紧张，不然他们的孩子会变得过于焦虑，杞人忧天。此外，父母的温暖和养育本身就能够鼓励自私的品质。所以父母需要给孩子提供指导，并对那些他们可以逃避惩罚的事情加以限制。

利他主义和帮助他人常常会让人联想到**共情**——一种情绪的唤醒，它引导一个人采取另外一个人的视角看问题，用相同的感受来体验一件那个人曾经经历过的事情。确实，一些心理学家认为共情是人类道德的基础，尤其是在促进陌生人间的合作和激起犯错者的内疚感等方面。然而，对成年人共情的唯一最有力的预测因素，就是他们在儿童时期和父亲在一起相处的时间长短。情况似乎是，儿童如果曾看到他们的父亲是感性的，关心他人的人，他们自己也会更倾向于向着这个方向成长。此外，母亲对于孩子依赖的宽容——反映出母亲对孩子的养育、对他们感情的回应和接受——也与 31 岁的成年人所反映出的更高层次的同情关怀有着显著的关联。

虽然我们审视了影响道德和亲社会行为重要的个人和环境因素，但我们仍需要强调，人类行为是发生在物理和社会框架之下的。从历史角度来说，当我们为"怎样使人们和谐地、无冲突地生活在一起"这个问题寻找答案的时候，社会学家就已经发现了更大的社会决定力量。自涂尔干开始，社会学家们就强调说，人，包括儿童，需要感到自己归属于某种东西。他们必须把自己和某种社会实体联系起来，例如一个家庭、教堂、邻里关系或社区。而且，儿童需要清晰的标准来界定什么是允许的，什么是不允许的。总之，儿童需要感觉到从属于一个更大的社会整体。一旦他们成为其中的一员，那么标准将使他们变得与以往不同。

续

在童年期的中期阶段，儿童在所有的方面都经历了实质的成长。本章我们讨论了这种成长的身体和认知层面：儿童开始能够更加流畅自如地使用自己的身体，能够用更新颖刺激的方式进行思考，他们的能力和技巧也变得愈加精通，与此同时，也有一些儿童会在生理或是智力上超前或是落后于周围的同伴。由于儿童开始在没有父母或是照看者的监护下，进入他们最初的社交舞台（例如运动队、女童子军、男童子军、YMCA 或 YWCA、男孩和女孩俱乐部、4 H、夏令营），所以有关智力和道德的概念开始变得越来越重要。学校、宗教机构以及社区，成为儿童获得与他人进行互动的重要资源。儿童具有的更广阔的认知和与他人互动的能力，为他们日后的情绪和社会性发展带来了无数种可能，而我们将在第八章中对这些重要的话题进行深入的讨论。

童年中期：
情绪和社会性的发展

自我理解的探求

持续的家庭影响

不断扩展的社会环境

随着儿童入学，同伴之间的能力差异变得更为显著。有一些孩子变得很出色，另一些可能会感到有学习上的困难。

随着时间的推移，孩子们会找到他们喜欢的活动，比如艺术、音乐、体育、木工或者烹饪。举例说来，传说中神奇的篮球手 Magic Johnson，脱口秀主持 Jay Leno，服装设计师 Tommy Hilfiger，演员 Tom Cruise 和 Whoopi Goldberg，这些人在中学时期都有诵读障碍但却在其他方面很出色。成年之后他们都获得了成功，但他们的自尊却在中学时期受到了影响。

在 7~12 岁，孩子通过各种方式建立友谊。随着越来越多的母亲再就业，出现了一批"自我照顾"的孩子，他们被独自留在家里，很容易上当受骗。对这些孩子来说，课后学校可能是唯一安全的避难所，可是跟他们一贯的自由散漫相比，课后学校又往往会显得过于严厉。在这一章中，我们回顾了很多发生在童年中期的这类问题的研究，其中很多问题都可以通过关爱、家庭支持和经济保障得到缓解。

自我理解的探求

在与重要他人和同伴的互动过程中，孩子们能够得到别人对于他们的愿望、价值和地位的一些评价。通过他人接受或者拒绝的行为，孩子们不断地接收到关于这些问题的答案："我是谁？""我是个什么样的人？"以及"有人在乎我吗？"很多社会心理学的理论和研究的核心都在于考察人们如何通过别人对待他们的方式来找到他们自己。

埃里克森的勤奋对自卑阶段

根据埃里克森（Erikson）的社会性发展模型，童年中期的孩子正处在人生的第四个阶段——**勤奋对自卑**。回想一下你自己的童年，你很可能会记得这段时光，你对于事物都是如何做成的以及有什么用处开始变得非常感兴趣。埃里克森的"勤奋"概念包括了孩子们用手工作的各种能力和愿望，比如用手搭建模型、烹饪、把东西组装起来或者拆开，以及解决各种各样的问题。当那些在动手能力上有困难的孩子去和其他能够轻松完成任务的孩子相比较的时候，就会发展出自卑的心理。你可以想象两个一起上数学课的学生：一个总是能说出正确答案，而另一个无论怎么努力都无法得出正确的结论。刚进学校的时候，两个人可能都会被老师叫起来回答问题，但是过一段时间之后那个永远都算不出正确答案的学生会产生学习成绩上的自卑感，甚至可能会决定放弃数学的学习。在这种情境中，老师是非常重要的。

埃里克森强调，好的老师能够为学生注入一种勤奋的意识而不是自卑的感觉。同样地，如果孩子们没有机会亲自动手去建造、表演、烹饪、绘画以及修理等——反而是被动地看着成年人干这些事——他们会因为成年人能够完成这些任务，而他们却只是一个旁观者而感到自卑。假想孩子们希望帮忙烘焙比萨，但是成人们却只让他们旁观，因为如果他们参与其中就会把事情搞砸。鼓励孩子们"参与进来"并尝试各种技能的课外活动，应当包括多种多样的体育活动、社团和诸如心灵探索、科学奥林匹克、创造发明大会、才能展示、科学展览会、学校的报纸、烹饪或者计算机教育等活动。很多令孩子非常兴奋的学习过程是发生在学校课堂以外的。

自我映像

自我映像是孩子对于自己的一种总体的看法。当孩子们持续地被表扬或者被轻视的时候，他们往往会把这些评价内化并开始认为自己是"好的"或者是"没有价值的"。自我概念是孩子对自己在某些具体领域中的评价。你可能会听到一个孩子说，"我是一个优秀的运动员"或者"我在数学方面很可怕"（虽然我们很难把数学成绩不好和一个人本身很可怕联系起来）。举个例子，Theresa 是一个快乐、自信、随和而独立的女孩。她渴望接受新的挑战，同时也不惧怕应对困难。她认为她自己是一个善良、聪明、友好而且关心别人的孩子。而另一方面，Lorri 却认为她自己是沉默的、笨拙的和缺乏自信的。她无法应对被单独挑出来表扬或者批评的场面。她也不积极参加新的活动，从来都是在边上旁观。Theresa 是典型的高自我映像的孩子，而 Lorri 则是低自我映像的孩子。

自尊

自从 20 世纪早期，社会心理学家和新弗洛伊德的精神分析学家就支持这样的观点，自我概念来自于和其他人的社会交往，同时自我概念也会反过来引导和作用于我们的行为（见图 8—1）。因此，传统的社会心理学理论认为，如果孩子是作为一个个体被接受、被支持、被尊重的，那么他们通常都能够获得积极的、健康的**自尊**，或者对于自身有良好的评价。但是，如果他们的生活中曾受到重要他人的轻视、忽略或者虐待的话，他们很可能发展出低水平的、不健康的自尊。心理学家进一步把自尊分成"挣得的"和"整体的"自尊。孩子们通过努力的工作和实际的成绩来获得**挣得的**自尊，这种方式值得推荐，因为它是基于儿童在家庭和学校中的工作习惯和努力。而整体的自尊则是一种对自身的骄傲的意识，更可能是基于夸大的观点或者空洞的赞扬。

从 20 世纪 60 年代以来，很多研究认为低自尊是美国社会和经济弊病的根源问题，比如物质滥用、青少年怀孕、虐待伴侣、虐待儿童，在学校或者在工作中表现差，以及更高的贫困和犯罪率。随后，很多父母和老师们用平常的鼓励和赞扬武装起来，开始致力于提高孩子们整体的自尊水平。然而，有一项调查却不这么认为。这项评估包括了9 000名 1～3 年级的学生，这些孩子都毕业于联邦"提前教育"项目，然后分别进入了提高自尊的学校、传统教育的学校，或者两者结合的学校。结果发现那些教学生如何提

图 8—1　根据他人的评价而形成的自我评价

我们对自己的知觉被别人对我们的看法深深地影响着——他们对我们的反应影响着我们对他们的反应。那些被作为个体来尊重和支持的孩子相比于没有得到尊重支持的孩子来说，拥有更多的自尊和自我认可。而这种自信会反映在他们的成就上面。

高学习成绩的学校比其他学校要有效得多，因为学生不仅提高了学习成绩同时还赢得了自尊。因此研究者发现自尊不能带来成功，但是成功可以带来自尊。

尽管传统的智慧认为高自尊是众所追求的，适应社会的，并且是情绪健康的标志，但是有一点需要注意：那些表面上能够促进孩子自尊心的学校和体育活动，通常只付出很少的努力，提升的高自尊水平也是不稳定的，这样的自尊经常被认为是自负的、骄傲的或者自大的。

Stanley Coopersmith 创建了"Coopersmith 自尊量表"，并且采用 85 名前青春期的男孩来研究父母的态度和行为与健康的自尊水平的关系。他发现有三种情况与孩子的高自尊相关：

● 父母本身拥有很高的自尊水平并且非常认同自己的孩子。拥有高自尊的母亲比那些自尊较低的母亲更加疼爱自己的孩子并且有更加亲密的关系……孩子同样也会把自己的兴趣和想法看作自己在父母眼中很重要的标志；生活在一个处处都能感受到自己的重要性的地方，他会对自己产生正性的评价。这种影响体现在大部分的个人表达中——重要他人的看法、关注和时间。

● 拥有高自尊的孩子其父母通常都有清楚的规矩。对孩子施加各种限制会让他们对规范的真实性和重要性有明确的认识，并且能够促进他们对于现实性知觉的获得。这样的孩子相比于生活在纵容的环境中的孩子更可能变得独立、有创造性。

● 有高自尊水平的父母会为他们的孩子设立并强调行为的规矩，他们还对孩子的权利和观点表现出充分的尊重。父母支持孩子们在家庭事务上拥有自己的看法并参与决策。

Baumrind 的研究支持了 Coopersmith 的这些发现，表明有能力的、稳定的、认同的以及温暖的父母教养方式和高自尊的发展密切相关。通过对孩子的行为界限的确立，父母可以使孩子的世界变得很有秩序，拥有正确判断自己行为的标准。而通过对孩子的认同，父母传达了一种温暖的、支持的力量去培养孩子形成正性的自我概念。

Susan Harter 对于自尊的研究提供了更多的支持证据，她的"儿童自我觉知量表"中测量了儿童自我概念的五个方面：（1）学业能力；（2）运动能力；（3）生理外貌；（4）社会认可度；（5）行为举止。Harter 让 8～12 岁的孩子评价自己这五方面的能力，并且详细说明各方面的能力如何影响他们对自己的知觉。你觉得大部分孩子会把哪一条看作对自尊来说最重要的？他们把生理外貌看作最重要的，其次是社会认可度。

自尊的性别和年龄趋势　Frost 和 McKelvie 采用"去文化自尊量表"对小学、高中和大学的学生做了一个有代表性的研究。结果支持了以下的趋势：13 岁以下的女孩比男孩有更高的自尊，但是青春期的男孩则比女孩有更高的自尊。这个趋势表明，在童年期和青春期之间，女孩通常感到自尊的下降，而男孩则体验到自尊的上升。小学的女孩比男孩有更好的身体映像——在全部的三个年龄组中，男孩都希望增加体重。这表明女孩随着年龄带来的自尊降低和身体映像变差的现象可能跟体重的增加有关。一些研究者们总结了这些结果，认为总体来说，当人们对他们的身体感到满意的时候，他们就会对自己感到满意。

自尊的建立是在一个连续的维度上，从最低自尊到健康的水平，再到那种被认为是自我中心或者自恋的程度。努力提高孩子的自尊是可能的，但是教会一个天生就觉得比别人优越的人谦逊却更加困难。本质上，所有儿童的自尊都受到他们的能力以及那些来自核心家庭和扩展家庭、朋友和社会的态度和行为的影响。

自我调节行为

说谎、偷窃、打架、欺凌弱小以及其他一些反社会行为是情绪和行为问题的表现。在教育和扩展的社会背景下，成年人总是对 4～6 年级的孩子有更高的要求。人们都期望这样的孩子在校车上、教室里、体育课上、小组中、体育场内以及课外小组中能够协助组织纪律。那些不断地表现出与同伴无法友好相处、无法控制（或者不愿控制）过度冲动的行为或者有很多攻击性行为的孩子会被学校归为情绪障碍（ED）之列。

公立学校管理人员能够识别这些孩子（老师和同学都害怕的孩子），他们评估儿童的需求，发展出个性化教育的计划（IEP），把儿童置于一个合适的教育环境中，让他们（大部分是男孩，也有少部分女孩）不再能伤害或者胁迫老师和同学。这种状况的核心问题是儿童是否具有自我调节的能力。一些注意缺陷多动障碍的儿童有生物化学的原因导致他们难以控制自己的行为（过度冲动，注意力保持时间很短，在课堂上大声说话，上蹿下跳，抓或者打别人，乱泼东西）。想象一下这样一个像"跳豆"一样的孩子！其中一些孩子从来没有被他们的抚养者教导过被社会认可的社交技巧和自我管理的技能。而一些父母甚至鼓励孩子的攻击性，认为攻击行为表明孩子能够处理不可预测的情境——这是在城市中生存必须具备的能力。但是无论如何，这些孩子们都冒着被大多数同伴拒绝的风险，只有少数喜欢自己的孩子除外。

理解情绪与应对愤怒、恐惧、压力和创伤

认知因素在青少年的情绪产生中扮演着很重要的角色。情绪是指情感、愉悦、痛苦和愤怒等感受的生理变化、主观体验和面部表情。在儿童和父母亲、兄弟姐妹、同学、老师以及其他人的互动中，他们学会了从心理上或者认知上调节他们的内心的情绪体验和外在情绪表达的方法。比如，社会期望女孩和男孩有不同的情绪行为。因而父母就会对女孩的伤心事给予更多的同情，而鼓励男孩压抑他们的痛苦。或者通过让男孩发泄自己的愤怒来鼓励男孩说出他们的想法，而让女孩表现温和的方式去压抑女孩做出"不淑女"的行为。

在 7～12 岁，随着儿童在认知上的成熟和对与本国文化相适应的情绪表达的掌握，儿童对于自己情绪体验的知识有了很大的变化：

- 他们开始了解到管理情绪表达的社会规则。
- 他们能够更准确地"读懂"他人脸上的表情。
- 他们能更好地理解情绪可以被认知改变（比如你可以在很悲伤的时候想一些愉快的事情）。
- 他们认识到人们可以同时体验到好几种情绪。
- 他们能够分辨内心的状态，并给予说明，比如愤怒、恐惧或者高兴。
- 他们能更好地理解其他人的感受和为什么会有这种感受，并且他们也变得更加善于改变、忍受和隐藏他们自己的感受。
- 儿童还认识到他们内心体验到的情绪并不一定要自动地转化为外在行动，尤其是当他们知道有人会倾听的时候。

愤怒 愤怒是一种经常和攻击性行为联系在一起的情绪。男孩和女孩都会体验到愤怒的情绪，但是在社会化的过程中他们却被要求表现出不同的反应。关于性别和攻击性的研究表明，当愤怒产生的时候男孩比女孩更容易表现出攻击性，并且这个结果跟年龄、种族和社会经济地位都无关。同样地，当 4～5 年级的男孩和女孩被问及在假定情境中的反应时，女孩能够更好地注意到行为的意图（意料之外还是有准备的）以及在这些情境中的社会线索，因此不会表现出攻击性。其中一个研究的主要结果是，城市的孩子比郊区或者乡村学校的孩子报告出明显高得多的愤怒。研究者们认为在儿童的城市环境中有着对生活事件完全不同的社会化模式。对一些孩子来说，愤怒的情绪可能导致不

断的攻击性行为——与之有关的还有更多的心理健康问题、青少年犯罪、学业成绩差、被同伴拒绝和辍学。

恐惧和焦虑　恐惧在所有年龄段儿童的生活中都扮演着保护的角色。心理学家把"**恐惧**"定义为一种由迫近的危险、痛苦或者不幸而引起的不愉快的情绪体验，而把"**焦虑**"定义为一种不安的状态——忧虑或者担心未来的不确定性。区分恐惧和焦虑往往是很困难的，因此这两个概念经常通用。两种情绪都是正常的并且与忧虑以及生理的压力反应有关，但是正常的焦虑和临床上的焦虑是不同的，这两者的区别在于是否对正常生活产生干扰。

澳大利亚的研究者对 300 多名小学和高中的被试（10～18 岁）做了一个纵向追踪研究，发现恐惧和恐惧的强度会随着儿童的成长而改变。年纪小的儿童比起年长的儿童和青少年来说，报告了更多更强烈的恐惧，女性也比男性报告更多强烈的恐惧，但是这种恐惧的强度会随着时间减少。这个结果和其他研究一致，都认为在孩子正常的发展过程中他们能够越来越好地把恐惧和焦虑言语化，并学会用有效的方式去处理它们。然而，那些不会说话的儿童，比如有发展迟滞或者智力落后的儿童就无法把他们的想法说出来。

心理学家们还区分了恐惧和恐怖症。恐惧只是一种对威胁性刺激的正常反应，而**恐怖症**则是一种过度的、持续的并且是不适应的恐惧反应——通常是对那些良性的或者不好的刺激，比如害怕乘坐电梯或者害怕蛇类。这个年纪的有些孩子还会患一种"学校恐怖症"。这种症状在很多场合都有发生。比如欺负弱小的行为会出现在学校里面、校车上，或者上学和放学的路上。或者当父母亲生重病的时候，孩子会不愿意去上学，因为害怕父母可能在他上学期间死去。有时候，一位迟钝的老师可能在其他同学面前挖苦或者惩罚某个孩子，这也可能引起学校恐怖症。患有学校恐怖症的儿童需要专业的治疗，来帮助他们处理过度的恐惧和焦虑，重返学校。

随着孩子们上完小学，他们的认知和情绪的理解力更加成熟，因而带来了他们在恐惧方面的变化。Gullone 考察了 100 个针对正常的恐惧发展的跨国家、跨文化的研究。在她的综述当中揭示了一个恐惧发展的可预测模型。她发现：

● 学前儿童害怕一个人待着，以及一些虚构的恐惧——黑暗、大型动物和妖怪。

● 小学阶段的儿童害怕失败和批评，身体上的伤害和疾病，以及超自然的现象比如鬼魂之类的。

● 青少年的恐惧更加宽泛、抽象而有预见性，比如害怕失败和批评、社会评价、经济和政治的利害关系，以及暴力行为。

● 在人整个一生中，对危险、死亡和受伤的恐惧是普遍存在的。

尽管恐惧有时候会失去控制，并且发展成难以处理、破坏性的事件，但是它有时候确实起到了"自我保护"的功能。如果我们对野生动物、火灾和飞驰的汽车没有一种健康的恐惧感，我们中很少有人还能活到今天。

> （孩子）学会测"危险"并且做好准备。而且他通常采用焦虑的方式为到来的"危险"做准备！通过这个例子我们很快就可以认识到，焦虑有时候不是一种病态的状态，而是一种对付危险必需的、正常的生理和心理上的准备。

压力　孩子们遭受痛苦和折磨的画面会深深扰动成年人内心的脆弱、想法和愤慨。我们会开始调节并试图治疗这些痛苦——其中一些人参与社会工作、心理学或者医疗卫生的工作来帮助孩子。但是，所有的孩子都得面对痛苦的情境。而且，事实上压力是人类生活中无法避免的内容，因此应对压力就成为人类发展中一个中心的特征。

心理学家把压力看作对威胁和危险的认知和反应，但是压力也可以伴随着欢乐的体验，比如初中毕业，上第一节舞蹈课，或者把一张好的成绩单带回家。我们通常把压力用生理反应来描述——胃里面有"蝴蝶乱飞"或者胃痛、头痛、背痛、麻疹或者皮疹、暂时性发烧、嗓音嘶哑、头晕眼花、失眠、哮喘发作以及其他不愉快的症状。但是如果没有压力，我们会发现生活很单调、乏味和没有目标。压力有时候也是有益的，它可以对我们的成长有帮助并且提升我们处理未来事件的信心和能力（很多学生都了解压力可以在他们大考之前的晚上调动他们的学习动力）。

对孩子来说也是如此。Hofferth在全国有代表性的研究中发现，在3～12岁的美国儿童中，据父母们报告，"1/5的儿童感到恐惧或者焦虑，不开心，悲伤或者忧郁，或者性格内向……还有大约1/25的儿童在学校有行为问题"。比较正面的结果是，大约一半的儿童在健康、友谊和亲子关系上都表现得很出色。

我们每个人都要面对困难的情境，因而需要寻找方法来解决它们。**应对**是指我们为了掌控、容忍或者减少压力而采取的行为反应。有两种基本的应对：问题指向的应对和情绪指向的应对。问题指向的应对是去改变困境本身，而情绪指向的应对则去改变个体对情境的评价。

当心理学家认识到孩子不是缩小版的成人时，他们开始研究儿童的压力和应对方式。在这个研究中，心理学家发现一些流行的观点并不正确。比如，生病住院、弟妹的出生、离婚或者战争都不是重要的或者普遍的压力。儿童对事件的知觉会影响他们的压力反应。很多长期被临床心理学家认为是非常有压力的事件在儿童看来可能还比不上被嘲笑、迷路或者收到差的成绩单有压力。

当体验到环境是可控的时候，无论是成人还是儿童，都会有一种大权在握的感觉。控制感很强的个体会相信他们能够控制生活中所有的事情。但是那些掌控不了的人，那些无法对他们自己的环境施加影响的人，就会感到无助。低控制感的成人和儿童都相信试图控制是无效的。显然，一个总体的控制感可以调控压力的负面效应，并且把问题指向的应对策略转变为情绪指向的应对策略。

研究者们发现，在我们的压力体验中，一个很重要的调控指标是**控制点**——我们对于生活中的事件和行为的结果由谁或者什么事物来决定的知觉。当人们知觉到行为的结果是由运气、机会、命运或者他人的力量来支配时，他们就是"外控"的人。当人们把行为的结果解释为自己的能力或者努力得来的，他们就是"内控"的人。随着孩子年龄的增长，会逐渐获得内控的感觉。在对内/外控的心理测验分数上，3 年级的学生还是外控分数较高，而 8~10 年级的学生在内控的分数上已经有了很大的提高。

在评估压力、应对和内外控上，有三个因素对于研究来说特别重要：（1）孩子的特征；（2）发展的因素；（3）情境特异性因素。让我们分别来看一下这三个因素：

● 孩子们性情和气质的差异对他们应对压力的方式有很大的影响。不同的孩子对环境的敏感度不一样。一些孩子会比其他人表现出对事件更容易激动和有更大的痛苦，因此他们需要比其他更抗压的儿童应对更多的压力情境。此外，当孩子们被激起强烈的情感或者受到威胁时，每个人的反应也是不一样的。比如，有的孩子变得好斗和愤怒，另一些变得退缩和冷漠，还有一些变得爱做白日梦、幻想或者其他的一些逃避行为。很多研究结果表明女孩比男孩表现出更多痛苦和退缩的行为。

● 发展的因素同样起到作用。童年中期的孩子由于自我感的出现，会比年幼的孩子更容易受到自尊心方面的伤害。比如，有一个研究表明，两次以上转学的儿童更容易出现压力、行为以及学习方面的问题。同样，当儿童步入童年中期时，那些有行为问题或者轻微智力发展迟滞的儿童会体验到更多的压力源，因为对前青春期儿童来说，学习和社会要求都增加了。此外，随着儿童年龄的增长，他们发展策略来应对压力的能力也增加了，而且他们还变得更加有计划性。

● 情境因素会影响儿童如何知觉和处理压力。健康的父母通常需要在很多压力危机的效应中起调停作用。儿童照料者的易怒个性、焦虑、自我怀疑以及不能胜任的感受都会加剧孩子对于住院或者转学的恐惧。来自家庭的情绪支持和经济保障对于减缓压力的影响有着坚实的作用。当不论遇到什么困难或者做错什么事，孩子都能从父母和他人那里得到认同时，他们的自尊就会增强。资源丰富的照料者能够帮助儿童理解所遇到的问题并找到解决的方法。

创伤 研究估计，有大约 25％的儿童在 16 岁以前都经历过创伤事件。孩子的情绪和心理健康会被一些异常的压力事件所伤害，这些事件中有的是自然事件，比如"卡特里娜"和"丽塔"飓风或者南亚的海啸，还有的是人为事件，比如 2001 年的"9·11"恐怖袭击事件。其他的事件可能更个人化一些，比如被虐待或者被忽视；目击父母亲、同胞、朋友或者宠物的死亡；无家可归；目击家庭暴力；亲眼看到父母被捕或者入狱；目睹一幢房子被烧毁；频繁搬家；目击一些毁灭性事件比如航天飞机爆炸等。一些儿童生活在长期的健康问题中（比如哮喘、镰刀状红细胞症、癌症和艾滋病）；另一些遭受着突如其来的能造成严重创伤的袭击，比如严重的交通事故。

临床上被诊断为**"创伤后应激障碍"**（PTSD）也叫做**"创伤后压力反应"**的儿童会表现出一系列生理压力症状和行为症状，包括：学习和注意的障碍；麻木和分离症状；无助感；易怒性和攻击性增多；严重的焦虑、恐怖症和恐惧感；夸大的警觉反应；睡眠障碍；以及退行行为，比如尿床、黏人或者拒绝上学。前青春期的儿童和青少年可能还会表现出自伤行为、自杀的企图或者尝试、物质滥用。

为了帮助孩子减轻他们的压力，社会工作者、学校心理学家、老师和家庭需要计划干预措施来重建孩子们的安全意识和安全本身，让他们重新回到学校。质量和数量都得以提升的测评工具让临床和学校的心理学家能更准确地鉴别 PTSD。儿童创伤专家相信，与传统的成人治疗方法相比，绘画治疗和游戏治疗更能反映出幼儿内心的痛苦。一些孩子需要很长期的治疗来减轻他们的痛苦症状，而很多研究表明认知行为治疗是一个非常有效的方式。Cook-Cottone 认为，学校的心理咨询师在儿童的健康恢复、个人化的教育计划以及重返学校等方面起着重要作用。用心的儿童照料者和专家需要认识到他们正在处理的是每一个儿童的人格和发展问题。

冲动性和冒险　儿童冒风险的意愿是不同的。有一些孩子对冒险的兴致比别人更高，但是我们都知道儿童缺乏对危险结果的意识。比如，注意缺陷多动障碍的儿童更容易表现出冲动性行为并受到伤害。尽管一些儿童很容易受伤，另一些人却似乎对伤害很不敏感。男孩比女孩更想寻求跟他们的父母、照顾者和老师有关的刺激。事实上，根据孩子们冒险的频率和程度，我们倾向于把孩子分成几类，小心谨慎或者不计后果，以及胆小的或大胆的。孩子们有很多不同的方式来表达冒险。在体育、音乐、艺术、表演或者领导才能方面很出色的孩子通常会做一些其他孩子不敢做的事——我们称为"创造性"或者"有勇气的"行为。不过，对于新奇事物和兴奋感的追求也会令孩子去做一些不安全的事情，比如离家出走、偷窃、体验药物或是纵火。

对于儿童的情绪发展、恐惧、焦虑、压力、创伤以及冒险冲动的考察，导致我们去思考一个问题，我们如何通过家庭的影响、更广泛的社会环境以及学校的教育来帮助孩子们正确地处理相应的社会情境。

持续的家庭影响

尽管对儿童在学习成绩上的考量是很重要的，但是孩子们在家庭和社区环境中的经历对他们的情绪健康和社会性发展也非常重要。密歇根大学社会研究所的社会科学家从1968 年开始，做了一个包括 2 000 多名儿童和家庭样本在内的全国日常生活的纵向研究（目前还有 7 000 个家庭的 65 000 个被试在继续这项研究）。儿童分配时间的方式对于理解他们的生理、智力、社会性、情绪以及道德的发展都有重要的作用。

对于"时间日记"的定期分析表明，儿童分配时间的方式已经和 25 年前有很大的不同，那时候孩子们更加活跃并且电脑时代也还没有到来。总的说来，现在的 6～17 岁的孩子花费了更多的时间在学校和学习上面，但是他们比 25 年前的孩子平均每周少花两个小时在运动和室外活动上面。6～11 岁的儿童每天平均花费 6～7 小时在学校事务上面（上学前的准备、在校时间和课后学校的活动）。孩子们自由的时间，或者非结构化的玩耍时间大幅度地减少了。

在密歇根大学社会研究所 1998 年的一项纵向研究中，父母们评价有 65％的 13 岁以下儿童跟父母亲非常亲密或者极度亲密（包括那些继父母的家庭、收养家庭和以父亲为主的家庭）。当儿童渐渐长大之后，亲密度开始降低，父母评价只有 60％的学龄儿童跟他们很亲密。大部分的父母报告说孩子们跟他们有温暖亲热的行为，但是随着孩子们的成长这种关系有所改变，他们开始跟同伴分享更多的时间。有 80％的父母报告说跟学前儿童很亲密，但是只有 60％的父母报告说跟学龄儿童有亲密的行为（拥抱、分享时间、开玩笑、玩耍、聊天等）。

新知

帮助儿童应对灾难和恐惧

恐惧是对可怕经历的一种自然反应。它可以引起警惕，是发展中适应的一面，并且男孩和女孩在不同的年龄会对它有不同的反应。诸如"9·11"惨案、"卡特里娜"和"丽塔"飓风、2005 年南亚的海啸或者其他经历过的灾难都会干扰正常的生活适应，从而引起激烈的、持续的反应。年幼的儿童不能分辨幻想和现实，年长一点的儿童有生动的想象力，而所有的儿童都能感受到和成年人相同的恐惧和焦虑。孩子们无法逃避恐惧。不过，可以鼓励孩子们发展出应对恐惧的建设性的方式。这里有一些心理学家发现的对于儿童应对恐惧非常有用的技术：

当儿童表现出遭受压力的迹象时，要预测到他们会有的行为改变，并且对他们的感受做出反应。儿童们表现出受到压力的感受，比如哭泣、嘶喊、易怒、战抖、执著、退缩

或者有攻击性或者回避行为、混乱、睡眠障碍、食欲变化、注意力不集中、对学校和日常活动不感兴趣、头疼、胃疼和其他的行为。建立一个让儿童能够把自己的恐惧说出来的环境。帮助他们了解到成年人和儿童都有恐惧，但是我们有办法让自己感觉好一些。

确保儿童的个人安全。给予额外的帮助，并且表现出足够的耐心。建立正常的秩序来提供稳定和安全。告诉孩子们那些能够增加安全的人、地方和行事准则（比如放学后打电话给上班的父母，在天黑之前回家等）。

找到替代性的活动来减轻压力。不要让孩子们单独承受压力。设计一些有意思的亲子活动。留出一定的时间跟孩子一起娱乐。

通过设计应对的策略让儿童获得控制感。帮助孩子们练习处理恐惧情境或事物的技巧。儿童迫切希望摆脱他们的恐惧，而当他们发

展出良好的应对技能时，压力就能得到减轻。比如，给害怕黑暗的孩子一盏小小的夜灯，提供最小限度的光亮。

帮助儿童克服某种特殊的恐惧。在合理而安全的情况下，让孩子们逐渐去接触他们所害怕的情境（脱敏作用），并且通过愉悦的活动来消除这种恐惧刺激。这种方法在消除对动物、物体和场所（比如游泳池和水恐惧症）的恐惧方面很有效。当孩子们看到特定刺激时，要允许他们检查、忽略、接近或者回避刺激。还要让孩子们观察其他儿童在同样恐怖的刺激面前玩耍的情境（比如在浅水池边上欢笑）。

在家庭和学校之间建立良好的沟通渠道。如果儿童遇到生活上的重大改变、生病或者创伤，家长应该告诉老师，以便共同来商量对策帮助他们应对。双方还要对可能出现的行为有一致的预期。

诸如忽视、责骂、羞辱、嘲笑、强迫或者取笑儿童无能等有害的反应，会使得儿童的问题加剧，并且增加他们的压力。总的说来，儿童照料者不能保护孩子躲避所有的恐惧，但是他们可以帮助孩子有效地应对恐惧。

母亲和父亲

公共政策（比如福利改革、税务、家庭休假、特殊教育、医疗等）、家庭资源（SES）和家庭生活结构（已婚、单身、同居或者看护）影响着儿童和他们家庭的情绪—社会性关系。儿童从他们和父母的互动以及对父母行为的观察中学到很多，而通常这种互动和交流都是很频繁的，但最近儿童们越来越受到父母对时间需求的影响。根据社会学家 Hofferth 的研究，男性工作而女性做家庭主妇的双亲家庭，平均每周跟孩子直接交流的时间为 22 个小时。而父母双方都在上班的大部分家庭，平均每周只有 19 个小时跟孩子一起度过。一般单亲妈妈每周花 9 个小时陪伴她们的孩子，而且大多数时间都是在周末。在 Hofferth 的研究中还发现，温暖的亲密关系、父母对亲密的期望以及父母对孩子将来能够大学毕业的期望都对儿童的行为有正面的影响。西班牙裔的父母在评价孩子时比非西班牙裔的父母更加正性。

上班族母亲　自从 1970 年以来，6～7 岁儿童的已婚或者单身母亲的就业率有显著的增长。2003 年有超过 1 000 万的学龄儿童的已婚母亲是在工作的——占已婚母亲的 73%。将近 400 万名学龄儿童的单身母亲是在工作的——占单身母亲的 77%（离婚、分居或者丧偶）。因此儿童被其他亲属照顾、无亲属关系的人员照顾、参加课后学校的项目或者自我照顾（独自在家）的现象就变得非常普遍了。一些工作的母亲和父亲调整他们的工作安排，来确保儿童在家的时候有父母陪伴或者在学校之外的场所时跟兄弟姐妹们待在一起。

研究表明，在外参加工作的母亲会有更高的自尊水平，因为她们有更多的经济保障，自信对社会的贡献更多，更加有能力，并且更有价值感。而一个对自己和自我的处境感觉良好的母亲，更有可能养育好自己的孩子，成为一个有力量的母亲。同样，在

Hofferth 的研究中发现，母亲的言语能力和孩子的言语以及数学的成绩相关。一个对孩子温暖亲切的母亲，一个和她们的孩子一起玩耍的母亲，一个参与孩子的学校事务的母亲，一个期望她们的孩子完成大学学业的母亲最倾向于把她们孩子的行为评定为正性的。

　　然而，在很多参加工作的母亲中有一种非常普遍的感受就是内疚——感觉孩子在思念着母亲，孩子没有接受到最好的"母爱"，孩子放学后没有和母亲在一起会感觉很受伤害。另一方面，那些母亲参加工作的孩子成长得更加独立，这种独立对女孩特别有益，她们变得更加有能力，拥有更高的自尊水平，并且在学习上会取得更好的成绩。不过，有母亲参加工作的家庭并不都是一个模子刻出来的，因此，一个家庭的经验无法代表所有家庭的真实情形。

　　照顾孩子的父亲　当今社会对父亲、继父或者父亲角色在儿童生活中的作用表现出极大的兴趣。大部分孩子仍然和亲生父亲生活在一起或者至少有一半的童年和继父生活在一起，而父亲角色的出现和缺失对于孩子的心理健康和学校成绩有着重要的影响（见图 8—2）。最近的研究表明，很多男性把他们的家庭角色看得跟工作中的角色一样重要。

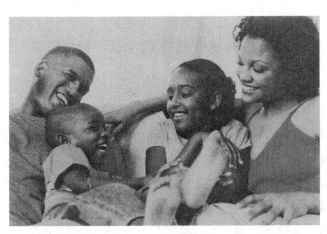

图 8—2　儿童从父亲的参与中获益

　　当父亲花时间与孩子在一起时，孩子和母亲都能从中得到很大的益处。而且越来越多的证据显示父亲是孩子将来行为的角色榜样。

　　一个父亲的时间、闲暇、对儿童生活的参与度以及热情被认为对儿童的成长非常关键。自从 20 世纪 80 年代以来，有很多因素影响着美国儿童父亲的角色：不断增长的离婚率（虽然在最近稳定下来了）；居高不下的再婚率（75%～80%）；越来越高的单身母亲养育儿童的比率（现在每三个孩子中就有一个是单身母亲生的）；还有不断增长的同居父母比率（和亲生父亲在一起或者和没有血缘关系的父辈在一起）。最近的研究估计每三个孩子当中就有一名孩子在 18 岁以前是和继父母（通常是继父）或者是和母亲的同居伴侣居住在一起的。社会学家 Hofferth 和 Anderson 研究了 2 500 名和儿童住在一起的父亲在投入度、空闲时间、参与度以及亲切度方面的情况。儿童的父亲的样本可被分为已婚亲生父亲、未婚亲生父亲、已婚继父和同居关系中没有血缘关系的父辈角色——反映出当前父亲身份的复杂程度。

亲生父亲 Hofferth 和 Anderson 的结果和很多研究一致，发现已婚的亲生父亲会在自己的孩子和收养的孩子身上投入更多的时间、资源和温情。但是也有两点例外，在亲生父亲—继母的家庭中，父亲和孩子们在一起的时间最多，而单身的亲生父亲对于住家的儿童花费的时间显著多得多（大约有 5％的儿童跟单身的父亲住在一起）。只有女儿的，或是孩子尚年幼的，或是工作时间很长的父亲跟他们的孩子们一起活动的时间较少。已婚的亲生父亲比其他父亲有更高的教育水平和经济收入。

当一段婚姻或者同居关系宣告破裂时，一些亲生父亲会否认或者遗弃他们的孩子。对于孩子来说，这种令人心碎的情感和经济上的丧失经常还和其他一些事情相关，比如前妻或同居女友的恨意，因情感上的痛苦而逃离，以及对于发展新的角色和自我认同的苦恼（父亲经常没有监护权，只是支付赡养费）。在这个研究中，有继父母的儿童中，2/3 的人很少或者几乎没有跟自己的非同住的亲生父亲有任何联系——不过有 1/3 的儿童报告跟非同住父亲有频繁的接触。已婚的亲生父亲有合理合法的保护和义务去支持儿童，然而对于其他形式的"父亲"或者父辈角色来说，这种保护和义务却显得非常暧昧不清。

继父 在 Hofferth 和 Anderson 的研究中，继父通常比亲生父亲要年轻，收入也更少。在儿童年龄越小的时候跟继父生活，继父对孩子的活动以及亲切互动的投入的可能性就越高。这个研究中继父对于合适的养育行为以及对继养孩子的态度都比已婚的亲生父亲要差，这可能有两方面的原因：（1）继父们通常需要对前一段婚姻或者同居关系所生的孩子提供资源、时间和情绪支持；（2）如果已离婚的亲生父亲仍旧和他的孩子保持着亲密、支持的关系，继父就比较不容易跟这个孩子发展出亲密关系。继父通常跟处于青少年期的继子关系最疏远。那些自己没有亲生孩子的继父认为自己较少参与继子的活动及互动。总的说来，在混合家庭中（母亲的孩子和父亲的孩子生活在一起）的孩子比非混合家庭的孩子得到更多的时间和关注。

同居的父辈角色 2002 年人口普查的数据表明，约有 300 万儿童生活在将近 200 万户同居家庭中，跟他们的无血缘关系的父辈生活在一起。在所有"父亲"的种类中，母亲的同居伴侣的收入是最少的。这些男人对孩子们的活动的参与度和亲密度也是最低的。因此，在同居家庭的孩子所报告的来自同居父辈的温暖和关注也比其他形式的"父亲"要少，这导致他们较容易受到其他负面刺激的影响。

缺席的父亲 儿童福利工作者认为美国儿童的生活中缺少父亲是一种危机。单身母亲养育孩子和离婚是导致儿童生活中父亲缺失的主要原因。2002 年的人口普查数据表明，有 240 万美国儿童（34％）没有跟亲生父亲生活在一起。全国父亲行动对于"父亲的影响"的研究中提到，约有 40％"父亲缺席"的儿童一整年都没有见到自己的父亲，而这些孩子当中有 50％从来没有拜访过自己父亲的住处（很多缺席的父亲都是在外单独居住）。没有和父亲住在一起的儿童跟和父亲生活在一起的孩子相比，更容易生活得贫穷、被虐待、逃学、表现出反社会的危险行为，以及参与一些犯罪活动。

在考察了父亲的时间、闲暇、对活动的参与度和对孩子的亲切度之后，社会学家认为，父亲是否结婚对于孩子的整体健康有很大的影响。Cooksey 和 Craig 发现，当一个父亲在童年的时候其活动没有得到"父亲"的参与时，他们也就更少参加自己孩子的活动。这表明，父亲的角色对于未来行为有重要的榜样作用。总的结果认为，当父亲参与到孩子的生活中的时候，孩子和母亲都更多地体验到经济上和社会性—情感上的获益。

同胞关系

当今社会的美国儿童比 25 年前拥有更少的兄弟姐妹。根据美国人口普查局的数据，拥有年龄在 18 岁以下的孩子的家庭中，20％只有一个孩子，18％有两个孩子，而 10％有三个以上的孩子（从 1980 年以来，四个以上孩子的家庭有显著的下降）。现在有 52％的家庭没有 18 岁以下的孩子，这包括没有孩子的夫妻或者孩子已经成人的夫妻。然而，如果你和兄弟姐妹一起长大，你很可能记得你跟他们的关系比跟朋友的关系要紧张得多。兄弟姐妹不像朋友之间那样有互相选择的权利，所以他们在日常生活中就需要解决矛盾冲突并学会互相合作。同样地，兄弟姐妹之间也知道愤怒的对质永远不会有终结。即使在他们对彼此感到非常糟糕的时候，他们知道还得一起生活下去。兄弟姐妹的关系通常被描述为愉快的、互相关心的以及支持性的。哥哥姐姐总是起到帮助弟弟妹妹们"学习社会准则"的作用——帮助他们完成家庭作业，应对性和毒品等问题，或是学习社会的价值观以及其他一些事务。但是兄弟姐妹之间的冲突往往导致攻击或者虐待行为的增加。父母们在增进兄弟姐妹关系方面起着重要的作用。如果母亲能够教授孩子一些策略来促进分享的行为，并且孩子们能够被直接教授关于亲社会的相处之道，那么兄弟姐妹的关系通常都能得到改善。

随着越来越多的家庭形式的出现，越来越多的孩子和继兄弟姐妹、半血缘关系的兄弟或者姐妹、收养的兄弟姐妹和同居关系中没有血缘关系的兄弟姐妹生活在一起——这导致家庭压力的增加。一般儿童跟兄弟姐妹分享个人的空间和东西就会形成很大的冲突，而那些父母离异或分居的儿童要跟一个没有血缘关系的人分享个人空间就会形成更大的压力。在继父母家庭或是同居关系中，成年人彼此相爱，因而想当然地认为他们的孩子可能也会喜欢彼此，但情况却往往不是这样。同时，家庭中还会有很多关于管教、分享和资源分配上的争吵。

在很多文化中，哥哥姐姐往往在很小就扮演起照料者的角色，甚至成为父母的替代者。当哥哥姐姐能够承担起照顾弟弟妹妹的责任时，父母就可以放心地去工作和参加他们自己的活动（要注意到亲属照顾，包括哥哥姐姐的照顾是儿童放学后受到照顾的主要形式）。第一个出生的孩子通常处于一个特殊的位置；一开始没有弟弟妹妹来分享父母的照顾，但是当弟弟妹妹出生之后，会给父母和第一个孩子之间带来很大的矛盾冲突。哥哥姐姐常常会对弟弟妹妹们表现得更加凶一些，但他们也不时会表现出悉心照料的一面，而弟弟妹妹们不太会这样对他们的哥哥姐姐。同性别的兄弟姐妹似乎比异性的有更多矛盾。

离婚家庭的儿童

婚姻通常对儿童有正面的影响，而证据表明离婚显然对儿童会非常有害。经历父母离异的孩子通常在社会交往、行为和学校功课方面有更多的问题。

每个孩子对婚姻的破裂有不同的反应，这取决于孩子的年龄、气质和父母应对离婚情境的能力。Schlesinger 做了一个 160 个离婚家庭的纵向研究，这些家庭的孩子都在 6～12 岁之间。他的主要结果发现，这个年龄段的儿童需要明白分离是什么意思。孩子的想法和父母很不一样——而父母们会太忙而无暇注意到他们的心思。分居—离婚会让孩子们遇到对谁忠诚的压力。一个全国性的研究发现，不论什么样的家庭结构，父母之间各种程度的冲突对于孩子都会有很大的影响。为了适应离婚的情境，孩子们需要一种安全感和跟父母的亲密感，并且满足他们的基本需求。如果父母能够在一些事情上考虑孩子的感受互相配合的话，孩子内心的冲突会更少一些。

Wallerstein 和 Kelly 发现，孩子在父母离婚后要经历六个阶段的心理任务，而能否很好地完成这些心理任务，取决于父母怎么样处理他们的离婚。这些阶段包括：（1）接受离婚是真实的事情；（2）回到原先的生活当中，比如上学和其他的活动；（3）解决家庭的丧失问题，那意味着会有一个父母亲是"疏远"或者"缺席"的，他们得重建家庭的规则和安全感的丧失；（4）在谅解的基础上，解决内心的愤怒和自责；（5）接受离婚是永久性的；（6）信任亲密关系。很多学校给那些分居—离异家庭的孩子提供参加活动的机会。在一名学校咨询师或心理学家的带领下，孩子们和同伴们一起分享他们的感受和经历，提出建议并听取别人的意见。这些孩子能够学会如何处理他们的丧失感、无助感、焦虑以及愤怒。

离婚对孩子们很多方面都有影响，其中涉及很复杂的因素。大部分孩子能够随着时间而调整，但有一些孩子在父母离婚几年后仍然有心理上的障碍。在一个研究中，访谈了父母离婚十年后的一些孩子（父母离婚时孩子们大约是 6～8 岁），结果发现大部分男孩和女孩都适应得不错。很多孩子和母亲生活在一起，大约 5％的孩子和父亲一起生活，还有一些跟亲戚住在一起或是住在育儿院。总的说来，跟父母双方都有稳定、亲密关系的孩子较少出现情感创伤。

影响父母离异的孩子的发展的因素包括：

● 离婚时孩子的年龄。年幼的孩子对离婚的反应跟年长的孩子很不一样，这可能是因为他们处在不同的发展水平上。

● 父母的冲突程度。离婚之前、离婚时以及离婚后父母之间强烈的冲突会对孩子的发展有不利的影响。

● 儿童的性别和取得抚养权的父母的性别。离婚后跟同性别的父母生活在一起的孩子更加快乐、成熟、独立以及有更高的自尊。

● 监护的形式。社会学家发现孩子们在母亲监护或者共同监护的家庭中的发展比母亲工作、由父亲监护的家庭要好。

● 收入。通常由母亲监护的家庭会由于收入的大幅下降而带来很多压力，因为家庭不得不搬到较差的地方居住。孩子们会失去舒适和安全以及熟悉的邻居、朋友和学校，同时还将失去家庭的一些常规事务。

单亲家庭

家庭的结构和孩子的健康以及很多未来的行为有关，比如高中毕业率或辍学率、物质滥用、犯罪行为、成为父母的年龄、一生的成就以及重复父母的婚姻或非婚姻模式。从 20 世纪 60 年代到今天为止有大量的研究表明，单身母亲的孩子（不论生育时母亲的年龄是多大）更容易生活得贫穷；在童年没有双亲的陪伴，在成人后也会成为一个单亲家长。然而，如果单身母亲是有工作的话，孩子的情况可能会好得多。跟单身父亲一起长大的孩子的情况也会好一些，因为男性通常都有工作而且赚的薪水也相对高，此外单身父亲还花更多的时间在和孩子们一起的活动上。下面是一些从《美国儿童情况简介：健康的关键指标（2004 年）》中揭示的一些因素：

● 到 2003 年为止，双亲家庭的儿童的比例持续下降到 68%。黑人儿童中双亲家庭的比例下降最大。

● 到 2002 年为止，女性抚养非婚生儿童的比率节节攀升至 34%（1960 年是 5%）。因此，有1/3的儿童是由未婚妈妈生育的，并且 20 岁及以上的未婚妈妈的比例在持续增加。这还导致儿童贫困率的增加，到 2003 年这一数字已达 116 万。

● 在 2003 年，有 32% 的儿童和单身的父母生活在一起：23% 和母亲住在一起，5% 和父亲住在一起，还有 4% 和非父母的照料者住在一起（亲属或者育儿所）。

● 在 2003 年，72% 的单身妈妈是有工作的（大约 28% 没有工作）——而有 84% 的单身父亲是有工作的。

通过这些数据，我们能够知道单亲家庭对孩子的发展有哪些影响呢？关于家庭结构的研究表明，在失业的单身母亲的家庭中长大的孩子通常会遇到学习上的困难、惹是生非以及在婚姻和子女抚养上的问题。

然而就在最近，南加州大学的社会学家 Timothy Biblarz 报告了一项以 23 000 名成年男性为对象的研究结果。研究者对这些男性在职业、收入、教育程度以及出生的家庭结构上都进行了匹配。由有工作的单身母亲抚养长大的儿子和双亲家庭中的孩子在工作业绩上表现得一样出色。然而，失业母亲的儿子似乎更可能从事最低收入的工作。Biblarz 认为："经济收入似乎比家庭结构对于一个人的成功相关更大"。那些跟不住在一起的父亲或是男性角色有积极的互动关系的孩子往往报告更少的学校问题，并且在行为和认知领域也有更好的表现。更进一步地说，如果和单身的父母有良好的关系并且也没有经济收入的压力，那么他们会适应得比那些在父母分裂敌对的双亲家庭中成长的孩子更好。

继父母家庭

有 75%～80% 的离婚父母会再婚。跟原生家庭相对应，这些家庭被称为"重组家庭"或是"混合家庭"。孩子们往往发现他们无法和带着自己孩子过来的新父母很好地适应，并且尝试融入新家庭的互动中去的努力会导致情绪和行为的问题。继父经常可以被男孩们接受，却会在女孩和母亲之间形成对立。因此，女孩子更有可能拒绝继父。继父母通常对于继子女们采取一种放任的态度而不是严加管教，并且相对于亲生父母的管教，这种方式可以减少他们之间的冲突。男性和女性在对待继子女的方式上有所不同，继母通常更愿意参与到继子女的日常生活中去，而继父却很少参与继子女的活动。

随着孩子们步入童年晚期，家庭的形式和内部的和谐度已经不是那么重要，孩子们在家庭之外寻找同伴关系来支持他们自己，从而获得愉悦和生活上的满足。

不断扩展的社会环境

童年晚期对儿童来说是一个关键的时期，儿童在认知和社会能力上都得到更大的扩展和细化，社会学家通常把这一时期称作"前青春期"或者"过渡期"。前青春期的儿童越来越以自我为指向，开始选择跟同伴们建立自己的社会关系，并和其中一些人成为亲密的朋友。6～14 岁，孩子们对于友谊的意识开始强调互相照顾、信任和忠诚等方面。朋友的支持和学校的成绩、健康的自尊以及心理的适应有正相关。

同伴关系的世界

在前青春期，孩子们对选择朋友时哪些是最重要的认识有了很大的改变。他们开始关注朋友们的兴趣爱好，比如最喜欢的游戏、活动和人。当他们长到青少年期的时候，少年们开始越来越关注朋友的内心世界和人格特质。因此，存在着从关注朋友外在表面的特征（他是我的朋友，因为他有一台新的电脑）到关注朋友的内心世界（她是我的朋友，因为我们喜爱同一件事物，和她在一起很开心，我信任她）的转变。因而很显然，同伴关系在儿童的发展中扮演着非常重要的角色。

同伴团体的发展功能

同伴关系可以帮助儿童发展社会交往能力，比如交流沟通、从他人角度看问题、互相帮助以及解决矛盾冲突。是否被同伴们公开接受与儿童的自我价值紧密相关，随着儿童年龄的增长同伴友谊变得越来越重要。有各种各样不同的同伴关系和团体：朋友关系、学校或者邻居关系、巡逻小组、篮球或者足球队、小混混群体，等等。孩子们可能同时拥有很多同伴关系，这可以给他们带来跟成年人的世界一样的儿童世界。同伴团体有很多的功能：

● 同伴团体可以给儿童提供一个远离成人的学习独立的舞台。同伴团体的支持可以让儿童获得勇气和信心来弱化与父母之间的情感联系。同伴文化也通过设立同伴的行为标准而成为一种团体内的压力。同伴团体还是让儿童作出让步的重要组织，比如在睡眠的时间、穿衣的尺码、社会活动的选择以及金钱的花销等事情上。它在很大程度上确保了孩子们的独立自主权利。因此，同伴团体在儿童寻求更多自由和支持他们做之前不敢做的事情上提供了推动力。总的说来，同伴团体间的相互联系在儿童的学业动机、成绩和适应方面都起到了重要的作用。

● 同伴团体给孩子们提供体验和自己地位相同的人交往的机会。在成年人的世界里，孩子们总是从属的，听凭成人指挥、引导和控制他们的活动。而团体成员关系则被定义为社交性的、自主的、竞争性的、合作性以及在平等的基础上互相理解的。通过和同伴的交往，孩子们学会了最基本的功能性和互惠性的社会规章制度。他们练习"和他人相处"以及把个人的兴趣融入团体的目标中去。正如之前讨论过的一样，皮亚杰把这种平等状态下的人际关系称为道德发展的基础阶段"自律道德"。

● 同伴团体是儿童唯一不会被边缘化的社会群体。孩子们可以在一个重视他们的活动和想法的地方获得地位和认同。更进一步地说，"我们"的感觉——和团体成员牢固的联系——可以给孩子们带来安全感、友谊、接纳感和健康的总体意识。这还可以帮助孩子们避免在学校外的非结构化时间里感到厌倦和孤单。

● 同伴团体还是传播的机构，比如一些非正式的知识、迷信、民间传说、时尚流行、玩笑、谜语、游戏和喜悦的秘密方式。同伴团体对于练习自我表现和印象管理的技能尤其有效，因为不恰当的表现常常会被忽视或者在不丢面子的情况下得到纠正。在楼上、车库后面、街头以及其他一些偏僻的地方，孩子们获得和发展了很多处理成年人生活的技能。

很显然，同伴关系对于儿童发展来说和家庭关系同样重要。复杂的社会生活要求孩子们能同时处理好跟成年人以及同伴之间的关系。但是一些同伴团体经常跟成年人公开发生冲突，比如一些违法的黑社会团体。黑社会团体的行为总是规避和嘲笑学校的规章制度以及由成年人控制的更大的社会。就算没有违法的孩子们也会发现他们和父母期望之间存在着差距，他们会争辩"别的孩子可以在外面过夜，为什么我不行?"而另一种极端的情形是，有些同伴团体的目标和成年人的期待完全一样。但有些悲哀的是，一些孩子得不到同伴的认同，也没有朋友。我们在"受欢迎度、社会接受度和被拒绝"小节中提供了一些帮助这样的儿童获得潜在认同的干预策略。

性别隔离

在小学阶段同伴关系的一个最显著的特征是性别隔离，被称作**"性别分化"**——孩子们都倾向于和同性别的同伴团体在一起（见图8—3）。根据一个对美国儿童健康的全国性调查，每个孩子平均有四个朋友。对很多儿童来说，同性别的朋友在童年晚期和前青春期的关系比其他任何一个时期都更加亲密、更加热烈。尽管性别之间的社会距离在学前儿童中就存在，但是在小学阶段大大增加并且在整个童年中期都很显著。一些研究让一年级的儿童看同班同学的照片，并指出哪些是他们的好朋友，发现有95%的学生选择了同性别的同学。不论两性之间到底有什么样的特征差异，在西方国家中男孩和女孩的社会化过程加大了这种差别的程度。而在早年的学校教育中，同伴又会加大性别隔

图8—3　性别分化

男女生之间被称作"性别分化"或是"性别隔离"的社会距离在小学阶段不断增加，整个童年中期都存在着很强烈的性别对立，尤其在五年级的时候达到顶峰。男孩们比同年龄的女孩更加健康和充满热情，喧嚣而吵闹。Maccoby提出男生粗暴的游戏和竞争以及统治取向的行为让很多女生感到警觉和不舒服。

离的压力。有一部分孩子会试图跟异性同伴玩耍，但通常会被拒绝。尽管一年级的孩子几乎只把同性别的每个同学都称为自己的朋友，但仍然能看到男孩和女孩在操场的隐蔽处一起玩耍。到了三年级，男孩和女孩把他们分成了两个性别阵营——到五年级就达到了性别隔离的顶峰。五年级的男生和女生之间的互动主要是嘲笑、讥讽、追打、起绰号以及公开的敌对。这种"他们跟我们对立"的观点强调了性别的差异，并且在孩子们可能形成不稳定的性别认同的时候起到保护作用。

一些证据表明性别隔离可能是人类社会化过程中的一个普遍的机制。5～6年级的男孩非常不喜欢所谓的公平对待。他们比同年龄的女孩更加健康和充满热情，喧嚣而吵闹。因此，老师们对男孩的管教就会更加严厉，而男孩们则经常抗议老师"偏袒女生"。这个年龄的女孩对老师抱怨最多的是男生的行为。中学一年级的老师通常会被忠告：你会发现自己把最多的时间花在男女生对立这件事情上。

发展心理学家 Eleanor E. Maccoby 发现，性别隔离主要发生在文化情境中，那些地方有足够多的孩子可供选择。事实上，成年人试图消除孩子们总跟同性别同伴在一起的现象，但这样的努力总是失败。比如，在男女同校的学校里，性别隔离最经常出现在餐厅、操场、学校汽车和其他非成人组织的场合。但即使是在前青春期阶段，我们也不能说性别分化就是绝对的。不论是做班级项目还是玩标记足球，女孩和男孩都是在一起的。此外，双方似乎都对彼此感兴趣。10～11岁的男孩和女孩对彼此谈论得很多（比如谁喜欢谁），并且经常密切关注着对方的行为。

Maccoby 认为有两个因素会增加性别的隔离。首先，男生和女生在同伴交往的模式上是有差异的，因为他们会发现同性的伙伴更加协调。其次，女孩难以影响男孩。男孩们参与各种粗野的打斗游戏——戏弄、碰撞、捅篓子、突袭、偷窃、打架、追打、抱住、摔跤以及互相推搡。这种高竞争性和统治性的行为被称为"前摄性攻击"，在男孩中非常流行。男孩和男人看起来在逐步发展社会结构——在游戏中定义好的角色，统治性的社会阶层和团队精神——这种允许他们有效发挥功能的他们所偏爱的社会环境、团体环境。

Maccoby 提出粗野的游戏和竞争以及统治性的行为让很多女生感到警觉和不舒服。比如，男生比女生更容易打断别人，使用命令和威胁的语气，质问别人，讲笑话或是悬疑故事，采用"浴室里"的幽默，试图超过别人的故事，直呼别人的名字（或是轻蔑地提到另一个男孩的母亲，即一种增加嘲弄的方式）。相对而言，小团体中的女孩经常进行"合作性的聊天"——她们会表达赞同，停下来给别人机会去说话，提到前一个人说的话，微笑以及提供一些非言语的关注。总的说来，男孩的聊天通常都是自我主义并"带有个人标记"的，而女孩的对话则通常具有社会联结的意义。这并不是说女孩在她们群体中不自信，而是女孩们追求一种和颜悦色的、不强制亦不命令式的行为方式带来的结果，并采用策略来促进和维持社会关系。

这种童年期的性别分化让弗洛伊德提出了"性潜伏期"的概念。在弗洛伊德的观点中，一旦儿童不再把他们的异性父母看成爱的对象（他们通过这种方式来解决俄狄浦斯情结或伊莱克特拉情结），他们在成年之前都会拒绝和异性交往。因此根据弗洛伊德的观点，小学阶段是发展的平台期，性冲动是被压抑的。

受欢迎度、社会接受度和被拒绝

同伴关系具有持久性和稳定性的特点，尤其是同伴**团体**的属性，即两个或两个以上的人在一起分享一种在社会交往中稳定的整体和联结的感觉模式。团体成员有整体的意识；他们设想自己的内心体验和情绪反应是与其他成员共同分享的。这种整体感不仅给成员们一种在团体中的感觉，更有一种归属于团体的感觉。团体的整体意识体现在很多方面。其中一个最重要的方面是共享的**价值观**，这是人们用来决定相对价值和对事物（他们自己、其他人、事物、事件、观点、行为和感觉）的需求的准则。价值观在人们的社会交往中起着重要的作用。它们是人们用来彼此评价的标准和社会的"准绳"。简而言之，人们根据不同团体的对于优秀的标准来评价别人，这种评价可能是亲社会的也可能是反社会的。

同伴团体也不例外。小学的儿童根据不同的特质把他们自己分成三六九等。即使是一年级的学生也会注意到彼此是否受欢迎或者是处于什么状态。因此，儿童在同伴愿意跟他们交往的程度上存在着差异。最近的研究还表明，如果儿童知觉到自己的团体是"与众不同"的，那么团体内成员之间的联系将会更加紧密。

用来评估人际吸引、拒绝或是漠视的一种测验叫做"社会测量法"。采用问卷或者访谈的方式，让被试说出团体中三个（有时候是五个）他们最愿意坐在身边（共同进餐、做好朋友、做邻居、在同一个小组）的人的名字。根据儿童和他们的同伴团体的相对状态，研究者也使用社会测量法把儿童分类。有的是对儿童比较极端的认同——受欢迎、被拒绝、被忽视或是有争议的，有的是比较平均的状态或者是在接受度或建立友谊上的微小差异。通过询问儿童谁是在某种情境下他们最不愿意交往的人，老师们可以识别出被拒绝被孤立的儿童。由于这些孩子可能在成年发展中遇到问题，因此学校咨询师或者心理学家可以对他们做一些社交干预。社会测量法的研究数据可以绘制成**社会关系网图**，其中描述了团体成员在特定时间会做出的选择模式（见图8—4）。有时候成年人忽视社会生态学因素的影响，比如桌椅的摆放形式、根据能力分组以及课程和休假的安排。

身体映像和受欢迎度　外貌的吸引力是由文化决定的，并且在不同文化下也存在着不同的定义。儿童在六岁左右能够获得这些文化的定义；到八岁左右的时候，随着他们的思维发展到具体运算阶段，他们通过外貌的吸引力来判断人的方式几乎已经跟成年人无异了。你觉得为什么会这样呢？

对于体形的刻板印象和评价同样是在人生的早期阶段获得的。"瘦而有肌肉"、"高

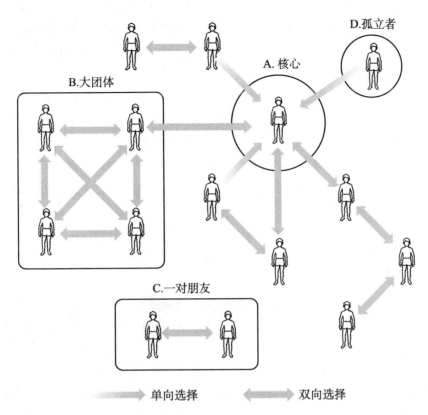

单向选择　　双向选择

图 8—4　用来评估人际吸引、拒绝或是忽视的一种测验叫做"社会测量法"

采用问卷或者访谈的方式，让被试说出团体中三个（有时候是五个）他们最愿意共同参与活动的人的名字。数据可以绘制成像这样社会关系网图。不同的人际关系群都出现在图上。男性的同伴团体更像一个彼此交织的大组（比如 B）。而女孩的社会关系网则一般都是两个或者三个亲密朋友组成的小组（见 C 或 A）。这个结果跟在童年中期的儿童中观察到的结果一致，并且在青少年中似乎也有相同的情况。如果一位女性有多于两名以上的好朋友，那么很可能这些好朋友并不是真正的好朋友。还可以看到有一些孩子容易被群体孤立（见 D），他们可能需要一些能发展他们的社交技能的帮助。

而皮肤好"和"矮而胖"，这些都是人们对彼此的体貌评价。前面我们已经提到，对于"肥胖"的负面态度在年幼儿童中已经深入人心。在男孩中，六岁左右就已经形成了"运动员体形"的刻板印象（指像运动员一样充满肌肉、宽肩膀的人）。不过男孩长到七岁才萌发长成"运动员体形"的愿望，八岁的时候才完全形成了这种心理。

研究者们发现了很多在前青春期和十几岁的同伴眼中有魅力的特质——而身体发育、外貌和体形是他们主要考虑的因素。很多对青少年的身体外貌和受欢迎度之间的相关的研究都有很一致的结果。令人惊讶的是，Phares，Steinberg 和 Thompson 对小学生和中学生做的有代表性的研究表明，对体重和身体映像的关注——女孩对于自己的身体映像比男孩有更多的不满意。这个研究中，六岁左右的女孩就试图通过节食减肥，而且大部分孩子都知道控制体重的方法。男孩通常都会长得更大更壮一些，这和社会文化对男性的普遍印象是相符的，因此他们对身体映像会有更少的不满。Friedman 报告了 10～11 岁的儿童中，有 80％的女孩认为她们应该更加苗条些。而最近一个对 11～14 岁女孩的研究发现，超过 1/3 的人有节食的行为。

父母们也会通过传达与体重相关的态度和观念来影响孩子们。母亲会比父亲更加强调身体映像、体重和节食。父母和同伴对于脸部特征、体重或者体形的揶揄，对男孩和女孩的饮食和体重都会带来很大的影响。这些研究发现，在青少年期体征发生变化之前，对于身体表象、外貌特征和体重的重视已经经历了好几年——而小学阶段的女孩比男孩有更高的身体不满意度、抑郁症状和更低的整体自我价值感。因此，这些研究者认为有必要在青春期之前就对儿童的体重和身体映像树立正确的认识。因为身体不满意度是进食障碍病程发展的一个最严重的标准，因此学校咨询师会建议一些干预措施，包括强调健康、力量和自我接受的课程，个体咨询，团体咨询，同伴监督，更好的图书馆资源，家庭咨询，以及社区公园和娱乐设施的改进。

行为特征　有很多行为特征跟儿童在同伴中的接受度有关。老师和学生都会把受欢迎的学生模范描述成活跃、随和、机警、自信、乐于助人和友好的。他们对别人感兴趣，表现得有亲和力，有自信但不自傲。最近一个对 4～8 年级的男孩的受欢迎情况的研究表明，一些前青少年期的儿童认为"粗暴"或是有反抗性的男孩是最受欢迎的。在少数团体中这样的男孩往往被认为是"最受欢迎的"：他们学习成绩较差，不遵守纪律，在功课上也不用心，但是在体育方面很出色。因此，亲社会和反社会的受欢迎的男孩都是他们各自的小圈子里的核心人物，他们享有非常突出的地位。粗暴的男孩对于他们的受欢迎度有较高的自我觉察。

相反，那些在同伴中不受欢迎的儿童也有他们自己的特点：（1）社交孤立的儿童通常在生理上也是倦怠、昏睡和无精打采的（或者他们可能会有周期性发作的慢性病）；（2）有些儿童非常内向、胆怯和退缩，他们跟其他同伴几乎没有交流；（3）那些过于压迫别人或是具有攻击性的儿童会被老师和同伴认为很吵闹，希望得到别人注意、颐指气使、具有反叛性以及傲慢。还有一些儿童则被认为"过度活跃"，常常需要服用利他灵来"控制"他们的行为。在进入幼儿园的头两个月中发生的同伴拒绝可以预测儿童在学校同学中会有更少的积极体验、更高的学校旷课率以及更差的成绩。在早期有过被同伴拒绝体验的儿童更可能在未来的生活中经历严重的适应问题。

欺负行为　从前青少年期的同化作用到初中/高中低年级的这段时间内，孩子们更倾向于跟同伴寻求社会支持，因此接受度和受欢迎度变得非常重要。外貌是决定女孩们社交地位的核心因素，而男孩们则往往以竞争性强、粗暴和攻击性行为作为标志。为了表现得"合群"，一些孩子只能采用欺负别人的方式。很多关于学校欺负行为的研究来自于欧洲、加拿大、澳大利亚和新西兰——而这种行为在全世界范围的学校里都愈演愈烈。最近在美国公布了一个对 16 000 名 6～10 年级的公立学校、私立学校和地方学校的学生所做的研究。将近1/3的儿童报告轻度或者频繁地遭遇欺负事件，其中既有攻击者也有受害者。欺负行为在初中比高中更多，在城市学校比乡村学校更多。

欺负是在权力或者力量不对等的情况下，对另一个人施加的有预谋的、重复的攻击性行为。攻击者可能是个人也可能是团体，同样，受害者也可能是个人或者团体。这种伤害性的行为包括扮鬼脸，做出"污秽"的动作，叫绰号，嘲弄，捏掐，拳打脚踢，遏制行为，威胁，偷窃和支配，性骚扰，写辱骂的纸条或电子邮件，或者把某人赶出小组。男孩更容易受到身体上的欺负，而女孩则会在流言、与性相关的评价和社会孤立方面成为欺负的目标（见图8—5）。受害者往往在生理、智力、种族、社会经济地位、文化或者性取向上"与众不同"。他们往往更加弱小和年幼，胆怯而不自信，或者在体育方面表现较差。

图8—5 受欢迎度、欺负行为和孤立

从前青少年期的同化作用到初中/高中低年级的这段时间内，孩子们更倾向于跟同伴寻求社会支持——因此，接受度和受欢迎度变得非常重要。但是在生理、智力、种族、文化上和别人不一样的孩子，或者仅仅是安静胆小的孩子，很容易被别人谈论、排挤或者欺负。有各种各样的干预项目和策略可以用来提升同伴的接受度并为所有的儿童创造一个安全的校园氛围。

欺负行为的受害者或者目标人物会遭受到心理和生理的创伤，比如抑郁、孤独、焦虑、低自尊、与压力相关的疾病、睡眠障碍、头痛、产生自杀的念头，或者以报复或自杀告终。研究也揭示了欺负行为对于攻击者的负面影响，比如打斗、偷窃、物质滥用、逃避、逃学以及未来的犯罪行为（比如在学校私藏枪支），或者入狱。

家长、老师和学校心理学家或者咨询师应该尽早对不受欢迎的孩子进行干预，使他们获得更有效的社交技能，因为有很多研究发现，他们会维持反社会的行为并且把同伴们想成和自己一样，或是一直处于孤立。总的来说，在美国儿童中发现的受欢迎和不受欢迎的儿童的特质在其他工业化国家中是文化共通的。

社交成熟度 孩子们的社交成熟度在入学初期发展得很快。在一个学校里，50%的一年级学生表示他们更愿意和年纪小的孩子玩。而这个数字在三年级的小学生中就下降到了 1/3。此外，有 1/3 的一年级学生表示他们宁愿独自玩耍，而到三年级这个比例下降了不少。另外，尽管有 1/3 的一年级学生跟别的儿童相处感到很困扰，但更少的三年级儿童报告这种困难。事实上，有一些儿童在学校里是从来没有朋友的。比如，大约 6％ 的 3～6 年级的在校学生从来没有被任何一个同班同学在社会测量法问卷上选择为好朋友。在另一个研究中，大约有 10％ 的 3～6 年级的儿童感觉孤独和社交不满，而这些感受跟他们的社会关系显著相关。孤独感、被拒绝以及社交孤立会对儿童（以及成年人）的自尊产生深远的影响。

同伴影响体现在很多方面。其中一个最重要的方面是通过对同伴团体内的成员施加压力，让他们遵守团体的各项规定。尽管同伴团体约束了成员的行为，但他们也从一定程度上促进了同伴间的交往和沟通。他们规定了共同的目标，也阐明了追求这些目标时可接受或不可接受的方式。

学校的发展性功能

几千年前学校这种新生事物刚刚出现的时候，其存在的目的在于为极少数人占据某些职业并对大众进行管理提供准备的机会。而随着单一民族国家的兴起，多种文化背景下出现了各种大众教育的模式，而这些教育模式的目标与国家的进步、经济的发展，以及更好地让公民纳入更广阔的社会群体这些目的密不可分。从世界范围来看，学校通常被看作一个国家机构，并且服务于国家目的。自 1975 年起，美国的公立学校已经成为一种工具和手段，通过它，所有的儿童都有机会去学习阅读、书写、算数以及科学知识，而这些技能，正是一个工业化的、计算机技术的服务型社会所需要的。更重要的是，教育已经成为一项至关重要的经济投资和重要的经济资源。美国总统布什预计向教育投入 560 亿美元的经费，比 2000 年增加了近 33 个百分点。（美国的许多城镇开始成为"大学城"，因为大学成为当地劳动力的主要雇用者。而更进一步说，包括印刷、软件和教育测评公司在内的数十亿美元的企业，全部都是面向教育者的消费市场。）处于争论焦点的"不让任何一个孩子落后"的法案之所以率先拉开了提高对 K - 12 儿童教育标准和责任义务的序幕，一方面是为了稳定和加强经济，另一方面也是为了让现代儿童能够做好准备适应将来更富技术性和融合性的职业——一些可能我们现在还无法想象的职业！

同样，小学也拥有多种功能。第一，它们需要教授一些具体的认知技巧，主要是一些"核心"科目，像语言、数学、历史和科学——在世界上的各个小学几乎都惊人地相似。而从总体来说，美国的学生在某些核心科目上的国际测试成绩表现出明显的不足。同样，学校还会为儿童慢慢灌输一些基本技能，例如守时、专注、静坐、在班级活动中协作，以及按照规定完成指定任务——为青少年在将来能够适应工作环境而做好准备。

即便是学校中的优良中差评分体系，也与工资薪酬系统相匹配，成为一种激励个体的手段。

第二，学校将分担一部分家庭的责任，向儿童们传递有关社会主流文化目标和价值观的信息。与美国一样，日本、中国和俄罗斯都会在他们的学校中强调爱国主义、国家历史、服从、勤勉、个人卫生、身体健康、语言的正确使用和其他一些方面的理念。除了一些基本的社会准则、价值观和信念之外，所有的教育还会为学生们灌输有关当前时代的"隐藏课程"（例如，当代热议的有关"容忍"、"多元化"和"堕胎合法化"等话题）。

第三，从某种角度来说，学校还是一个"分类和筛选"机构，它会挑选出一部分年轻人流动进入更高的社会阶层。通过教育为自己的孩子进行社会化，让他们获得更高的学历、事业进取心，并为他们提供实现自己目标的必要支持，一些家庭同样也在影响着儿童的职业生涯的发展。而成功的小学和中学经历，则是儿童启动自己人生生涯的关键因素。尽管早期的学业成功并不一定能够保证日后的成功，但是早期的学业失败则会对日后的学业失败有着强大的预示效果。

第四，学校会尝试帮助儿童克服一些干扰我们完善社会功能和参与意识的障碍或者困难。学校会与家长、监护人、学校心理咨询师、领导员工、学校护工、生理治疗师、言语治疗师、职业规划师、社会服务机构以及青少年司法系统一起，协同工作。与此同时，学校还起到了看护的功能，为儿童提供了日常看护服务，保证儿童能够远离成人的世界，并且免于遭受来自街区的潜在伤害。而到了更高的年级，学校也开始成为约会和婚姻的预备市场。与儿童劳动法相配套的义务教育法案，其主要目的在于保证青少年儿童远离劳动力市场，并因此避免了与成人在社会职位上存在的竞争。

新知

校外看护和监管

每天的大部分时间属于无人监管状态的美国儿童数量正在迅速增长。根据国家校外时间研究所的统计，大约有 800 万名 5～14 岁的儿童常常在没有任何监护的情况下度过他们的校外时间，而其中大部分是 11～14 岁的儿童。虽然许多机构和学校认识到对儿童的校外时间有必要进行监管，但是大部分家长却反映，他们很难找到课余小组并且支付其费用。

缺少校外监管的结果令许多家长痛苦不堪，同时也引起了科学团体、儿童福利提倡者和青少年司法系统的关心。相关研究集中在两个因素上：那些放任孩子无人照管的家庭所具有的特点；"自我照看"与在儿童身上日益严重的社会性、情绪和认知问题的关联程度。人们通常会认为，家庭总是把自我照管作为最后的手段，而无人监管、自我照顾的孩子往往面临更大的健康和行为的问题风险。

与以往相比，现在有更多的已婚和单身妈妈外出工作，但是她们当中的大部分人只能找到最低薪水的工作——根本无法支付课后照管的费用。联邦儿童看护基金会可以为10%～15%的家庭提供帮助，而这种看护费用将占去中、低收入家庭的一大部分收入。一个儿童的看护费用平均在每月 300 美元，而且根据家庭居住地点的差异，看护的年均费用将达到 4 000～10 000 美元。

大部分儿童会在放学离校后得到亲属的照看，但是在没有成年人监管的情况下自己回家仍然是不安全的举动。全美儿童安全联盟声称，每年有 450 万 14 岁及以下儿童在家里遭受到伤害，而大部分和伤害有关的死亡事件会发生在儿童校外无监管的时段。在学校上课期间，每天下午 3～6 点，严重的青少年犯罪率会比以往提高三倍——而年幼的儿童经常是其中的受害者。同时，儿童长时间地观看电视已经严重削减了他们的阅读量、家庭作业完成率，并导致其攻击性的增长。一些研究报告指出，由于看电视时间过长和参加的运动过少，越来越多的儿童出现了肥胖和睡眠剥夺等问题。

儿童发展专家普遍认同这样一种观点：当今青少年要比以往几代人面对更多的诸如越来越容易获得毒品，以及过早地经历酗酒和性行为等。正如一位临床心理学家所观察的那样，"当一个 6 岁的孩子离家出走时，他会走到街区的尽头。当一个 16 岁的孩子出走时，她可能会跑到好莱坞红灯区去做妓女"。

近期研究的结果反映出，参加课后小组可以让儿童从中获益良多，譬如更好的工作习惯、完成更多的家庭作业、增进社交能力、改善上学出勤率、更高的考试成绩、看电视时间减少、运动和其他活动时间的增多、得到比同龄人更好的在校表现。因此，在过去十年期间，许多美国学校——享有联邦基金支持，并联合 YMCAs、YWCAs、男生女生俱乐部和童子军项目——已经在小学和中学层面同时建立了课后小组及暑假项目。这些项目为那些因父母工作而不能得到看护的儿童提供了安全和监管、营养、各种活动和成年人的看护。

虽然许多父母选择轮班工作、转为兼职，或是交错他们的工作时间来照顾孩子，但仍然有一些家长高估了自己的孩子所能够胜任的责任。在做出这样的决定之前，家长们需要认真考虑自己的孩子是否已经足够成熟，以及其在家庭和社区环境中的安全性。虽然许多表现良好的孩子常常会处于无人监管的状态，但是研究表明，有太多的孩子会因无人监管而陷入麻烦，导致严重问题，或者受到伤害。

激励学生

我们当中的大部分人认为，人们之所以做某些事情是因为最后的结果能够在某种程度上满足他们的需求。这一假设就构成了动机的根本概念。所谓"**动机**"，指的是可以促进、引导并维持个体活动的内部状态和过程。动机会影响学生的学习效率、信息的保持，以及个人的行为表现。而很明显，随着青少年从小学进入初中，他们在各项学业动机指标上均出现了渐进式的、整体化的下降趋势——课堂专注度、学校出勤率以及对学业能力的自我知觉。现在，我们将审视一小部分我们认为与学校生活联系最为密切的有关动机的话题。

内部和外部动机　Mark Twain 曾经观察到，所谓工作，指的就是那些我们有义务去做的事情；而游戏，则指的是那些我们没有义务去做的事情。工作是通往结果的手段，而游戏本身就是结果。根据这一描述，很多心理学家也就此对外部动机和内部动机进行了类似的区分。**外部动机**指的是我们为了除行动本身之外的某些目的而采取的行动。诸如学校成绩排名，成为优等生，获得奖学金、酬劳以及晋升在内的奖赏，都属于外部动机，因为它们都独立于活动本身，并且受到他人的控制。而**内部动机**则指的是为了行动本身的缘故而采取的行动。内部奖赏是那些与行动本身相生相伴，并且我们可以对它施展高度个人控制的事物。

正如我们在本章开篇的时候所提到的，儿童希望能够处理他们周遭的环境时感到有效力和具有自我决断性。但遗憾的是，正统的教育模式往往会破坏儿童自发的好奇心和学习欲望。随着他们逐渐走入初中和高中，儿童在完成自己的功课方面变得越来越依赖外部动机，而缺少内部动机。也正是在这个年龄阶段，很多人甚至会对学校和教育"深恶痛绝"，特别是男孩子和少数民族青少年。大部分心理学家都承认，惩罚、焦虑或是压力，以及被忽视的感觉都是阻碍个体进行课堂学习的因素。但是他们也渐渐开始意识到，即便是奖赏，也可以成为好奇心和探索精神的大敌。

Lepper 和 Greene 的研究发现，家长和老师很可能会因为向儿童和青少年提供了诸如过分丰富的表扬、金钱、玩具或是宴请等奖赏，而潜移默化地破坏了儿童在许多活动中的内在兴趣。因此，他们建议，家长和教育者应该在必须将儿童吸引到他们最初并不感兴趣的事物上的时候，才能使用外部奖赏。不过即便在这种情况下，外部的奖赏也应该尽可能快地逐渐停止。

对因果关系的归因　与奖赏密切相关的是另一件事物——人们对于可能导致某种结果的因素的知觉。让我们一起来思考一下下面这种情况。你正在看一场有你最喜欢的橄榄球队的比赛，比赛还有五秒钟，比分现在是平局。你方球队的一名球员抢断成功并带球冲向得分线。就在这名球员触底得分的那一刹那，比赛结束的枪声响起。你支持的球队取得了胜利。而你的朋友，那个对方球队的球迷说道："你们这帮家伙只是幸运而已！"你回击说："幸运个头，这完全是能力的真实表现。""才不是呢，"另一位朋友说道，"是你的球队成员更积极主动一些，他们投入了更大的努力。"最后，第四位观察者忽然插嘴说："这个中路拦截实在是太容易了，在他和得分线之间根本没有人阻挡！"由此可以看到，四个人对于同样一个事件的因果归因却是四种截然不同的解释：运气、能力、努力以及任务的难易程度。

同样，儿童也会对自己的学业成就做出不同的解释和归因。而个体之间所采用的解释方式实在是差异巨大。教育心理学家发现，相对于将成功归结为其他一些因素，当学生把他们的成功归功于自己能力较强的时候，往往会认为未来的成功更有可能实现。而如果将自己的失败归结于能力不足，将比认为自己是因为运气不好、缺乏努力或是任务太困难而造成失败，更具破坏性。

看起来，不论是成功还是失败，都会自我催生。那些一贯表现比同龄人要好的学生，通常会将自己优异的表现归功为能力强，所以也会因此期待将来更大的成功。而假如他们偶然遇到了失败，也会认为是因为自己运气不好或是缺乏努力所致。但是对于那些成绩一贯不好的儿童而言，他们通常会把自己的成功归结于好的运气或是高度努力，而将失败看作缺乏能力的证据。因此，对高成就的归因会让个体在能力方面形成更高水平的自我概念，进而维持高水平的学业动机，并使自己的成就继续维持下去。而对于那些具有低学业成就的青少年来说，则是一种相反的趋势。

控制点　有关因果关系归因的研究在很大程度上受到了控制点概念的影响。在本章之前的部分，我们就曾在对压力的讨论中提到过。所谓的"控制点"，指的是人们对自己生活中的事件和行为结果感到应该负责的人或者事物。很多研究显示，在控制点与学业成就之间存在着很大的相关。看上去，控制点在决定学生是否会去努力追求学业成就上扮演着至关重要的角色。受外部控制的儿童倾向于认为，无论他们有多么努力，结果都是由运气或是机会来决定的；因此，他们缺乏在学习中倾注个人努力、坚持不断地解决问题，或是为了未来获得成功而改变自己行为的动机。

相反，受内部控制的儿童则相信，他们的行为才是导致自己学业成功或失败的根本缘由，因此，他们会投入很大的努力争取在学业上获得成功。毋庸置疑，那些拥有内部控制点的小学生往往会取得更大的学业成就。许多亚裔美国人之所以取得了令人瞩目的学业成就，在于他们坚持着这样一种家庭文化信念："只要我努力学习，就会获得成功，而接受教育是通往成功的最佳道路"。而较小的教育成就则通常与不利的社会经济地位，以及贫穷所带来的效应相关联，这个问题一直得到了行为科学家的高度重视和实证研究。

性别差异　近30年来，学校中的学业成就和入学率出现了性别上的巨大逆转，而这种现象是与政府和社会所投入的大量努力密不可分的，例如Title IX、女孩计划、针对女孩的美国女性大学联盟（AAUW）项目、女童子军等项目组织。总体来说，男孩们在学校中表现出了较低的成就和参与率。这种性别上的差异从很早就开始出现了：女孩的五指运动技巧发育较早（而男孩的手指神经则要比女孩晚一些发育——因此，他们很难握住铅笔并清晰地进行书写）。此外，女孩也更善于长时间静坐、集中注意、遵循规则、具备更好的言语表达能力和处理人际关系的能力。男孩们的激素每天都会大量分泌，这让他们不断拥有想要运动的冲动，但是他们如果有一次可以宣泄精力的机会就算走运了。男孩们的女老师也许并不知道如何帮助他们合理利用这些能量。因此，特殊教育课堂中大概有70%的位置会被男孩所占据，而他们中的很多人会被诊断为注意缺陷多动障碍。

总的说来，尽管男性在标准测验中获得了更高的分数，但是却有更多的女性参加高级职业课程，读大学，获得学士学位的比例达到57%，而获得硕士学位的比例达到58%。父母、学校和社区必须开始关注女孩和男孩在发展过程中能否学到合适的知识，因为这种性别的差异可能会影响到就业率、终生收入、婚姻质量以及很多其他社会经济因素。

续

很多彼此交织的因素会影响到儿童在小学和中学阶段的发展，包括生理健康、认知、情绪和社会性发展。很多中产阶级家庭的儿童可以得到保护——他们拥有完整的家庭结构、经济支持、学校功课和老师的帮助、友谊、社区活动和游戏项目，以及放学后的指导项目。另一些儿童，特别是处于社会经济劣势的儿童无法在一个健康、愉快的方式下成长，因为他们生活中的家庭教养是不一致的，他们也没有支持性的社会环境。下面是一些与儿童的健康发展和能力相关的因素：(1) 高自尊水平；(2) 乐观而感到有希望；(3) 愉快感；(4) 应对恐惧和压力的能力；(5) 体验到各种情绪并能够自我调节情绪的能力；(6) 社交能力；(7) 问题解决能力；(8) 在家里做一些日常的家务；(9) 参加学校、教堂或是课外的活动。这些特质为儿童在初中和高中的环境中，也就是他们的青少年期更好地成长打下了坚实的基础。

青少年期：
身体和认知的发展

自从 20 世纪 70 年代以来，12～19 岁的青少年数量首次开始猛增，预期这种增势会持续到 2050 年。在美国，青少年期主要被描述为对物质关注和吸引漠不关心的时期，青少年充满生机，有着坚定的兴趣，充满爱和激情，到处都显示着活力。尽管美国绝大多数的青少年会带着相对较少的问题而成功渡过青少年期，但仍有一些青少年会发现这是一个非常艰难的时期。相反，在世界上大部分地方，社会上并不将青少年期视为人生历程中的一个独特时期。尽管各地的年轻人都要经历青春期，但还是有许多人会在 13 岁或者不到 13 岁时开始承担起成人身份和责任。

本章主要关注青少年经历的显著身体变化、认知发展以及道德挑战，以便使他们从儿童期向成年期过渡。在这个过渡时期，他们开始尝试去进行所看到的"成年人"行为，例如，抽烟、饮酒、性、驾驶以及工作。这的确是一个令人兴奋，有时又令人恐惧的阶段，因为这极有可能是最后一次，他们在这么短暂的时期内，经历如此多的新奇情绪和感觉。

身体的发育

在青少年期，年轻人的成长和发展确实经历着革命性的变化。经历过人生初级阶段之后，他们在体形和力量方面，突然赶上甚至超过许多成年人。女性的成熟一般要早于男性，这在六年级和七年级的时候变得更加明显。此时，许多女孩的身高都高于大部分男孩。伴随这些变化而产生的是，标志着性成熟的生殖器官的明显发育。之后将会发生显著的化学变化和生物学变化，时尚的女孩就会转变成女人，男孩也将会发育成男人。

成熟和青春期的标志

青春期是生命循环的一个阶段，在这个时期，性和生殖器官明显地成熟起来。青春期并不是"全或无"的事件，而是在能够生育前经历的漫长而又复杂的成熟过程中非常关键的一个时期。然而，与婴儿期和幼儿期不同的是，这些较大的孩子带着已经发展出来的自觉意识和自我意识，经历着青春期的显著变化。因此，他们不仅要对身体变化做出响应，而且心理阶段的发展也会伴随着这些变化产生实质性的跳跃。

青春期的激素变化

发生在青少年儿童身上最显著的变化是由中枢神经系统来控制、整合以及调节的。脑下垂体，一个位于大脑底部豌豆大小的圆形东西，充当着相当重要的角色。脑下垂体被称为"主腺体"，因为它可以将激素分泌到血液里，这些激素可以轮流地刺激其他腺体，以便产生出它们需要的特定激素。在青春期，某种基因时间会触发脑下垂体，从而制造出生长激素，刺激女性制造出雌激素和黄体酮，也刺激男性睾丸细胞制造分泌男性激素睾酮。女性卵子在她还是母亲子宫里的胎儿时便处于不成熟状态。但是，青春期的激素变化将会使卵巢在每个月都释放出一颗成熟的卵子，且持续大约 30 年。因此，青春期这个时期会启动生育之前所建立的系统。男性和女性的情况有所不同，男孩在青春期时开始产生性细胞，被称为"精子"，这种能力可以持续一生，除非生病或者移除睾丸。

生物学变化和认知过程　研究者使用神经影像发现青少年脑部的变化可以改善与形式运算思维相关的认知过程。虽然整个脑部的大小仍然保持不变，但是灰质的变形过程会导致区域变化（"用进废退"的原理在起作用）：白质增加（两脑区之间建立远距离连接的纤维）；轴突直径与髓鞘化增加，使传导变得更快；额叶前皮质、胼胝体、颞叶组织大小增加，且存在微小的性别差异。这些变化加快了神经传递速度，提高了理解能力、计划能力以及对冲动控制的能力等。此外，还有一些研究也显示，青少年每日需要 8～9 个小时的睡眠，但是睡觉—清醒的循环时间发生了改变，青少年很自然地会晚睡晚起。然而，学校是要很早就开始上课的，加之生活忙碌，青少年很容易遭受睡眠剥夺效应的痛苦。

生物学变化和社会关系　生物学因素还会影响到青少年期的社会关系。有研究者已经找到一些证据来支持激素与青少年的行为之间的一种长期受到质疑的联系。有研究已经表明，睾酮水平相对低而雄烯二酮水平相对高的男孩，会比其他男孩更可能展示出叛逆、顶撞成年人以及与同学打架斗殴等行为。一些纵向研究的数据显示，在青少年期，睾酮水平高的男孩可能与社会成功相关，相反不易于产生攻击性行为，这一点在早期的研究中曾经做过设想。一项以 400 个家庭为被试的研究发现了睾酮与冒险行为、抑郁的联系。观察青少年期的男孩与女孩之间睾酮水平的差异就会发现，冒险行为和抑郁是视自己与父母关系的质量而定的，而不是与激素水平相联系的。在该领域需要更进一步探索的是每天激素水平的稳定性、发展的因素，以及认真考虑男性激素的生物学的及行为的反应。

虽然青春期存在生物学基础，但是社会学的和心理学的意义主要决定了青少年如何去体验这个时期。例如，男孩可能会经历身高和体重的增加，这会鼓励他们使用暴力来实现他们的目标。在 12～16 岁之间的年轻女性里，虽然睾酮水平是性卷入程度的有力预测因素，但是其影响会被家庭中的父亲消除，或者也可以通过参加一些运动来消除。这些环境因素显然减弱了性卷入程度的机会，并且会超过激素对行为的影响。有研究发现，父亲缺失会影响到女孩的初潮、第一次性交、第一次怀孕，以及第一次婚姻的持续时间。女性激素水平的波动与"情绪的摇摆"相联系，振动的幅度有时为一个月，有时一个星期，有时甚至只有一天。一个处于青春期的原本愉快而外向的女孩可能会变得容易愠怒而不愉快，容易哭鼻子，但却不知缘由。女性激素极度快速的变化还会与抑郁和难以料想的行为变化有关，但存在很大的个体差异。

青少年的睡眠需要改变。

个体生态学理论　我们已经知道生物学的因素会影响十几岁青少年的社会关系。一些发展心理学家进一步主张，促使个体从前生殖阶段到生殖阶段过渡的青春期开始的时机在社会学和生物学上都有着重大的意义。生命历史理论展示出了一个框架，使我们可以从进化发展观的角度来看青春期的启动时机。在生态学环境下，开始聚焦于对生存、成长、发展以及生育的研究。

西方社会的大量研究证明了女孩青春期早熟与大量不健康及心理社会性结果有着紧密相关。早熟的女孩有着更高的冒险度，在生活中也更容易不守时，当然，这些也是由于不健康的体重增加所致；她们更易患乳腺癌；更易患影响生殖系统的其他种种癌症；有着更高的早孕率，更易生育低重儿；倾向于报告更多的情感问题，例如焦虑和抑郁；也被证明有更多的问题行为，例如攻击、物质滥用。

Jay Belsky 提出个体生态学理论，认为在人类进化过程中，一些年轻的母亲总是会对某种模式做出反应，这种模式可以引导那些成长过程中附带有不安全因素的个体能够更早更多地生育儿女。他说许多美国的政策制定者、社会科学家以及健康关注者在这样做的过程中都遇到了麻烦，即十几岁的妈妈绝大多数都来自于市区。该理论列举了起源于个体生态学的观点。根据该观点，这些十几岁的妈妈正在贯彻一种生育战略，而且从进化观来看这种战略又很有道理。Belsky 和他的同伴则争辩道，在不安全的环境下成长起来的年轻人会通过更早体验性行为和成为母亲角色来提前做好可以使他们的基因在下一代增加存活机会的准备。该理论的一个要素是，在大量情感压力下，尤其是父亲缺失的家庭中出生的女孩，会比那些在关心和营养都相对更加充足的家庭出生的女孩，更早地进入青春期。如果不基于生物学的考虑，青春期可以被认为部分被早期的经历所"定型"。因此，像许多其他动物一样，为了提高生殖成功率，人类会根据周围的环境条件来调整他们的生命历程。因此，我们可以说，经历塑造了发展。Belsky 的理论暗示我们，在不安全环境下成长起来的年轻女性会遇到各种各样的问题，这些问题会引起更早的生育准备，以及频繁的怀孕，但这也受到父母投资多少的限制。

为了支持他们的理论，Belsky 和他的同事列举了一些跨文化的证据，即那些出生在父亲缺失家庭中的女孩比那些父亲一直在家的女孩会更早地进入青春期。

许多发展心理学家针对个体生态学的规则对该理论提出了质疑。例如，Eleanor E. Maccoby 对来自问题家庭的女孩早孕提出了更为简单的解释：她们接受了更少的父母监管。其他一些不同意的观点指出，现在的女孩比她们的母亲更早进入青春期，是由基因因素造成的，因为母亲总是会带着遗传因素来管教女儿。性发展较早的女孩可能会过早地约会和结婚，但是也更可能做出"更加糟糕的"婚姻选择，更多地以离婚来终止婚姻。因此，那些父母离异的女孩一般也都有着在较早年龄经历青春期的母亲。值得一提的是，Belsky 近来指出，这种"基因传递模式提供的是比其社会生物学模式更加精简的解释"。一些社会学家已经把自己从个体生态学的规则中分离出来，提出导致十几岁青少年的性和早孕的更加直接的原因：工作的缺乏以及在内城居民区出现的严重贫困状态。

青少年的生长高峰

在青少年期的早几年里，很多孩子经历着**青少年的生长高峰**，这一点可以反映在身高和体重的迅速增长上。通常，女孩要比男孩早两年的时间进入生长高峰（见图9—1）。这意味着，在小学后期和初中，许多女孩都要比绝大多数男孩高。另外，到达高峰的平均年龄也稍有不同，这取决于被研究的群体。美国和北美儿童的平均年龄是女孩12岁，男孩14岁。在一年或者更久时间里，儿童的成长率大约是翻两番的。结果，儿童常常以他们在两岁的时候最后一次经历的速度来成长。这种增势通常持续大约两年，在此期间，女孩的身高大约可以增长6～7英寸，男孩的身高大约可以增长8～9英寸。到女孩17岁，男孩18岁时，绝大多数的年轻人都已经达到了他们最终身高的98%。

青少年成长研究的权威专家 James M. Tanner 曾经指出，个体所有的骨骼和肌肉实际上都会参与这种生长高峰，尽管成长的程度有所不同：

> 身高的大部分冲刺可以归因于人体躯干的加速增长，而并非仅仅是腿的增长所致。这些方面的变化按照相当规则的顺序加速；腿的增长通常首先到达它的高峰，紧接着是躯干的宽度，最后是肩膀的宽度。因此，男孩会在上衣停止变大之前一年，裤子已经停止变大（至少在长度上）。到达成年人尺度最早的结构有头、手和足。在青少年期，儿童尤其是女孩，有时会抱怨自己的手足太大。此时，她们通常被安慰到，到发育完全后，在比例上，它们会比胳膊和腿小，并且比躯干小得更多。

　　身体的增长　**非同步性**是指身体各部分成长速度的相异性。由于非同步性的结果，许多青少年都会出现长腿或者长脸，也常常会显露出笨拙和距离误判，这一点可能会导致各种小意外，例如跌倒、撞到家具上，这可能会让青少年对自己有夸张的看法，或者认为自己很尴尬。

图 9—1　青少年的生长高峰

青少年早期身高与体重会快速增长，女孩通常比男孩早两年时间发生这种情况。

　　在青少年期，肌肉组织的显著增长使两性之间在强度和运动表现方面存在差异。肌肉的强度——当它收缩时的强度——是与它的横面区域成比例的。男性通常比女性有更加强大的肌肉组织，这一点解释了为什么绝大多数男性都有更大的力量。女孩在运动任务上的操作水平，包括速度、平衡性以及敏捷性方面，通常会在大约 14 岁时达到高峰，但是这个统计结果是基于过去的表现，并不能反映出现代女性在小学、中学、大学和职业运动竞争上参与率的增加。男孩在相似任务上的操练水平在整个青少年期都在提升。

　　在发育过程中，头部在 6～7 岁之后几乎保持不变，在青春期，会显示出一个很小的增幅。心脏增长的速度更快，重量几乎会增长两倍。从 8 岁至青春期，绝大多数儿童的皮下脂肪保持稳定增加，但增长率会在青少年生长高峰期开始时降低。实际上，男孩在此时确实还会减少脂肪；而女孩在脂肪累积方面仅是经历一个减速过程。总之，在整个青春期过程中，这一连串的变化在各文化和各种族间都是相似的。

女孩的成熟

　　除了青少年的生长高峰，生殖系统的发育也是青春期的特征之一（见图 9—2）。生殖系统的完全成熟需要七年的时间，是伴随着大量的身体变化产生的。就如同青少年生长高峰一样，女孩的性发展通常要早于男孩。

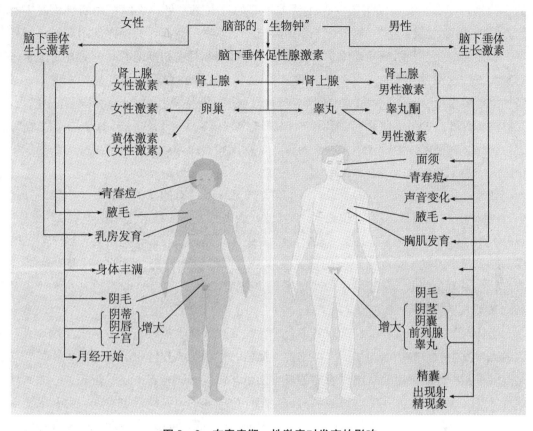

图 9—2　在青春期，性激素对发育的影响

青春期时，脑下垂体制造促性腺激素（促卵泡激素与促黄体素），可以刺激性激素的产生和分泌，这些激素的释放会影响大范围的身体组织和功能。

当女孩进入青春期时，乳房开始变大。乳头（乳头晕）周围的颜色开始加深，乳头开始向外凸出。这些变化通常开始于九岁或者十岁，被称为"乳房发育的萌芽期"。可能有一半的女性，会在乳房发育的萌芽期之前长出阴毛（在阴部区域的软软的毛发）。在青春期早期，激素的分泌会使臀部和髋部区域的脂肪和组织增加。这种正常的发展变化促使一些女孩在十几岁时就开始节食和过度运动，而结果却演变成厌食症或贪食症。许多现代的青春少女错误地认为她们的身体应该像儿童时期那样苗条纤细。在青少年期观察到的另一项变化是腋毛的增长。

月经初潮　伴随着乳房发育，子宫和阴道也开始发育成熟。然而，月经*初潮*——第一个月经期——在青春期的发生相对较晚，通常跟随在生长高峰期之后发生。早期的月经周期很不规律，可能会一年或者更久一次。此外，在第一次月经期之后 12～18 个月之内，女孩通常不会排卵（一个成熟卵子从卵巢中释放），因此，仍然没有生育能力。

月经更早开始　自从 1900 年以来，在一些国家，月经初潮的平均年龄已经在稳步下降，越来越早的发生期看来与日益增加的卡路里消耗和越来越长的生命预期是相联系的。Tanner早期的研究结果表明，在营养较好的西方国家里，月经初潮的平均发生时间是12～13岁之间，在美国，这个平均年龄是12.4岁。然而，美国内部的研究已经发现，非洲裔的女孩和西班牙裔的女孩开始进入青春期和月经初潮的时间都要显著地早于白种女孩，这两者之间的差距在过去的20年里加剧了。在食物资源稀缺的人群中，月经初潮年龄最迟。Thomas和他的同事在对各国初次月经发生的差异性的回顾中发现，在尼泊尔、塞内加尔、新几内亚和孟加拉国这样的国家里，初次月经的平均年龄是16岁。相反，在刚果、希腊、意大利、西班牙、泰国和墨西哥，月经初潮的平均最早发生年龄大约是12岁。

当然，我们应该注意，一个统计平均值并不意味着所有的女孩都会在这个年龄开始来月经。如今，越来越多的女孩在8～9岁就开始来月经，该结果是根据美国17 000个3～12岁的女孩研究而得出的。在该研究中，有10％是黑人，90％是白人。到8岁的时候，几乎一半的黑人女孩和15％的白人女孩已经开始发育乳房、阴毛，或者两者兼而有之。在黑人女孩中，月经发生年龄的平均值是12.1岁，墨西哥裔美国人的平均值是12.2岁，白人女孩是12.7岁。

当代科学家以大规模的、具有各国代表性的女孩为样本进行研究，结果发现，青春期的提早发生与营养摄取的增加、植物性雌激素、过度肥胖和体力活动的减少相关。与这些结果相符的研究也显示出青春期的过早发生与过度肥胖有着很强的正相关，尤其在西班牙裔女孩和黑人女孩中。另一项对民族多样化样本的研究结果也发现，由基因造成的睾酮含量降低，可以预示女孩提早进入青春期——而提早进入青春期是引发乳腺癌的一个危险因素。一个小儿内分泌团体已经提议更新早熟的青春期的指导方针，指出那些早熟的青春期女孩应该被评估以及考虑使用医疗干预：非洲裔美国女孩应该在6岁之前，白种女孩应该在7岁之前。西班牙裔和黑人女孩更早经历月经初潮的比率较高，而且一项最近的研究再次证明，5～7年级的早熟黑人女孩在青春期变化过程中显示出抑郁的迹象。亚裔美国女孩有更高比率在14岁以后才发生月经初潮。剧烈的体力锻炼也会推迟月经初潮；在富裕国家，舞蹈家和运动员约在15岁时才发生月经初潮。

Rose E. Frisch曾经提出一项假设，认为在体内储存的脂肪要达到一个严格的水平才会出现月经初潮。她解释道，怀孕和哺乳期需要消耗大量的卡路里，因此，如果脂肪存储量不够满足这种需求，女性的大脑和身体就会通过限制自身的生育能力来做出回应。Frisch指出，儿童营养的改善会导致月经初潮的较早发生，这是因为年轻人能够较快地达到这个制定的脂肪/肌肉的比率，或者称"代谢水平"。然而，并非所有的研究者都赞同Frisch的观点；相反，有研究者观察到体内脂肪的变化只是暂时与月经初潮有关，而并非是造成月经初潮的原因。

月经初潮的重要性　月经初潮是青春期女孩经历的一件重要的事情。绝大多数女孩是在既兴奋又焦虑的心情下迎来她们的第一次月经的。这是女性发育成熟的一个象征，预示着自己已经成为女人。因此，月经初潮在塑造女孩对自己的身体映像及女性认同感上，扮演着很重要的作用。月经初潮的女孩报告说，她们更感觉到自身是女人，而且会更加思量她们的生殖角色。然而，有些研究者提出，在女孩月经初潮后不久，母女之间的冲突会更加明显，不过这种发展不一定是负面的，因为这通常可以加速家庭对子女的青春期变化的调适。

一项来自 34 个国家对 53 名妇女进行的研究揭示出，关于月经初潮有着下面共有的一些主题：母亲反应的重要性；理解别人附加于此的意义的困难性；面对月经的结果，对正规教育中关于月经教育的理解以及初潮的年龄。月经通常与各种负向事件有关，包括身体不舒服、心情不好及干扰活动，尤其是对于 6～10 岁较早进入青春期的女孩来说。西方社会常会引导青少年女性相信月经是有点不干净的、尴尬的甚至是羞耻的，而这种对月经的负面预期可能会被印证为自我实现的预言。因此，月经初潮之前的准备工作是很重要的。的确，当女孩感觉到准备越充分时，她对月经初潮体验的评价也会越积极，成为女人时出现月经不舒服的可能性就越低。

绝大多数美国女孩似乎都会跟母亲讨论月经初潮，不过内容主要集中于前兆以及如何处理上，较少提到感觉问题，父亲则很少与女儿谈到青春期发育的问题。总体上，青春期给绝大多数美国父母带来的都是不快乐和尴尬。此外，父母在人生中所遇到的各种问题，也会影响到他们对子女的态度，例如如果母亲已经停经，可能对女儿月经初潮的时间会感到有更多问题。世界各地对月经初潮体验的跨文化研究都是非常相似的，虽然解释、想法、习惯会受到社会化因素的影响，如国家、宗教、教育、年龄、工作环境、社会地位，以及城市和乡村地区。一项关于中国香港女孩的研究发现，尽管这些调查者中有 85％的人感到易怒、难堪，但仍有 2/3 的人感到这更利于成长，40％的人感到第一次月经使她们更具女人味。

男孩的成熟

Herman-Giddens，Wang 和 Koch 最近发表了 30 年以来第一份男孩青春期发育的研究报告，调查对象是 2 000 名 8～19 岁的多个种族的男孩。他们发现男孩开始长出阴毛以及生殖器开始成长的年龄，比以前 Marshall 和 Tanner 研究所指的 11～11.5 岁还要早，男孩在 8 岁时就会呈现出显著的种族差异：有些非洲裔的美国男孩在 8 岁时开始进入青春期，接下来是一些白种人和墨西哥裔的美国男孩，通常会晚1～1.5年，到 15 岁时，所有被试都到达青春期发育，包括睾丸及阴囊完全发育，阴茎加长变粗，喉结增大及声带变长两倍（这使男孩的声音开始变粗），在高潮时前列腺液体会喷射出，一年后射出的液体中就会出现成熟的精子，不过确切时间存在很大的个体差异。当彻底成熟时，男孩睡觉时会做"春梦"，精液会不由自主地流出。对绝大多数男性而言，第一次射精会同时引起非常正面及稍微负面的反应。由于开放的、广泛的现代公共教育，绝大多数男孩对这件事都有所准备。

　　腋毛与面须通常在阴毛开始长出后两年时出现，虽然有些男孩的腋毛比阴毛出现得更早。面须成长开始于上嘴唇附近的毛发变长、变粗，最后可以变成胡须，随后会在脸部和两旁耳朵前以及嘴唇下方长出，最后出现在下巴及两颊低处。面须开始是柔软的，但是到青少年晚期会变得较为粗硬。

　　女孩在胸部及臀部堆积脂肪，而男孩则通过肌肉的增加来增加体重和身高。此外，相对于女性青春期时骨盆会变大，男性则会在肩膀和肋骨的轮廓处发生扩增。有些男孩与女孩从小学升到高中时体形会发生剧烈的变化，这需要时间来进行调适，美国社会似乎把较高的男性等同于受欢迎的、有性吸引力的及成功的。绝大多数男孩都想要变得很高，在这段发育时间里也对身高谈论很多，然而较高的女孩在青少年期更有可能会对身高问题有较多的自我意识。

早熟或者晚熟的影响

　　儿童在成长和性成熟的时间和比率方面显示出了巨大的不同，有些儿童直到其他儿童已经完成这些阶段的时候，才开始进入第二性征的成长期。近来一项关于 67 个国家的研究回顾揭示出，在全世界范围内，女孩月经初潮的平均年龄在12.0～16.2岁。因此，如果不考虑个体差异，就无法知道身体成长发育的真相。

　　在美国，绝大多数中小学生都是按时间顺序入学、升级的，因此要根据他们的身体、社会、智力的发展来制订出适用于相同年龄儿童的相当标准化的标准。但是，因为儿童成熟的程度不同，他们符合这些标准的能力也有所不同。在青少年期，个体差异变得最为明显。过去 20 年来几项研究证实，不论青少年是否早熟还是晚熟，对他们与成人及同伴之间的关系都会有很重要的影响。

　　由于成熟速度不同，有些青少年在身高、力量、吸引力及运动能力上存在"理想的"优势，因此，有些青少年对于自我整体价值及可取之处，会得到更有利的反馈，这些反馈接着也会影响其自我映像及行为，例如，拥有男子气概的外貌及运动的优异性意味着早熟的男孩通常会受到同伴的羡慕，相反，晚熟的男孩通常会从同伴身上得到负面反馈，可能经历威胁或奚落，因此更可能出现无能感和没有安全感的情况。

　　加州大学柏克利分校的调查者长时间研究个体的身体以及心理特征，基于该项工作，Mary Cover Jones 和 Nancy Bayley 对于青少年男孩给出下列结论：

> 　　那些生理上加速成长的男孩，通常都被成年人及其他儿童当成较成熟的对象给予认可并接纳。他们似乎不需要费劲就能赢得地位，这也让他们成为高中里的学生领袖，相反，身体发育较慢的男孩会出现许多种相对较不成熟的行为表现：部分原因可能是别人常会把他们当成小男孩看待，此外，这些男孩有相当一部分表现出需要克服身体上的劣势——通常是通过更多活动来获得关注，尽管有些人会变得退缩。

　　然而，近来一项纵向研究结果揭示出，早熟的七年级男孩显示出更多的外部敌对情绪以及内部烦恼症状。察觉到自己比较晚熟的男孩，也会表现出不充实感、消极的自我概念，以及被遗弃感。由于限制自主和自由，这些情感被联合在一起形成一种叛逆倾向。Donald Weatherley（1964）对大学生的研究证实了 Jones 和 Bayley 的大部分结论，与早熟的同伴相比，晚熟的大学男生较不可能像他们那样已经解决了从儿童时期过渡到青年时期所面临的种种冲突，而是更倾向于从别人那里获取关注和影响，也做好了更好的准备反抗权威，并维护一些不合常规的行为。研究发现，晚熟可能会对男孩造成较负面的自我映像和身体映像。有趣的是，近来的研究还显示出男孩的肥胖与晚熟之间存在正相关（女孩则相反，肥胖与早熟呈现正相关）。

　　当柏克莱大学的早熟和晚熟的男性样本到 33 岁时，研究者对其进行了追踪研究，结果发现他们的行为模式与青少年时期所记载的描述惊人地相似，早熟的男性更沉着大方、放松、合作意识强、社会化、服从；晚熟的男性倾向于更加急切、爱说话、张扬、叛逆及易发脾气。

　　与此相对，针对女性进行的研究却得出几乎相反的结果。Hayward 及其同事对 1 400 多名来自加州圣荷西的不同种族的女孩进行纵向研究。在研究开始时，参与者是 6～8 年级的学生，利用自我报告、诊断式访谈及精神评估法，这些女孩被评估了超过七年的时间，以确定青春期年龄与内化症状或障碍的发生之间的关系。结果发现，被界定为较早进入青春期（前 25％）的女孩，发生抑郁、物质滥用、进食障碍、破坏行为的比率，是较晚成熟女孩的两倍。最近的研究更进一步指出，较早度过青春期的女孩即使进入中学后，仍然有较高的风险产生这些特定障碍。

　　另一项跨文化研究提出，男孩和女孩，"准时"进入青春期比"不准时"——无论是早还是晚——与自我知觉存在着更为积极的相关。然而，并非所有的女性在较早开始月经初潮时都有一致的反应，过渡期的个体差异反而会增强，例如青春期的压力会让以前在儿童时期就有行为问题的孩子加重他们的问题行为。

　　这样我们会得出什么样的结论呢？答案可能主要在生态学背景里：不同个体的气质和社会环境会发生动态的相互作用，从而在年轻女性中产生本质不同的结果。此外，这种冲突的结果暗示，女孩的情况比男孩更为复杂。更近的研究结果指出，有多种变量交织在一起来影响青少年期女性的声誉，其本质是相当复杂的。对女孩来说，声望评估变化率与青少年期身体变化率之间的中断，意味着青少年期的加速发育并不像男孩一样是可持续的。近来的研究把这种评估的资源看作一种对各种结果都可能的解释（如果青春期被青少年、父母或者通过体育考试来评估）。

　　心理学家还指出另外一个因素。早熟的女孩更可能有点偏重，发展成为矮胖的体格，而晚熟的女孩比较可能维持纤瘦的身材。因此，归根到底，女性晚熟可能与成熟本身并没有太大关系，反而是与作为社会适应产生的其他因素更有关系。对于青春期启动时机的认识，通常对于青少年的心理健康和幸福有着直接的作用。

自我映像与容貌

青少年的自我映像很容易受同伴的影响，青少年很容易排挤或嘲弄那些在身体上偏离常态的人。很少有其他词汇能够像"受欢迎"一样，让青少年如此快乐或者痛苦。在美国的男孩中，运动本领和瘦腰宽胸、浑身肌肉的身体可以得到社会认可且易受欢迎，而身体苗条与女孩受欢迎相联系。要说青少年过度重视他们身体的可接纳性和充分性是可以理解的。当青春期的友谊本质和意义发生变化的时候，这种作用（感觉自己是好的、开心的）和自我价值也会发生变化，这种关注就开始发生。青春期建立的亲密的直接的友谊对于社会化及情绪适应以及健康，比起前青少年时期变得更加不可或缺。

青春期会使与性别相关的期望加剧，尤其是与身体外貌相关的期望。青少年女孩通常会对乳房发育大小和形状感到困扰，尽管估计不同，但在美国有超过 130 000 名女性进行过隆胸手术；2004 年，18 岁以下的女孩中大约有 1 500 名做过这项手术，即使父母对这种手术是强烈禁止的。绝大多数这些手术并非是出于医疗目的，并且这些女性中的一些人将会在以后罹患一些严重的疾病，并且体内还会带有由于植入物盐水或者是新的硅胶渗漏而导致的各种症状。然而，专家说，在美国这是排行第三的很普遍的手术，仅次于鼻子重塑和皮下脂肪切除术。在英国，丰胸是做得最频繁的手术类型。最初运用的硅胶乳房植入在美国仍然是被禁止的，因为其泄露在体内的一些很危险的成分还可能致命。

青少年无论是男孩还是女孩，都对他们的面部特征非常关心，包括皮肤与头发。更重要的是，青少年女性极力想追赶的媒体模特（青少年杂志的封面女孩、电视女演员以及音乐偶像等），实际上比美国平均女性要瘦要高，而且这两者之间的差距还在加剧。像通过"极端的翻新"呈现出的外貌对那些已经对自己的形象有着高度自我批评的青少年男孩和女孩来说，是一种很大的伤害。作为消费者，其实他们并不了解事实的全部。

体重 大部分青少年想改变自己的体重——他们总是认为自己"太瘦"或者"太胖"。美国青少年健康纵向研究调查了具有全国代表性样本的 14 000 名青少年，发现有1/4 的青少年过于肥胖。自从 1980 年以来，CDC 也开始报告一系列的美国健康营养测试调查，提供了关于儿童及青少年过重的许多信息，这些结果为 20 世纪 70 年代以来超重儿童和青少年的百分比稳步上升提供了证据。

女性生殖器阉割的教化习俗

世界上许多女孩在青春期之前或期间，　　　会由于女性生殖器阉割而受到严重的健康威胁甚至死亡。据估计每年有 1.3 亿女性会遭受某种形式的女性生殖器阉割（FGM），并且每年有大约 200 万女性处于这种手术的危险中。被迫遭受这种手术的女性平均年龄在 4～12 岁之间。这种传统的实践发生于 28 个非洲国家及部分中东国家。随着越来越多国家的移民进入美国，女性阉割的实践也在美国继续。美国、欧洲、澳大利亚的健康服务专家在索马里、苏丹、埃塞俄比亚、肯尼亚、尼日利亚等国家移民的女婴及年轻女孩那里看到了这种手术的证据（尽管这并没有在《古兰经》中做出规定）。图 9—3 所示为等待女性割礼的利比里亚女孩。

女性生殖器阉割可能会采用几种形式的阴蒂切除术，这种手术会使阴蒂全部或部分被切除；小阴唇全部或部分被切除；最严重的是阴部扣锁法。

阴部扣锁法或阴部切除术（用阴部扣锁法切除的部分）意味着整个阴蒂及小阴唇被切除，两边的大阴唇也被部分切除，然后缝合起来，通常使用肠线。在苏丹或索马里通常使用树枝把两边正在流血的阴部合拢起来，也会使用糖或蛋（或马鬃、肠线）等。这样能够阻塞阴道口，而在后面留下一个微小的开口排除尿液和以后的经血，从而达到手术的目的。这种手术后，女孩的双腿立即被绑在一起，几星期都不能走动，直到阴部伤口愈合，用木片或竹片撑开一个很小的开口。

图 9—3　等待女性割礼的年轻女孩

在利比里亚的 Cooperstown，这些年轻的女孩正在等待她们的割礼。

在这些手术中很容易被感染上血液传染病如 HIV 及乙肝等。许多女孩死于出血过多或感染，即使有幸存活的女孩也会产生并发症，如尿道感染、盆腔炎，或是有怀孕、分娩并发症，或不孕（由于不孕而离婚的女性在这样的文化中会很羞愧）；许多女性因为胎儿下降受到阻碍，而必须重新切开阴部，这可能会导致胎儿死亡。这些几世纪以来都是

男性占主导地位的社会的文化习俗会直接影响到女孩性的发展，以确保女孩在结婚时是处女。下面列举几点原因来说明为什么许多非洲及中东群体仍然维持着这种残酷的习俗：

● 这种手术是祖先传下来以便使年轻女性（男性则在男性割礼中）开始进入成年生活的。女孩必须遵守该习俗，

才会被她们生活的社会认可为成年。有些女性甚至把她们的生殖器切除作为自豪的资本。

● 接受过阴部扣锁法的女孩在做新娘时，能够得到更高的礼金，因为她的童贞及纯洁是完整的。给新娘的父亲派送礼金在这样的文化里仍很盛行。

● 在这样的文化里，年轻女性被认为不能控制性欲，从而可能会给家庭带来羞耻。如果女孩或年轻女性拒绝该手术，她将会被社会所排斥或会被认为是妓女。

● 有些男性认为女性的外生殖器如果没被割除，将会很丑陋。

● 还有人认为，该手术的目的是为了干净、清洁及更好的健康。

● 宗教信仰也是一个很重要的因素。

● 在西非，女性的阴蒂代表着"男性"，而男性的阴茎包皮代表着"女性"，这些器官必须在成年前被割除。

经历过阴部扣锁法的女孩及女性，几乎完全封闭了阴道开口，这使女性在育龄期不断重复这种手术：为了性交和生育，结痂的组织会被再次切开，但是到孩子断奶时会再被缝起来；然而又会再被切开，以便性交及生育，然后又被缝合等等。

毫无疑问，强迫切除生殖器会给这些年轻女性带来可怕的生理、健康以及心理后果。世界卫生组织顾问 Hosken，曾直接见证过这种残酷，认为这违反了基本人权，因为这项手术施行在没有同意权的女婴、女孩以及女人身上，她们既没有接受麻醉，也不被允许接受清洁措施。她抗议如今美国医院用纳税人的钱购置设备来进行这种手术。目前西方国家强烈赞同：需要进行大量的教育活动来告知那些妻女惨遭这种严重的身心伤害的非洲及中东家庭。近来，一些年轻的女性已经逃离到其他国家，去寻找庇护来避免这种粗俗做法。

在 1996 年，FGM 已经被一些包括美国在内的西方国家立法禁止。FGM 还在 13 个非洲国家里通过刑期惩罚来禁止，但是由于长期尊奉的信仰，这种习俗还会继续存在。

所有男孩中大约有 25％在青少年早期就出现脂肪组织大幅增长的现象；另外 20％呈现中度增长。然而，在青少年生长高峰期间，男孩和女孩的脂肪堆积比率都会典型下降。不论因何肥胖，超重的青少年在个人、健康和社交上都不占优势。事实上，在美国，肥胖是一种污名。考虑到这些情况，尤其是女性，在青春期对于自己的身材极度敏感也就不奇怪了，即使脂肪储备量只算中等也会产生强烈的消极情绪以及扭曲的自我知觉。产生这样残酷的扭曲是由于我们的身体映像与自尊相互关联，如果我们不喜欢自己的身体，也会觉得很难喜欢我们自己。

健康问题

健康意味着什么？你可能会觉得自己相当健康，或者有个健康的青少年时代。的确，绝大多数青少年都不会遭受残障、体重问题以及慢性病的困扰。然而近来的一项来自于 21 世纪初期的健康报告显示，18 岁以下的儿童，有 6%～7% 遭受过至少一种重大健康问题，而且许多年轻人需要辅导或其他健康服务。在学龄期的 5～17 岁的儿童青少年中，学习障碍和注意缺陷多动障碍是最普遍的长期困扰的问题（见图 9—4）。

究竟青少年从事哪些种类的行为会导致对他们健康的担忧呢？在青少年时期，我们中有许多人都会开始第一次喝啤酒、尝试一些兴奋剂、试着抽烟，或与异性、同性朋友经历第一次性体验。许多青少年也因为大学费用的压力，而一边忙着在中学上全天课，一边兼职打工存钱。生活在贫穷中的青少年更容易产生健康问题，例如哮喘和其他呼吸疾病以及发展性疾病，并且在接下来的 25 年里，青少年的总体健康状况将会变得更加糟糕，这也仅仅是因为更多的年轻人将会是贫困的。贫穷所导致的负面健康因素包括早产、营养不良、缺乏医疗资源或医疗质量不过关、缺乏必需的疫苗接种、暴露于有害健康物质的更大的风险性，以及高危行为的高发生率。

许多父母会忽视青少年子女每年一次的身体检查，因为他们看起来似乎是很健康的，父母与照顾者意识不到让年龄较大的儿童和青少年子女去接种被推荐的疫苗。当然，青少年自身也很可能拒绝去看医生，因为这好像是跟"幼稚"有关的行为。公立学校的保健人员会对学生进行每年一次的听力和视力检查，而参加学校运动队的学生也被要求每年一次体检。但是有较高比率的青少年会忽视定期健康检查或是定期接种疫苗。幸运的是，绝大多数青少年的身体都还是很健康的，在这个年龄的许多人都相信他们自己会照顾自己，即使他们可能正在进行危险的社会行为（如物质滥用、性活动等等）。

当十几岁的青少年开始接近成年期的时候，他们要求父母师长更少的约束和更多的自由以便自己做决定，他们正在学习着自己来做更多的选择，当然是基于试误法。绝大多数人会受到那些爱冒险的同伴和以年轻人为导向的媒体的高度影响。这里讨论青少年最常见的健康问题，虽然有些人称这个阶段为"理性年龄"的开始，但是青少年做出了很多选择，却完全没有意识到这些行为给真实生活带来的结果。

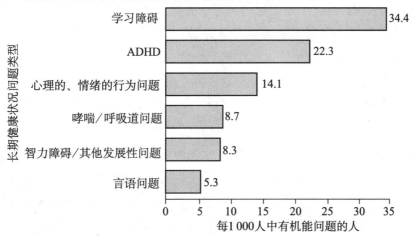

图 9—4　12～17 岁的青少年中长期的健康状况（2001—2002 年）

营养和进食障碍

你昨天午餐吃的是什么？汉堡、糖制品、比萨、法国油煎饼、油炸薯片？垃圾食品正在诱惑我们中的大多数人。由于我们紧张的日程安排，如果我们能抓到一份快餐或者可以快速地吃饭，那么我们通常不会坐下来，放松地进餐。然而，大多数快餐都几乎没有什么营养价值。一些研究者提出，文化对家庭饮食习惯和进食障碍的高发有更大的影响，这就是为什么他们相信进食障碍在西方白种人中更普遍。另有一些研究者提出，家庭生活和饮食习惯在造成饮食失调方面扮演了重要角色，在这个角色里，一个家庭全神贯注于完美、控制、外貌和体重。这种相互作用的观点指出，文化和家庭环境都是易受到影响的。青少年通常缺乏钙、铁和锌这些元素，这会导致骨质疏松、贫血以及性成熟的推迟。典型的是，如今在美国青少年中，因营养习惯不好而产生的三种普遍疾病是神经性厌食症、贪食症和肥胖。

神经性厌食症　神经性厌食症是一种进食障碍症，主要发生于女性——青少年和成年女性中至少 10% 报告过这种进食障碍的症状，而只有一小部分发生于男性。饮食失调患者过分沉迷于苗条的身材，对于肥胖十分恐惧。厌食障碍者认为，食物对于他们的身体不是营养的来源，而是一种威胁，常常追求一种自我饥饿的养生法，并且伴随着剧烈的运动。导致厌食症的原因还不清楚，尽管有科学家认为是大脑里的神经化学物质的失衡或者是基因所致。有人怀疑这可能与下丘脑失调有关，有人指出原因可能追溯到病患应对技能的不足上，他们以此来让自己觉得唯一在她自己（极少数情况下是他自己）控制之下的只有身体体重。下面是一个例子：

> Jeannette 读高中前，身材有点圆乎乎的，那时她决定每天要减少一点体重。她在三个星期之内减了 12 磅，受到了朋友、家庭及老师的夸奖，但她并未停留在减少 12 磅的状况，不久，她的家人认为事情绝对不只是她想要减掉一些重量那么简单。她母亲描述说，有次家庭旅游，大家都希望能够借此机会转移一下 Jeannette 的注意力，让她不要再专注于节食。"她是这样吃东西的……她会将食物分开，切成小块，各具形状，并且重复计算每一小块的卡路里，她会算得很科学，但是她会不断凝视着盘子里的东西，想着该吃点什么，而吃了之后会让她增重多少。"

神经性厌食症常常发生在食物并不缺乏的国家里，在那里吸引力就等同于苗条。患厌食症的人中大约有一半会发展成为贪食症。大约有 4% 的大学女性有贪食症。

肥胖　肥胖在美国是进食障碍中最普遍的一种。体重过高的青少年通常会面临社会偏见和同伴拒绝，他们更可能经历抑郁、低自尊、健康担忧、问题饮食行为，甚至还会自杀。来自美国健康营养检视调查的结果表明，美国儿童和 6～19 岁的青少年有 16%

明显超重。近来对青少年的一些研究结果很值得关注，因为超重的青少年很可能会变成超重的成年人，并且随之产生与肥胖相关的健康问题。有几种方式来定义肥胖，由于各种因素如身体结构、青少年生长高峰状态以及活动水平等，所以很难将肥胖的定义应用到所有人身上。

如何确定肥胖？ 肥胖是指身体脂肪或脂肪组织过度堆积。一个人可能体重过重但是算不上肥胖，就像拥有许多肌肉的健身者一样。医学界、政府以及研究人员对于肥胖的定义尚未能达成精确的共识，也许是因为需要检查几种因素才能做出诊断——而整体体重只是这些因素中的一个。有消息声称，医生和科学家大体上同意把男性身体脂肪超过 25％、女性身体脂肪超过 30％ 者称为肥胖，然而性别、身高、健身状况、身体质量指数、理想体重百分比、皮肤褶层测量以及腰臀比等变量也应被考虑。还有一种被称为 BIA 的新方法，即生物电阻方法，该方法是让微量无害的电流通过身体来评估身体里的全部水分，如果身体水分的比率较高，就是指肌肉组织较多，然后用一个数学公式来估计身体脂肪及肌肉的质量。目前学者推荐使用身体质量指数来评估，该方法是使用体重除以身高的平方（kg/m^2），将成年人明显肥胖定义为大于等于理想身高体重的 130％ 以上。不过通常使用百分位数或者百分比来衡量各种测量结果与常模标准，这可能会进一步混淆这个重要问题。

健康影响 青少年肥胖通常可以预测成年人的健康状况：

> Tyshon 身高 5 英尺 6 英寸，体重 216 磅，这代表着令人警示的新的健康趋势：患有糖尿病 2 型的儿童数目惊人地上升，这种病也称为成人发病型糖尿病，无法治愈而且会逐渐恶化，最后导致肾衰竭、失明以及循环不良……长久以来医生深信这种病大多只会发生在中年之后，Naomi Berrie 糖尿病中心的 Robin S. Goland 说："十年来我们一直教导医学系的学生，认为不会看到这种病会在 40 岁以下的人身上出现，但是如今我们却亲眼目睹该病出现在十岁以下的儿童身上。"……有 10％～20％ 的新小儿科病患者在该中心被诊断为患 2 型糖尿病，而在五年前这种病例还不到 4％。

肥胖的成年人较可能有高血压、心脏疾病、呼吸疾病、糖尿病、整形问题、胆囊问题、乳腺癌、结肠癌，卫生保健的费用也很高。有研究已经发现，在肥胖儿童和青少年中，存在与高血压、高胆固醇以及胰岛素抗体相关的一些递增的危险问题。事实上，学者发现青少年肥胖相比成年人超重与健康风险有着更强的相关。如果肥胖持续到成年的话，那么病态和死亡的几率比在成年才发生肥胖的人高得多。体重与身高比在前 25％ 的男孩，在 70 岁之前更可能遭遇这些健康问题，而体重超重的女孩则更可能患关节炎、动脉粥状硬化、乳腺癌以及晚年出现身体机能的减弱。

认识厌食症和贪食症

神经性厌食症是一种个体有意压制食欲、造成自我饥饿的障碍。人们曾经认为厌食症十分罕见，而在过去30年这种病的发生率迅猛提高。厌食症发生率最高的群体是中上阶层的青少年女性或年轻成年女性，患者完成自我饥饿的计划非常强烈；他们唯恐体内存有任何脂肪，这种恐惧达到病态的程度；他们会否认自己很瘦或者生病，即使虚弱到无法行走，还坚持认为一切都非常美好（见图9—5）。另外，这些人可能很想吃东西，甚至会偷偷吃东西（接着通常会自我催吐）。厌食症在所有的精神障碍中有着最高的致死率。

厌食症和贪食症通常被认为是心理的障碍。然而近来，研究者发现了这些障碍与基因因素之间的联系。通过研究染色体和家族史，研究者开始以一种新的方式来看待这种障碍。另一种近来流行的对神经性厌食症有贡献的解释为：它是由西方社会过分强调苗条所导致的，这种信息通过媒介传递给社会，通常指向性地认为，那些完美的身体形象就是理想的青少年和年轻的成年人，这种状况的矫治方法是要教育孩子们抵制媒体文化。从历史观点来看，西方世界对于体重及苗条的关注，尤其是针对生活富裕的女性体重的关注，反映出新近发展的但成长快速的文化趋势。很显然，饮食失调是有些女孩对于青春期发生的变化所做出的一种调适模式，因为当女孩性发育逐渐成熟时，她们经历到一种"脂肪猛增"的过程，这会在皮下组织累积大量的脂肪。早熟者似乎更容易遭遇饮食障碍问题，这其中的部分原因可能是由她们比晚熟者更重所致。在一些病例中，患者拒绝吃东西之前，会先出现"正常"节食，但是可能因为家人或者朋友随口说"你变重了"或者"你变胖了"，就会促使患者采取更加激烈的行动。另外，患者对于自己身材的夸大或错误知觉，似乎也会加重这种症状。根据这种解释，厌食症使渴望变漂亮的女性强迫自己挨饿，结果却让她们变得骨瘦如柴，没有任何吸引力。

美国白人与非洲裔年轻女性对于如何看待自己的身体有着显著的差异。绝大多数中学的白人女孩声称不满意自己的体重，而绝大多数非洲裔女孩都很满意自己的体重（64％的非洲裔年轻女性认为，稍微超重一点比体重过轻更好），似乎许多非洲裔青少年女性认为完整的个体等同于健康、能生育，并且相信女人随着年龄增大越来越漂亮。然而值得注意的是，最近研究发现越来越多的非洲裔年轻女性也受到了媒体的影响。

另外一种解释是厌食症患者想试图逃避成年期及成年人责任。患有厌食症的年轻女性会挨饿到第二性征消失：乳房变小、月经完全停止（有趣的是，月经停止会发生在体重明显下降之前，因此不能归因于饥饿），身体最后会变得像青春期之前的儿童。根据这种观点，这些女性渴望回到记忆中舒适、安全的童年时期。

大约有2/3的厌食症患者会复原或改善现状，然而有1/3的患者会长期患病或死亡。剩下的没有得到治疗的厌食症患者可能会罹患骨质疏松症、心脏疾病、不孕症、抑郁以及其他的药物并发症。绝大多数权威人士现在都承认，神经性厌食症是由多种原因导致的，需要把各种经过调整后满足患者需要的长期治疗策略结合起来使用。目前，一个包括家庭治疗的、可应用于出诊病人的短期战略被证明是适用的。许多精神病专家指出，一群"强迫性跑步"的男性爱好运动者，与厌食症患者类似。这些男性将生命投入跑步中，沉迷于他们的跑步距离、饮食、设备、日常规律等而忽略疾病与受伤情况。厌食症患者与强迫性跑步者都过着严格的生活，他们坚持不懈且避免娱乐。这两种人都会担忧自己的健康、感觉愤怒难安、督促自我效能以及辛勤劳作，他们常常是来自富裕家庭的高成就者。就像厌食症患者一样，强迫性跑步者非常在意自己的体重，迫切想维持身体的瘦的程度。

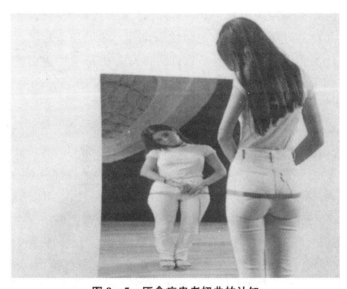

图9—5　厌食症患者扭曲的认知

神经性厌食症患者故意挨饿，不承认自己事实上已经很瘦或者已经生病了，因为他们深信自己是大胖子。

贪食症是一种通常与神经性厌食症有关的障碍，这种疾病也称为"饕餮症候群"（BED）。贪食症波及大约整体人口的2%以及肥胖症人群的8%。有1%～3%的青少年女性患有贪食症。贪食症的特征是大吃大喝，尤其是摄取高卡路里的食物，如糖果、蛋糕、派、冰淇淋等，然后又企图将食物吐出来或者排泄掉，如使用催吐、泻药、灌肠剂、利尿剂或者禁食等方法来清空肠胃。贪食症患者通常不会像厌食症患者一样努力把自己变成瘦骨嶙峋，而且进食习惯使自己觉得羞耻和沮丧，因此，会试图隐藏自己的进食行为。

贪食症患者的体重通常都在正常范围之内，也有健康、外向的外表，而厌食症患者则是瘦到产生骨感。贪食症影响的人群范围更广泛，而且更可能发生于男性、非洲裔美国人，并且发生人群的年龄范围也比厌食症要大得多。从事摔跤、模特或动作演员的年轻男性有可能表现出将自己紧缩到较轻体重的类似行为，以便拍照时更好看，或者是在电视上镜时看起来更纤细。

这种疾病可能会产生长期副作用，例如发生溃疡、疝气、脱发、牙齿问题（胃酸会损坏牙齿），以及电解质不平衡（会引起心脏病）。像神经性厌食症一样，贪食症也需要治疗，有研究者相信，某种遗传性的抑郁症可以部分解释产生这两种疾病的原因，而且有些病人确实对抗抑郁药很反感。以下是一个贪食症患者对于强迫症状的知觉：

> 整个清除过程是为了清洗干净，结

合了从未有过的精神上、性欲上、情绪上的释放。首先我感觉到一种高超感觉的巨大冲击，然后，我彻底放松睡觉。一段时间后，我上瘾了，我确实相信我必须清理后才能睡觉。

肥胖还会产生社会和经济后果：16 岁时的体重是同龄人群的前 10％的年轻女性赚到的钱往往比非肥胖者更少。与其他女性相比较，如果是十几岁、二十几岁过于肥胖的年轻女孩，她们较不可能结婚、易被社会孤立，更易于生活在贫穷中，而且平均上学时间也会少四个月。因此，现在儿童期及青少年期的肥胖比过去受到了更多的关注。

如何预防或减少肥胖？ 由于一些复杂的原因，肥胖已经被证明是很难应对的。事实上，大量证据表明，节食可能会使情况变得更糟糕，常常导致相反的大吃大喝及永久性且无效的恶性饮食循环。各精神病学家通常争辩说肥胖是心理疾病的反映（例如，害怕男性的女性潜意识会增加体重来创造一个保护壳而与男性保持距离），但是这种观点很少受到研究者的支持。另外一项很让人感兴趣的解释是胖婴和胖儿童会发展出一种永久性过量的脂肪细胞。这种过量会为他们提供一个填满脂肪细胞的终生储存库。当这样的个体变成成年人以后，存在的脂肪细胞会扩大，但是在数量上不会再增加。还有另一项理论很流行，即假定存在一个新陈代谢规则或"设定值"。根据这个观点，我们每个人都有一套建造好的控制系统，这是一种脂肪自动调温器，也就是一种显示我们应该携带多少脂肪的恒温器。我们中有些人有一个高的设定值，因而易于肥胖；另外一些人则有一个低的设置值，所以倾向于瘦弱。虽然有些人减肥，但是儿童长期的体重研究显示出，95％的人在五年内又会返回到他们最初的体重。应对儿童肥胖的诊断还应该筛查高血压、血脂异常（在血液中蛋白质的反常浓聚物）、骨科疾病、睡眠障碍、胆囊疾病以及胰岛素抗体。

如今，许多肥胖的人们正在挑战盛行的社会刻板印象和偏见。与生理缺陷不同的是，肥胖的人们对他们的这种情形要负责任。他们非常担忧批评、嘲笑和公开的歧视。青少年期间，尤其是在女性中，消极态度似乎有所加强。但是，越来越多的肥胖者通过确认肥胖是一种残疾，来与歧视"作战"，试图使反对肥胖者的歧视变得不合法。然而，医学工作者是很熟悉肥胖的长期效应的，提出要早起、做有规律的有氧运动、改变饮食和生活方式来维持更高质量的、更加长久的生活。不幸的是，整个国家的大多数学校正在减少体育课，以便节省费用，来为学生挤出更多的时间满足更高的学业要求。

抽烟和烟草制品

使用烟草的大量青少年都会抽烟。其他摄取烟草的方法包括雪茄烟、咀嚼烟、烟袋管、卷烟叶的印度烟或丁香香烟。2004 年美国年轻人调查结果显示，高中生中使用各种烟草产品的数量占 28%；22% 抽香烟，13% 抽雪茄烟，高中生中 11% 的男性咀嚼烟草。在初中的 6～8 年级，各种烟草制品的总共使用量占 12%，8% 抽香烟，5% 抽雪茄，3% 咀嚼烟草。

2004 年美国年轻人的烟草使用量仅有很小的减少。这个比率不会下降很多的原因，包括烟草市场运动、严重的媒介曝光、草烟价格的大幅下降、抗烟运动的下滑，以及十几岁的人还不必出示年龄证明便可以购买香烟。然而，有用的反烟战略应继续展现在更多青少年吸烟的市场上，新的战略应该被贯彻落实以便继续减少十几岁人的烟草使用，这一点受到一致认可。然而，一些广告运动已经非常有效，因为青少年在 18 岁时，过去常常被同伴施压去抽烟，但是自从"那并不是一件很酷的事情"后，现在则正在迫使青少年不能抽烟。十几岁的孩子们列举出了由于抽烟的不卫生因素而避开抽烟的原因，包括呼吸困难、牙齿变黑以及持久逗留的烟味。

酒精和其他物质滥用

1982 年以来，毒品禁止组织 PRIDE 已经从学校、社区和各州的 6～12 年级学生的毒品酒精使用登记人员中调查收集到了一些信息。2004 年一项对 114 000 多名学生的综合研究发现，对于所有年龄阶段的群体而言，酒精使用数量都有着轻微的下降。在 2002—2003 学年，37% 的高中生报告已经用过酒精，而在 2003—2004 学年，报告使用酒精的数量下降到 34%；高年级学生两次报告酒精的使用率分别为 63% 和 62%。12 年级的学生这两次的报告率都大约为 70%。

酒精使用和狂饮过度在 18～21 岁的人中最高。男性比女性报告了更高的酒精消费使用率，白种人和美国本地人或阿拉斯加州本地人的青少年报告其饮酒比率最高，亚裔和非洲裔青少年使用酒精比率最低。研究者继续报告说，经常的毒品滥用会牵涉青少年的教育成绩、从父母的依赖那里获得解脱、与同伴关系的发展，以及重要生活的选择（完成中学学业、安全和保持就业、维持家庭关系）。

物质滥用是指对各种药品（包括处方药）或酒精的有害使用，而且会使自己或他人持续很长一段时间处在有害的情境中。除了酒精之外，这样的药品包括大麻、致幻剂、安非他明、甲基苯丙胺、粉末吸入剂、可卡因/强效纯可卡因、海洛因、LSD，以及其他的迷幻剂、麻醉剂、镇静药（巴比妥酸盐）、镇静剂以及激素类。近来"监督未来"对 50 000 各地学生的调查研究结果显示，在各种类别的毒品中，违法毒品的使用在持续下降——两类微增的除外：粉末吸入剂和奥施康定（麻醉药的一种）。粉末吸入剂的使用在 8 年级学生中更普遍地增加，因为这些物质易得又便宜。这样的滥用包括来自胶黏剂、喷雾剂、涂料稀释剂、丁烷发出的有害的烟味，这些也会导致指甲脱落，也可能是致命的。

　　尽管大多数青少年不会滥用物质，但那些滥用的人正在步入物质依赖的危险中，更可能变成成年毒品成瘾者，而这些成年人为支撑成瘾行为会常常犯罪。一项近来的研究发现，到六岁为止，显示出大量极端的个性特征（爱冲动、易激动、低避免有害性）的那些男孩到达青少年期时，更可能抽烟、饮酒及吸毒，而 15 岁以前便开始喝酒的孩子，成年后变成酒精滥用者的几率将会高出两倍，十几岁人群把别人家当成是最常用的喝酒根据地。而且比女孩更多地使用酒精及酒后驾驶，酒精是 15～24 岁导致最多死亡的一个因素：交通事故、杀人、自杀和意外过量服药。2002 年，超过 17 400 人由于酒后驾驶而撞车死亡，这个数量每年都在继续增加。饮用啤酒者导致大量的车祸。可悲的是，2～14 岁的儿童死亡的主要凶手是车祸。2000 年，在音乐会/毕业周末期间，有大约 60% 的车祸是与酒精相关的，超过 1 200 起。尽管政府法令规定 21 岁是最小法定饮酒年龄，但是 21 岁以下年龄的饮酒仍然保持在美国年轻人药物问题的第一位。

性传染和 HIV

　　许多青少年频繁地从事性交和/或口交，对具有性活动的青少年来说，有多个性伙伴是很普遍的。政府调查显示，估计每年 1 500 万例性传染，其中有 1 000 万起发生于 15～24 岁的人中。由于不使用避孕套，青少年易于**性传播感染**。不使用避孕套的原因包括：我喝醉了；我们一时冲动；我不好意思去买；那破坏了浪漫。因此，美国十几岁人群在性活动人口中有着最高的淋病、梅毒和衣原体的发生率就不奇怪了。

　　衣原体感染是美国当前最普遍的性病，而性活动活跃的年轻女性很少会检查出衣原体。如果不治疗，则会导致不孕。它由异常细菌体所致，可能会导致女性不孕或失明，或者在生产时通过产道而传染给胎儿。现在已经有 5% 的女大学生被诊断患有此病。幸运的是，衣原体是可以治疗的。**梅毒**是一种细菌感染，可以通过胎盘传染给胎儿。梅毒发展有四个阶段，开始是潜伏期，最后一个阶段发生于五年后。梅毒如果未治愈，可能会导致死亡。在 2003 年，20～29 岁的女性有着原发和次生梅毒的最高发生率。**淋病**是由细菌所致，透过黏膜感染传递。在女性中，15～19 岁的女性有着最高的淋病发生率；在男性中，20～24 岁的男性有着最高的淋病发生率。

　　其他常见的性病包括人类乳突病毒（HPV）及生殖器疱疹。生殖器疱疹是一种剧痛、传染性极强的慢性性病，可能会造成免疫系统有缺陷的人死亡，若婴儿出生时感染生殖器疱疹，也可能丧命。这种性病无法彻底医治，估计全美国约有 450 万人受到感染。由于该问题进一步复杂化，许多青少年并不知道怎样避免 STIs，也不能确定 STIs

的一般症状，并且当被感染时也不知道应该采取什么措施。

美国教育/健康活动对于提醒青少年保护自己免于感染性病有成效吗？就美国而言，大约有 2/3 的中学男性和超过一半的女性报告，在最近一次性交中使用避孕套。这些数字表明，目前在中学生的性行为中，避孕套的使用从 1999 年到 2003 年已经有显著的增加。

CDC 一项多年的全美性调查指出，虽然现在的学生较少从事能够使自己置身于感染性病、AIDS、怀孕等危险的性行为，不过仍然有许多人正在实践高危险的行为。避孕套使用的盛行，在所有 9～12 年级的学生、男性和女性群体，以及所有民族群体中都在继续增加。1990—1999 年，美国感染梅毒的比率大幅下降 84％（1986—1990 年一个令人警觉的流行之后）。据报道，不经常或从未使用过避孕套的相关性因素包括：低的学业技能和抱负、年龄较小的青少年、冒险倾向（如喝酒或吸毒）、亲子关系紧张、父母使用体罚、缺乏承诺关系。

最近对健康问题的关注起源于大量的青少年正在采用口交，他们认为口交是更能接纳的，并且比阴道的性交有着更少的危险性，而却不知道与这种性关系的形式相关的健康的、社会性的以及情感的后果。Halpern 和他的同事报告了他们就口交问题对 500 多名九年级的男生和女生进行的第一次的纵向研究的结果。参与研究者报告，口交（20％）比阴道性交（14％）更盛行，并且他们认为这是更能接纳的，又对他们的价值观和信仰威胁很小。事实上，STIs，包括 HIV 是由喜欢温暖的、潮湿的（例如嘴巴和生殖器）环境的细菌和病毒导致的——SITs 可能会从嘴巴传播到生殖器，也会从生殖器传播到嘴巴。如果你正要考虑阴道性交，那么愿意与同伴一起谈论他或者她的性历史是很重要的，并且强烈建议使用某种有保护措施的方法。

大多数中学和大学都有校医，可提供更多的信息，如果青少年怀疑自己感染性病，校医是既保密又安全的咨询人员。青少年的本性是相信坏事情不会降临在自己身上，认为在前面拥有整个未来，然而感染或传染这些性病——尤其是感染 HIV，将会有生命危险。更加麻烦的是，如果青少年女性感染性病且怀孕，会使未出生的宝宝承担高风险感染 STIs 或 HIV 的可能性。

HIV 和 AIDS 自从 20 世纪 80 年代以来，AIDS 已成为性传播感染中最令人恐怖的性病。AIDS 是由人类免疫系统缺陷病毒（HIV）所致，这种病毒会损害免疫系统而阻止身体抵抗感染。起先，多个性伴侣的性接触和共用注射毒品针管会传播这种阴险的病毒。在发展为 AIDS 之前，一些个体可能携带这种病毒达十年之久。

大多数早期的 AIDS 受害者是男同性恋或者是使用静脉注射毒品者，但是如今在异性恋中也在迅速传播。公共健康专家很为年轻人担忧，他们是目前 HIV/AIDS 的高发群体，在 13～24 岁群体的致死原因中排名第七。疾病控制和预防中心报告，2002 年，13～24 岁人中有超过 41 000 例 AIDS 患者，而青少年和年轻成年人中被感染的实际数量可能要高得多。

　　与 HIV 增加有关的一个重要的危险因素是性传播感染的出现。大约 25％被报告的 STIs 患者是十几岁人群。来自衣原体感染或淋病的脓液或黏液的排出量可以增加 3～5 倍的 HIV 传播危险性；来自梅毒或生殖器疱疹的溃疡可以使无感染的个体增加 9 倍的感染危险性。

　　为了阻止婚前性行为、不同的 STIs 的传播、意外怀孕，成千上万的十几岁人群仅仅是学校禁戒项目的一部分，并且要签名书写承诺禁欲的保证。对此有批评者认为，十几岁的人应该通过给他们的教育计划增加一个安全性元素，来更好地受到保护。

　　禁戒率、青少年性体验、性活动的类型以及有效的避孕措施是青少年健康和幸福、怀孕率的变化以及青少年未来的机遇的重要决定因素。随着性体验率的下降、多个性伴侣率的下降以及避孕套使用率的增长，我们将预期看到怀孕率的下降。

青少年怀孕

　　过去 20 多年一直抑制青少年怀孕的国际性运动如今已经取得了实质性的成功。在所有年龄群中，青少年的生育率已经下降到有史以来国家记载的最低水平，不过，美国青少年的生育率仍然比其他发达国家要高。美国 15～19 岁的青少年生育率是每 1 000 人中有 42 胎出生。到 2002 年止，15～17 岁有性交经历的未婚女性的百分比已经降至 30％，并且男性已经降至 31％。青少年使用避孕措施可能也是受到鼓励的；这个使用率在 1999—2002 年是 79％。尽管性活动减少、安全性做法增加了，然而一些十几岁的孩子仍然成为父母。

压力、焦虑、抑郁和自杀

　　青少年"认真考虑自杀"的比例或者有自杀意图的比率在十年前就惊人地居高不下。在 9～12 年级，该比率在青少年中平均约为 29％，但在 2003 年报告整体比率下降到 17％。在整个过去的十年一直到现在，青少年女性都比男性更可能报告考虑自杀。然而总体上，试图自杀的学生的实际百分比，从 1991 年的 7％上升到 2003 年的 8.5％。此外，9～12 年级的学生中，女性报告试图自杀的比例是男性的两倍——然而男性成功结束自己生命的比率则高出四倍。自杀是 16～24 岁年轻人的第三个主要致死原因。

　　因为压力、焦虑和抑郁常常发生在亲子关系、同伴关系及男女朋友和同性关系中，在第 10 章我们将讨论焦虑、压力、恐惧、损失、社会孤独以及对自尊的攻击和自我价值的反应范围及应对策略。

　　大脑发育和做出决定　如前所述，大多数青少年是健康且充满精力的，他们典型地把许多体力的、学业的、社会的和家庭活动"挤入"他们的日常生活中，而他们的睡眠—觉醒循环则转移到更晚的时间。就像我们刚刚看到的，他们处于从父母的和成年人的权威和监督中寻找更多自由的人生阶段，有许多的诱惑使他们去冒险和从事不健康行为——即他们误认为是更加像成年人的行为，而且是他们不能预测结果的行为。

悲惨的是，当参与如前所提及的危险行为时，一些青少年做出了将会危害生活或结束生命的决定。自从大多十几岁的人在大约 15 岁或 16 岁时开始驾车时，既没有技巧，也没有经验，车祸就成为青少年主要的致死原因（典型超速和酒精因素）。许多高中和父母—教师组织安排过度的无酒精畅饮音乐晚会和毕业晚会，企图在感情强烈的庆祝的同时保证每个学生都不会出事。按照递减顺序，令十几岁的人丧生的另一个主要原因是事故和受伤事件、攻击（杀人）、自杀、癌症和心脏疾病。

在下一章，我们将会看到青少年认知的发展、思维能力、计划、推理，以及对他们的行动和决定的后果负责的问题解决能力也会像他们的大脑继续成熟那样，继续发展。在 11～13 岁时，神经元会在大脑的前叶出现最后的狂长——这个区域是负责推理、判断、计划和相关的情绪情感的。但是神经科学家说需要花费几年的时间来把新的神经联结联系到十几岁的人的大脑的其余部分。这样，青少年的大脑就会区别于成年人的大脑，这可以通过 MRI 扫描仪证明（磁共振成像）。髓鞘化的过程继续进行（包在长长的神经纤维上的脂质），这允许神经元与脑区之间进行更加有效的、精密的接触。青少年后期，影响有些人的一种脑部疾病是精神分裂症，症状包括思维混乱、幻视（幻听）、妄想、语无伦次或偏执行为，而且社会功能的倒退限制了其与别人沟通以及经营自己生活的能力。对于这种失调，药物干预是当务之急。

此外，青少年没有像成年人那样思考和做决定的经验（作为成年人，我们也并不总是做出"最好"的决定）。即使到十八九岁，也像是"一只脚在儿童期，一只脚在成年期"。有些描述高中毕业生的形容词可以描绘这些摇摆不定的行为，称之为"资深者"。当表达离开父母而开始自己的生活的愿望时，他们还是有点幼稚，对应付自己的生活表现出犹豫。因此，他们常常拖延完成大学申请、从老师和老板那里得到推荐信，或者做出任何其他计划。

认知的发展

青少年期间，年轻人逐渐获得几种实质性的新的智力能力。他们开始认真思考他们自己、父母、老师、同伴以及他们生存的世界。他们用抽象思维能力发展一项逐渐增长的能力——思考假定的和未来的形势和事件。在我们的社会里，他们还必须逐渐形成一套标准——关于家庭、家教、学校、毒品和性，那些在中学期间工作的人还必须形成工作标准。

皮亚杰：形式运算阶段

皮亚杰将青少年时期称为**"形式运算阶段"**，是从婴儿期到成年期认知功能发展的最后也是最高阶段。这种思维模式有几种主要的特征。首先，青少年获得这种能力来思考他们自己的思维——为了有效地应对包括推理在内的一些复杂问题。其次，他们获得这种能力来假想一种情境内隐藏的许多种可能性——为了从心理上产生一种事件许多可能的结果，这样更少地依靠于真实的物体和事件："如果我不按照必须赶回家的时间而把父亲的车开回家的话，那么……或者……将会发生。"总之，青少年获得了用逻辑和抽象的形式去思考的能力。

形式运算思维与科学思维很相似，有些人也称之为"科学推理"。允许人们从思想上重构信息和观点，以便于他们能理解出一套新的数据。通过逻辑运算，个体能够把他们在熟悉问题领域的战略技巧迁移到另一个不熟悉的领域，这样可以产生新的答案和结论。之后，他们会产生出更高水平的分析能力，来辨别不同种类事件之间的关系。

形式运算思维十分不同于以前时期的具体运算思维。皮亚杰认为，在具体运算阶段的儿童不能超越这种直接关系。他们仅限于解决当前的难题，在应对遥远的、未来的或假设的事情时都存在困难。例如，12 岁的孩子将会接受和思考下列问题："所有三条腿的蛇都是紫色的；我藏了一条三条腿的蛇，猜猜它的颜色。"。相反，7 岁的儿童会被开始的假设所困惑，因为它违反了我们知道的真实性。结果，他们是困惑的，且拒绝合作。

同样，如果呈现给青少年这个问题："这里有三所学校，Roosevelt，Kennedy 和 Lincoln 学校，还有三个女孩，Mary，Sue 和 Jane，分别去不同的学校。Mary 去 Roosevelt 学校，Jane 去 Kennedy 学校，那么 Sue 去哪里呢？"他们很快就会做出反应是 "Lincoln"学校。而 7 岁的孩子可能兴奋地回答："Sue 去 Roosevelt 学校，因为我妹妹有一个叫 Sue 的朋友，她去的就是这所学校。"。相似地，英海尔德（Barbell Inhelder）和她的导师皮亚杰发现，低于 12 岁的大多数年幼儿童不能解决以下文字问题：

> Edith 比 Suzanne 肤色亮。
> Edith 比 Lily 肤色暗。
> 这三个当中谁肤色最暗？

12 岁以下的儿童通常会得出以下结论：Edith 和 Suzanne 都是浅肤色，而 Edith 和 Lily 是深肤色，相应地，他们会说 Lily 的肤色最暗，Suzanne 的肤色是最亮的，Edith 居于两者之间。相反，在形式运算阶段的青少年能够正确地推理出，Suzanne 的肤色比 Edith 更暗，而 Edith 的肤色比 Lily 更暗，因此，Suzanne 是肤色最暗的女孩。

皮亚杰指出，当儿童在组织和建构输入方面变得越来越熟练的时候，从具体运算到形式运算思维的过渡就会发生。这样做之后，他们逐渐意识到具体运算方式在解决真实世界中的问题时存在的不充分性。

并非所有的青少年，或者就所有的成年人而言，可以获得充分的形式运算思维，尤其是那些智力发育迟缓或发展有障碍者。因此，有些人不能获得与逻辑和抽象思维相关的能力，当他们过渡到成人生活时，将会得到社会服务和额外的支持。例如，得分在标准智力测验平均分以下的那些人则显示出这种能力的缺乏。确实，像皮亚杰的严格测验标准所判断的那样，少于50%的美国成年人达到形式运算阶段。一些证据显示，中学可提供给学生数学和科学经验，这些经验可以加速形式思维的发展。一些心理学家观察到，不同的环境经历可能对它的发展是必需的。

此外，跨文化研究并不能证明在所有社会里形式运算可以得到完全发展。例如，在土耳其的乡村，看起来几乎从没有到达过形式运算阶段，而城市的受过教育的土耳其人确实达到过。总之，越来越多的研究显示出，完全形式运算思维在青少年时期可能不会是定律。即使是如此，大量的研究也证实了皮亚杰的观点，即青少年时期的思维是区别于儿童早期的。

青少年的自我中心

皮亚杰说，青少年会产生独有的**自我中心**的特征，这个观点被心理学家 David Elkind 扩展为自我中心思维的两个维度：（1）个人神话；（2）假想观众。当青少年获得可以概念化他们自己思维的能力的时候，他们也会获得概念化别人思维的能力。但是青少年并不总是能够清晰地区分这两者。当他们以新的思维进行内省思考时，青少年同时假定他们的思想和行动同样令别人感兴趣。他们认定别人就像他们自己那样，羡慕或批评他们。他们倾向于把这个世界看作一个舞台，他们是舞台上的主演，所有的其他人都是观众（见图9—6）。根据 Elkind，这种特征可以用这样的事实来解释，即青少年易于形成极端的自我意识和自我关注：前运算阶段的儿童是自我中心的，他不能采纳别人的观点。而青少年则相反，会以极端的方式采纳别人的观点。

结果，青少年倾向于把他们自己看成独特的甚至是英雄主义的——命中注定将获得不寻常的声誉和运气。Elkind 把这种浪漫的想象力称为**"个人神话"**。青少年感觉到别人不可能理解她或他正在经历的事情，常常导致一个故事或个人神话的产生，青少年会告诉每一个人这个故事；尽管这是一个不真实的故事。如果你曾经想过类似事情，"他们将永远也无法理解这种单相思的爱的痛；仅有我度过了这种磨难"。那么你已经创造了你自己的个人神话。

假想观众是另一个青少年的创造品，是指青少年相信自己周围环境中的每个人都首要关心着自己的容貌和行为。这种假想观念导致青少年变得极端地自我贬抑和/或自我崇拜。青少年确实相信她或他遇到的每个人日日夜夜都仅仅关注自己。

还记得在高中时，一个粉刺是多么令人不安吗？因为你认为每一双眼睛都是在注视着你的痛苦。你可能永远也不会想到别人其实只顾着想他们自己的粉刺而根本不会注意到你。Elkind相信青少年最终可以区分真实观众和假想观众，他也承认青少年的假想观众和个人神话是有进步意义的、逐渐会被修改的，最终是会消失的。

其他的心理学家，例如 Robert Selman，也发现青少年早期变得能够意识到对自己的自我意识，承认他们能够有意识地监督自己的心理体验和控制、操纵自己的思维过程。简单地说，他们有能力区分意识和无意识。因此，尽管他们获得了自我意识的概念，但是他们也意识到控制自己思想和情感的能力是有限的。这给了青少年一个更加复杂的关于心智自我和自我意识由什么构成的观点。

青少年自我意识的逐渐增长可以在自我概念的增长中发现。青少年在不同的社会情境下产生不同的自我描述。依据他们与母亲、父亲、密友、浪漫伴侣、同学的关系情境，或是依据所处的学生、员工或运动员角色，来决定自我的不同属性。例如，他们描述给父母的自我可能是开朗的、抑郁的或者是讽刺的；对于朋友——则是关心的、高兴的，或者闹腾的。在本书前述的认知结构的发展使得青少年与角色相关的属性之间存在差异。同时，在不同的社会情境下，区分重要他人的预期迫使青少年不断进步，以区分不同社会角色的自我。我们在第十章将根据社会情境来讨论青少年的自我中心。

图 9—6　青少年的自我中心

青少年错误地相信在公众场合，每个人都在注视和注意着自己，因此，他们花费更多的时间来修饰自己和讲究卫生。在青少年早期，女孩倾向于梳着相似的发型和穿着相似的衣服。因此，虽然他们想被作为独特的个体受到重视，但是他们的行动通常看起来却又非常相似。

教育问题

对于大多数青少年而言，从更加结构化的初中进入到高中是一种更高参与的冒险行为。除了学习必修课以外（数学、英语、社会研究、科学和外语），学生们有机会选择一些课程和一个日常生活时刻表。在职业生涯上，有某种兴趣倾向的学生可以选择课程，例如，计算机科学、木工、机械绘图、自动机械学、机器维修铺、儿童保护、兽医、食品服务、化妆品、园艺学和护理。许多大型高中提供"校内的学校"，例如对于那些在艺术方面有特殊智力或高智商的学生，除了典型的音乐、戏剧或者计算机艺术和设计的指导之外，还提供特殊的课程。

在高中，那些在学龄前儿童时期参加过"提前教育"计划的青少年的教育成绩明显令人感兴趣。来自"儿童早期广泛干预和学业成就"的芝加哥纵向研究以 13 岁的青少年为对象的研究结果表明，曾经接受过早期干预服务的危险儿童，若再延长三年或更久的计划时间，在七年级的阅读成绩会显著更佳，且留级率也较低，也有更小的可能性接受特殊教育服务。进一步的调查显示出其长期的影响，例如，有着更高的教育成就率和更低的少年犯罪逮捕率。

成绩好的学生可选择能挑战问题解决和批判性思维技巧的高级课程，也被允许在高中时挣得大学学分（被称为高级设置或 AP 课程）。典型地，高中有各种各样的课外机会，这些机会允许青少年可能包括在学校新闻处或校刊工作、参加高级的竞争性运动队、在音乐合唱团唱歌、在管弦乐队表演、在戏剧院表演、在模拟法庭上学习辩论技巧、在校园商店做帮手、成为俱乐部的干部、参加社区服务社团，或是成为班干部。

智力能力低或能力有限的青少年，在参加一些常规的高中课程时，也有资格带着工作经验在特定的职业规划里接受生活技巧培训。他们在高中期间的准备被称为"老化"的过程，这些学生可以按照他们所选择的那样，有资格一直留在学业和技术培训里，直到 21 岁。

在上学期间，有积极经验且智商较高的学生典型地喜欢这种高中生活的挑战，且作为进入大学的准备。然而，那些在低年级没有体验过学业成功或社会认可的人似乎在生理和心理上都开始转轨——由于贫困而更加不规律地上学、对学校的消极态度、对成年人的不满、逐渐增加的物质滥用，以及有时触犯法律。近来的 16~19 岁的西班牙裔/拉美裔移民青少年，比其他年轻人更加可能辍学，在 2000 年，超过 20% 从高中辍学。紧随其后的是非洲裔年轻人为 12%，白种人为 8%。西班牙裔的辍学最可能是由于非常差的英语技巧，受正规学校系统教育的年份较少，然而他们常常愿意努力工作，以便更可能找到工作。2004 年，为了让更多的学生完成高中教育程度，18 个州已经一致通过 17 岁之前的义务教育法规，但是这样的法律的强制性肯定是复杂的——尤其显现出老师的短缺，要知道在未来十年，美国需要 220 万~240 万甚至更多的老师。

这些年轻人高度意识到他们"弃校"的时间，一些人在法定受教育年龄之前，就消失在社区或成为一个"有监管需要"的青少年，而冒着辍学的风险。许多社区现在给一些青少年提供群体式的家庭，在这里，他们比那些之前有此经历的人接受更多的组织和监管。

十几岁怀孕的少女是极可能拿不到高中文凭的另一群体。Even Start 计划得到联邦资助及监管，在许多大城市的高中执行。这个计划的目标分三步：（1）帮助这些年轻的妈妈在学习有效教养子女的技巧的同时获得一个高中文凭；（2）生理上养育和智力上刺激婴儿和学前儿童，他们被安置在学校附近保持接触，以便这些青少年每天上学时也可以接触自己的孩子；（3）培养母亲和孩子的自尊，提供健康的角色榜样，这些榜样可以鼓励这些十几岁的母亲来发展她们的能力和才华。

有效的课堂教学 如今教室正在发生变化——为了满足 21 世纪迅速增长的人口需要，中学教育继续发生着显著的变化。此外，教师认证要求对新一代的受过高度训练的教育者越来越严格，尤其是数学和科学。两项国际科学和数学测验的结果揭示出美国学生是落后于其他一些工业化国家的，尤其是与环太平洋国家和欧洲的成绩好的学生相比。此外，在 2004 年，平均的文字 SAT 得分是 508（比 2003 年低 1 分）。更多的大学和商界报道，高中生既不准备上大学又不准备踏入工作世界。大学学生的数学和英语辅导都是高水平的：就为大学水平课程做准备的辅导而言，两年制公立大学报告是 63%，四年制公立大学报告是 38%，四年制私立大学报告是 17%。

单独阅读课文并不能激发每个学生的想象力，但是接触计算机开放了一个活泼学习的世界。例如，老师报告说，当使用无线便携式电脑时，学生更投入被指定的任务、合作的课题中。特殊课程的专门知识和技能的准备对使用 CD-ROMS、录像激光盘、DVD 多媒体呈现的基于国际的课程，以及远距离学习课程的这些老师来说，是很重要的。计算机专门的技术知识被用来计划、发展和通过互联网站点来收集和传播信息和家庭作业。老师还需要学习教室管理和冲突解决技巧来化解潜在的攻击性或暴力行为。

如今的学生是一个文化组成更加不同的群体，一些人在智力上比其他人有更多天赋或才华，而一些人则是有障碍的，还有人英语水平很有限。更多的研究揭示，现在青少年在生理、认知和情感需要方面存在巨大的不同。称职的、高质量的教师必须已经准备好刺激、激励、教授和评估而来到教室，并且学生要求他们所学的课程内容是与实际相关的。Roberts, Foehr 和 Rideout 调查了 2 000 多个全国各地的年龄在 8～18 岁的年轻人，这些人也每周保持用各种媒介来写日记。他们报告，新千年世代的学生在家里和卧室里都使用创纪录量的各种各样的电子设备和媒介，或使用几个设备（例如下载音乐、使用即时通信、同时一台 DVD 正在播放电视）。一位研究儿童、自我认同和整体文化的麻省理工学院专家说，年轻人同时打开四个媒介屏幕并且保持着他们的能力注意和集中在手上的任务，是正常的。

学生必须升至高中继续学习，但很少有高中会随着青少年睡眠模式的变化而来改变日常开始的时刻表以满足他们的睡眠。高中并非最后一程，至少对大多数学生而言不是。高中的教学应该更像一个跳板，为年轻人达到新的高度提供一个坚固的基础。课堂助教、辅导老师、学校心理学家、校医、图书馆员、行政人员等，都可以支持老师并为每个学生提供较好的教育。

学术地位和全球对比　虽有全部的职业技术支撑，但一项最大的学生成绩的国际研究——"第三国际数学和科学研究"（TIMSS）显示，美国的高中毕业生的数学和科学读写能力的成绩却低于国际平均水平，这份研究报告是由波士顿学院于 1998 年 2 月公布。参与这次大规模研究的学校和项目在最后一年评估了学生的表现。该研究证明了美国年轻人在四年级之后数学和科学技术的下降趋势，而在四年级时，美国儿童的成绩还是高于国际同伴的平均水平的。自从 TIMSS 的结果被公布之后，美国中学和高中要求设置更多的数学和科学课程——教师资格认证要求变得更加严格。性别差距也被发现：在几乎所有的国家测验报告中，男孩的数学和科学读写能力都超过了女孩。

来自中国香港、中国台北、韩国、荷兰以及瑞典的学生，总体上的数学和科学读写能力都更好。来自瑞典和挪威的学生的物理成绩最好。美国的高中生在数学和科学技术方面，与四年级的分数相比，有很明显的下降。与其他国家的学生相比，美国学生很少上微积分或物理课。这些因素显然与美国高中的低成绩相关：（1）更多的美国学生业余时间在工作，工作的时间比分数高于和低于美国学生的其他国家的学生都多；（2）美国学生每周数学指导的时间更少。

在 2000 年，一个全国委员会公开了它的报告——《在太晚之前》（*Before It's Too Late*），用特殊的指导来改善数学老师的数量、质量和工作环境，提升教育美国儿童的课程和评估标准。在 2001 年，"不让任何一个孩子落后"（NCLB）法案在整个国家提出数学和科学的标准，要求学生参加更严格的数学和科学课程。NCLB 有批判主义的共性，但是如果没有这些主要改善，美国年轻人在这样的科学和技术先进的年代里，是处于就业劣势的。

媒介和计算机技术的使用　世界令人兴奋的多样性和富足正在通过高速的计算机网络，向年轻人——所有的我们——开放。毋庸置疑，对于现在的青少年来说，在技术和计算机工业中，有着高比率的工作成长和机会。学校的网络线路是一个国家的目标，但是目前更多的"无线"网络选择的是国际联结，这部分资金来自公立和私立的部门。然而，一些父母和教师担心计算机游戏、接入网络和聊天室会浪费 3Rs 的教学时间，将会导致不道德的或危险的活动。

使用计算机教学的模式，例如远程学习，正在扩展，这样的形式允许学生带着特殊的兴趣去在线注册他们所读的高中或大学可能无法提供的课程，例如日语、俄语、手语或拉丁语。如今，所有研究的报刊、杂志和新闻文章等资料通过计算机获取。大学图书馆现在被认为是"信息资源中心"。许多父母为了方便起见也在家中买了电脑，并且认为这种消费是对孩子未来的一种投资。众所周知，现在几乎所有的职业都在使用电脑：汽车机械使用电脑来评估和校准汽车发动机；美容使用电脑来帮助顾客计划一个"全新"的面孔；医疗部门在诊断、成像时使用电脑；农民使用电脑来计划谷物和花费；商业部门使用电脑来管理商业的每个方面；宇航员在国际空间站使用电脑；艺术家、动画片制作者和音乐家使用电脑软件来创作卡通、电影和音乐。我们必须让青少年为未来的技术取向做好准备。

道德的发展

人生中没有其他阶段能像在青少年期间这样，道德价值如此多地受到人们的关注。从《哈克贝利·费恩历险记》（*Huckleberry Finn*）到《麦田守望者》（*Catcher in the Rye*），美国文学当前的主题是天真无邪的孩童进入青少年阶段时，对成年人的真实世界产生的新意义，使他们认为成年人世界是虚伪的、堕落的以及败坏的。青少年的理想主义伴随着青少年的自我中心观，通常会孕育出"自我中心的改革者"，即青少年认定自己的神圣职责是改造父母和世界，以便符合自己所崇拜的个人标准。

大约在 2 500 年前，亚里士多德也为当时的年轻人做出过相似的结论：

> （青年）有被赞扬的思想，因为他们还没有被生活打败或了解到它必然的有限性；而且，他们充满希望的天性使他们认为自己与很多大事情是等同的——这意味被赞扬的思想。所有他们的错误指导着他们过度地、激烈地做事情。他们爱得太多，恨得太多，其他的每件事情也都一样。

作为道德哲学家的青少年

值得一提的是，年轻人在许多重塑历史轮廓的社会活动中都扮演主要角色。在沙皇俄国，学校是"激进主义的温床"。在中国，学生们推翻了清朝的统治，又在 1919 年、20 世纪 30 年代掀起革命浪潮。德国的学生很支持来自 19 世纪中期的左翼（国家主义）民族主义的不同形式，在 20 世纪 30 年代，显示出支持学生议会对纳粹的支持。

在前面我们看到，科尔伯格和他的同事发现在道德发展的过程中，人们倾向于有序地经历六个阶段。道德的这六个阶段被分为三个道德水平：前习俗水平、习俗水平和后习俗水平。前习俗水平的儿童对好和坏的文化标签有积极的反应，而且不会考虑他们的行为惩罚、奖赏或互助产生的各种结果。在习俗水平的人们，认为家庭、群体或国家的规则和期望在他们的权利中是有价值的。经过习俗水平的个体（科尔伯格说很少有人可以做到始终如一）根据自己选择的他们视为有普遍伦理合法性的原则和所有好的规章来确立道德。道德发展的动力源于皮亚杰所描述的认知类型变得更加复杂。结果，后习俗水平的道德仅仅随着青少年时期和形式运算阶段的开始——用逻辑和抽象字眼思考的能力——变得可能，这种后习俗道德最初依赖于思维结构的变化，而并非个体文化价值知识的增加。换句话说，科尔伯格的阶段告诉我们个体是如何思考的，而不是他或他对待整个事件的想法。

James Fowler 基于信任的定义提出了一个阶段理论，被称为"信任发展理论"（FDT）。年长一点的青少年常常开始与自我认同问题做斗争，即"我是谁"以及"生活的意义是什么"，"我将为我的生活做些什么？"宗教信仰的各种形式在这个时期常常吸引着年轻人，因此，对于别人而言，脱离正规宗教群体的精神理解的需求变得更加重要。凭借哲学和心理学的准则，Fowler 解释了信任和自我认同发展的阶段。Fowler 描述了几个不同类型的"可信任的"人们，这些人的信任表达有着相似的模式。

Fowler 的信任发展理论包括六个不同层次的阶段，这些阶段是有序的，并且是不变的。这些阶段从早期的想象力——3～6 岁的幻想阶段，到随着成熟接受或者与约定俗成的宗教戒律象征和宗教仪式做斗争的各个不同阶段。很少有人最终超越 Fowler 所描述的"感觉是与上帝同在"的"普救派"，这些人愿意为他们的信仰而牺牲自己。

政治思维的发展

像道德价值和判断发展一样，政治思维的发展在很大程度上依赖于个体认知水平的发展。心理学家 Joseph Adelson 及其同事访问了大量的11～18 岁的青少年，目标是发现不同年龄和环境的青少年是如何考虑政论事务以及如何组织他们的政治哲学的。Adalson 呈现给青少年下列假设：

> 假设 1 000 个人冒险到太平洋里的一个岛上，形成了一个新的社会；一旦这样，他们就必须提出一个新的政治秩序，产生一个法律系统，以及出现通常政府会面对的大量问题。

然后询问每个被试大量关于如何应付正义、犯罪、公民的权利和义务、政府的功能等等这样的假设性问题。Adelson 概括他的结果如下：

> 在我们的工作中，我们最早了解的是青少年的政治思维，而再进一步了解到的是性，以及种族、智力水平、社会阶层、民族起源等，这些都不是强有力的因素，而成熟才是决定他们政治思维的关键。从年级制学校的结束到高中的结束，儿童在如何组织自己关于社会和政府的思维方面确实有着非同寻常的变化。

Adelson 发现，青少年期间发生的最重要的政治思维的变化是抽象能力逐渐增加。这个结果回应了皮亚杰的观点——皮亚杰根据逻辑和抽象推理的能力，描述了形式运算思维的特征。例如，当12～13 岁的人被问及"法律的目的是什么"的时候，给出的答案可能如下：

> 他们回答了，像在学校那样，为了人们不受到伤害。
>
> 如果我们没有了法律，人们可能到处杀人。
>
> 因此，人们不会偷或杀。

现在考虑年长 2～3 岁的被试的反应：

> 为了确保安全和加强政府管理。
>
> 为了限制人们能做的事情。
>
> 他们是人们的基本指导准则。
>
> 我认为，就像这是错误的和这是正确的，来帮助他们理解。

这两套反应的实质性区别是，年龄较小的青少年将他们的答案局限于具体的例子，如偷和杀。11 岁的青少年在处理正义、平等或自由这些抽象概念时还存在麻烦。相反，年龄较大一点的青少年通常能够往返于具体和抽象之间，简而言之：

> 年龄较小的青少年能够想象一间教堂，但不是信仰；能够想象老师和学校但不是教育；能够想象政治人物、法官和监狱但不是法律；能够想象公共场所但不是政府。

年少和年长的青少年的政治思维另一个不同点是，前者倾向于用坚定的和不变的立场来看待政治世界。年少的青少年在应对历史事件时仍有困难。他们不能理解同时采取的行动对于未来的决定和事件是有暗示的。

孩子们度过青春期时，对权威的崇拜明显下降。青少年期之前，他们对犯法者的看法是更加单维度的。他们是从好孩子和坏孩子、身体强壮和体弱多病、跟随他人堕落还是压抑克制自己的角度来看待这些问题。他们会被个人专制甚至政府的极权主义模式所吸引。到了青春期后期，他们在政治观点方面变得更加自由、人道、民主。因此，他们能够看到 2001 年 9 月 11 日事件的许多方面——有些人想战争；有些人想和平。

Adelson 发现，不同民族的年轻人有着不同的政治思维。德国人不喜欢混乱，崇尚强者领导。英国青少年强调公民的权利和政府的责任是否能够为公民提供大量的商品和服务。美国人强调社会和谐、民主实践、个人权利的保护和公民之间的平等性。

续

我们已经看到青少年是如何进入青春期的，以及已经讨论与人生这个时期相联系的生理和认知的变化。成熟带来确定的责任和诱惑，许多青少年发现很难应对；因此，一些青少年开始从事成年人认为"破坏性"的行为，这一点就不足为奇了，尽管还是有大多数青少年平安无事地通过了这个时期。一项关于青少年期身体发展和健康的研究回顾揭示出，如今许多青少年对日常的基本原则正在产生严重的担忧。在第十章，我们将会看到，青少年在被呈现许多挑战和选择的时候，他们会变得更加不情愿与父母或监护人讨论那些有意义的问题，而转向朋友，以获得信心、建议、支持和安慰。在第十章，我们将把讨论转向青少年如何发展个人的自我概念和自尊，受家庭和同伴的影响，来为随之而来的健康的成年人生活做好准备。

青少年期：
情绪和社会性的发展

将青少年和"成人世界"分开的西方模式，促成了一种年轻人文化。年轻人文化的明显特征是产生各种同伴团体商标（如音乐风格或最新的电子玩意），代沟的观念过度简化了年轻人和成年人之间的关系。青少年在生活方式选择、性认同和表达上，必须做出艰难的调适，当青少年开始进入成人环境时，他们首次经历许多令人兴奋的活动。成年人可能会鼓励青少年做兼职，而不同意他们有性活动或药物使用。

大多数美国青少年都能成功过渡到成年早期，然而，有些青少年可能会出现高危险的行为，诸如物质滥用、进食障碍、滥交、怀孕、堕胎、自杀企图、少年犯罪、自残、学业失败，还有极少部分进入职场。另一方面，继续体验高自我概念直到十年级的青少年，很可能完成大学学业，追求更高的学位，并继续为成年生活建构基础。

在本章，我们将检视促进或降低青少年自我价值的影响因素，以及青少年如何——和谁一起——成功走过这个充满挑战的人生阶段。

自我认同的发展

过去几年或更久一段时间，青少年花费大量的时间聚焦于"我是谁"这个问题，通过与家人、朋友、同学、队友、教师、教练、顾问、导师等的社会互动，绝大多数青少年对他们的能力和天赋有了更加坚定的理解。一些人想利用他们的独特天赋来给这个世界做出自己的标记，其他人决定继续跟随父母或进入自家生意里。许多人决定进入大学或军队，这允许他们有时间来延迟宣布就业，少部分人决定离开学校和主流社会来"发现自我"，因为他们需要工作来支撑家庭（这些可以以青少年移民为例），或者因为他们在学校系统感到不满意和/或不成功。不幸的是，那些没有获得中学学历的人则处于事业和极度贫穷的危险中。导致青少年失业、怀孕、青少年为人父母、健康危机和高度贫穷。2003 年，16～24 岁的人群中，有 13％既没有工作也不在学校登记注册，女性比男性更有可能面临这种处境。然而，有些学校的辍学生能够进入工作世界，我们会在本章后面阐述这个问题。接下来我们将看到几种试图解释为什么青少年时期对于个体人生来说是一个重要转折点的相关理论。

霍尔的"暴风和压力"说

1904 年霍尔（G. Stanley Hall）出版的不朽之作《青少年期》（*Adolescence*）一书推动了青少年期是一个独特而动荡的发展阶段的观点。霍尔，美国早期心理学界最主要的人物之一，他描述青少年时期是一个"**暴风和压力**"的阶段，该阶段以不可避免的骚动、失调、紧张、叛逆、依赖性冲突，以及夸张的同伴团体服从为主要特征。这种观点随后被安娜·弗洛伊德（Anna Freud）及其他心理分析学家所采纳。事实上，安娜·弗洛伊德甚至宣称："青少年期维持稳定的平衡状态是不正常的"。从这种西方的观点来看，青少年会经历如此多的迅速变化（生命改变的会聚或"连环碰撞"），以至于如果这些变化能够被适当整合到个体人格中的话，那么重建自我认同和自我概念则成为必需的。更为复杂的是，生物及激素的变化被认为会影响到青少年的情绪和心理健康，使一些青少年产生大量的情绪波动、易怒及失眠现象。就像你看到的那样，青少年期最初被视为一个人要从较平静的儿童世界驶向要求多的、被称为成年期的"真实世界"所必须经过的"麻烦之水"。然而，到目前为止，有些非西方文化并不承认青年和成年之间还存在一个青少年阶段。

333

萨利文的人际发展理论

萨利文（Harry Stack Sullivan）是最早提出青少年发展阶段的理论学家之一。他在《精神病学的人际关系理论》（*The Interpersonal Theory of Psychiatry*）一书中强调关系和沟通对青少年的重要性。萨利文的理论——与弗洛伊德的理论相反——把人类发展的主要力量解释为社会性因素而非生物性因素。他的社会理论当被用在检视青少年发展，以及同伴团体、友谊、同伴压力、亲密感的作用时，有着很强的启发性。本质上，萨利文主张青少年期间存在的积极的同伴关系对于健康发展有着很重要的作用，而消极的同伴关系将导致不健康的发展，诸如抑郁、进食障碍、毒品滥用、少年犯罪等行为。下面我们将聚焦于萨利文理论的三个时期：前青少年期、青少年早期、青少年晚期。

前青少年期　前青少年期开始于突然对同性玩伴的亲密关系的强烈需要，并结束于当青少年开始产生生殖性欲时。在这个时期，个人亲密包含人际亲近，但不包括生殖器接触。最好的朋友，萨利文称之为"密友"，最可能有着许多共同的特征（性别、社会地位和年龄相当），将会分享爱、忠诚、亲密，以及自我表露的机会——但是不会有性关系，也不会经历萨利文所谓的"性欲动力"。有了"密友"后，前青少年可以洞察别人如何看待世界，这会帮助减弱许多形式的自我中心的想法。

青少年早期　随着青春期的出现，绝大多数青少年生殖器发育成熟。萨利文认为，与异性同伴发展性亲密关系的需要会对前青少年与同性密友的亲密关系形成挑战。因为前青少年只与同性经历亲密关系，而青少年早期带来三种独立需要：性满足的需要、继续人际亲密关系的需要及个人安全感的需要（即需要得到潜在性伴侣的社会认可）。

安全感问题包括积极自尊、个人价值以及消除焦虑。对于青少年来说，全新的生殖器的重要性作为价值的向导，足够置他们于一种失衡状态。还记得当你第一次意识到别人把你看成是生物时你的感受吗？如果你观察现在购物中心或学校里的青少年，可能会注意到的第一件事就是他们通过戏弄、调情或动作虚张声势来吸引别人的眼球所做的各种尝试。萨利文说，当个体发现可以满足他们已经获得的生殖驱力的方法时，将会从青少年早期过渡到青少年晚期。

青少年晚期　青少年晚期开始于个体开始建立一种可以满足性需要的方法，结束于建立起个人和性两者皆有的亲密关系。爱是结合亲密和性欲的结果，爱另一个人可以形成成年期的长期稳定关系。在青少年晚期，性生殖能力会与亲密人际关系能力融合。

　　萨利文的理论试图进一步深入探究青少年通向性成年期的旅程的本质细节，还试图解释为什么青少年能够度过这些发展阶段，这与霍尔将青少年的整体图景描绘成人生的一段喧哗时期相反，霍尔和萨利文都想根据青少年如何过渡到成年人来解释青少年的某些层面。霍尔看到了整体，萨利文看到了关系，他们都没有强调青少年的内省或年轻人试图弄清楚青少年期的内在和外在的变化特征的心理任务。然而，埃里克森则更进一步看到了青少年在这个时期做斗争的个人心理任务。

埃里克森：青少年期的"危机"

　　埃里克森的研究聚焦于青少年为了发展和澄清自我认同而做的挣扎。他对青少年的看法与长期以来将青少年描述成困难期的心理传统相一致。埃里克森将人生发展顺序划分成九个心理社会阶段，每个阶段都有不同的任务或重要挑战，个体必须向前，要么走向积极，要么走向消极。自我发展或自我调适的主要任务都聚焦于每个心理社会阶段。埃里克森的第五个阶段包含青少年时期，由寻找**自我认同**构成，他主张最佳的自我认同是体验幸福感："最明显的伴随物是感觉自己的身体自在，知道自己要去哪里，而且内心确定得到重要他人给予的肯定。"

　　埃里克森观察到青少年就像是荡秋千演员，必须松开在儿童时期的安全扶把，跳到空中才能握牢成年期。由于青少年在面对许多即将发生的成年人任务和决定的同时还在经历着迅速的身体变化，因此寻找自我认同变得尤其迫切。最近的实证研究支持了埃里克森的观点，发现青少年确实经历着自我认同探索和伴随出现的"危机"。年龄较大的青少年常常必须做出职业选择，或至少决定是否继续受正规教育、找工作、从军，或者辍学。其他的环境因素提供了自我概念的测验场：拓宽同伴关系、性接触和性角色、道德与意识形态承诺，以及搬出父母的家进入属于自己的家园从而摆脱成人的权威。

　　青少年必须综合各种新的角色来使自己与环境达成妥协。埃里克森相信，因为青少年自我认同是分散的、未定型的、波动的，因此青少年和其他人常常感觉像在大海里一样，缺乏稳定的停泊点。这会导致青少年过分投注于小派系或帮派、忠诚、爱情或社会因素：为了使大家保持一致，他们可能暂时性地过渡到认同帮派和党派里的英雄人物，有的人显然完全失去了个性。然而，在这个阶段，即使相爱也不完全只与性有关，青少年的爱情通过将自我映像扩散投射到另一个人身上，再通过反射回来使其逐渐明朗化来尝试定义自我，这也就是为什么大量年轻人的爱情都是在谈话交流。此外，还可能透过破坏性的方法来阐释自我，年轻人可能变得非常地排"他"，残酷地、不能容忍地去排除那些肤色、文化背景、容貌或能力与自己不同的人，或者用品位和资质来区分自己，或是完全将服装姿态和手势武断地作为选择谁是"同类"谁又是"异类"的符号。

根据埃里克森的看法，这种排他性能够解释为何一些青少年会受到各种极端或极权运动的吸引，换句话说，我们不会看到许多 75 岁的"光头党"。按照埃里克森的观点，每个青少年都会面临一个主要危机：他或她能否获得稳定、一致、完整的自我认同。因此，青少年可能会经历自我认同扩散，甚至到青少年晚期，仍然无法使自己对职业或意识形态有所承诺，以及确保一种公认的生活立场。青少年面对的另一项危机是可能发展出**消极的自我认同**——贬低自我映像和社会角色。青少年经历的另外一种过程是**偏差自我认同**——生活方式偶尔或至少不会受到社会价值和预期的支持。其他的学者已经追随埃里克森的研究并以其为向导。

马希尔（James E. Marcia）根据完成、延迟、早闭和扩散来检视自我认同地位的发展和确认。马希尔访谈大学生来寻找他们对未来工作的看法、宗教信仰和世界观。根据这些访谈，马希尔发现可以依据四种自我认同形成类型将学生分类：

1. **自我认同扩散**。这是一种个体很少对于任何人或信仰做出承诺的状态，相对性思维和强调个体满足是极为重要的。这个人没有核心特色，或别人可以指着他说，"这个人代表 X、Y 或 Z"。那些自我认同扩散的人似乎并不知道这一生想要做什么或将成为什么样的人。例如，Henri 这个星期有一个目标，下个星期又换一个目标，他这个月是严格的素食主义者，下个月又成为毫无节制的肉食动物。他无法告诉你为什么他认为要这样做，除了用很模糊的语句回答，如"因为我就是这样"。

2. **自我认同早闭**。逃避自主选择，自我认同早闭是不成熟的自我认同形式。这种青少年会接受别人（如父母）的价值和目标，而不会去探索其他的替代角色。例如，Carmen 想要成为一名医生，自从在 7 岁时她父母如此建议以来，她就一直期待着。现在她 18 岁了，但是她从来没有再次考虑这种想法，因为她已经内化了父母的期待。你可能会听到她说："妈妈希望我念哈佛，所以我来到了哈佛。"

3. **自我认同延迟**。一段延缓的时期，可以使青少年实践或尝试各种角色、信仰及承诺。这段时期处于儿童期和成年期之间，个体能够探索不同的生命维度，而不必做出任何选择。青少年可能会开始或停止、放弃或暂停、实行或转换既定的行为过程。例如，André 加入和平团服务，因为他并不十分了解大学毕业后他要做什么，他以为这样会给他一个机会去"发现自我"。

4. **自我认同完成**。在这段时期里，个体获取符合别人对他/她的预期的内在稳定性。例如，每个人都同意，当 Jamella 进入这个房间时，她会以专业的方式来处理这种情形，并且之后不会泄露秘密信息。事实上，也确实如此，每个人都知道 Jamella 是值得信任的，她也是用同样的方式看待自己的。

David Elkind 在《匆忙的小孩》（*The Hurried Child*）里增加了一个新观点，他认为严酷的现实世界增加了青少年的压力（拥有更高的学业成就、完成更多高深课程、身体健康、运动方面要最好、为 21 世纪的工作做更好的准备），因此自我认同完成无法再推迟到青少年晚期。

自我认同形成的文化层面

一些社会科学家已经提出很少有人在从儿童期向成年期过渡时比在西方国家的人有更多的困难。青少年期的少男少女被期望停止儿童身份，然而，他们还并不想成为男人和女人。他们被告诉"长大"，但是他们仍然像依附者一样被对待，经济上需要父母的支持，经常被社会视为不可靠的、不负责任的。根据这种观点，这些相矛盾的期待在美国和欧洲年轻人中产生了自我认同危机。

许多非西方社会提供了这个人生重要阶段的通过仪式或**青春期仪式**——象征从儿童期到成年期过渡的原始仪式。例如，在非洲和中东国家的青少年男性和女性正在遭受包皮环割和阴蒂切除的割礼式宗教仪式，这些仪式会伤害个体的身心健康。然而大多数年轻人为了获得他们的文化里的成年地位而忍受这种仪式。这种通过仪式存在于整个人类历史，具体的仪式有：与社会隔绝、长者教导、过渡仪式、成人身份获得认可后返回社会。仪式包括生理和精神的洗礼、祈祷和保佑、穿传统服饰、提供传统食物或快餐、传统音乐。这不仅仅是仪式，也是年长者做贡献的重要时刻，能够帮助青少年更加健康地向成年身份过渡。在有些国家，青少年男性和女性随后会被分离开来直到较大年龄后再安排婚姻。

西方社会明显地较少提供通过仪式。少数例子包括犹太人的男孩和女孩成年礼、基督教坚信礼、16 岁或 17 岁获得驾照、18 岁拥有选举权、从高中和大学毕业或进入军队。自我启蒙在美国年轻人中变得更加普遍：抽烟、饮酒、性活动——这些变化发生在没有成年人在场的同伴中。

青少年期：不必有暴风或压力吗？ 心理学家班杜拉强调，对青少年期刻板的暴风和压力的描述更适合"不断出现在精神诊所、少年犯罪缓刑局、新闻头版的异常的 10％的青少年人口"中。班杜拉争辩道，与事实的真相相比，"暴风和压力的十年神话"更应归因于文化期待和电影、文学作品及其他媒介对青少年的描述。Daniel Offer 对 61 名中产阶级男孩的纵向研究同样发现，很少有证据能够证明"动乱"或"骚动"的存在。相反，大多数是高兴的、负责的以及调适较好的男孩，他们尊重父母。青少年的"动乱"大多数仅局限于与父母发生的争吵。和班杜拉的观点一样，Offer 得出结论说，将青少年描述成动荡时期的看法多来自于埃里克森等的研究——这些研究者利用他们的职业生涯来主要研究动荡的青少年。他得出结论："我们的数据使我们假设，青少年期作为人生的一个阶段，并不是一个特有的压力很重的时期。"Offer 最近对十个国家和地区大约 6 000 名青少年的研究（澳大利亚、孟加拉国、匈牙利、以色列、意大利、日本、中国台湾、土耳其、美国和原联邦德国）得出的这个结论获得了跨文化的支持。

青少年期还被当作主要态度转变的时期。志向、自我概念、来自父母示范的政治态度和对家务的性别态度，通常对年轻的成年人的态度形成是重要的。尽管这些领域的差异体现在教育方面取得成功（及以后的工作中）和不成功的个体之间，这些不同点在十年级时已经在很大程度上被确立了。换句话说，以大抱负和积极的自我概念进入高中的年轻人可能会在中学之后至少五年内持续这些优势。因此，大学和职业学校的学生典型地有较高的自尊——自尊可以反映出他们早五年拥有的积极的自我映像。相似地，学校辍学生的低自我映像是在这些青少年从学校离开之前就已经构建出来的，这样的个体差异在整个时期都十分稳定。

加州大学柏克利分校的心理学家首次于1928—1931年对青少年进行了纵向研究，然后研究者继续追踪了50多年，证明以下结果：能力强的青少年总体上比那些能力差的青少年更加稳定，许多研究者发现，大多数个体的整体自尊在青少年期会随着年龄的增长而增加。当然，这也有例外。社会环境的变化，包括变换学校，可以干扰其他方面加强孩子自尊的力量。因此，初中或高中的过渡在特定环境下会产生动荡影响，尤其是女孩。事实上，青少年期女孩的自尊危机是现在大量研究的焦点。

吉利根：青少年和自尊　　青少年女孩的自尊被美国大学妇女协会（AAUW）所检测，结果报告为《学校如何亏待女孩》。吉利根曾协助了这项研究，并说道，小学的女孩通常是更自信的，自我张扬、自我感觉积极；但是到初中和高中，大多数都产生了较差的自我映像、较低的期望、对自己的能力变得更没自信。特别地，很少有美国女孩选修严格的数学、科学或计算机科学课程，在这个技术驱动的社会里，这些科目是与大学认可、奖学金和就业机会相关的。这个报告成为变化的一个催化剂：女孩在数学和科学方面的登记和测验分数有所长进，但计算机科目还跟不上。然而，近来的一项研究发现男孩和女孩的数学分数其实只有很小的差距，而性别刻板印象和社会化使女孩远离与数学相关的工作。

到了大学，女孩比男孩取得了更高的成绩、班级排行和更多的荣誉（科学和运动例外），男孩则经历更多的行为和学业的困难。然而，学业名声仅仅是整体自尊的一个范畴。之后，Quatman和Watson研究了青少年的性别和整体自尊，发现男孩在八个领域的六项得分显著高于女孩，另外两个领域与女孩相等。一些研究结果如下：

- 在受同伴欢迎的知觉上没有差异。
- 学业：得分没有差异，但是女孩视她们自己为努力工作的、勤勉认真的、合作的，在学校比男孩有更好的行为。
- 个人安全：男孩得分高于女孩。
- 家庭/父母：男孩得分高于女孩；女孩对家庭生活/父母较不满意。
- 吸引力：男孩得分高于女孩；女孩更可能选择"我看起来是丑的"。
- 个人精通：男孩得分高于女孩，女孩更害怕犯错，对自己较不自信。
- 心理反应/渗透：男孩得分高于女孩；女孩报告更多的心理负担引起的症状，

例如头痛、胃疼，当受到斥责时感到沮丧。

● 运动：男孩得分高于女孩；女孩感觉竞争力较弱。

吉利根声称女孩比男孩更可能发展出集体主义或联结的模式，也可能会由于自己对于别人体贴敏感、关系密切及互相依赖，而感觉自己很好。因此，进入大型初中或高中的青少年女孩可能失去可以促进有意义关系的亲近感。相反，男孩可能通过独立、分离和竞争来感觉自己是更加积极的。

简单来说，吉利根发现，青少年期间女孩开始怀疑她们自己内在的声音和感情以及她们承诺有意义关系的权威性。然而，在 11 岁时，她们肯定她们的自主权。吉利根说，西方的文化号召年轻女性接受"完美"或"好"女孩的形象——避免刻薄的、专横的形象；应该展现出一种平静的、安静和合作的面貌。学校通常不鼓励获得友谊，而是鼓励进行个体性、竞争性和自主性教育，从而导致了这个问题的出现。

之后，吉利根转移她的注意力到发展性计划上，这些计划将帮助年轻女性为她们自己的生活写出真正有意义的篇章，阻止她们隐藏自己的感情。同时，吉利根的论点并非没有受到挑战。例如，Christina Hott Sommers 及其他人则攻击所有实际上基于性别研究的可靠性，因为这类研究本身就有偏见，且缺乏坚实的证据。

Mary Pipher：青少年女性的自我认同形成 在 1994 年，临床心理学家 Mary Pipher 出版了题目为"拯救 Ophelia：拯救青少年女孩自身"的揭秘性陈述，这是她基于 20 多年来辅导前青少年期及青少年期的女孩而写成的。通过观察和记录这种有意义的变化，她亲眼目睹了在她的临床实践过程中，年轻女性的这种变化。她警示性地指出，我们的文化（学校、媒体、广告产业）正在破坏许多青少年女孩的自我认同和自尊，她为更加健康的自我认同形成提供了一些建议。她的工作不仅支持了吉利根的理论，还进一步阐述了女孩现在正生活在一个全新的世界，这个世界是一个威胁生命经历的世界，包括伴随神经性厌食症生活、抑郁、自残行为，还包括生殖器疱疹、生殖器湿疣和 HIV、性骚扰、性暴力（包括约会中的强奸）和被陌生人强暴的暴力、早产和多胞胎怀孕或人工流产、早期或较严重的物质滥用、高自杀率。

有些夸张的事情会发生在青少年早期的女孩身上。研究显示，女孩 IQ 得分和数学、科学得分出现下降。在青少年期早期，女孩变得缺少好奇心和较不乐观；她们失去了她们的韧劲和坚定自信的假小子的个性，变得更加顺从、自我中心、自我批评、抑郁。她们的声音逐渐被"隐藏"起来，她们的讲话变得更加腼腆且不善于表达。许多活泼的、自信的女孩（尤其最聪明的和最善解人意的女孩）变成了害羞、多疑的年轻女性。Zimmerman 和同事们通过纵向研究，检查了 6～10 年级的 1 000 多名年轻人自我认同和自尊的发展轨迹，结果显示女性群体的自尊出现稳定的不断下降趋势，而男性青少年群体的自尊则出现适度的上升趋势。与这个结果相反，另一项研究显示男孩也处在自我认同形成的危机中。

Denner 和 Dunbar 对墨西哥裔美国青少年女孩进行了小样本研究，看看她们是否也会在青少年发展期间远离自信和坦诚而逐渐消失自己的声音和力量。在墨西哥的家庭里，传统的圣女（Marianismo）的概念定义了对女性保持顺从的角色期待，既要显示出对家庭的尊重，又要保持性纯洁。这些十几岁的少女融入美国社会的文化时，在家庭和学校里会面对性别的不平等，但是她们也认为自己是很强的，会表达出她们的看法，且保护比自己小的兄弟姐妹。

青少年女性自我认同的形成。近来研究提出十几岁的少女比儿童期后期发展出一个更差的自我映像以及对自己和自己的能力更不自信。

Michael Gurian：男孩自我认同的形成　Michael Gurian 是一位咨询师兼治疗专家，他致力于男孩自我认同的发展研究。他在 1996 年出版了《男孩的徘徊：父母、导师和教育者能够做些什么来把男孩塑造成为独特的男人》（*The Wonder of Boys：What Parents，Mentor and Educators Can Do to Shape Boys into Exceptional Men*）一书，描述了他认为男孩需要什么来成为强壮的、有责任感的、体贴的男人。他的关于男性自我认同发展的理论是以承认大脑和激素的差异从根本上控制了男性和女性的操作方式为中心的。在 20 世纪 90 年代，关于男女大脑差异的最近研究证实了 Gurian 讨论的结构和行为差异。

Gurian 说，当男孩到达青春期的时候，睾酮对大脑和身体的影响逐渐增加。男性的身体一天将会经历 5～7 次睾酮的突增，预期男孩会碰到许多事情，且情绪化、易攻击、要求大量睡眠、难以控制脾气，以及有着大量的性幻想和自慰。在 Gurian 的观点里，最重要的是男孩需要与原生的大家庭和导师（明智且有技巧的人，例如试图提供童子军活动和组织运动会）之间的关系，且需要来自学校和社区的强烈支撑。当在我们的文化中不能获得积极的角色榜样和成年人的支持时，青少年男孩可能成为结帮活动、性误导和犯罪的受害者。这被年轻男性犯罪（大多数暴力犯罪是由男性发起）、被杀害或判刑的较高发生率所证实。Gurian 阐述说，"男孩正在反抗社会和父母，因为这两者都不能提供给他们足够的榜样、机会和智慧来使他们在社会内部愉快地行动"。

同伴和家庭

历史地看，我们对青少年期的印象是同伴世界和父母世界相互对峙的一段时期。然而，我们从心理学和社会学的研究中却得出很不同的画面。西方工业社会不仅延长了儿童期和成年期之间的时间，还倾向于隔离年轻人。**"代沟"**的概念已经广泛流行，这暗示着年轻人和成年人之间的误解、对抗及分离。基于年龄来划分年级的学校意味着年龄相同的学生会花费大量时间在一起，而在学习和课外活动中，学校成了他们自己的小世界。中年人和较年长者也倾向于通过所掌握的对青少年的刻板印象来制造心理上的分离。他们频繁地定义青少年期为生活中的独特时期，这远离了人类活动的整体网络——的确如此，即使是偶然的。

青少年的同伴团体

在某种程度上，年轻人的生理和心理是被分离的，他们被鼓励发展自己独特的生活方式。一些社会学家说，西方社会通过分离他们的年轻人来延长到成年期的过渡，提出了**"年轻人文化"**——大量年轻人用标准化的方式思考、感觉和行动。第二次世界大战后的婴儿潮世代（出生在 1946—1964 年之间）带来了美国的另一种年轻人文化，许多青少年有自由时间、额外的钱和无穷尽的能量。足球队、拉拉队员、猫王、摇滚和自动点唱机及电视出现了。X 世代（在 1964—1981 年之间出生的人）在过去的 20 年里，统治了大学文化和工作环境，常常被称为"我的"世代，他们不相信权威，也不务实，在适应技术变化过程中存在着困难。

新千年世代（也被称为"Y 世代"或者说"回应婴儿潮世代"）是出生在 1982—2002 年之间的这群人，预期范围会扩展到 2010 年。人口统计学显示出这是美国历史上数量最大的一批人，有 7 800 万～8 000 万之众，预期会增长到 1 亿。《新千年世代升起》（*Millennials Rising*）的作者 Strauss 和 Howe 及其他研究者观察了当前的年轻大学生群体、军事征募兵和工人，新千年世代如下：

● 显示出利他主义价值观的迹象，例如，乐观、公平、道义、革新的精神意识以及尊重多样性（许多是来自移民家庭）。

● 显示出对更大的社区、政治和为别人服务的社会责任感（就像学生，他们已经学习到了团队工作的价值）。

● 强烈倡导改善环境、贫困问题和全球关注的事情。

● 重新放置重点于礼貌、谦虚和对别人的热情，这影响到工作场所的期待、标准和外观。

● 证明在学校和工作中是有抱负的，并具有强烈的工作伦理标准。

● 创造出新的以独立、创业和合作为主要特征的工作文化；关于电脑、媒体和电子商务的技术悟性；在车间关系里寻找能力强的导师和顾问。

● 避免无保护的性和青少年怀孕，返回到更加保守的婚姻和家庭价值。

● 显示出成就增长的迹象，例如 SAT 得分方面，创造出了更高的大学 SAT 平均分和入学标准。

● 为自己花费更多的时间，追寻比时刻表般繁重的儿童期更少结构性的生活。

Collins 和 Tillson 是经验丰富的大学教授，他们观察到当指导者将技术融入学习，提供交际和反馈支持的方法，允许有合作学习的机会，使用案例法，承认和从事多样化感觉和学习风格，安排社区设置的服务性学习，促进批判性思维、问题解决和推理时，作为学生这一辈的人会有最好的表现。

年轻人文化最明显的特征是不同的同伴团体标记：更喜欢的音乐、舞蹈风格、肢体艺术（例如文身和穿洞）、偶像；时尚服装和发型；独特的行话和俚语。这些特征把青少年和成年人分离开，来确定能够分享相关情感的青少年身份。这样的特征促成一种**整体意识**——一种让人喜欢的身份，在这种身份里，群体成员逐渐感觉到他们的内部体验和情感反应是相似的。另外，青少年感觉缺少对发生在生活中的许多变化的控制。他们收回控制的方法之一是通过假定接受同伴团体的独特特征：他们不能控制疼痛，但确实控制得了所听的音乐类型、穿什么衣服和怎样人工流产以及怎样打理他们的头发。

年轻人文化的中心成分之一是产生了关于个体的男子气概或女性气质的品质和成就的各种观点。另外对于男孩而言，男子汉气概的主要特征是掌握身体、运动技巧、性技能、冒险和面对攻击的勇气，以及愿意不惜一切代价保护自己的名誉。对于女孩而言，最受羡慕的品质是身体的吸引力（包括受欢迎的衣服）、适宜的行为和遵从规则、精心操纵不同种人际关系的能力以及练习控制性遭遇。

总之，有两项品质在如今青少年的社会里获得很高的地位且很重要：（1）在个体重要的男子气概或女性气质里展现自信的能力；（2）在各种场合、情况下表现娴熟的能力。呈现"酷"自我映像是显现象征性身份的一部分——对奢侈品牌的购买欲望逐渐增加（例如，服装、技术、手提袋、鞋子、运动鞋）。许多当代青少年可以自由支配收入，易受到营销工业强有力作用的影响，在 2004 年，青少年花费 1 550 亿美元在自己身上，更可能观看有线电视、TiVo、DVD 和玩网络游戏。

仍有其他研究发现，并不存在庞大的年轻人文化。相反，当青少年进入初中和高中时，他们的世界典型地由较少的社会孤立组成，而且有许多小型同伴团体，这些团体有更多的不同信仰、价值和行为（例如，"运动员"、"大脑"和其他）。一些学者相信年轻人文化的概念掩盖了青少年期的个性，因为大多数人久而久之都被激励加入到同伴团体而使他们不会感到孤单。

同伴团体的发展性角色和过程　同伴团体在许多青少年的生活里都占有主导地位，同伴压力是团体成员之间传递团体规则和维持忠诚的重要机制。尽管同伴在青少年期是主要社会化的代理人，但是同伴压力在不同年级的力量和方向上各有不同。小派别成员对于许多6～8年级的人来说似乎越来越重要，而当个人层面的社会关系变得更加重要时，个体身份的重要性也会逐渐下降。

然而，当代青少年在许多方面都各不相同。许多差异是由社会经济、种族和伦理背景的差异所导致的。通常，每所高中典型地有几个"群体"——常常是相互排斥的几个小圈子。另外一些"流行圈子"看起来也是拥挤的，他们在一起形成相对稳定的小群体（如拉拉队和运动队员）。然而，在适当的时候，许多"圈外人"逐渐感受到愤怒，讨厌这些"受欢迎"的同伴，他们定义这些人为"趾高气扬的人"。即便如此，有领导的群体成员倾向于比"圈外人"有着更高的自尊。已经有研究发现，自尊会影响同伴压力、年级和酒精使用易感性。总之，我们对年轻人之间相似性的研究不应该导致我们忽视他们之间还存在的个体差异。

青少年和家庭

亲子关系在青少年期发生着变化。和父母在一起花费的时间数量、情感亲密性和对父母做出的选择的顺从，从青少年期早期到青少年后期都在下降。在完整的家庭里，和青少年同性的父母典型地对青少年的社会化有更大的影响。其他的研究已经发现母亲继续与青少年更加频繁地互动，在青少年的同伴关系里会扮演更加重要的角色。父亲的互动典型地出现在青少年的学业成就和课外活动中。就像在儿童早期所说的那样，父母婚姻关系的质量持续与亲子关系相联系。那些热情的、接纳性高的人们的子女倾向于有更高的社交能力。但是在儿童期和青少年期早期，敌对的兄弟姐妹关系和强制的、易怒的或不一致的父母［或继父（母）］教育方式，"在促进发展的轨道上扮演着重要的角色，该轨道不仅增加了和异常同伴联系的可能性，而且还导致早期的不顺从行为成为反社会行为"。尽管再婚家庭中的大量儿童没有显示出严重的行为问题，且在应对家庭重组时是有适应力的，但是与没有离婚的家庭相比，离婚和再婚家庭中的年龄较大的青少年有着更高的反社会行为发生率。

父母对同伴关系的监督和管理在青少年期间显得越来越重要。在非洲裔青少年的样本中，父母的高水平管理与青少年犯罪、物质滥用和攻击性的更低发生率相联系，而有着较少父母监督的男孩则报告，还经历比女孩更高水平的具有犯罪性的身体攻击、毒品和酒精使用以及犯罪行为。因此，父母应该与他们十几岁的孩子维持亲密的关系，鼓励他们自己做决定来帮助他们发展心理自主性和独特个性。父母需要尊重青少年的观点，并提供给他们无条件的爱和接纳，即使他们和自己的观点是不同的。

不同行为领域的影响　父母及同伴团体在大多数青少年的生活中都是他们的精神支柱。父母及同伴提供给青少年不同种类的经验，这两个团体影响的问题也各不相同。当问题是与经济、教育和生涯规划相关时，青少年不可避免地向成年人寻找建议和咨询，尤其是他们的父母。和父母在一起的时间通常都是围绕着家庭活动展开的，如吃饭、购物、做家务和看电视等，而且家庭互动与较大社区的社会化目标非常相似。与一些精神分析的论述相反，青少年看起来并没有通过切断与父亲产生的联系而发展自主性和自我认同。相反，青少年通过保持与父母的联系和在生活中视他们为重要的资源而使自己的发展从中受益。当父母教养方式是权威型时，这种效果最明显。

窥视青少年的网络世界

如今的青少年想些什么？

很显然，大多数成年人和父母都已经意识到这个问题！每一代青少年被迫与朋友和父母接触（大多数依赖于靠电缆连接的固定电话，这仍然是如今的主要交流装置）（见图10—1）。近来有篇题名为"青少年和技术"的研究报告，对12～17岁的全国性样本进行调查，揭示出所有青少年在以逐渐升级的技术设备方式进行交流，即网络服务，其内容特征如下：

● 家庭成员、各种朋友和同伴通过电子邮箱、手机、固线电话、即时通信（IM）和聊天室进行即时交流（几乎90％报告使用电子信箱，75％报告使用即时通信）。

● 访问娱乐和新闻网站（音乐、电影、体育、游戏、信息来源及电视）——每10个青少年中就有超过8个报告在玩网络游戏。

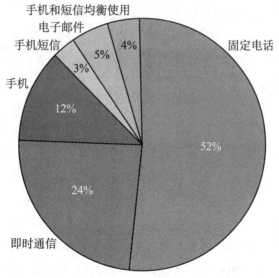

图10—1 如今的青少年使用技术设备的情况

大量美国青少年使用技术设备来交流。

● 冒险网上购物、获取健康信息或咨询大学机构，自从 2002 年以来也在大量上升。

10 个青少年中几乎有 9 个在使用网络

Lenhart，Madden 和 Hitlin 在 2004 年重复了在 2000 年时的大规模调查，对现在大量青少年使用网络的情况感到震惊——2000 年是 73%，2004 年是 87%。超过 50% 报告每天上网，大约 50% 通过宽带接入在家中上网（对应电话拨号接入）。大量青少年报告至少拥有一台个人媒体设备：手机、台式或笔记本电脑或个人数字助理（PDA），几乎有一半拥有两台或更多。使用手机的青少年中几乎有 1/3 使用编辑信息功能。尽管仍然有大量青少年使用电子信箱，但是即时通信（IM）及手机短信的使用，使其有所下降（青少年说电子信箱通常用来和"老年人、机构或大型群体"交流时使用）。大约 3/4 的青少年说在家庭里放置一台电脑供使用。该研究中采访的父母中有超过一半也表示他们使用某种过滤或监督软件来检查子女的网上冲浪。

近乎一半人每天使用即时通信（IM）

即时通信（IM）已经成为如今网络青少年的选择模式。他们使用 IM 来讨论家庭作业，计划活动或在朋友圈子内开玩笑及与父母一起查看。然而更多的青少年使用 IM 连接感兴趣的网站、下载图片或文件、发送影音文件。科技正在以不断增长的态势，在大量美国青少年日常生活中扮演着重要角色。

对于社会生活的具体方面的问题而言——包括衣服、发型、个人装饰、约会、饮品、音乐鉴赏力和娱乐偶像——青少年会更加迎合同伴团体的观点和标准。和同伴在一起的时间主要花费在经常一起闲荡、打游戏、开玩笑和闲聊上。青少年报告他们希望通过与朋友的互动来产生"快乐时光"。他们描述这些积极时光包含一种"惹是生非的"元素：他们以"疯狂的"、"失去控制的"、"大声的"甚至是"极其令人讨厌的"方式做事——他们描述这种异常行为是"有趣的"。这样的活动能够提供一种精神饱满且富有感染力的情绪，这种团体状态让他们感觉实际上做任何事都是自由的。同伴关系的程度和亲密度在儿童中期和青少年期显著增加。

在朋友的态度和行为里发现大量的相似性，是因为人们有目的地选择朋友，而且能够与他们和睦相处。因此，分享相似的政治取向、价值观和教育抱负水平的青少年是更可能相互联系的，然后相互影响从而导致继续的联系，这也就不奇怪了。另外，父母常常把年轻人推向与他们的家庭价值观相一致的"群体"。

对于许多年轻人来说，正确选择朋友常常比选择本身更重要。这表明，他们的父母承认他们的成熟和成长的自主性。一些证据暗示，那些相信父母不会提供给自己充足的空间——父母不会放松他们的权力和严格性——的青少年易于获得更加极端的同伴取向和找到更多的机会给同伴提出建议。另外，不仅行为而且心理的过度控制使年轻人处于更大的问题行为的危险当中。父母和青少年子女之间的不同意见最初发生在对问题的不同解释，以及青少年个人管辖权的程度和合理性上。

　　家庭提供的功能性限定和朋友带来的兴奋在个体发展中都会起作用。即使这样，父母和青少年常常在对两代人之间的价值、信仰和态度的知觉程度上也存在差异。

　　家庭权力平衡的转变　　我们已经看到从青少年早期到青少年晚期，父母和子女之间的凝聚力或情感的亲密性从大量依赖向更加平衡的亲近感转变，这种亲近感允许年轻人作为假定成年人身份和角色来发展他们独特的个人才能。在青少年期，父母典型地逐渐减少使用片面的权力战略，而充分运用与青少年分享权力的战略，但是几乎所有的青少年都报告在通向独立的道路上与父母有不同程度的冲突。父母认为在青少年高中时，由于在家中的愤怒/破坏性行为、负面个人/道德特征、家庭和学校表现、准时/宵禁，以及个人自主性，他们会与子女发生最强的冲突。在房间整理、家务、不顾别人的行为、电视节目、个人外貌，以及个人卫生保健等方面，存在较低强度的冲突。图10—2所示为青少年与父母在一起的温馨场面。

图 10—2　青少年与父母在一起

　　随着时间的发展，父母与子女之间的凝聚力或情感的亲密性会从依赖向更加平衡的亲近感转变，这种亲近感允许年轻人作为假定成年人身份和角色来发展他们独特的个人才能。

　　青少年和母亲　　母亲典型地更了解和关心青少年的社会关系，因为她们花费更多的时间监管子女的行踪和活动——因此，她们也经历更多的冲突。总体上，美国青少年女孩与母亲的关系比男孩与父亲的关系更加错综复杂。青少年女孩在成长中拒绝曾经最认同的人——她们的母亲。女儿们在社会化中会恐惧变成母亲那样，对大多数青少年女孩来说很大的污名是："哦，你就像你妈妈。"如今，妈妈（和爸爸）常常似乎不理解他们的改变与正在经历的困境。Rosalind Wiseman 在《女王蜂和野心家：帮助你的女儿平安度过帮派、八卦、男朋友及青少年期的其他关系》（*Queen Bees and Wannabes：Helping*

Your Daughter Survire Cliques，Gossip，Boyfriends，and Other Realities of Adolescence）（2002）中说："许多父母不理解这是一个危险阶层划分——'女王蜂'口授一些规则，诸如谁穿什么衣服、谁和谁约会；这个野心家试图把自己与死党或死党愤怒的可怜'靶子'整合在一起。"非洲裔美国青少年在青少年晚期经常会把母亲视为支持和向导的源泉，报告出比父亲更多的情感亲密性。

临床心理学家 Mary Pipher 提到与一名青少年女孩很常见的第一次治疗场景，她的妈妈（一位单亲母亲和社会工作者）奉献她的一生给女儿：

> Pipher 医生：你和你的妈妈有什么不同？
>
> Jessica：（假笑）我完全不同意她的每件事。我恨学校，她喜欢学校。我恨工作，她喜欢工作。我喜欢 MTV，她却恨那个。我穿黑颜色，她从不穿黑色的衣服。她想我发挥潜能，我认为她说的都是屁话……我想成为一名模特，妈妈讨厌这个理想。

幸运的是，当进入成年期早期的时候，尤其是当有自己的孩子之后，好像许多年轻女性又返回与母亲保持亲密的状况。

Wainright 和他的同事们对来自美国青少年健康纵向研究的部分青少年和异性父母及同性母亲进行研究，发现亲密的亲子关系比家庭类型在心理调适和学业成就方面有更重要的导向作用。

求爱、 爱情和性

青少年最难调整的也是最主要的问题就是性发展。生物成熟和社会压力要求青少年必须妥善地处理觉醒的性冲动，而且他们正在受到电影、广告及服装风格里蕴涵的性文化信息的强烈冲击，甚至在很小的时候就会表达性，因此性吸引力及性思考成为生活中的主要力量。的确，第一次性交是个人和社会意义上发展的重要里程碑，常常被视为从父母那里确定独立性身份、表述亲密人际能力的宣言。

青少年的性问题要求投入大量的社会关注。自从 20 世纪 80 年代以来，未婚青少年生育率和 STIs 的增长已经成为诸如贫穷、福利依赖、儿童忽视和虐待及 AIDS 等社会疾病的象征。在过去的十年，美国青少年生育率已经下降 30%，而非洲裔美国青少年的生育率则下降 40%，达到了历史以来的最低点。有许多途径可以进一步减少青少年不安全的性行为：

●"公共健康/预防医学观"认为，意外怀孕最好通过性教育、生育控制与人工流产项目和服务等方法来应对。

●"保守的道德观"认为，青少年怀孕是过早性活动的问题，倡导禁止。

●"经济学观点"认为，这种困难在靠社会保障金生活的少数族裔青少年母亲中盛行，要求通过训练来使她们达到经济上的自我满足。

●"社会传播观点"认为，性行为提早是年轻人的常规行为，父母必须对其危险性进行教育。

很显然，青少年怀孕这件事受到强烈的公众争论，也使性别、种族、阶级间的紧张局面更加恶化。这个问题又因为牵涉其他敏感问题而变得更加复杂，如堕胎、领养、危险出生儿、特殊教育服务、残障儿童健康照顾、社会福利改革、父亲缺失、政治问题及税费政策等。

行为模式差异

年轻人在这个年龄发生着巨大的变化，他们会第一次经历性交（14岁以前的大量性暴露是无意识的）。由于当代青少年提早发育，初次性体验的年龄也逐渐下降。社会学家 J. Richard Udry 及其同事报告说，存在强有力的证据支持性冲动和性行为具有激素基础，尤其是青少年男孩；父母参加加强预防性的课程也会影响到青少年的性行为。比同伴保持更久童贞的年轻人更可能重视学习成绩，喜欢与父母维持亲密关系，有着更多遵循规矩的行为。然而，保持童贞绝对不是"适应不良的"、社会边缘化的，或者不成功的，他们婚后并没有报告出更少的满意度和更多的压力，而是典型地比失去童贞者获得更大的教育成就。而且，许多青少年尤其是女孩会选择性经历与自己相似的个体作为他们的朋友。

家庭生活因素也会影响青少年的性行为。一般来说，母亲第一次性经历和第一次生育的时间越早，女儿的性经历也越早。如果哥哥姐姐性方面活跃，青少年则可能会在较小的年龄开始性交。生活贫困也倾向于与早期的性活动和怀孕有关。学习技能较差和家庭环境不优越的年轻人比一般青少年发生未婚怀孕的几率要高几倍。而且来自单亲家庭的青少年比来自双亲家庭的同伴会在更早的年龄开始性行为。大量的因素导致单亲家庭青少年有更多的性活动发生率：（1）单亲家庭的父母监管常常更少；（2）单亲父母自己常常约会，他们的性活动为子女提供了角色榜样；（3）青少年和已经离婚的父母倾向于对婚外性活动有更多的认可态度。

青少年性行为不仅由个体的特征所塑造，而且受到周围的街区环境的影响。以有限的经济资源、种族隔离及无组织状态为特征的社区无法提供给年轻人较大的动力来避免早育。对于许多内城的年轻人，尤其是那些工作与教育相关的年轻人来说，可利用的机会结构常常导致青少年得出这样的结论，即通往社会流动的合情合理的途径已经被关闭了。贫穷集中、居住拥挤、高犯罪率、失业、结婚问题、公共服务短缺等状况，产生了冷漠及宿命论的社会风气。

概括来说，青少年群体居住在这些社区里，社区特征塑造着他们的行为。这些社区缺少经济和社会成功的成年榜样角色。在这里，很少有成年女性能够发现稳定的、充足的职业，对于一些青少年女性来说，性行为对未来职业成就的影响可能是很小的。的确，各种各样的社会因素鼓励青少年女孩怀孕。例如某些民族认为拥有孩子象征着成熟及进入成年期（自己有公寓、社会福利支持和食物券），而且同伴常常会取笑坚守童贞的青少年。

求爱

在美国，约会在传统上是培育和发展性关系或者"求爱"的主要工具，约会以年轻男性邀请年轻女性参加晚上的大众娱乐开始的。第一次邀请通常是在前几天或几个星期前，很紧张地打电话并提出邀请，约会结束后用车把女性送回。尽管传统模式未被完全取代，但是新求爱模式产生于 20 世纪 60 年代后期和 70 年代初期年轻人的运动浪潮中。"约会"这个词本身太僵硬、太正式，以至于不适合用来描述年轻人之间的"只是晃晃"或"出去玩玩"的情形。更为轻松的方式在两性之间盛行，包括成群结队逛购物中心，或无拘无束地在一起玩。最近一项关于青少年约会模式的研究发现，女孩比男孩更可能报告具有稳定的约会关系。

许多青少年男性报告他们并不约会——或者拒绝承认。看起来，大量年轻男性"不想让朋友认为自己是温柔的"。这种恐惧证明对男子气概的欲望，导致许多青少年男性虐待或显示出对女孩的不尊重（他们会把这种行为带入成年早期）。十几岁的男性（和一些女性）报告说，他们会通过向过往的女性/男性大喊直白的提议或调情来获得人气，并且用谁敢"说脏话"和"做爱"来竞争谁是最厉害的、最大胆的。

爱情

在美国，几乎每个人预期最终会坠入爱河，大学文学、肥皂剧、"新娘"刊物和传统的"男性"出版物、电影、互联网和流行音乐都反映着令人销魂的浪漫主题。与美国的方式恰恰相反，让我们来看看一群非洲部落长者的谈话，他们抱怨 1883 年的原住民法律习俗委员关于"逃离"婚姻和合理性的问题：

> 所有这些就叫做爱情，我们一点都不理解。
> 被称为爱情的事情已经被引进。

这些年长者视浪漫的爱情为一种破坏性力量。在他们的文化里，婚姻不必包含配偶相互吸引的感情；婚姻不是已婚夫妇的自由选择。爱情之外的考虑在配偶选择里扮演最重要的角色。在许多非西方国家里，新娘新郎的父母会提前计划婚姻，还有一些金钱上的交换以确保新娘是处女。而且，在一些中东、非洲和亚洲国家，妻子随后成为丈夫的财产，在 20 世纪初期，这种习俗已被西方国家所抛弃。

很显然，不同的社会对浪漫爱情的看法是十分不同的（见图10—3）。一种极端认为强烈的爱情吸引是可笑的或悲剧的，另一种极端则定义没有爱情的婚姻是羞耻的。美国社会倾向于主张爱情，传统的日本和中国倾向于认为爱情是无关紧要的；亚历山大时期之后的古希腊和罗马帝国时代的古罗马，处于二者之间。看起来对浪漫爱情的领悟能力是普遍的，但是它的形式和程度是高度依赖于社会和文化因素的。

我们所有人都熟悉浪漫爱情的概念，然而社会科学家发现定义起来却是极度困难的，因此，许多美国人——尤其是青少年——还不确定爱情应该是什么样的感觉及他们怎么确认自己正在经历的是不是爱情，这并不奇怪。一些社会心理学得出结论说，浪漫爱情仅仅是一种生理唤醒的应激状态，个体逐渐定义这种状态为爱情。产生出这种应激状态的刺激很可能是性唤醒、感激、焦虑、内疚、孤单、愤怒、困惑或恐惧，他们把产生出这些困惑的生理学反应的爱贴上爱情的标签。

一些研究者拒绝爱情和其他状态的生理唤醒相互交织的观点。例如，Michael R. Liebowitz说，爱情有着独特的化学基础，爱情和浪漫是大脑快乐中枢最有力的激活素，可能还会导致一种特殊的超越感——超越时间、空间和自身的感觉。强烈的浪漫吸引触发神经化学反应，这些反应可以像迷幻药毒品一样产生兴奋的感觉。只是这种脑部化学变化如何转化为爱的感觉还是未知的。所知道的是，当浪漫关系变得更加紧密时，夫妇会变得更加有激情、亲密和投入。

图10—3　浪漫爱情的概念

社会科学家已经发现难以定义浪漫爱情的概念，有些人说可以根据生理觉醒判断，有些人说这是一种能够发起脑部快乐中枢的独特化学反应，还有人说它与一种特别的超越感有关。从跨文化观点来看，浪漫爱情的概念并不是通用的。

性态度和行为

尽管我们通常把青少年的性和异性恋者的性等同，但是性表达还是呈现出许多不同的形式。此外，性开始于生命早期，在青少年期仅仅是呈现出了更多的成年人形式。

性行为的发展　男婴和女婴起初都以一种随意的无差别的形式显示出探索自己身体的兴趣。即使四个月大的婴儿也会对生殖器的刺激做出反应，暗示他们体验到了性的快乐。当儿童到2~3岁时，他们会探索玩耍同伴的生殖器，如果允许的话，还包括那些成年人。但是，到这时为止，强有力的社会禁忌标志起到了作用，儿童被社会化地要求限制这些行为。

自慰或性欲的自我刺激，在儿童中是很普遍的。许多儿童通过自慰经历了他们的第一次性高潮。这可能发生在玩弄阴茎，或是用手刺激阴茎，或是摩擦到床罩、玩具或其他物体时。男孩常常从其他男孩那里学习到自慰，而女孩最初是通过偶然发现而学会自慰的。

在青少年期之前，许多儿童还喜欢一些与其他的儿童一起进行的某种形式的性游戏。这些活动通常是不定时发生的，通常不会达到性高潮。Alfred C. Kinsey 及其合作者基于 20 世纪 40 年代和 50 年代初期的研究，发现在女孩中性游戏的高峰年龄是 9 岁，此时，大约有 7％喜欢异性游戏，有 30％参与异性游戏。男孩的高峰年龄是 12 岁，此时，有 23％参与异性游戏，有 30％参与同性游戏。但是 Kinsey 相信，他所报告的数字太低了，他认为有大约 1/5 的女孩和绝大多数男孩在到达青春期之前都喜欢和其他儿童一起玩性游戏。

青少年的性表达　青少年的性以多种方式表达：自慰、夜间性高潮、异性抚摸、异性性交、口交及同性恋活动。青少年的自慰行为常常伴随着性幻想。一项对 13~19 岁的青少年进行的研究发现，57％的男性和 46％的女性报告当他们自慰时，多数情况下他们都会幻想，大约 20％的男性和 10％的女性自慰时，很少或从不幻想。许多神话把有害的影响归因于自慰，但是这种做法现在已经完全被医学权威证明在生理上是无害的。即使如此，一些个体也可能因为社会、宗教或道德原因而对此感到内疚。

在 13~15 岁，青少年期男孩通常开始经历夜间性高潮，或"遗梦"，伴随着性高潮和射精，性梦最经常发生在十几岁到二十几岁的男性中，在生命后期则很少发生。女性也会有达到性高潮的性梦，但是比男性的频率要低。

爱抚是指可能导致性高潮的性爱抚摸，不过也可能不会导致性高潮。如果它发生在性交时，爱抚则更加精确地被称为"前戏"。异性恋者和同性恋者的关系都包含爱抚。青少年中有超过 50％报告喜欢抚摸。然而那些有高学业成就的青少年报告会延期任何形式的性活动——甚至接吻。

概史　在过去的 40 年，美国对青少年性活动的态度已经发生了实质性的变化。一场被美国社会称为"性革命"的变化发生在越南战争时期，主要出现在 1965 年之后，伴随着可以使用生育控制丸。在 20 世纪 60 年代，性爱派对、交换伴侣和坠入爱河等在电影、音乐和广告里被含蓄地推出。最初的伍德斯托克一代象征了"自由之爱"和共同生活的理想。这段时期改变了性景观，让性态度及性实践变得更加宽松——直到 20 世纪 80 年代初期 AIDS 的出现。

如今的青少年可以收到大量的婚前性行为的混杂信息。父母、老师、政治家和健康职业人提倡减少危险的性行为，然而媒介却以史无前例的规模和性刺激来冲击着青少年和成年人。性活跃的青少年的比例正在减少，但是仍有少量更早开始尝试性活动。尽管从 20 世纪 40 年代以来，有孩子且非常年轻的青少年（10～14 岁）的数量已经逐渐下降到可以被忽视的水平，但是 2002 年仍有 7 000 多个这样的宝宝出生。基于对美国9～12 年级的学生抽样发现，青少年进入高中时，已经有一半有过性交经验。注意：这些统计结果并不包括不在学校体系里的青少年的性活动。

青少年怀孕

十几岁单身父母的身份对于母亲、孩子和社会来说，都是与许多消极结果相联系的主要社会问题。据美国健康统计局数据，青少年的生育率在 20 世纪 90 年代初期下降到最低纪录。

然而，仍然有 1/3 的年轻女性在 20 岁之前至少怀孕过一次。20 岁以下的女性大约每年有 82 万次怀孕。15～19 岁的黑人女性从 20 世纪 90 年代到现在，生育率显著下降，西班牙裔青少年的生育率也大幅下降。然而，这两个群体比其他群体还是有着更高的青少年怀孕率和生育率。仅有大约 1/3 的青少年妈妈完成了高中学业并获得文凭，而仅有极少数在 30 岁之前获得大学学历。大多数十几岁的母亲最后都要靠福利和社会服务的支撑。据估计美国联邦政府每年花费在青少年怀孕和分娩上的费用约有 70 亿美元。

过早分娩还对出生的孩子有很显著的影响，他们有着更低的体重，常常要求过早的干预服务，同时还会遭遇其他社会危险因素。父母没有能力养育、照顾不当、儿童忽视和儿童虐待在十几岁的父母中较为普遍。此外，年轻父母的子女倾向于比年长父母的子女的智力测验得分更低，他们典型地在学校表现较差。十几岁妈妈的儿子有着更高的进监狱的危险性，女儿也更可能在十几岁时为人父母。

尽管美国青少年生育率已经下降，但是仍然比其他工业化国家的比率高得多——是加拿大的两倍，日本的八倍。美国的青少年被暴露于是否采用避孕措施的冲突信息中，因为关于出生的控制或人工流产服务是否更早用于青少年还存在巨大的争议。尽管大量青少年的怀孕是意外的，但有些人以为有孩子就会提供一个爱自己的人，使自己感觉长大了。因此，最终决定保住孩子、堕胎或者流产，成为女性生命中面临的最困难也是最重要的选择之一——许多青少年决定养育这个孩子，尽管青少年怀孕有一半最终结束于堕胎或流产。

青少年为什么怀孕？　大多数青少年不会有意识地计划性活动，因此，他们不会预见他们的第一次性经历。相反，他们常常经历第一次性遭遇就像"突然发生"的事情一样。而且，在他们体验性活动后，大多数青少年要等几乎一年的时间才会寻找医务监管的避孕措施。青少年不断地有种不会受到伤害的感觉，从而不会把结果和行动联系在一起。与青少年女性性活动相联系的其他因素包括：被伴侣强迫；儿童早期或生理的创伤常常导致过早使用非法毒品，影响判断和增加无保护性活动的发生率；延迟使用生育控制；对孩子的不切合实际的期待；缺少冲动控制、有意识的欲望；女孩的低自尊感或不想失去自己的男人等。

性教育、"安全的性"、避孕措施以及节欲教育　性教育倡导者及父母常常持有"理智青少年"的错误概念，当被给出"事实"的时候，青少年将会禁止性和使用避孕措施。这些战略倾向于忽视心理的认知品质。当问他们为什么不用生育控制时，青少年的回答如"不想"、"不用的话会感觉更好"、"没有考虑"或"想怀孕"。还有人给出了多样化的答案，包括缺乏知识或途径、害怕或尴尬、没想到需要避孕措施或不想花费时间、不担心怀孕等等。值得一提的是，当青少年有更多性经历时，他们倾向于变得更加经常使用避孕措施。

民意调查显示，大多数美国父母想让他们的子女禁欲直到完成高中，然而许多家长也想让学校进行性教育。禁欲的倡导者争辩说，教导青少年"安全的性"是不诚实的，因为避孕套不能阻止几种STIs的传染，教导避孕也代表着赞同性行为。他们还说，几十年来对青少年"安全的性"的教育已经缔造了一代青少年，他们随意而不负责任地对待性，促使能够提供避孕措施和堕胎渠道的秘密服务变得更加肆虐。医疗机构的批评者提出，如果不教导安全的性行为，那么将使青少年毫不预防。显然，禁欲的定义被许多青少年所误解。一项关于大学毕业生的调查结果揭示出，被调查的学生中有超过一半没有把"口交"定义为"有性"——这使他们处于SITs的极大危险中。许多专业人士同意父母在与全美流行的十几岁怀孕、堕胎和SITs的战斗中，必须通过讨论生育控制和避孕措施来扮演一个更加积极的角色。

性取向　因为当代美国社会对性问题是更加开放的，所以关于在青少年中性取向的研究正在受到比过去更多的关注。近来一项对9～12年级将近12 000名学生的研究发现，男孩中有超过7％、女孩中有超过5％报告曾受到同性伴侣的浪漫吸引，但是仅有1％的男孩和超过2％的女孩报告有同性关系。到18岁为止，大多数年轻人确定自己是异性恋或同性恋，大约有5％还"不确定"自己的性取向。

大量的证据暗示，逐渐成长的男女同性恋者对自我接纳的过程是个很艰难的旅程。研究显示，青少年女性同性恋可能是最痛苦的。近来一项研究发现，自我伤害行为与男女同性恋者存在联系。对于女同性恋者、男同性恋者或双性恋者来说，社会压力是很大的。在青少年期显得与众不同是尤其困难的，此时，顺从就会受到庆祝，小差异就意味着受到排斥。高中阶段年轻人通常都会给彼此取很多绰号，但很少有标签能够比"同性恋"的标签更加伤人。总之，被文字骚扰或身体污辱的男女同性恋受害者是最普通的与偏见有关的暴力类别。因为他们遭受了更多的社会压力，研究者想看看在这些年轻人中，自杀率是否会更高。有项研究发现，尽管这些年轻人存在更大的危险试图自杀，但是认为这些年轻人的整个人群都是以危险作为主要特征是不合适的。

尤其麻烦的是，青少年很恐惧向家庭和朋友表白他或她的性取向。因此，许多年轻的女同性恋者和男同性恋者持续隐藏着他们的感情。他们可以寻找学校咨询师、神职人员或医生求助，不过常常被这些人建议要"改过自新"，这种观点使男女同性恋者感到是被疏远的、孤独的、抑郁的，有些还处于自杀的危险中。此外，异性恋青少年学会了如何约会及建立关系，男女同性恋年轻人常常被这些机会排除在外。相反，他们却学会了隐藏他们的真实情感。近来的研究还表明，在青少年期，儿童似乎在约 12 岁时开始发展性别知觉模式，男女异性恋者伴侣会比男女同性恋者伴侣更加女性化，随着青少年期的出现，这种知觉会逐渐消失。

同性恋青少年并不意味着一生都是同性恋。生殖器外露、自慰、群体自慰以及相关的活动在以群体活动为导向的十一二岁男孩中并非不正常。这种青春期前的同性恋游戏通常停止于青春期。然而，典型的成年同性恋者报告，他们的同性恋取向在青春期前已经被建立。大多数十几岁的青少年并不承认他们和其他男孩的性游戏是"同性恋的"，他们会向主要的异性恋爱关系过渡。除了会质疑自己"我是谁"以外，大多数青少年在青春期后期还在努力处理"我将会为我的余生做什么？"

生涯发展和职业选择

青少年面临的主要发展任务包括做出各种各样的职业选择。在美国，像其他的西方社会一样，人们拥有的工作对他们的成年发展生活过程有着显著的影响。他们认为在劳动力群体中的位置会影响日常生活方式、居住的街区质量、自我概念、子女生活的机遇及与社区其他人的关系。另外，工作能够让个体与广泛的社会系统相联系，给予他们的生活一种目的感和意义感。

为工作世界做准备

从儿童期过渡到成年期的一个焦点是为成年期找到并保持一份工作而做准备。踏入职场过程虽然很重要，但青少年对职业选择及在大学为 21 世纪的成功做出的准备工作却很不充分。大多数青少年对于自己会做什么、喜欢做什么、当前的工作市场怎样以及未来会怎样等问题持有含混不清的观念。复杂的问题是，许多年轻人无法看到当前的学业努力与未来的就业机会之间的关系——知道时已经太晚了。出现反社会行为的年轻人处在低学业成就和社会失败的危险中，所以后来向工作市场妥协。当然，许多青少年会参加工作——但是如果在青少年时寻找并获得了工作，则会对亲子关系、学业表现、同伴接纳和生活标准及生活方式产生深远的影响。

一些青少年在进入工作市场时会遭遇特殊的困难——尤其是女性、残疾青少年和来自少数民族的青少年。性别差异在职场出现得较早，反映出成年人的工作世界。年轻男性比年轻女性更可能被雇用从事体力工作、做报纸发送者和娱乐业助手，而年轻女性更可能找到清洁工、售货员、保姆、健康助手和教育助手等工作。性别分离还会发生在工业领域。在食物服务工作者中，年轻男性更经常进行具体的工作（他们做饭、整理桌子和洗盘子），然而年轻女性更经常与人打交道（她们填写订单、做服务员和招待员等）。

危险行为

即使不认为自己有"问题"的青少年也可能被成年社会看作喜欢冒险的或有异常行为的人。由于成年人控制着社会权力渠道，包括执法人员、法庭、警察、新闻媒体等，因此，他们比青少年更能定义价值标准，并且将这些标准推广到日常生活中。然而，有些危险的行为对这个年龄的群体来说是很普通的，包括喝酒、使用禁药、自杀和犯罪，这样的行为之所以被称为危险行为，是因为典型地干涉了个人的长期健康、安全和幸福。

尽管青少年期是为积极发展提供机会的时期，但是许多年轻人发现自己被暴露于大量危险的社会环境中——"高危"环境。这些年轻人所面对的社会情境——家庭、街区、保健系统、学校、工作培训、犯罪和儿童福利系统等等——支离破碎，没有被设计来满足青少年独特的需要。贫困的、少数民族的年轻人尤其被忽视，他们越来越多地被发现在贫穷的、恶化的小城市街区，这些街区充满犯罪、暴力、毒品，学校和服务缺乏资金、设计贫乏。

社交饮酒和药物滥用

如今，每个人都在讨论"药物"，但是这个词本身是不精确的。如果我们认为药物是化学物质，那么我们咽下的每件东西在技术上都属于药物。为了避免这样的困难，药物通常武断地被定义为能够产生超越与饮食相关的生命维持功能而具有非凡效果的化学物质。例如，药物可以治病，助眠，放松，使人满足、兴奋，制造出神秘的体验或令人恐惧的经历等等。社会安排不同类型的药物具有不同的地位。通过联邦食品药物监督管理局、麻醉药品局及其他代理机构，由政府来界定药物是"好的"或"坏的"，并且如果是"坏的"，也会界定有多坏。社会学家提出，有些药物，像咖啡因和酒精，受到官方的许可。咖啡因是一种温和的兴奋剂，通过咖啡厅和休息时的咖啡时间而受到社会的赞许。同样地，酒精这种中枢神经镇静剂也常常出现在娱乐和正式商业环境中，而且如此盛行以至于非酒精使用者常常被认为有点奇怪。并且至少直到几年前，尼古丁（吸烟）使用也是同样的情形，它是一种通常被分类为刺激品的药物。

无论是否被文化认可，药物都会泛滥。**药物滥用**是指对化学剂过度或难以控制地使用，会干涉人们健康的、社会的或职业的功能，或其他社会功能。在青少年中，也像在他们的长者中那样，酒精是美国最常被滥用的药物。根据美国药物滥用研究所 2000 年的全国调查显示，14％的 8 年级学生、26％的 10 年级学生，以及 30％的 12 年级学生，承认曾经大量使用酒精。

大学生中几乎有一半喜欢**豪饮**（对于男性定义为一次喝下五杯酒，对于女性的定义则是一次喝下四杯酒），这是一个严重的问题，可以导致很大范围的后果，包括由于酒精中毒而导致死亡。豪饮者出现无保护的性、无计划的性或在无意识状态被强奸、惹来校园警察、损坏物品、受伤或死亡的可能性要比非豪饮者高出 7～10 倍。2002 年，因为酒精被捕的事件上升 10％以上，意味着第 11 个年头的持续增长。逮捕事件的增多部分归因于法律监管力度的加强及同伴对于犯罪者无法忍受而进行的举报。在过去 20 年中，大学女生滥饮的比例显著增加，值得担忧的是，在相当大比例的校园性侵害事件中，其侵害者、受害者之一或是两者都喝了酒；许多大学女生在喝醉或药物的影响下，感染诸如疱疹、AIDS 之类的性传染病。

疾病控制中心在对中学生一年两次的全国性调查中指出，美国几乎一半的中学生报告使用大麻，大约 10％或更少报告吸食诸如胶水、喷雾剂、致幻剂、可卡因或脱氧麻黄碱等之类的药物，3％使用针剂注射药品，3％至少使用海洛因一次。

一个逐渐加剧的问题是年轻人，尤其是男孩，使用合成代谢类固醇来增进肌肉或运动能力，合成代谢类固醇的使用是违法的，全国约有 6％的学生报告使用这种类固醇药丸或注射。医学权威认为，身体仍然在发育的青少年由于来自类固醇的反面作用而处于特殊的危险中，包括阻碍发育、改变心情、长期依赖类固醇、粉刺、水肿、男性乳房发育、女性男子气概、高血压及男性暂时不孕等。青少年可能发现类固醇使用是吸引人的，因为他们关心容貌和同伴赞许，以及在竞争性运动中"足够强大而融入团队中"。

许多心理学家认为，青少年在社会环境中应对药物的出现是现在必须处理的发展性任务，就像他们必须应对父母的分离、通过标准测验、生涯发展和性一样。考虑到大麻在同伴文化中的盛行和可获取性，心理健康、合群的和有合理好奇心的年轻人会有尝试大麻的意图。但是结果还显示，经常使用药物的青少年倾向于出现这样的情况：适应不良，显示出越来越孤独、社会孤立、即兴控制力差及显著的情感负担，包括以自杀意念为特征的明显的人格综合征——这会牵涉问题解决和社会情感调整。对于这些年轻人而言，药物使用是高度破坏性的，容易导致病态机能。

青少年为什么要使用药物？ 这里有许多寻找解决青少年物质滥用的讨论。这些理论的回顾提出了一个观察社会的、态度的和人际影响的框架。过度的药物使用损害了青少年期和成年期重要的成熟及发展任务的能力，导致过早的工作卷入、性和家庭角色。此外，青少年看见许多使用药物的同伴没有任何明显的有害影响，从而对反毒品运动产生怀疑。

各种各样的因素导致了年轻人药物的非法使用。非法药物的娱乐使用，在过去25年里已经成为许多青少年同伴团体的主流，使用非法药物的大多数青少年融入了"药物是日常生活的一部分"的同伴团体。青少年使用非法药物的另一个原因是他们看见父母使用药物——酒精、麻醉剂、镇静剂、兴奋剂等。著名运动员使用类固醇会导致更大的好奇心及青少年类固醇使用的增加。几乎所有的美国青少年都报告家庭内部有反对非法药物的规则，然而许多人模仿父母的药物使用，而使用改变心情的药物。在这种情境里，把青少年的药物滥用视为一个广泛的社会问题，可能更加精确。

青少年自杀

在美国，自杀在15~24岁的青少年中，是排行第三的致死原因。本土美国人和阿拉斯加本土美国人有着最高的自杀率。在过去十年里，青少年的整体自杀率在缓慢下降，2003年，15~24岁人群中，有将近4 000例报告自杀，其中男性多于女性。在全部自杀者中，有超过半数使用手枪，这些自我毁灭行为值得忧心，更为家人带来悲痛。通常在西方国家，自杀被视为一种耻辱，因此医疗工作者有时会将死因记载为意外，或是自然原因。

通过性别比较揭示出，女生比男生更可能经历严重的抑郁、强烈的自杀意图、制订尝试自杀的计划，或已经尝试自杀——但是男性更成功地使用最后的方法来结束生命。

与自杀有关的危险因素 一系列的家庭的、生物的、心理障碍的和环境的因素都与年轻人的自杀相关。这些因素包括无望感、家族自杀史、冲动性、攻击性行为、社会孤立等等。以前有过自杀企图、过早接触酒精、非法药品的使用、家庭的低情感支持、负性生活事件及致命的自杀方法等。在许多情况下，心理的抑郁暗示着自杀行为或自杀企图。**抑郁**是一种情感状态，通常以长期的沮丧情感、绝望、无价值感、极度悲观和过度内疚以及自我谴责为主要特征。其他的抑郁症状还包括疲惫、失眠、低注意力、易怒、焦虑、性兴趣减少以及兴趣和烦躁全部丧失。有时抑郁出现在其他不同的障碍形式中，例如模糊的疼痛、头疼或循环性头晕。青少年女孩出现抑郁的比例常常是男孩的两倍，一个主要的因素是，许多十几岁少女对容貌的过分关注。美国教育局已经认定抑郁是大学辍学的主要原因。

自杀预防　屏蔽自杀危险的能力是自杀预防最重要的一部分。其次是把这些高危险者与社区心理健康中心连接起来。自杀的潜在性是从低危险到高危险的连续体。

Jessor 及其同事研究发现，以下的心理保护措施能够加强青少年的健康：定期锻炼、健康的饮食习惯、定期看牙医、安全行为、充足的睡眠、信仰虔诚、认真上学、拥有参加保护年轻人活动和社区自愿工作的朋友、父母取向、与成年人有积极的关系、参加教堂及参与亲社会活动等等。

对于有自杀倾向的青少年需要进行心理治疗和抗抑郁药相结合的治疗方法。治疗师帮助青少年解决他或她的问题，并获得更多更有效的应对生活和压力环境的技巧。治疗师也会试图鼓励增强自我理解、内在的坚强感、自信和积极的自我映像。近年来，在抑郁症治疗的药物方面已经取得显著成效，如盐酸阿米替林（Elavil）、盐酸丙咪嗪（Tofranil）、百忧解（Prozac）以及帕罗西汀（Paxil）。

反社会行为与青少年犯罪

青少年的"偏差行为"是人类整个社会历史都有记录的问题，美国也不例外。年轻男性要继续为重大比例的犯罪负责，这个年龄群的男性也不成比例地卷入犯罪司法系统中。然而，在过去的十年里，未满 18 岁的年轻人中，男性因犯罪而被捕的数量已经下降了 6％以上，女性为 3％。犯重罪的青少年相对更少。2003 年，有超过 90 万名未满 18 岁的男性被捕，罪名不一，其中占最高比例的是财产犯罪与偷盗；女性少年犯的数量则占男性的 20％。

对数据进一步检视显示，18 岁以下男性的严重犯罪，如谋杀、强奸、严重攻击和偷盗都有所下降。然而，因为物质滥用、侵占、伤害家人和儿童、受影响情况下驾驶而捕的情况的比率逐渐增加。18 岁以下的女性因为卖淫、物质滥用、在受影响下及醉酒驾驶、侵占、冒犯家人及儿童、攻击等而被捕的情况也都在增加。在 1993 年达到最高水平后，严重暴力犯罪受害的比率到 2002 年已经下降 74％。在这同样的十年里，严重犯罪的比率在 12～17 岁青少年中显著下降。

媒体对于男学生的学校射击事件的报道具有煽动性，而导致公众相信年轻人的犯罪率正在上升，但是，青少年犯罪率已经有显著下降，由于物质滥用而被捕则属例外。更广泛的枪支易得为一些情绪混乱的男性提供了可以杀害许多受害者的致命武器。而且，关于将持有和滥用药物的少年犯与犯了重罪的罪犯关在一起的做法，还存在大量的争议。心理学家、社会学家及犯罪学家逐渐得出结论认为，养育更尽责任、家庭和学校监管更严密以及康复计划——而非监狱或警察——能够减少绝大多数的青少年犯罪。

年轻人暴力　与任何其他群体相比，美国青少年持续保持受害者和犯罪者的最高纪录。从 1997 年到现在，发生过几起年轻男生向同学和老师开枪的事件，在自杀或被制服之前，杀死或使几个人受伤——1999 年发生在哥伦比纳中学以及 2005 年发生在红湖中学。这样无知的年轻男性暴力犯罪者对受害者的无辜伤害的每个生动细节都会引起巨大的轰动。这些可怕的形象使整个美国误以为年轻人犯罪率是很高的，甚至就在我们自己的社区里。事实上，年轻人的犯罪及受害由于政府、犯罪司法、社会及学校安全计划的介入，而出现了进一步的下降。尽管整个青少年犯罪已经下降，枪支致死在非洲裔美国男性犯罪者中仍然有很高的比率，位居 15～24 岁非洲裔男性死亡率的首位。在 2000 年，有81 000多名 18 岁以下的青少年在法律上被归类为"离家出走"，其中有许多人迫于生存而犯罪。如果这些年轻人成为暴力少年犯，则会对社会和少年法治系统提出新的挑战。

　　大多数青少年都是遵守法律的公民，但是青少年的反社会行为如行为不良、行为障碍、醉酒驾驶、物质滥用和攻击等，与广泛的成年行为问题有关，包括犯罪、药物成瘾、经济依赖、教育失败、工作不稳定、婚姻不和谐及虐待儿童等。即使如此，许多少年犯以后也能成为遵守法律的公民。显然，他们意识到青少年所谓的"乐趣"不再是能够被成年人接受的行为了。

James W. Vander Zanden, Thomas L. Crandell and Corinne Haines Crandell

Human Development, 8e

0-07-319486-7

Copyright © 2007 by McGraw-Hill Education.

All Rights reserved. No part of this publication may be reproduced or transmitted in any form or by any means, electronic or mechanical, including without limitation photocopying, recording, taping, or any database, information or retrieval system, without the prior written permission of the publisher.

This authorized Chinese abridgement is jointly published by McGraw-Hill Education (Asia) and China Renmin University Press. This edition is authorized for sale in the People's Republic of China only, excluding Hong Kong, Macao SAR and Taiwan.

Copyright © 2014 by McGraw-Hill Education (Asia), a division of McGraw-Hill Education (Singapore) Pte. Ltd. and China Renmin University Press.

版权所有。未经出版人事先书面许可，对本出版物的任何部分不得以任何方式或途径复制或传播，包括但不限于复印、录制、录音，或通过任何数据库、信息或可检索的系统。

本授权中文简体字删减版由麦格劳-希尔（亚洲）教育出版公司和中国人民大学出版社合作出版。此版本经授权仅限在中华人民共和国境内（不包括香港特别行政区、澳门特别行政区和台湾）销售。

版权© 2014 由麦格劳-希尔（亚洲）教育出版公司与中国人民大学出版社所有。

本书封面贴有 McGraw-Hill Education 公司防伪标签，无标签者不得销售。

北京市版权局著作权合同登记号：01-2013-4370

图书在版编目（CIP）数据

成长不困惑/(美)范德赞登（Zanden，J. W. V.）等著；俞国良，黄峥，樊召锋译 .—北京：中国
人民大学出版社，2014.5

（明德书系·文化新知）

书名原文：Human development，8th edition

ISBN 978-7-300-19340-3

Ⅰ.①成… Ⅱ.①范… ②俞… ③黄… ④樊… Ⅲ.①发展心理学 Ⅳ.①B844

中国版本图书馆 CIP 数据核字（2014）第 101605 号

明德书系·文化新知

成长不困惑

詹姆斯·W·范德赞登

[美] 托马斯·L·克兰德尔　　　著

科琳·海恩斯·克兰德尔

俞国良　黄　峥　樊召锋　译

雷　霄　俞国良　审校

Chengzhang Bu Kunhuo

出版发行	中国人民大学出版社	
社　　址	北京中关村大街 31 号	**邮政编码**　100080
电　　话	010 - 62511242（总编室）	010 - 62511770（质管部）
	010 - 82501766（邮购部）	010 - 62514148（门市部）
	010 - 62515195（发行公司）	010 - 62515275（盗版举报）
网　　址	http://www.crup.com.cn	
	http://www.ttrnet.com（人大教研网）	
经　　销	新华书店	
印　　刷	涿州市星河印刷有限公司	
规　　格	190 mm×260 mm　16 开本	**版　次**　2014 年 6 月第 1 版
印　　张	22.75 插页 3	**印　次**　2014 年 6 月第 1 次印刷
字　　数	452 000	**定　价**　45.00 元

版权所有　侵权必究　印装差错　负责调换